大型客机引导与控制技术丛书

大型客机连续下降运行和自动着陆控制技术

李广文　翟少博　魏学东　著

电子工业出版社
Publishing House of Electronics Industry
北京·BEIJING

内 容 简 介

本书共 11 章，内容包括绪论、飞机下降性能数据库的建立及下降剖面设计、大型客机 CAT III A/B 着陆导航传感器信息融合架构和导航传感器建模、大型客机 CAT III A/B 着陆导航传感器信息融合技术、大型客机 CAT III A/B 着陆导航传感器管理策略、大型客机 CAT III A/B 着陆导航传感器信息融合仿真验证、符合 RNP AR 要求的垂直引导技术、GLS 虚拟波束的生成和引导指令的计算、基于自抗扰控制法的自动着陆控制律设计、自动着陆引导策略和着陆滑跑段地面综合控制技术等连续下降运行和高等级自动着陆领域的前沿问题，对新一代自动飞行控制系统的研究具有参考价值。

本书是作者团队从事自动飞行控制系统研究工作的总结，书中所阐述的理论方法基本上经过预研项目和实际工程型号验证，具有重要的理论意义和工程应用价值。本书可供从事飞行控制、飞行引导技术研究的工程技术人员和硕士/博士研究生参考使用。

图书在版编目（CIP）数据

大型客机连续下降运行和自动着陆控制技术 / 李广文，翟少博，魏学东著. —北京：电子工业出版社，2023.5

（大型客机引导与控制技术丛书）

ISBN 978-7-121-45498-1

Ⅰ. ①大…　Ⅱ. ①李…　②翟…　③魏…　Ⅲ. ①旅客机－飞行控制－研究②旅客机－起落－研究　Ⅳ. ①V24②V323

中国国家版本馆 CIP 数据核字（2023）第 074448 号

责任编辑：郭穗娟
印　　刷：三河市龙林印务有限公司
装　　订：三河市龙林印务有限公司
出版发行：电子工业出版社
　　　　　北京市海淀区万寿路 173 信箱　　邮编　100036
开　　本：787×1092　1/16　印张：23.25　字数：592 千字
版　　次：2023 年 5 月第 1 版
印　　次：2023 年 5 月第 1 次印刷
定　　价：98.00 元

前　　言

连续下降运行和高等级自动着陆是大型客机当前和今后必须具备的核心功能，是贯彻绿色航空理念、提高飞机运行安全性和经济性的关键技术，也是飞行控制、航空电子领域的研究热点。本书系统全面地阐述了连续下降运行和高等级自动着陆技术，内容覆盖连续下降剖面规划、大型客机 CAT III A/B 着陆导航传感器信息融合、进近下降过程中的符合 RNP AR 要求的垂直引导技术、GLS 虚拟波束的生成和着陆滑跑段地面综合控制全过程。本书共 11 章，各章内容简述如下。

第 1 章绪论。本章主要阐述连续下降运行的概念、自动着陆系统和着陆引导策略以及大型客机 CAT III A/B 着陆导航传感器信息融合技术的研究现状。

第 2 章飞机下降性能数据库的建立及下降剖面设计。本章建立了下降性能计算模型，给出了不同下降方式的下降性能数据计算结果及影响因素，提出基于高斯伪谱法的轨迹优化方法。

第 3 章大型客机 CAT III A/B 着陆导航传感器信息融合架构和导航传感器建模。本章给出了大型客机 CAT III A/B 着陆导航传感器信息融合架构，建立了满足 CAT III A/B 着陆的导航传感器模型和地基增强系统模型，为后面开展卫星导航系统信息融合技术研究奠定了基础。

第 4 章大型客机 CAT III A/B 着陆导航传感器信息融合技术。本章提出了不同导航传感器信息的时间配准方法、空间配准算法和导航传感器信号平滑方法，给出了基于联邦滤波算法的信息融合架构和基于残差的模糊自适应信息分配策略，并进行了仿真。

第 5 章大型客机 CAT III A/B 着陆导航传感器管理策略。本章提出了基于测量一致性的完好性监控策略，以及基于奇偶矢量校验法、多历元累积奇偶矢量校验法等方法的卫星导航系统完好性监控。

第 6 章大型客机 CAT III A/B 着陆导航传感器信息融合仿真验证。本章给出了大型客机 CAT III A/B 着陆导航传感器信息融合仿真验证系统架构及场景设置，提出了信息融合管理评估指标、基于协方差矩阵的位置不确定度计算算法和飞行技术误差估计方法。

第 7 章符合 RNP AR 要求的垂直引导技术。本章提出了 RNP AR 对垂直引导的要求，设计了符合 RNP AR 要求的垂直引导律，给出了垂直航段过渡及捕获方法和垂直引导模式转换逻辑，并研究了垂直引导律动态参数调整算法。

第 8 章 GLS 虚拟波束的生成和引导指令的计算。本章介绍了基于 GLS 的连续下降进近功能架构、实施过程和关键技术等，给出了基于导航数据库信息的 GLS 虚拟波束生成方法、基于空间几何关系的 GLS 波束偏差计算方法和 GLS 进近引导指令计算方法，并进行了仿真。

第 9 章基于自抗扰控制法的自动着陆控制律设计。本章提出了基于自抗扰控制法的自动着陆基本控制律结构，设计了基于自抗扰控制法的俯仰角、滚转角和自动油门控制律。

第 10 章自动着陆引导策略。本章阐述了自动进场着陆过程，建立了风场模型和机场环境模型，给出了 CAT III 着陆的适航要求和性能指标，设计了自动进场着陆引导律，提出了自动着陆过程中抗侧风策略和风切变改出策略。

第 11 章着陆滑跑段地面综合控制技术。本章给出了着陆滑跑段地面综合控制仿真框架，建立了飞机着陆滑跑动力学模型、前轮偏转模型和制动系统模型，提出了滑跑综合纠偏控制策略，并对着陆滑跑段地面综合控制系统进行了仿真。

本书是作者团队多年从事自动飞行控制系统研究工作的总结。在过去的 10 年间，作者所在团队和中国航空工业集团有限公司 618 所、兰州飞行控制有限责任公司就自动飞行控制技术开展了深入合作，共同完成了民航客机专项和多型特种飞机自动飞行控制系统的研究设计工作。在此特别感谢中国航空工业集团有限公司 618 所占正勇研究员、李智研究员、王跃萍研究员、王祎敏研究员、王梓桐高级工程师、徐丽娜高级工程师和兰州飞行控制责任有限公司高国旗研究员、孙自军研究员、赵伟国高级工程师为我们的研究提供的无私帮助；对上述两个单位的其他各位同人给作者提供的支持一并表示诚挚的感谢。

本书是作者团队集体工作的结晶，李广文撰写了第 1、2、3、6、7、9 章，翟少博撰写了第 8、10、11 章，魏学东撰写了第 4、5 章。除三位作者外，在过去 10 年间，本团队中的多位研究生们为本书提供了素材，他们是邵明强、惠辉辉、刘恒立、曹植、许博、马力、曹萱、黄天宇、黄彭辉、陈畅翀、张祥、李钏星、尹芝钰。在此感谢他们的辛勤付出。

本书所阐述的理论方法基本上经过预研项目和实际工程型号验证，具有重要的理论意义和工程应用价值。本书对大型客机自动飞行控制系统研究、提高我国航空装备研究水平、实现航空关键核心技术的自主可控具有重要意义。本书可供从事飞行控制、飞行管理技术研究的工程技术人员和硕士/博士研究生参考使用。

由于作者学识水平有限，书中缺点和不足在所难免，恳请读者批评指正。

作 者
2022 年 10 月

缩 略 语 表

英文缩写	英文全称	中文含义
AAR	Airport Arrival Rate	机场到达率
ADF	Automatic Direction Finder	自动定向仪
ADRC	Active Disturbance Rejection Control	自抗扰控制
ADS	Air Data System	大气数据系统
ADM	Air Data Modula	大气数据模块
AFCS	Automatic Flight Control System	自动飞行控制系统
ALS	Automatic Landing System	自动着陆系统
ANP	Actual Navigation Performance	实际导航性能
AOA	Angle Of Attack	迎角
AOS	Angle Of Sideslip	侧滑角
ATC	Air Traffic Control	空中交通管制
CDA	Continuous Descent Approach	连续下降进近
CDO	Continuous Descent Operation	连续下降运行
CFIT	Controlled Flight into Terrain	可控飞行撞地
CIO	Conventional International Origin	国际协议原点
CTP	Conventional Terrestrial Pole	协议地极
DA	Decision Altitude	决断高
DDM	Difference in Depth of Modulation	调制深度差
DH	Decision Height	决断高度
DME	Distance Measuring Equipment	测距仪
ECEF	Earth-Centered, Earth-Fixed	地心地固坐标系
EKF	Extended Kailman Filter	扩展卡尔曼滤波
EML	Exact Maximum Likelihood	精确极大似然
EPU	Estimated Position Uncertainty	位置不确定度
ESO	Extended State Observer	扩张状态观测器
FAA	Federal Aviation Administration	美国联邦航空管理局
FAF	Final Approach Fix	最后进近定位点
FAP	Final Approach Point	最后进近点
FAS	Final Approach Segment	最后进近航段
4D-CDO	Four-Dimensional Continuous Descent Operation	四维连续下降运行

英文缩写	英文全称	中文含义
FMS	Flight Management System	飞行管理系统
FMC	Flight Management Computer	飞行管理计算机
FPAP	Flight Path Alignment Point	飞行航迹对正点
FSF	Flight Safety Fundation	飞行安全基金会
FTE	Flight Technical Error	飞行技术误差
FTP	Fictious Threshold Point	假想入口点
GARP	GLS Alignment Reference Point	GLS 航向参考点
GBAS	Ground-Based Augmentation System	地基增强系统
GERP	GLS Elevation Reference Point	GLS 高度参考点
GLS	GBAS Landing System	卫星导航着陆系统
GPA	Glide Path Angle	GLS 波束下滑角
GPS	Global Positioning System	全球定位系统
GS	Glide Slope	下滑信标台
HD	Head up Display	平视显示器
IAF	Initial Approach Fix	起始进近定位点
ICAO	International Civil Aviation Organization	国际民航组织
IF	Intermediate Fix	中间进近定位点
ILS	Instrument Landing System	仪表着陆系统
INS	Inertial Navigation System	惯性导航系统
LOC	LOCalizer	航向信标台
LQR	Linear Quadratic Regulator	线性二次型调节器
LTP	Landing Threshold Point	跑道入口点
MAPt	Missed Approach Point	错失进近点
MB	Marker Beacon	指点信标台
MCP	Mode Control Panel	模式控制面板
MDA	Minimum Descent Altitude	最低下降高度
MLS	Microwave Landing System	微波着陆系统
MMR	Multi-Mode Receiver	多模接收机
NASA	National Aeronautics and Space Administration	美国航空航天局
NLP	Non-Linear Programming	非线性规划
NLSEF	NonLinear State Error Feedback	非线性误差反馈
NSE	Navigation System Error	导航系统误差
PBN	Performance Based Navigation	基于性能导航
PDE	Path Defination Error	航迹定义误差

英文缩写	英文全称	中文含义
QFU（特定称谓）	Runway Magnetic Orientation（实际英文全称）	跑道磁方位
RA	Radio Altimeter	无线电高度表
RNP	Required Navigation Performance	所需导航性能
RTA	Required Time of Arrival	所需到达时间
RTCA	Radio Technical Commission for Aeronautics	航空无线电技术委员会
RVR	Runway Visual Range	跑道视程
SDF	Step Descent Fix	阶梯下降定位点
SIA	Standard Instrument Approach	标准仪表进近
STAR	Standard Terminal Arrival Route	标准进场程序
TAT	Total Air Temperature	总温
TCH	Threshold Crossing Height	穿越跑道入口高
TCP	Threshold Crossing Point	跑道入口飞越点
TD	Tracking Differentiator	跟踪微分器
TOD	Top Of Descent	下降顶点
TSE	Total System Error	系统总误差
UKF	Unscented Kalman Filter	无迹卡尔曼滤波
VOR	Very High Frequency Omnidirectional Radio Range	甚高频全向信标

目　　录

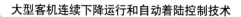

第1章 绪 论

民航产业作为高端制造业中的主要组成部分，是新时代背景下我国经济发展的引擎，在现代化强国建设中有着重要的战略地位。随着政府对民航产业的大力支持以及民用航空技术的不断成熟，我国民航事业蓬勃发展。2017 年 5 月，C919 飞机首飞成功，标志着我国民航产业的发展迈入新的阶段。根据中国民用航空局发布的《2019 年民航行业发展统计公报》：2019 年，民航系统全行业完成运输总周转量 1293.25 亿吨·千米，比 2018 年增长 7.2%；国内航线完成运输总周转量 829.51 亿吨·千米，比 2018 年增长 7.5%；国际航线完成运输总周转量 463.74 亿吨·千米，比 2018 年增长 6.6%；民航系统全行业完成旅客周转量 11705.30 亿人·千米，比 2018 年增长 9.3%；国内航线完成旅客周转量 8520.22 亿人·千米，比 2018 年增长 8.0%。

安全性是民航产业发展的首要目标，民航产业的蓬勃发展必须建立在安全运行的基础上。要发展民航产业，首先要关注影响其安全运行的因素，竭尽全力减少飞行事故。波音公司的统计数据表明，进近着陆段是飞行的关键航段，进近着陆段事故在整个飞行过程总事故中的占比为 50%～60%（见图 1-1），并且多发生在下雨、大雾等能见度差时。在天气恶劣、能见度差的环境下，要降低飞行事故率，必须依靠精密的电子设备辅助飞行员完成精确可靠的自动着陆。

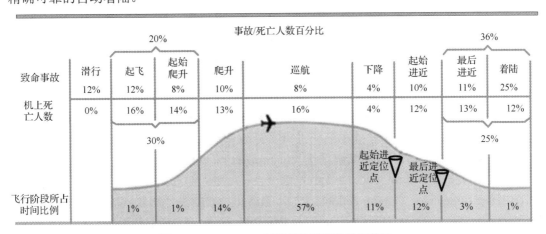

图 1-1 1959—2008 年飞行阶段事故数据统计

经济性是民航产业发展的第二个目标，传统的飞机下降进近方式是在飞机下降过程中，在飞机飞行高度高于超障高度的要求下，由管制员给定飞机下降高度，实施阶梯式下降，下降航迹由多个平飞段组成；管制员通过高度、速度指令控制进近飞机的间隔，这种下降方式需要管制员频繁发出管制指令，将增加管制员的工作负担；飞机阶梯式下降剖面和最优下降剖面相差较大，飞机在平飞段一般以固定速度飞行，需要使用额外的推力，会明显增加燃油消耗量、引起温室效应的气体排放量和噪声。为了减少机场周边的噪声污染和燃油消耗量，贯彻绿色航空理念，航空业界提出了连续下降运行（Continuous Descent Operation, CDO）的概念，即通过空域设计、程序设计和合适的空中交通管制（Air Traffic Control, ATC）许可的辅助，实现飞机按最优飞行剖面飞行。在此过程中，飞机使用最小的发动机推力，在最大程度上采用低阻力构型实施连续下降，从而减少下降过程中的燃油消耗量和气体排放量。

相比于传统的阶梯式下降，连续下降运行的主要优点如下：

① 更有效地使用空域和进近航路，从而增加空域容量。

② 减轻飞行员和管制员的工作负担。

③ 通过减少燃油消耗量，节约成本和减少对环境的污染。

④ 减少可控飞行撞地（Controlled Flight Into Terrain, CFIT）事故，从而提高飞行的安全性。

⑤ 减少大推力下的飞行时间，从而减少运行时的噪声。

连续下降进近（Continuous Descent Approach, CDA）技术是一种使飞机以基本固定的角度持续性下降，直到最后进近定位点/最后进近点（Final Approach Fix/Point, FAF/FAP）的飞机运行技术。尽管连续下降进近技术具有诸多优点，但由于连续下降进近时要求飞机尽可能按照规划的最优下降剖面飞行，在风速风向等气象信息变化的情况下，不便于人工驾驶，需要借助自动飞行控制系统（Automatic Flight Control System, AFCS），实施精确的高度控制和速度控制。

自动飞行控制系统的主要任务是提高飞机的乘坐舒适性，减轻飞行员的工作负担，提高机组执行飞行任务的适应能力和效率。满足高等级自动着陆要求的自动飞行控制系统能够使飞机在天气恶劣、能见度差的情况下，依靠精密的电子设备辅助飞行员完成精确可靠的自动着陆，极大地减轻飞行员的工作负担，提高飞行的精确性和可靠性，解决因天气原因产生的安全性和经济性之间的矛盾，提高机场的运行效率和航班的经济性。

准确感知大型客机在下降进近着陆过程中的偏差信息和导航参数是实现高精度、高等级自动着陆的前提。大型客机在下降进近着陆过程中一般通过惯性导航系统（Inertial Navigation System, INS）、仪表着陆系统（Instrument Landing System, ILS）、全球定位系统（Global Positioning System, GPS）、无线电高度表（Radio Altimeter, RA）、甚高频全向信标（Very High Frequency Omnidirectional Radio Range, VOR）、测距仪（Distance Measuring Equipment, DME）、自动定向仪（Automatic Direction Finder, ADF）、大气数据系统（Air Data System, ADS）及磁罗盘等传感器设备输出的信息进行位置估计。如何管理并融合这些传感器的测量信息，对大型客机自动安全着陆十分重要。为了把多导航传感器的测量信息进行关联和融合，以得到更精确的位置估计，需要针对下降进近着陆过程中多导航传感器的信息融合技术展开研究，以期充分利用各导航传感器的优势，取长补短，达到长时间、高精度导航的目的，使客机安全着陆。

综上可知，连续下降进近、自动着陆控制技术和进近着陆过程中多导航传感器的信息融合技术是大型客机实施高等级自动着陆的三项关键技术，是当前和今后大型客机的飞行控制系统必须具备的核心功能，对我国推进大飞机工程、实现航空制造业的升级具有重要意义。

下面分别阐述国内外连续下降进近、自动着陆控制技术和进近着陆过程中多导航传感器的信息融合技术的研究现状。

1.1　连续下降进近

1.1.1　飞机下降过程

飞机下降过程一般由进场航段、起始进近航段、中间进近航段、最后进近航段和复飞航段 5 个航段组成，如图 1-2 所示。

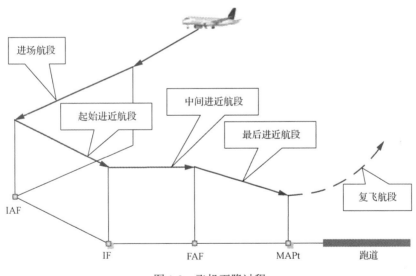

图 1-2　飞机下降过程

（1）进场航段（Arrival Segment）。该航段是指从航路飞行阶段下降过渡到起始进近定位点（Initial Approach Fix, IAF）的航段，主要用于理顺航路与机场运行航线之间的关系。

（2）起始进近航段（Initial Approach Segment）。该航段是指从起始进近定位点（IAF）开始，到中间进近定位点（Intermediate Fix, IF），或者完成反向航线程序、直线航线程序后，直到切入中间进近航段的一点为止的航段。

（3）中间进近航段（Intermediate Approach Segment）。该航段是指从中间进近定位点（IF）开始，到最后进近定位点/最后进近点（FAF/FAP）之间的航段，是起始进近到最后进近的过渡段，主要用于调整飞机构型、速度和位置，并稳定在航迹上，进入最后进近航段。

（4）最后进近航段（Final Approach Segment）。最后进近航段是指完成航迹对正和下降着陆的航段，是整个进近着陆过程中关键的阶段，包括仪表飞行和目视着陆两部分。仪表飞行是指从最后进近定位点/最后进近点开始，直到错失进近点（Missed Approach Point，MAPt）或下降到决断高（Decision Altitude，DA）为止；目视着陆是指从飞行员由仪表飞行转入目视进近直到进入跑道着陆。

（5）复飞航段（Missed Approach Segment）。复飞航段是指从复飞点或决断高度（Decision Height，DH）中断进近开始，直到飞机爬升到可以做另一次进近或回到指定等待航线、重新开始航线飞行的高度为止。

1.1.2 连续下降运行定义

国际民航组织（International Civil Aviation Organization，ICAO）在 2010 年发布的 *Continuous Descent Operation Manual*（ICAO Doc.9931）中，把连续下降运行定义为一种飞机运行技术，通过空域设计、程序设计和合适的空中交通管制许可的辅助，实现飞机按最优飞行剖面飞行。在此过程中，最优飞行剖面（垂直剖面）为连续下降路径的形式，仅在需要减速、飞机构型变化和建立着陆系统（如仪表着陆系统）时采用最小化的平飞段。

图 1-3 描述了传统阶梯式下降进近与连续下降进近的区别。图 1-3 中深色路径表示传统下降进近方式，该方式在低高度时包含一个或多个平飞段，通常是空中交通管制进行必要的飞机间隔保持的结果。图 1-3 中浅色路径表示连续下降进近方式，下降路径通常由飞行管理系统（Flight Management System，FMS）计算，从巡航高度开始以小推力（接近慢车推力）持续下降至最后进近定位点。

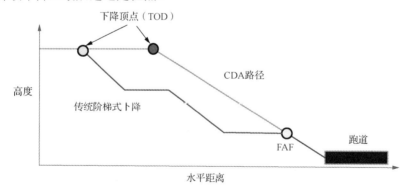

图 1-3 传统阶梯式下降进近与连续下降进近的区别

根据水平路径是否固定，连续下降运行程序可以分成闭合路径（Closed Path）连续下降运行程序和开放路径（Open Path）连续下降运行程序。闭合路径连续下降运行程序下的水平航迹（见图 1-4）是预先定义好的，可以包含标准进近程序（Standard Terminal Arrival Route，STAR）和速度/位置约束，直到最后进近定位点结束。此时飞机到跑道的精确距离已知，便于飞行管理系统实施自动优化下降。开放路径连续下降运行程序下的水平航迹（见

图 1-5）在最后进近定位点/最后进近点（FAF/FAP）之前已经结束，需要空中交通管制部门进行引导，直到最后进近定位点。

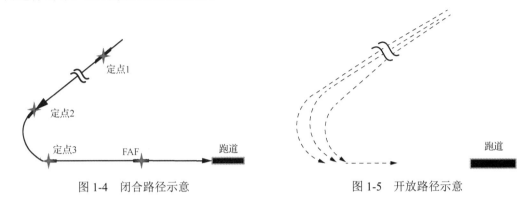

图 1-4　闭合路径示意　　　　　　　　图 1-5　开放路径示意

1.1.3　连续下降运行技术研究现状

从 2002 年开始，欧美等发达国家和地区陆续开展了连续下降运行技术的相关研究。2004 年，美国先后在洛杉矶机场和路易斯·韦尔国际机场进行了较为全面的连续下降运行程序实验。实验数据显示，与传统阶梯式下降相比，每次航班采用连续下降运行技术，可节约燃料 400～500 磅，进近时的噪声峰值降低了 3.9～6.5dB，在着陆过程中氮氧化物的排放量减少了 30%，进近过程的持续时间减少了 147s。2008 年，法国民航局也开展了类似实验，在马赛普罗旺斯机场 31R 跑道进行了连续下降运行程序的试飞实验，航空器分别采用传统阶梯式下降和连续下降运行，对比两种下降方式下发动机推力、运行高度、平均速度、噪声水平等具体参数，验证了连续下降运行相比于传统阶梯式下降的优势。2009 年 5 月，日本在关西机场进行了连续下降运行程序的试飞实验。欧洲的一些研究机构也先后在阿姆斯特丹、斯德哥尔摩和伦敦希思罗机场进行了连续下降运行程序的飞行实验，取得了和美国类似的结果。

此外，国外航空业界学者也围绕连续下降运行技术开展了诸多研究。2008 年，美国佐治亚理工学院的 Lowther M B 等人分析了制约连续下降运行技术大规模应用的关键因素。2009 年，Klooster 等人研究了在给定着陆许可时间条件下的连续下降计算模型。Vela A E, Solak S, Clark J P B 等人研究了通过优化空中交通航路飞行参数，以降低飞行对环境的影响。Garrido-López 等人提出了一种实施四维航迹引导的连续下降进近策略，通过高度偏差阈值和预设的推力等级，以非线性控制方式保证航空器在四维航迹上飞行。2011 年，美国航空航天局埃姆斯研究中心的 Laurel Stell 研究了连续下降运行中下降顶点（Top of Descent, TOD）的估算问题，提出用多项式逼近算法快速计算下降段的距离，并将波音 B737-700 飞机和空中客车（简称空客）A320 飞机的估算结果与飞机飞行管理系统的计算结果对比，误差不超过 9000m。波音公司的 Kwok-On Tong 等人提出了融合三维航迹概念的固定下滑角的连续下降进近方法，通过减小发动机推力维持飞机在下滑过程中的固定下滑角。这种方式虽然损失了一些连续下降运行带来的节省燃油和减少污染物排放量的环境效益，但是通过合理的设计，可以将这样的损失控制在很小的范围。荷兰代尔夫特理工大学的 R. Sopjes 等人提出了一种满足时间限制的可变下滑角连续下降进近方法，将飞机的下降过程分成满足限制要求但下滑角可变的两个航段，在减少燃油消耗量和污染物排放量的同时，除了便于空中交通管制部门增加速度限制和高度限制，还便于飞行员操作。2012 年，美国佐治亚理工学院的 Sang Gyun Park 等人先通过最优控制法求解最小时间和最小燃油下降剖面，再利用最优剖面分析下降顶点的位置范围、所需到达时间范围和燃油消耗量范围等下降性能。2013 年 10 月，欧洲波音研发中心的 Christian Grabow 提出了一种基于融合点技术的连续下降进近方法。该方法根据连接点到融合点的距离、飞机到连接点的补偿距离以及空中交通管制要求的安全距离，调节飞机的速度，使得机场可成功实现连续下降进近的航班数量最大化。

我国在连续下降运行方面的研究较少，对连续下降进近方法的研究还处于理论探索阶段。我国民航相关方面的专家和学者对这一新兴的进近程序进行了研究，并提出了自己的看法，通过对比国外试行情况，对我国连续下降进近技术的发展前景做出了大胆的预测和评估。2009 年，中国民航大学空中交通管理学院的王超等人研究了基于基本飞行模型的四维航迹预测方法，针对四维航迹存在的航迹预测精度差、航迹预测复杂、耗时较长等问题提出了解决方法；通过构造航空器的多个基本飞行模型，将四维航迹分解为高度剖面、速度剖面和水平航迹进行研究，然后捕获各阶段变量进行拟合，形成一条以航迹特征点为基础的完整四维航迹。该方法虽然在一定程度上提高了航迹预测的准确性，但其航迹并不是连续下降的，不能减少燃油消耗量，并且在航迹预测时没有考虑风场信息和大气温度变化模型。因此，其航迹预测的准确性有待提高。2012 年，上海飞机设计研究院的孙鹏从国产民用飞机的设计角度，对连续下降运行技术进行了初步分析和蒙特卡洛模型仿真。结果显示，连续下降进近技术确实可以减少燃油消耗量和噪声，但其实施过程仍存在一些需要解决的问题。例如，操作程序复杂，对下滑航迹的跟踪较为困难。因此，在连续下降进近技术的实际推广中需要配备精密导航设备，实现飞机的四维航迹导航。同时，在飞行控制律的设计中，要考虑飞机对风干扰和飞行员操作误差的影响，以提高飞机着陆控制的鲁棒性。中国民航大学的魏志强等人针对飞行中污染物排放估算中的航迹预测方法进行了研究，对国际民航组织标准排放模型进行了改进。结果显示，该估算模型与国际民航组织标准排放模型相比，误差小于 1%，并且可计算各个飞行阶段、飞行高度和不同气象条件下的污染物排放量数据，可以为下降阶段的航迹优化和参数优化提供数据参考和依据。2013 年，北京航空航天大学的唐鹏、张曙光等人针对发动机故障情况，提出了一种连续下降进近航迹生成算法，提高了发动机故障情况下飞机降落的成功率。该方法以提前设计好的四段航迹构型（大角度下滑、圆弧下滑、指数衰减下滑、小角度下滑）为前提，在合理假设的情况下，减少需要选择的参数数量，提高运算效率。尽管该连续下降进近航迹生成算法提高了计算效率，但它在通过较多假设条件简化运算时，在一定程度上损失了所得结果的最优性，并且同样没有考虑风等气象条件的影响以及空管限制。2016 年，中国民航大学电子信息与自动化学院的宫峰勋等人利用高斯伪谱法优化出一条满足最佳性能指标要求的理想飞行航迹，在下降过程中结合不同航段的速度范围改变航空器的襟翼位置，使飞机从巡航高度经过最优下降顶点后的下降飞行时间最短，但对连续下降进近飞行时间进行优化时，并未考虑燃油消耗量，也缺少环境因素的约束。2018 年，西北工业大学李广文等人针对在高密度空域环境下实施连续下降运行程序存在的问题，提出了基于四维航迹的飞机连续下降运行飞行引导技术，利用四维航迹预测和飞行引导系统实现可定时到达的精准飞行引导，降低连续下降运行过程中航迹的不确定性。

1.2　自动着陆控制技术

大型客机进近着陆时多采用自动着陆的方式，即由自动飞行控制系统完全控制飞机进近着陆。目前，国内外机场多采用仪表着陆系统对飞机的着陆进行引导。首先，仪表着陆系统下滑信标台（Glide Slope, GS）和航向信标台（Localizer, LOC）分别发射两束波瓣，形成一条梯形状的虚拟下滑道。然后，机载计算机可根据接收到的下滑道信号和航向道信号的调制深度，计算得到飞机当前位置相对于下滑道中心线的角度偏差，从而调整飞机姿态，使飞机沿着下滑道稳定下滑，实现精密进近。

国际民航组织将飞机进近着陆分为三个等级：CAT I、CAT II 和 CAT III。进近着陆等级越高，飞机着陆时不同高度段的位置与机场给定的进近航迹的航迹误差越小，导航精度越高，对提高机场终端区调度效率的作用越大。因此，CAT III 着陆系统能够有效地提高着陆精度和着陆效率，是未来进近着陆系统的发展方向。CAT III 着陆系统又细分为 A、B、C 三种类型，划分依据是决断高和跑道视程（Runway Visual Range, RVR）。其中，决断高是指在使用下滑引导的仪表进近中决定继续下降或立即复飞的最低高度限制，决断高的识别可由无线电高度表测量；航空器下降至决断高时，如果不能取得继续进近所需的目视参考，必须执行复飞。跑道视程是指飞机位于跑道中线上时，飞行员能看清跑道道面标志或跑道边灯或中线灯的最大距离；自动着陆系统工作时，飞行员在接地区和跑道上需要及时且可靠的能见度情况报告；跑道视程是用视距测量仪表系统及解析周边背景灯光效果和跑道灯强度的办法测量的。CAT III A 着陆是指决断高低于 30m 或无决断高、跑道视程小于 200m 的精密进近着陆，CAT III B 着陆是指决断高低于 15m 或无决断高、跑道视程小于 200m 但不小于 50m 的精密进近着陆；CAT III C 着陆是指无决断高和无跑道视程的精密进近着陆。

CAT III 着陆控制技术是未来民航客机进近着陆的主要着陆引导途径。国外对 CAT III 着陆控制技术的研究和实施已有较深厚的经验积累，CAT III 着陆控制技术及配装设备的发展也日臻成熟。1969 年，法国内陆航空的快帆飞机成为民用航空史上首架实施 CAT III A 着陆的航空器；后续的"三叉戟"飞机、波音 B747 飞机（1971 年）、协和式飞机（1975

年）等航空器均获得了 CAT III A 着陆批准。目前，国外航空公司机场以及机载设备均以满足 CAT III 着陆系统为目的进行配装。

相较于国外，国内针对 CAT III 着陆系统的研究起步较晚，但也在积极追赶。目前，国内民航以国外已具备 CAT III 着陆系统的航空器为基础，积极推进能够满足 CAT III 着陆条件的机场建设。CAT III 着陆控制技术的研究在近几年取得了突破，根据中国民航网报道，2017 年 3 月 30 日，随着一架东方航空公司运营的空客 A330 飞机在上海浦东机场第二跑道成功降落，浦东机场 34L 跑道仪表着陆系统的 CAT III A 盲降飞行程序和低能见度运行程序的验证试飞工作顺利完成，标志着浦东机场第二跑道的设备以及运行程序已经初步满足 CAT III A 着陆条件。浦东机场执行的 CAT III A 着陆以仪表着陆系统为引导基础，建立了 ILS-III A 类运行保障系统，使得浦东机场在跑道视程大于 175m、云层高于 15m 的气象条件下具备完全依靠机载计算机和仪表引导实现飞机自动安全起降的能力。在此之前，国内机场仪表着陆系统的最高进近着陆等级为 CAT II，相比于 CAT II 标准（跑道视程大于 350m，云层高于 30m），CAT III 标准可在天气和能见度更为恶劣的情况下，提升机场航班保障能力，减少由于雾霾等低能见度天气对航班运行和旅客出行的负面影响。此次 CAT III A 着陆的试飞成功，为浦东机场最终通过 CAT III A 运行审批奠定了基础，浦东机场也成为国内民航第一家具有 ILS-III A 运行保障能力的民用机场，跻身全球飞机起降运行保障水平最高的民用机场行列，填补了国内 CAT III A 运行的空白。同年 12 月 4 日，北京首都国际机场完成了基于平视显示器（Head Up Display, HUD）的跑道视程为 90m 的可靠能见度下起飞，以及 CAT III A 着陆验证飞行。近几年，为了提升运行效率，中国民航在新技术应用上取得了很大突破，此次试飞，在华北空管的指挥下，一架空客 A320 飞机和一架波音 B737 飞机仅间隔 7min，先后在首都国际机场以 CAT III 标准平稳着陆，实施 CAT III A 后，首都国际机场最低标准由跑道视程为 300m 进一步降低至跑道视程为 175m，有效地减少雾霾等能见度低的天气下对旅客出行的影响，大幅度提高首都国际机场对客机进近着陆调度的效率，同时也标志着首都国际机场成为国内第二个具备实施 CAT III A 的机场。首都国际机场完成试飞后不久，上海浦东机场正式实施 CAT III。

2019 年 8 月 6 日，北京大兴国际机场圆满完成了 CAT III B 着陆。当天 17 时 43 分、17 时 46 分、17 时 56 分、18 时 24 分、21 时 33 分，东方航空公司的一架空客 A320 飞机、首都航空公司的一架空客 A330 飞机、中国联合航空公司的一架波音 B737 飞机、河北航空公司的一架波音 B737 飞机、成都航空公司的一架 ARJ21 5 飞机，在华北空管的指挥下，依次在大兴国际机场平稳着陆，实现了决断高低于 15m、跑道视程不小于 75m 的着陆。

在建设满足 CAT III 着陆机场的同时，中国民航也在进一步发展大型客机进近着陆段可用的导航传感器。2019 年 9 月 2 日，中国民航顺利完成美国霍尼韦尔公司和中国电子科技集团公司推出的两个型号的卫星导航地基增强系统（Ground-Based Augmentation System, GBAS）地面设备合格审定及测试工作，标志着地基增强系统这项新技术在中国民航的许可认证工作取得阶段性成果。地基增强系统是一套由卫星信号引导的飞机着陆系统，主要用于航空器进近着陆，通过全球卫星导航系统实现航空器精密进近，可以极大提升飞行安全性，减少由天气原因造成的复飞和返航，增强飞行运输能力及着陆能力。该技术的推行，进一步加快了国内机场实现 CAT III 着陆系统的建设。

CAT III 着陆控制技术的使用不仅极大地减轻了飞行员的工作负担，同时也提高了飞机的精确性和可靠性，解决了因为天气而产生的安全和经济利益之间的矛盾，进而提高市场竞争力，还提高了机场运行效率和航班的经济性。最重要的是，大幅度提高了进近着陆段飞机的安全性和可靠性。因此，CAT III 着陆对民用航空的发展至关重要。虽然国内近两年加快了 CAT III 着陆的研究，但是目前在 CAT III 着陆的研究成果和进度仍然大幅度落后于国外。例如，国产大型客机 C919 是首次配备了 CAT III A 着陆功能的国产民航客机，但国内能够实施 CAT III 着陆的机场仅有香港地区、北京和上海三地。为了提高中国民航的竞争力，对 CAT III 等级自动着陆系统的研究势在必行。要达到 CAT III 着陆，不仅要求自动飞行控制系统具有相应的可靠性和控制精度，而且要求用于着陆控制的地面导航设备和机载导航设备达到相应的精度水平，能够为 CAT III 着陆系统提供高精度的导航信息。因此，如何对 CAT III 着陆过程的可用导航传感器测量信息进行融合得到高精度的导航信息，对 CAT III 着陆的实施至关重要。

本书对满足 CAT III 着陆的高精度、强鲁棒性控制技术进行研究，其研究范围包括进近着陆段和地面滑跑段，研究重点在于自动着陆控制律设计、着陆引导策略和地面综合控制技术三个方面。因此，下面主要针对上述三个方面的研究现状进行介绍。

1.2.1　自动着陆控制律设计研究现状

自动着陆控制律是自动着陆系统的基础，该控制律设计的好坏直接关系到自动着陆系统的稳定性与鲁棒性。满足 CAT III 要求的自动着陆控制律设计的难点体现在以下三个方面。

（1）飞机跑道视程短、决断高很低或无决断高。

（2）要求飞机精确跟踪下滑航迹，对接地点散布要求很高，即对航迹跟踪的精度很高。

（3）飞机进近着陆段的外界环境比较复杂，大气紊流、阵风、侧风、风切变及导航设备的测量误差等都会对飞行造成很大影响，地面效应、模型参数摄动等也会影响飞机的稳定性。

就目前而言，PID 控制法依旧是自动着陆控制律的主流设计方法，已经在飞行控制领域成熟应用了数十年。设计人员根据着陆控制模态选择合适的反馈信号，然后整定比例（P）、积分（I）、微分（D）组合的参数，从而确定控制律。2017 年，海军航空大学的朱飞翔等人采用 PID 控制法设计俯仰角控制回路和高度控制回路，在无扰动的情况下可以精确跟踪下滑航迹。随着航空业的发展，民航客机对自动着陆系统提出了更高的要求。为满足 CAT III 着陆的需求，波音公司对着陆段纵向、侧向及平飞段的控制方案进行改进，但是控制律依然采用 PID 控制法进行设计。PID 控制法工程实用性好，但也存在很多缺点，如鲁棒性不够强、对外界扰动的抑制能力有限、控制律参数设计比较烦琐等。

为解决自动着陆控制律的鲁棒性和航迹精确跟踪控制问题，国内外学者采用现代控制理论对此进行相关研究，取得了不错的研究成果，所用研究方法主要包括鲁棒控制法、最优控制法、智能控制法等。鲁棒控制法主要包括 H_∞ 控制法、μ 综合法、线性二次型调节器（Linear Quadratic Regulator, LQR）等，当系统存在扰动、参数摄动时，鲁棒控制仍能保持良好的动态响应和稳定性。2001 年，北京大学的 Che 在稳定逆思想和 H_∞ 控制法的基础上设计了有人机的自动着陆控制律，提高了飞机对外界扰动和噪声的抑制能力，其控制精度和鲁棒性达到了美国联邦航空管理局（Federal Aviation Administration, FAA）对 CAT III 精密进近着陆的要求。2003 年，北京航空航天大学的王会把着陆控制系统中的设计要求和飞行品质要求转化为结构奇异值 μ 综合法中权函数的选择。由此设计出的控制律能够对下滑航迹进行精确跟踪，具有抑制扰动的良好性能，但是 μ 综合法的计算量很大，迭代过程烦琐，并且无法保证在全局内的最优性。2013 年，南京航空航天大学学者李欣、江驹等人采用 H_∞ 控制法和 PID 控制法对飞机在进近过程中的姿态控制律进行研究。实验表明，在侧风扰动下，H_∞ 控制法能够精准快速地进行姿态跟踪，在侧风作用下有很快的恢复能力。但是采用 H_∞ 控制法设计自动着陆控制律时，需要依赖大量传感器的测量信息构造状态观测器，很难应用到实际工程中。2014 年，克拉约瓦大学的 Romulus Lungu 等人采用 H_∞ 控制法和反步法相结合的方式，对纵向着陆过程进行控制，其理论结果通过波音 B747 飞机的数值模拟进行验证。结果表明，该方法能满足美国联邦航空管理局对 CAT III 精密进近着陆的要求，所得到的控制律不仅具有抑制传感器误差、阵风和低强度风切变的能力，还具有鲁棒性，但对 CAT III 精密进近着陆的指标要求定义不够清晰。2016 年，北京航空航天大学的 Zhang 等人采用线性二次型调节器和自抗扰控制（Active Disturbance Rejection Control, ADRC）技术相结合的方法，设计着陆姿态控制器，用线性二次型调节器代替原始的比例微分增益。结果表明，该方法能有效解决着陆过程中的参数摄动问题和抑制未知干扰，但是对 Q 矩阵和 R 矩阵的选取太简单，完全依靠经验给出。总的来看，鲁棒控制法很难用于实际工程：一是所需成本太高，需要配备大量的传感器；二是控制器的阶次可能比控制对象的阶次更高，使结构变得复杂，不利于工程化应用。

此外，一些学者将神经网络控制、模糊控制、预测控制、滑模控制等方法应用于着陆控制研究。2014 年，新加坡南洋理工大学的 D.M.K.K 将滑模控制应用于非线性六自由度飞机的自动着陆控制，将参考下滑航迹与飞机之间的位置误差转化为有滑动功能的状态变量，将着陆机动转化为航迹跟踪问题。该方法虽然控制性能优于 PID 控制器，但是选择滑动函数、到达定律和推导控制定律却比 PID 控制器复杂很多。2017 年，克拉约瓦大学的 Mihai Lungu 将神经网络控制法用于飞机进近着陆过程控制，虽然控制效果较好，但是神经网络是用于模拟人大脑神经的行为，将其用于着陆控制还处于理论仿真阶段，是否能在实际工程中得到应用尚未可知。针对外界环境变化引发飞机对象参数摄动这一问题，Zhang F、Kato A 等人将模糊控制用于飞机的进近着陆控制，并且对模糊控制法进行了相应的改进，提出自适应模糊控制、因子修正模糊数模型、带优化修正函数的无量化模糊控制器等。使用模糊控制法可以利用系统状态信息调节控制量的大小，能动态改善系统在参数摄动下的控制效果，但是需要使用模糊规则进行控制量的校正，控制形式太复杂，并且计算量大。

2019 年，学者 Mihai Lungu 采用反步法设计飞机着陆姿态控制律，先将系统的阶次进行分解，然后为每个子系统设计李雅普诺夫（Lyapunov）函数和虚拟控制量，一步步反推得到控制量，虽然反步法能解决飞机的非线性问题，但是依然需要比较精确的模型，常需要结合其他方法才有更好的效果。此外，反步法涉及微分求解问题，计算麻烦。南京航空航天大学 Zhen 等人采用自适应控制方法进行着陆姿态控制律设计，与期望姿态进行比较，动态地调整控制律参数，实现对期望姿态的跟踪。但是，当飞机的不确定扰动变化较快时，自适应控制效果会变差。

我国韩京清研究员在 1989 年以对经典控制方法的反思为开端，在 PID 控制法缺陷的基础上提出"跟踪微分器"（Tracking Differentiator, TD）、"非线性误差反馈"（Nonlinear State Error Feedback, NLSEF）等一系列改进措施，在 1998 年正式提出自抗扰控制法。自抗扰控制法不需要精确的控制对象模型，也不需要外界扰动的具体模型，它将作用于被控对象的所有不确定因素当成系统的"总和扰动"，利用被控对象的输入输出信息，主动自发地通过扩张状态观测（Extended State Observer, ESO）将扰动信号进行实时估计并补偿，降低或消除扰动信号对系统的作用。自抗扰控制法旨在解决控制过程中的核心问题：抗扰，而不再重点纠缠被控系统的线性-非线性问题、时变-时不变问题。

经过多年的发展，自抗扰控制法已广泛应用于各个领域，在飞行控制领域也得到实际应用。2019 年，南开大学的孙明纬等人对高超声速航空器的三个姿态通道设计线性自抗扰控制器，并在弱耦合情况下，俯仰角控制和滚转角控制能直接应用于攻角和侧滑角控制上，并取得了满意的控制效果。天津大学的 Zhu 等人为解决固定翼飞机在降落时容易受风扰动问题，采用自抗扰控制法和 PID 控制法设计纵向着陆控制律。结果表明，自抗扰控制法的抗扰动性比 PID 控制法更强，在整个降落过程中具有很好的稳定性和跟踪精度。北京航空航天大学的 Shan 等人针对飞翼无人机强耦合性问题，采用自抗扰控制法和 PID 控制法相结合策略，以 PID 控制法控制内回路的角速度，以自抗扰控制法控制外回路对角速度进行控制，设计结果完全满足控制精度要求。

鉴于自抗扰控制原理简单、容易实现、抗干扰能力强等优点，将其用于复杂环境下的自动着陆控制是可行的。本书采用自抗扰控制法设计着陆姿态控制律和自动油门控制律，从而保证着陆控制的鲁棒性。

1.2.2　着陆引导策略研究现状

鲁棒着陆控制律是实现飞机在复杂环境中着陆的前提，而着陆引导策略是航迹控制精度和飞行安全的重要保障。自动进近着陆过程是一个短暂而复杂的过程，涉及进近、截获、下滑、拉平等多个阶段，容易受到大侧风、紊流、风切变等大气扰动。如何根据着陆阶段和外界环境条件采取相应的控制策略，适时地进行控制律切换，保证飞机的引导精度和飞行安全，是着陆引导的关键。总体来说，着陆引导策略涉及纵向引导、横侧向引导、抗风策略和复飞决策。

飞机的着陆引导依赖于仪表着陆系统的引导信号，根据波束偏差信号生成引导指令，操纵飞机跟踪下滑航迹。2011 年，北京航空航天大学的李会杰针对 CAT III 着陆引导分别设计了纵向控制律和横侧向控制律。纵向控制律包括定高控制、下滑控制和拉平控制，下滑控制时用下滑波束偏差角经 PI 控制直接生成俯仰角信号；在设计横侧向控制律时充分考虑了侧风作用，采用侧滑法抗侧风策略。虽然通过蒙特卡洛模型仿真验证了该着陆控制律具有较高的精度和鲁棒性，但是并未给出控制律的切换判断条件，未体现出航向截获和下滑截获过程，同时只研究了空中着陆段，对地面滑跑段的控制未加研究。2012 年，西北工业大学的常凡凡将波束偏差信号等效为角度信号，根据飞机的运动姿态和飞机与下滑信标台（GS）和航向信标台（LOC）的距离计算出角度信号，在横侧向进行了航向预选控制、航向信标截获控制和航向信标跟踪控制。航向预选控制以偏航角为反馈信号，将飞机的航向控制在便于截获的角度上；航向信标截获控制以波束偏差角信号和航迹方位角信号为控制信号，乘以比例系数，以生成横滚指令；航向信标波束跟踪控制以波束偏差角为控制信号，经 PID 组合生成横侧向引导指令；纵向引导以垂直速度和纵向偏差角生成期望垂直速度，经 PI 控制生成俯仰角指令，采用指数拉平轨迹设计。仿真结果表明，跟踪精度满足 CAT III A/B 着陆的要求，但是该方法仅考虑了侧风作用，对于抗紊流、风切变等扰动的能力未知。此外，飞机模型采用线性化模型，忽略了耦合和参数摄动等影响。2017 年，南京航空航天大学的高丽丽建立了航迹倾斜角和俯仰角之间的数学模型，利用波束偏差信号生成航迹倾斜角指令，从而改变俯仰角，实现对下滑航迹的跟踪；整个过程采用 PID 控制法，未加入扰动因素，也没有验证鲁棒性。

针对拉平段存在较大跟踪误差的问题，北京航空航天大学的郝现伟等人在高度控制的基础上加入前馈校正环节。根据指数轨迹的变化对俯仰角指令进行超前校正，消除了拉平段的轨迹跟踪误差。

针对着陆过程中易受侧风扰动问题，南京航空航天大学的嵇鼎毅等人提出了偏航法、侧滑法和直接侧力法的抗侧风策略，并且进行了对比仿真，得出直接侧力法具有更强的优势，但直接侧力法依靠垂直鸭翼获得侧力，不适用于所有机型。

针对风切变环境中的着陆控制问题，南京航空航天大学的桂远洋等人引入能量高度和风切变危险因子作为安全性指标，采用美国联邦航空管理局提出的三种改出方法，进行风切变的改出对比分析，但是没有给出需要改出的判断条件。

当飞机受到的风切变、紊流等大气干扰过大，超出飞机的控制能力时，必须拉起机头复飞，民航客机的复飞决策是民航客机安全飞行的重要内容。

1.2.3 地面综合控制技术研究现状

着陆滑跑段是飞机着陆的最后阶段，也是受力最为复杂的阶段。在飞机拉平接地后，飞机进入地面滑跑。在此过程中，受跑道长度、宽度的限制以及外界环境因素的影响，飞机因控制困难容易发生冲出跑道、擦尾、爆胎、侧翻等飞行事故。保证飞机在恶劣环境条件下实现平稳快速的减速制动和沿跑道中心线滑跑，是航空业界一直以来追求的目标。为实现飞机地面运动的安全与稳定，需要开展滑跑动力学建模和地面综合控制研究。

着陆滑跑段的受力分析和精确建模是开展地面综合控制的基础，同时也是急需解决的技术难点。早在1937年，美国学者Michael. F在分析无人机的地面运动特性时，将飞机的起落架系统简化成一个线性的弹簧阻尼系统，虽然等效的系统能够反映飞机在地面运动时的动态特性，但却忽略了起落架缓冲器的摩擦力。1970年，美国航空航天局（National Aeronautics and Space Administration, NASA）对波音B747客机建立了地面动力学模型，并将其用于开发飞行模拟器。1985年，A G Barnes等人为了研究固定翼飞机在地面上的操纵特性和相关品质，建立了飞机地面运动的六自由度模型，但该模型未充分考虑飞机轮胎、起落架和机体之间的相互耦合关系，无法真实模拟出飞机的地面运动特性。1994年，德国的St.Germann和M.Wurtenberger对地面与飞机轮胎之间的摩擦作用进行研究，极大地提高了轮胎所受摩擦力的精确性；W.S.Pi在考虑起落架和飞机机体相互作用的基础上，对多架不同类型飞机的起落架进行建模，但是对滑跑六自由度模型进行简化，忽略了角运动，只建立了四自由度模型。2001年，南京航空航天大学民航学院的顾宏斌建立包括前轮操纵系统在内的地面六自由度数学模型，但是未考虑停机角对受力的影响。2003年，Canudas-de-Wit根据实验室得到的数据，采用偏微分方程将飞机地面运动的动力学特性进行数学表达，建立了摩擦力模型，该模型能够反映飞机轮胎在制动和加速运动时摩擦力的变化。2004年，清华大学的段松云对无人机起飞和着陆的动力学特性进行研究，建立了三轮接地的数学模型、主轮离地后爬升的数学模型、从进近到主轮接地和三轮接地滑跑直至完全停下的数学模型，但是他在建模过程中使用了大量假设条件，并且没有给出飞机地面运动的仿真曲线，对建模是否正确没有进行验证。2011年，西北工业大学航天学院的王鹏等人根据飞机地面运动的受力情况，建立飞机滑跑段的全量非线性模型，将起落架视为刚体，通过受力平衡条件对飞机的支持力进行求解，该方法便于建立模型，但是忽略了起落架缓冲器受力等情况。2017年，南京航空航天大学的李洁玉也从飞机地面运动的受力情况出发，根据平衡状态方程求解支持力，建立飞机的滑跑动力学模型，但是他只考虑了三轮滑跑情况，忽略了飞机横侧向和纵向的姿态变化。在2018年，西安爱生技术集团公司飞机设计研究室的张琳等人用一个弹簧阻尼系统代替起落架的机械特性，建立了滑跑起飞验证平台，对飞机从滑跑、离地爬升到安全高度的过程进行仿真，但是他们在该模型中未考虑侧向摩擦力的作用。南京航空航天大学的范大旭等人根据弹簧阻尼系统的压缩量和压缩速度计算飞机轮胎受到的支持力，但是未指明起落架刚度系数和阻尼系数的出处。飞机地面模型越复杂，控制越困难，建立既满足控制要求又能反映地面运动特性的数学模型，是急需解决的问题。

　　地面综合控制是实现飞机在恶劣环境中安全和稳定滑行的保证，在此方面的研究，欧美等发达国家和地区已经走在了前列。为了减轻飞行员在进近着陆段的负担，进一步满足机电综合管理的需要，国外正在大力发展公共管理系统，将前轮转向操纵系统和防滑制动系统纳入其中，其控制功能已经被综合到分系统的控制器中，并已经在民航客机上得到运用。目前，国外还在发展先进制动控制技术的相关技术，该技术将前轮起落架系统、防滑制动控制和方向舵操纵三部分进行综合，以提供一个相对完善的、自动化的地面操纵系统，该系统有望解决飞机在光滑跑道和大侧风扰动下的地面运动控制问题。例如，在高速滑跑时主要采用方向舵控制；低速滑跑时，使用前轮进行控制。空客公司以 A320 飞机、A340 飞机、A380 飞机为代表的民航客机机型，在起落架的控制上采用了电子综合控制技术，把方向舵脚蹬、手轮操纵和前轮转向操纵的联合控制以及差动制动功能都综合到一个控制器里进行控制，可以根据需要与方向舵联动，进行转弯指令的叠加等，并且对最大转角做出限制，能在综合控制的作用下确保飞机着陆安全和航向正确。1999 年，美国人 Abzug 在综合考虑方向舵和前轮偏转对航向控制影响的基础上，对飞机地面运动的稳定性展开研究。Golghorpe 等人根据研究需求，在建模时加入前轮偏转和制动模块，实现飞机在两者共同作用下的地面转弯。2009 年，南京航空航天大学的陈磊对单独使用前轮转向纠偏和主轮差动制动纠偏两种方式进行飞机纠偏设计，并对比了两种纠偏控制的效果。2014 年，北京航空航天大学的郝现伟等人采用纠偏控制的方法，将多输入（方向舵偏转、前轮转向、主轮差动制动）等效为单一虚拟控制舵面，进而用 PID 控制法设计控制参数和指令分配系数。该方法虽然对纠偏控制有一定的启发，但是指令系数分配算法过于简单且采用线性化模型，无法体现真实的滑跑纠偏过程。2015 年，西北工业大学的吴成富等人采用 PID 设计纠偏控制器，针对不同速度设计了不同的控制律参数，然后利用模糊控制方法使飞机根据速度匹配相应的参数。该控制器能在高速和低速时同时使用，但是在多个速度点处设计参数过于烦琐。随着控制理论的发展，很多智能控制算法被用于滑跑纠偏控制。2018 年，西北工业大学 365 研究所的高采娟使用主辅模糊控制器相结合的双重模糊控制方法，采用主轮差动制动和阻力方向舵联合纠偏。仿真结果表明，该方法有较好的控制效果。中南大学的刘正辉采用相似性双余度技术，提出了前轮和主轮综合纠偏的设计方案，并详细设计了软硬件执行方案，但是没有将方向舵进行综合。南京航空航天大学的尹乔芝对不同速度下各个纠偏子系统的纠偏权重进行优化，得出了高速段方向舵纠偏效果最佳、中速段主轮差动制动纠偏性能最佳、低速段前轮转向控制最佳的结论。2019 年，北京航天无人机系统工程研究所的付国强等人在采取方向舵和前轮转向联合纠偏的基础上，将侧滑角作为反馈信号引入航向控制回路，这种方法对改善稳定性较弱的高速无人机的抗侧滑性能有明显作用。

从地面综合控制的研究现状来看，国外已经拥有相当成熟的技术，而我国在地面综合控制方面，大部分都停留在仿真理论阶段，而且大多是针对无人机展开的，对民航客机的研究还很少。目前，在我国，由飞行员分别操纵方向舵、前轮脚蹬和制动系统实现地面减速和纠偏功能。因此开展地面综合控制研究势在必行。

1.3　进近着陆过程中多导航传感器的信息融合技术研究现状

随着航空事业的发展，CAT III 着陆过程中可用的导航传感器逐渐增多。对于传统飞行程序，仪表着陆系统和微波着陆系统（Microwave Landing System, MLS）是飞机在 CAT III 着陆过程中使用的最主要导航设备，提供航向信号和下滑信号。上述两种导航设备都是基于地面台站运行的，由此带来了一些传统飞行程序难以克服的缺陷，具体如下：

（1）传统飞行程序是基于地面台站进行飞行的，必须采用"台到台"的飞行方式，航段繁多，飞行路线长，航线无法最优化。

（2）导航台上空的交叉航线多，而远离导航台区域的航线则非常稀疏，导致传统飞行程序对空间的利用率较低。

（3）传统飞行程序受地形影响严重，因为较高的地形可能对导航信号产生遮挡影响，限制了传统飞行程序的应用。

（4）传统飞行程序需要持续的维护费用，从购买导航台设备到对其维护都需要较高的成本。

（5）现在使用的各种导航设备也存在精度较低的问题。

近年来，随着航空机载设备性能的提升，以及包括北斗系列等国内外卫星导航技术的迅猛发展，国际民航组织提出了基于性能导航（Performance Based Navigation, PBN）的概念，使航行方式从基于传感器导航向基于性能导航转变。国际民航组织将基于性能导航作为未来全球导航技术的主要发展方向。基于性能导航的飞行程序是指在相应导航基础设置条件下，使用全球定位系统等星基导航设备，航空器在指定的空域或沿航路、仪表飞行程序飞行时，对系统准确性、完好性、可用性和连续性等功能方面的要求。相比于传统飞行程序，基于性能导航的飞行程序能够不依赖于地面导航台，而使用星基导航设备作为导航传感器，可在任何需要的位置规划航迹，能够在诸如地面导航设备失效或缺乏地面导航设备时，保证飞机安全运行。同时，随着星基导航技术的迅速发展，可用卫星以及可用星基导航设备种类的进一步增多，而且星基导航设备覆盖面越来越大，基于性能导航的飞行程序可能会完全摆脱地面台站的束缚，完全使用星基导航，大幅度提高空域的利用率。因此，随着终端区全面推广基于性能导航的飞行程序，预计各种星基导航设备及其增强系统将具备精密进近的能力，中国民航局也计划根据运行价值和商业效益推广使用卫星导航着陆系统（GBAS Landing System, GLS）。卫星导航着陆系统使用地基增强系统作为导航信号增强源，综合地面、空中、机载三部分的集成系统，根据已知的、经过事先精确测量的地面参考接收机得到卫星测距信号，推算卫星的伪距校正值；通过一系列完好性监测算法获得系统完好性信息，并将这些信息打包，通过数据链路传送到空中用户的机载子系统；机载子系统的处理器利用接收到的校正数据产生一组校正伪距，并得到精确的空间位置信息以及导航解决方案。

虽然传统飞行程序在定位精度、空域利用等方面都落后于基于性能导航的飞行程序，但是传统飞行程序在进近着陆方面仍然保持独有优势。尽管卫星导航着陆系统具有导航定位精度高、适用范围广等优点，但是其自身传输信号弱、易受干扰、卫星寿命不长、容易发生故障，使得单一的卫星导航在今后较长时间内还难以满足进近着陆段对基于性能导航的完好性、连续性、可用性要求。

以地面导航设备为基础的传统飞行程序和基于性能导航的飞行程序都有很强的生命力，但由于自身或相关技术的发展存在一定的缺陷，因此需要将地面导航设备、机载导航设备实现优势互补，这是实现 CAT III 着陆的理想途径。在 CAT III 着陆阶段，航空器可用的导航传感器众多，包括在进近着陆段向飞机提供引导功能的导航传感器（如仪表着陆系统、微波着陆系统、全球定位系统等）、提供各种数据信息以确定飞机具体位置的导航传感器（如甚高频全向信标、测距仪、无线电高度表等）、感受飞机姿态的导航传感器（如惯性基准系统等）、感受飞行环境条件和飞行使用数据的导航传感器（如大气数据系统等）。在 CAT III 着陆情况下，着陆精度高。在进近着陆段，机场的气象环境复杂，噪声干扰较大，单一的导航传感器测量信息很难达到着陆精度要求，复杂的机场气象环境也会对不同的导航传感器性能产生一定的冲击。而且，在进近着陆段，可用导航传感器本身存在各种固有缺陷，惯性导航的计算存在积分项，系统误差会随时间积累；全球定位系统在复杂的机场环境下信号容易受到遮挡，产生多路径干扰，同时存在导航数据更新率低，缺少飞机姿态信息；仪表着陆系统的电磁环境恶化，这是因为机场复杂环境对仪表着陆系统的电磁环境构成天然的威胁。由此可见，在进近着陆段，尤其是对导航精度要求很高的 CAT III 着陆情况下，单一导航传感器不能满足自动着陆系统的精度要求。同时，单一导航传感器的故障会对进近着陆段的飞行引导带来安全危险。

通过导航传感器数据预处理和信息融合技术，能更好地使用 CAT III 着陆阶段的可用导航传感器，融合得到高精度的引导信息，确保 CAT III 着陆阶段的精确性；通过导航传感器管理技术，在 CAT III 着陆的不同阶段，以及复杂环境下部分导航传感器不可用时，对导航传感器进行管理分配，或导航传感器出现故障时，使用其他导航传感器组合方式进行代替，确保 CAT III 着陆阶段的安全性。实施 CAT III 着陆，导航信息的精确性和完好性是重中之重。因此，本书研究的信息融合关键技术为数据预处理技术、导航传感器管理策略和信息融合技术。

1.3.1　数据预处理技术研究现状

在对导航传感器数据进行信息融合前，不同的导航传感器有不同的数据格式、不同的采样间隔、不同的坐标系。要完成这些数据的融合处理，必须进行数据预处理。数据预处理主要包括时间配准和空间配准。

时间配准用于将测量频率不一致的传感器配准到同一时间基准上。对于时间配准的研究，Blair W D 等人在 1991 年提出了基于最小二乘法的时间配准方法。随后，周锐等人在 1998 年也提出了同样的方法。两者都旨在把高采样频率传感器的多个测量值，采用最小二乘法融合得到一个虚拟值，以此达到高频信号向低频信号的配准。王宝树等人在 1998 年提出了基于内插外推法的时间配准方法，即拟定一个时间窗口，把该时间窗口内高频数据向低频数据配准，对同一时间窗口的高频测量值进行内插或外推，达到时间配准的目的，但是这种方法只适用于匀速运动的目标。郭徽东等人在 2003 年提出了多项式平滑方法，对测量值前后五个数据进行五点三次平滑，采用最小二乘法，用三次多项式进行逼近。这种方法对导航传感器进行时间配准的同时，也完成了对信号的平滑，但是该方法的精度不高，仅适用于高速移动的目标。李教在 2003 年提出了利用最大熵推理机的方法进行时间配准，在避免内插外推法产生误差的同时，实现了从低频信号向高频信号配准，但该方法的约束条件过多。王伟在 2014 年对常用的时间配准方法包括最小二乘拟合、拉格朗日插值、泰勒级数展开等方法做了较为完整的性能评估，并提出了一种基于改进型卡尔曼滤波算法的时间配准方法，能够在不同加速度情况下完成时间配准，并且精度有所提高。

空间配准用于将测量基准不一致的导航传感器配准到同一坐标系下。对于空间配准的研究，目前常用的配准方法主要有两大类：一种是采用立体投影的二维配准方法，另一种是基于地心地固坐标系（Earth-Centered, Earth-Fixed, ECEF）的三维配准方法。Leung H 等人在 1994 年提出采用最小二乘法，对每个导航传感器的测量数据进行最小二乘处理，把得到的结果作为每个传感器的测量值。Burke 等人在 1996 年提出实时质量控制法，将每个导航传感器的测量值进行平均，取平均值作为每个导航传感器的测量值。Dana 在 1990 年提出加权最小二乘法，即在最小二乘法的基础上，根据不同导航传感器测量值的方差，设置不同的权重值，然后采用最小二乘法进行计算。上述方法仅在导航传感器测量噪声较小的情况下才得以使用，并且采用的方法都是先将各个导航传感器的测量值转换到一个与地球相切的平面坐标系中，然后再转换到区域平面中，这种转换方式不可避免地会引入误差。

Zhou 在 1999 年提出基于地心地固坐标系的配准方法，将导航传感器的测量数据统一转换到地心地固坐标系中，并采用最小二乘法对偏差进行估计。史伟在 2013 年提出两种考虑测量噪声的三维空间导航传感器配准方法：一种基于合作目标，另一种基于公共测量，最后通过蒙特卡洛模型仿真验证了该方法的有效性。

除了上述两种主要的配准方法，卡尔曼滤波算法也可以用于空间配准。例如，Lei 在 2006 年提出一种基于卡尔曼滤波算法消除坐标转换误差的方法，分析了多坐标传感器系统中具有坐标转换不确定性的特点；在此基础上提出了一种基于改进型卡尔曼滤波算法的空间配准方法，通过对测量方程和坐标转换方程的变换，使局部滤波算法获得最优估计值，减少了因为坐标转换产生的误差。贺席兵在 2001 年综述了现有的多传感器配准技术，最后提出了一种结合神经网络、知识库和智能计算机的方法解决空间配准这一难题。李教在 2003 年，首先对现有的精确极大似然（Exact Maximum Likelihood, EML）配准方法没有考虑地球形状的影响，当导航传感器之间相距很远时该方法将失去实际意义的问题，进而提出了一种基于地心地固坐标系的导航传感器极大似然配准方法，这种方法考虑了地球形状对配准的影响。其次，对空间配准进行了系统性的研究。在总结了常用配准方法的同时，对空间配准进行了更进一步的研究，提出了两种系统级的空间配准方法：一种为三维精确极大似然配准方法，该方法考虑了测量噪声的影响，其配准估计值通过求解最大似然估计值得到；另一种为基于地心地固坐标系的极大似然配准方法，其配准估计值通过求地心地固坐标系的最大似然函数得到。最后，提出了基于随机模糊神经网络的导航传感器配准方法，在随机模糊神经网络配准系统中，通过神经网络修正一个导航传感器的测量值，以便跟踪另一个导航传感器的测量值。

虽然国内外对时间配准和空间配准的研究已经较为成熟，但是对时间配准的实时性考虑不够，对有关方法的仿真多停留在离线计算。无论是基于地心地固坐标系、卡尔曼滤波算法，还是基于最小二乘法的空间配准方法，都不可避免地在转换过程中产生较大的误差。虽然误差在长距离导航时可忽略，但在进近着陆时间短且精度要求高的场景下，配准误差会对导航精度造成较大的影响。因此，在 CAT III A/B 着陆要求下，研究高精度实时性的时间配准和空间配准是十分有必要的。

1.3.2 导航传感器管理策略研究现状

传感器管理策略表现为各类导航传感器的完好性监控及其使用优先级。完好性监控是指管理模块对各类导航传感器进行工作状态自检测，若检测到故障，则根据故障检测结果对相应的传感器进行故障诊断并对故障信号进行告警和故障处理。关于完好性监控的研究，Lawrence 等人在 1994 年通过对飞机导航系统进行仿真，比较了卡尔曼滤波算法和联邦滤波算法两种估计方法的导航性能，通过仿真验证结果得到了联邦滤波算法在保证误差状态估计精度的同时，在故障的识别能力上有着明显的优势。2002 年，Progri 设置了伪卫星故障检测的框架，计算冗余的伪卫星与当前全球定位系统（GPS）使用的差分载波相位提供可观察的测量值，进一步减少了 CAT III 着陆局部增强系统受到差分全球定位系统（DGPS）故障的威胁。2007 年，Duan 分析了多传感器系统的容错性能，在研究现有方法的基础上，提出了基于专家系统的信息共享系数法。理论分析和仿真结果表明，该方法能有效地提高无故障子系统的容错性能，降低整个系统的计算量。Edelmayer 利用扩展卡尔曼滤波（Extended Kalman Filter, EKF）算法估计状态值，研究了联邦滤波算法在非线性系统估计中的应用。仿真结果表明，通过适当选择协方差阵，能够有效地提高传感器的容错能力。2008年。Zhao 为了克服噪声统计特性未知时联邦滤波算法不稳定甚至发散的缺点，提出了一种自适应联邦滤波算法，利用子系统理论残差和实际残差的比值，构造了自适应调整因子，对子系统的测量噪声方差阵进行在线调整，实现了联邦滤波算法的自适应估计。2009 年，Zhou 等人在 SINS-GPS-DVL 组合的背景下，提出了采用无迹卡尔曼滤波算法，采用模糊逻辑去修正测量噪声，从而进一步提高联邦滤波算法的自适应能力和容错能力。2010 年，Beheshti 等人提出了一种估计软故障和硬故障均方差的新方法，这种自适应方法在均方差上提供了概率置信界限。仿真结果表明，该方法不仅可以对任意给定阈值下的最小均方差进行准确的估计，而且可以对任意噪声数据进行最小均方差的搜索和最优阈值的确定。2014 年，Zong 采用了以联邦滤波算法为基础的故障诊断方法，通过对比测量值和估计值的一致性，构造检测函数并把它与阈值比较，进而判断故障是否发生，并在 SINS-CNS-GPS组合导航滤波算法中运用，得到了较好的故障诊断效果。2017 年，Bao 采用测量一致性的方法，对 ADS-INS-GPS 组合导航滤波算法进行了容错仿真验证，得到了较好的结果。2017年，Al-Sharman 提出了采用多源信息融合的方式对传感器测量信息进行融合和故障检测，超过故障阈值时进行报警。

综上所述，国内外在导航传感器管理策略方面的研究结果较为丰富。在配置传感器时，可按照组合滤波结果精度或借鉴其他民用飞机的导航传感器管理策略，确定导航设备组合的优先级和转换逻辑。因此，导航传感器管理策略的研究重点是这类传感器的完好性监控，尽管在以联邦滤波算法为框架的故障诊断方法上已有较多研究，但没有考虑其中子滤波算法的次优性，同时对不同类型故障的监测方法没有明确区分。因此，对基于联邦滤波算法的信息融合框架下的导航传感器管理策略的研究是十分必要的。

1.3.3 导航传感器信息融合技术研究现状

导航传感器信息融合技术在过去的几十年内得到了长足的发展，如何在 CAT III A/B 着陆阶段合理地利用信息融合技术，以提高导航信息精度对于民航客机自动安全着陆十分重要。为了把多源导航传感器的信息进行关联和融合，得到更精确的位置估计，国内外也开展了关于进近着陆段的信息融合技术研究，以期充分利用各类导航传感器的优势，取长补短，达到长时间、高精度的导航目的，从而使民航客机顺利着陆。目前，国外对 CAT III 着陆阶段的信息融合技术的研究，已经转向以星基导航设备为基础，对星基导航传感器进行融合以提高导航信息的可用性、稳定性和精度。在民用航空领域，美国联邦航空管理局与国际民航组织已经制定了一系列的标准和规范，对采用差分增强技术的地基增强系统和设备进行约束，地基增强系统是民用航空星基导航应用的基础设施，是未来终端区安全运行的保障手段，是取代仪表着陆系统的下一代着陆系统。

1997 年，Cohen 等人利用差分全球定位系统和微型低成本的伪卫星进行了 110 次的成功着陆，并达到了 CAT III 着陆标准。Clark E.Cohen 等人扩展了传统进近航段的飞行引导方式，设置了完整信标台。完整信标台被成对设置在跑道的任意一侧，这些信标台的广播信号半径被设置在了一个"气泡"内，"气泡"的大小比标准进近高度大几倍。机场塔台则设置传统的差分全球定位系统基准站，向地面和空中的飞机发送全球定位系统测量信息。通过全球定位系统测量信息将飞机引导到"气泡"内部。飞机到达"气泡"内部后，可以从各个方向接收到全球定位系统测量的伪距信息，还可将六个或更多个独立有效的测量信息进行融合，从而将飞行引导精度提高到厘米级，并且整个系统具有高度的完整性。

2000 年，Progri 研究了一种用于 CAT III 着陆的全球定位系统和伪卫星组合导航的技术，目标是在恶劣的天气和干扰条件下实现 CAT III 着陆。该技术利用卫星和伪卫星导航系统进行飞机位置、速度的估计，并将飞机着陆轨迹、全球定位系统卫星星座、伪卫星位置、噪声输入参数构成系统输出量，计算并给出系统完整性的性能指标，为着陆系统提供了良好的垂直引导，保证在任何恶劣天气下都能达到最佳性能。

2001 年，Cheney 介绍了道格拉斯飞机公司建立的自动着陆飞行系统实验程序，该实验程序综合利用了坡度和定位偏差，采用无线电高度表和惯性参考系统融合的方式，有效地计算了飞机在进近着陆过程中的位置，并且已经成功用于部分机型的 CAT III 着陆。

2004 年，Kiran 对伪卫星实现局部增强的全球定位系统下的 CAT II 和 CAT III 着陆测试的结果进行分析，介绍了将伪卫星集成到局部增强系统的情况，分析了局部增强系统存在的误差性能。实验结果表明，伪卫星的加入使得导航性能的改善较为明显。

飞机在偏远地区着陆时，在预设环境下，着陆的准确位置、方位和高度并不总是一直不变的，并且飞机导航方案的精度不总是准确的。针对该问题，2005 年，Alison 采用图像处理的方法，把从着陆点的图像提取出的着陆点位置和当前导航设备输出量相融合，用于估计飞机的相对位置、速度和姿态。

2010 年，Noshiravani 针对仪表着陆系统受到地形环境干扰时信号较弱的问题，通过在地面设置反射台，由安装在飞机上的发射器向反射台发射信号，反射台截获信号并将其反馈给飞行管理系统。飞行管理系统将该信号与仪表着陆系统信号进行融合，增强仪表着陆系统信号的精度。

2017 年，为了解决外部干扰导致飞机着陆时偏离轨道和基于全球定位系统着陆定位不准确的问题，Gautam 提出了利用机载视觉设备探测和估计着陆平台坐标，并与控制律结合，实现更快速、更准确的三维着陆。

上述研究表明，国外在自动着陆系统方面的研究起步较早，已经积累了很多理论基础和具体实践经验。从目前来看，国外在 CAT III 着陆系统信息融合技术方面的研究已经趋向智能化、组合化，组合模式也由伪卫星、地面设备向视觉导航方向发展。

国内对 CAT III 着陆的研究仍以陆基导航设备为基础。2012 年，西北工业大学的李四海等人针对民航客机的精密进近着陆过程受地场环境、电磁干扰等空间噪声和接收机噪声影响而产生的滤波相位滞后问题，提出基于 INS-ILS-RA 组合导航的自动着陆系统（Automatic Landing System, ALS）。仿真结果表明，INS-ILS-RA 组合导航位置计算方位角偏差精度优于 0.3°，下滑角偏差精度优于 0.2°。该系统可显著地改善波束误差控制信号的动态品质，降低噪声影响，提高仪表着陆系统的自动进近着陆控制回路的稳定性和闭环性能。

2016 年，北京航空航天大学的万嘉钰等人针对进近着陆过程中，仪表着陆系统（ILS）受密集空域和外界环境的干扰产生引导偏差，影响着陆引导精度的问题，提出一种 INS-ILS 组合导航系统，以提高着陆引导性能。仿真结果表明，INS-ILS 组合导航系统明显减小了仪表着陆系统的引导偏差范围，航向引导偏差由 0.3° 减小至 0.1° 以内，下滑引导偏差由 0.2° 减小至 0.1° 以内。同时，该组合导航系统有效地抑制了仪表着陆系统的位置噪声，提高了位置引导精度。

2018 年，中国民航大学的刘瑞华等人分析了基于北斗卫星导航系统的陆基增强系统在进近着陆段提供的导航性能，从地面、机载、空间三个层面仿真地基增强系统的运行。在 MATLAB 环境下对广播星历数据进行处理，仿真北斗卫星导航系统空间段星座和轨道运行情况；参考航空无线电技术委员会（Radio Technical Commission for Aeronautics, RTCA）发布的地基增强系统最低运行性能标准，建立地面端和机载端数据模型，对增强算法进行仿真，分析北斗卫星导航系统的定位误差及导航性能；并基于 FlightGear 和 MATLAB/SIMULINK，搭建应用北斗卫星导航系统的飞机进近着陆可视化仿真平台。

2019 年，沈阳航空航天大学的于耕等人针对进近着陆过程中，仪表着陆系统易受到外界环境及空域的干扰，导致导航精度降低的问题，提出一种利用改进的惯性导航系统-卫星导航系统的组合导航算法，将组合导航系统输出位置信息之间的差值作为基于 BP 神经网络改进的无迹卡尔曼滤波（Unscented Kalman Filter, UKF）算法的测量值，通过最优加权的方法得到系统的全局最优估计值。相比于传统的联邦滤波算法，该算法能有效地降低测量噪声，减小飞机进近着陆时的误差，提高导航精度。

由于国内能够满足 CAT III 着陆的机场较少，并且北斗卫星导航系统仍处在发展阶段，因此国内对于 CAT III 着陆系统的研究仍处在理论阶段，融合的基准信号仍以陆基导航台为主。

1.4 本 书 内 容

本书阐述了大型客机连续下降运行和满足 CAT III A/B 着陆系统的信息融合和自动着陆控制技术，本书各章节内容简述如下：

第 1 章绪论，主要介绍连续下降运行的概念，对国内外自动着陆控制律设计、着陆引导策略和地面综合控制技术的发展情况进行了概述，介绍了数据预处理、导航传感器管理和着陆过程中导航传感器的信息融合技术。

第 2 章介绍飞机下降性能数据库的建立及下降剖面设计。以国产某型飞机为对象计算了其下降性能数据；构建高斯伪谱法解决四维连续下降运行（4D-CDO）航迹生成问题所需要的模型，给出了基于高斯伪谱法的多约束情况下连续下降剖面规划方法。

第 3 章介绍大型客机 CAT III A/B 着陆导航传感器信息融合架构和导航传感器建模，给出了 CAT III A/B 着陆导航传感器信息的融合结构，研究了 CAT III A/B 着陆阶段关键导航传感器的建模方法，建立了包括仪表着陆系统（ILS）、全球定位系统（GPS）、惯性导航系统（INS）、大气数据系统（ADS）等导航传感器模型，对 CAT III A/B 着陆阶段可用信息进行仿真模拟。

第 4 章介绍大型客机 CAT III A/B 着陆导航传感器信息融合技术，研究了信息融合前的信息预处理方法，包括时间配准方法和空间配准方法，根据待配准传感器频率情况，分别采用基于最小二乘法和内插外推法对测量信息进行时间上的统一；建立空间配准逻辑，并研究了基于地理坐标系的正解和反解，对测量信息进行空间上的统一；同时采用信号平滑方法，对测量信息进行平滑处理。建立基于联邦滤波算法的信息融合框架，根据 CAT III A/B 着陆阶段导航传感器的测量特点，选取不同类型的卡尔曼滤波算法如遗忘滤波算法、自适应滤波算法，得到多种子滤波算法的状态估计值，然后充分利用导航传感器的观测信息，将各种子滤波算法的滤波结果统一进行融合，并将融合结果重置各种子滤波算法的初值；采用模糊推理的方式，根据各种子滤波算法的残差，对联邦滤波算法的信息分配因子进行调整，使联邦滤波算法的性能最优。

第 5 章介绍大型客机 CAT III A/B 着陆导航传感器管理策略，研究了导航传感器典型的故障情况，对各导航传感器的工作模式进行监控和调整，解决了各导航传感器输出信号完好性监控的问题，对故障信息进行告警处理，并根据处理结果调整信息融合算法，保证飞机及时在部分导航传感器故障不可用时，仍然能够继续完成飞行任务。能够确保各导航系统测量的有效性，避免故障信息引入滤波算法，影响状态估计值，保证信息融合任务的可靠性。对于传统奇偶矢量算法对微小慢变故障不敏感与可见卫星数量必须超过 4 颗以上的限制条件，本章提出一种基于冗余观测信息的累积奇偶矢量校验法的卫星导航系统完好性监控算法，用于提高对卫星微小慢变故障的检测灵敏度以及进行可见卫星数量较少时故障检测。

第6章介绍大型客机 CAT III A/B 着陆导航传感器信息融合仿真验证。首先，搭建 CAT III A/B 着陆导航传感器信息融合仿真验证系统架构，将信息融合结果计算生成引导指令，引导某型民航客机模型进近着陆。其次，采用蒙特卡洛模型仿真，计算进近着陆段的位置不确定度和飞行技术误差等指标，对比 CAT III A/B 着陆标准，确保当前融合算法能够满足 CAT III A/B 着陆阶段所需导航性能要求，实现安全着陆引导。

第7章介绍符合 RNP AR 要求的垂直引导技术。参考波音 B737 和空客 A320 等典型机型的操纵逻辑研究垂直引导技术，分析了波音 B737 和空中客车 A320 等典型机型常见的垂直引导模式及其优缺点，以及适合使用的飞行场景；分别对各种垂直引导模式进行引导指令的计算和引导律的设计；以波音 B737 飞机为例，根据飞行阶段、空管和气象信息提出了垂直引导模式转换逻辑；针对飞行模态转换时出现的控制量瞬态跳变问题，提出了增加淡化环节的瞬态抑制方法。

第8章介绍 GLS 虚拟波束的生成和引导指令的计算。首先在分析 GLS 虚拟波束生成所需信息的基础上，提出一种基于导航数据库信息的 GLS 虚拟波束生成算法。其次，根据飞机位置与 GLS 虚拟波束的位置关系，提出一种基于空间几何关系的 GLS 波束偏差计算方法。最后，依据偏差信号［距离偏差、角度偏差和调制深度差（Difference in Depth of Modulation, DDM）］和飞机状态参数，提出了基于 DDM+偏差修正的引导指令计算方法，并进行仿真验证。

第9章介绍基于自抗扰控制法的自动着陆控制律设计。为了提高自动着陆控制律的鲁棒性，本章采取自抗扰控制法设计基本的自动着陆控制律；分析了自抗扰控制法的原理，并对其中的关键非线性函数进行改进，使其连续光滑，以提高自抗扰控制器的性能；使用自抗扰控制法进行姿态控制律和自动油门控制律的设计，并进行仿真验证；以自抗扰控制法设计的姿态控制律为内回路，在此基础上设计外回路的垂直速度控制律、航向保持控制律等。

第 10 章介绍自动着陆引导策略。着陆引导策略是保证航迹控制精度和飞行安全的重要手段。本章介绍飞机进近着陆过程和提炼 CAT III 着陆性能指标，根据着陆环境信息生成下滑航迹，采用空间平面解析方法精确计算着陆引导指令，引导飞机精确跟踪下滑航迹并进行仿真验证；分析飞机在风扰动下的飞行情况，设计侧滑法和偏航法抗侧风修正的控制律结构；引入风切变危险因子作为安全指标，适时地进行风切变改出；根据飞行员复飞经验提炼复飞判断条件，根据飞机姿态、下沉率等进行复飞决策。

第11章介绍着陆滑跑段地面综合控制技术。首先，分析了地面综合控制系统的组成及各组成模块之间的逻辑联系，搭建了地面综合控制仿真框架。其次，在分析飞机滑跑受力的基础上建立地面滑跑模型，以及前轮转向操纵系统和主轮防滑制动控制系统，并设计了基于滑移率控制的防滑制动控制律；在建立地面滑跑模型的基础上，提出了方向舵纠偏、前轮转向纠偏、主轮差动制动纠偏的控制方案并进行综合纠偏控制律设计。最后，通过仿真验证了综合纠偏控制律的有效性。

第 2 章 飞机下降性能数据库的
建立及下降剖面设计

2.1 概　　述

对连续下降轨迹进行优化时，一定要考虑飞机的下降性能。若不考虑其下降性能，则研究轨迹优化问题无异于空中楼阁。即使后续采用某种先进的轨迹优化方法规划出了最优下降剖面，如果不满足飞机性能约束，那么该最优下降剖面也是不合理的。因此，需要针对所研究的飞机对象，计算其下降性能并将计算结果保存成特定的数据格式，以此作为航迹优化的基础。

本章以国产某型飞机为对象，建立飞机下降性能计算模型，对不同下降方式下的燃油消耗量、下降水平距离、下降飞行时间等飞机性能指标进行计算，在此基础上构建不同性能指标下的下降性能数据库。同时，研究了传统的阶梯下降剖面设计方法和基于高斯伪谱法的四维下降轨迹优化方法。

2.2 下降性能计算模型的建立

2.2.1 基本下降性能计算模型

飞机的基本下降性能，是指飞机的下降飞行时间、下降水平距离和下降时所消耗的燃油量。在飞机的下降过程中，必须考虑控制系统的作用。因此，在计算飞机基本下降性能数据时，需要借助含有飞行控制系统和自动油门控制系统的飞机非线性模型。

基本下降性能计算的思路如下：以国产某型飞机非线性模型为对象，对该飞机非线性模型进行配平计算；基于配平计算结果获得飞机的基本性能数据，主要包括高度、下降率、迎角、俯仰角以及推力限制值等；考虑飞机在控制系统的作用下，给定飞机的起始质量、起始高度、目标高度、飞行马赫数和飞行表速，计算在指定下降方式下（等表速下降、等马赫数下降、先等马赫数再等表速下降）的燃油消耗量、下降飞行时间和下降水平距离等下降性能。以此为基础，便可获得飞机在不同下降方式下的性能数据。

在进行飞机非线性模型配平计算过程中，飞机质量取值为49000kg、54000kg、58000kg、61000kg 和 64000kg 五个网格计算点；高度范围为[0,10000]，单位为 m，以每 500m 为一个网格计算点；速度区间为[90,160]，单位为 m/s，每 10m/s 为一个网格计算点；下降率区间为[2,12]，单位为 m/s，每 2m/s 为一个网格计算点；分别在不同质量、高度、速度和下降率的组合状态点进行配平计算，若配平成功，则保存对应质量、高度、速度和下降率的组合状态点的配平计算结果；若配平失败，则记录对应的质量、高度、速度和下降率的组合状态点，以便进行后续处理。

以获得的配平计算结果为基础，计算飞机下降性能数据。飞机基本下降性能数据计算模型如图 2-1 所示，给定下降方式下的下降性能数据计算方法如图 2-2 所示。输入起始质量、起始高度和给定表速或马赫数，其中配平控制量和配平状态变量通过上述配平数据插值获得。仿真模拟飞机下降过程，计算得到飞机基本下降性能数据，主要包括燃油消耗量、下降水平距离和下降飞行时间等。

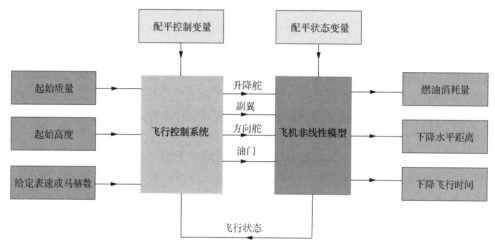

图 2-1 飞机基本下降性能数据计算模型

下降过程中的燃油消耗量计算公式为

$$W_{\text{descent}} = \frac{1}{3600} \int_0^t q_{\text{h}} \mathrm{d}t \qquad (2\text{-}1)$$

式中，q_{h} 为燃油消耗速度，单位是 kg/h；t 为下降过程中所用的时间，单位是 s；W_{descent} 为下降过程中的燃油消耗量，单位是 kg。

飞机在下降过程中的质量变化可表示为

$$W_t = W_0 - W_{\text{descent}} = W_0 - \frac{1}{3600} \int_0^t q_{\text{h}} \mathrm{d}t \qquad (2\text{-}2)$$

式中，W_0 为飞机下降时的起始质量。

通过式（2-3）计算下降飞行时间，即

$$t_{\text{descent}} = \int_{H_{\text{dn}}}^0 \frac{1}{V_z} \mathrm{d}H \qquad (2\text{-}3)$$

式中，V_z 为下降速度，单位是 m/s；H_{dn} 为下降的起始高度，单位是 m；t_{descent} 为下降飞行时间，单位是 s。

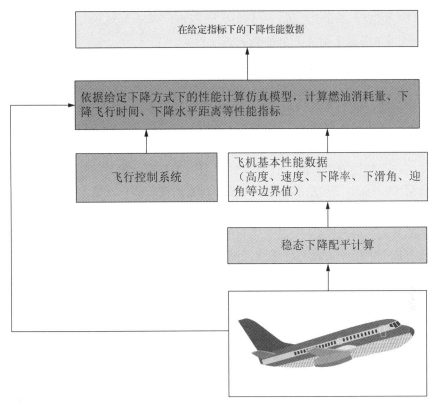

图 2-2　给定下降方式下的下降性能数据计算方法

根据飞机运动方程，下降速度 V_z 的计算公式为

$$V_z = \frac{\left[T\cos(\alpha + \varphi_\mathrm{p}) - D \right] V}{mg} \bigg/ \left(1 + \frac{V}{g}\frac{\mathrm{d}V}{\mathrm{d}H} \right) \tag{2-4}$$

式中，α 为迎角；φ_p 为飞机发动机推力作用轴线与飞机迎角基准轴线之间的夹角；V, H, m 分别为飞机的速度、高度和质量；T 为飞机发动机推力；D 为阻力。

由于在下降过程中迎角 α 很小，并且 φ_p 为固定的小角度，$\varphi_\mathrm{p} = 4°$。为计算方便，可以进行合理近似，即 $\cos(\alpha + \varphi_\mathrm{p}) \approx 1$，则

$$V_z \approx \frac{(T - D)V}{mg} \bigg/ \left(1 + \frac{V}{g}\frac{\mathrm{d}V}{\mathrm{d}H} \right) \tag{2-5}$$

$$t_\mathrm{descent} = \int_{H_\mathrm{dn}}^{0} \frac{1}{V_z}\mathrm{d}H = \int_{H_\mathrm{dn}}^{0} \frac{mg\left(1 + \dfrac{V}{g}\dfrac{\mathrm{d}V}{\mathrm{d}H} \right)}{(T - D)V}\mathrm{d}H \tag{2-6}$$

下降水平距离可根据飞机下降过程中的飞行速度和航迹倾斜角计算，即

$$L_\mathrm{descent} = \int_{0}^{t} V\cos\gamma\,\mathrm{d}t \tag{2-7}$$

式中，V 为飞行速度，单位为 m/s；γ 为航迹倾斜角，单位为 rad；t 为下降飞行时间，单位为 s；$L_{descent}$ 为下降水平距离，单位为 m。

2.2.2　飞机下降性能边界的确定

边界保护是飞行控制系统的功能之一。给定下降指令后，飞机未必能按照给定指令持续稳定地飞行。若不对下降率或下滑角进行限制，则可能会造成飞机迎角过大而失速。因此，在飞行控制系统中，必须对下降率加以限制。

在对飞机非线性模型进行配平计算的过程中，很容易发现，在某些质量、高度、速度和下降率的组合状态点，无法进行配平计算，其原因就是给定下降率超过了最大下降率。因此，在飞机性能数据计算过程中，首先需要根据飞机的配平计算结果获得不同质量、高度、速度下的最大下降率。

对于 2.2.1 节中配平失败的状态点，减小给定下降率，找到能够配平成功的最大下降率，并将其作为对应质量、高度、速度下的下降率限制值。同样，还需考虑对下降速度的边界保护，下降速度边界表现为最小下降速度，下降速度边界的确定方法类似于最大下降率的确定方法。

当得到不同状态点的最大下降率和最小下降速度后，最大下滑角可按照式（2-8）计算：

$$\gamma_{max} = -\arcsin(V_{zmax} / V_{min}) \tag{2-8}$$

式中，γ_{max} 为最大下滑角；V_{zmax} 为最大下降率；V_{min} 为最小下降速度。

2.3　不同下降方式下的下降性能数据计算结果及影响因素分析

在连续下降进近过程中，发动机一般处于小推力状态或慢车推力状态，以达到省油的目的。因此，有必要对燃油消耗的影响因素进行分析。此外，为了提高航迹预测的准确性，实施基于四维航迹的连续下降进近，同样需要研究飞机的下降飞行时间和下降水平距离等性能指标的影响因素。

在 2.2 节的飞机下降性能数据计算中，分别选择不同的下降方式（等表速下降、等马赫数下降、先等马赫数再等表速下降）进行性能数据计算，其计算模型基本相同。选择等马赫数下降方式时，需要指定下降马赫数；选择等表速下降方式时，需要指定下降的表速；选择先等马赫数再等表速下降方式时，表速和马赫数都需要输入下降性能数据计算模型。其中，表速和马赫数的转换关系如式（2-9）所示：

$$Ma = V_{cas} \sqrt{\frac{\rho_0}{\rho}} \Big/ V_a \tag{2-9}$$

式中，Ma 为马赫数；V_{cas} 为表速；ρ_0 为海平面标准大气下的空气密度；ρ 为飞机所在高度下的空气密度；V_a 为在该高度下的声速。

在计算先等马赫数再等表速下降方式下的飞机下降性能数据时，需要对速度控制模式进行转换。当飞机的飞行高度高于交叉高度时，采用等马赫数下降方式；当飞机飞行高度小于交叉高度时，转换到等表速下降方式。交叉高度是指表速和马赫数换算到同一真空速时对应的高度值，可以通过表速和马赫数的插值函数表示。

2.3.1　等表速下降

在下降性能数据计算过程中，对所有的起始高度、起始质量、给定表速和目标高度的组合都进行了计算，计算量很大，影响因素很多。因此，考虑提取出性能数据计算结果的一部分典型值进行分析，并且这些典型值都需要控制其他影响因素，使之相同。例如，在分析质量对飞机下降性能的影响时，要保证给定表速、起始高度和目标高度都相同。

在研究等表速下降方式下不同高度层对飞机下降性能的影响时，从所计算的性能数据中提取出飞机下降起始质量为 54000kg、下降表速为 $V_{cas}=120m/s$、下降高度层为 1000m 时的数据。在不同下降高度层下飞机下降性能数据（燃油消耗量、下降飞行时间和下降水平距离）计算结果见表 2-1。

表 2-1　在不同下降高度层下飞机下降性能数据计算结果（等表速下降方式）

下降高度层/m	燃油消耗量/kg	下降飞行时间/s	下降水平距离/km
0～1000	68.35	133.6	16.31
1000～2000	64.02	134.0	17.18
2000～3000	60.61	134.4	18.12
3000～4000	58.05	134.7	19.13
4000～5000	57.12	135.1	20.21
5000～6000	56.32	135.4	21.38
6000～7000	57.63	135.5	22.63
7000～8000	61.55	135.5	23.95
8000～9000	67.26	135.1	25.30
9000～10000	72.39	135.0	26.43

从表 2-1 可以看出，在 5000～6000m 高度层以下，燃油消耗量先随着高度层的增大而减小；在该高度层以上，燃油消耗量随着高度层的增大而增大。下降飞行时间随着高度层的增大呈微小增大的趋势，下降水平距离也随着高度层的增大而增大。

在研究等表速下降方式下不同起始质量对飞机下降性能的影响时，从所计算的性能数据结果中提取出飞机下降起始高度为 5000m、目标高度为 500m 且下降表速为 100m/s 时不同起始质量下的性能数据。在不同起始质量下飞机下降性能数据如表 2-2 所示。

由此可见，采用等表速下降方式时，在给定表速和起始高度的情况下，起始质量的增大对下降飞行时间和下降水平距离没有显著的影响，但会增大下降过程的燃油消耗量。

表2-2　在不同起始质量下飞机下降性能数据（等表速下降方式）

起始质量/kg	燃油消耗量/kg	下降飞行时间/s	下降水平距离/km
49000	163.39	474.2	60.55
54000	165.70	474.6	61.38
58000	167.86	474.7	62.12
61000	168.95	474.9	62.62
65000	171.05	475.3	63.20

在研究等表速下降方式下不同初始下降表速对飞机下降性能的影响时，从所计算的性能数据中提取出飞机下降起始高度为5000m、目标高度为500m且起始质量为54000kg时不同表速下的性能数据。在不同初始下降表速下飞机下降性能数据见表2-3。

表2-3　在不同初始下降表速下飞机下降性能数据（等表速下降方式）

初始下降表速/（m/s）	燃油消耗量/kg	下降飞行时间/s	下降水平距离/km
90	164.09	475.8	60.42
100	164.70	474.6	61.38
110	174.38	482.2	63.37
120	190.12	483.6	66.13
130	229.05	484.1	71.72
140	275.65	484.3	77.28
150	337.19	484.4	82.81
160	420.56	483.8	88.00

由表2-3可知，初始下降表速的增大会增加飞机下降过程的燃油消耗量和下降水平距离，而对下降飞行时间的影响不大。

2.3.2　等马赫数下降

采用与等表速下降的方法对等马赫数下降方式下的性能数据进行分析，从所计算的性能数据中提取出飞机下降起始质量为54000kg、下降马赫数为Ma=0.6、下降高度层为1000m时的数据。在不同下降高度层下飞机下降性能数据见表2-4。

表2-4　在不同下降高度层下飞机下降性能数据（等马赫数下降方式）

下降高度层/m	燃油消耗量/kg	下降飞行时间/s	下降水平距离/km
0～1000	150.84	136.48	22.15
1000～2000	143.93	136.46	22.85
2000～3000	137.78	136.54	23.49
3000～4000	132.08	136.44	24.17
4000～5000	127.22	136.58	24.98
5000～6000	118.17	136.60	25.41

续表

下降高度层/m	燃油消耗量/kg	下降飞行时间/s	下降水平距离/km
6000~7000	101.86	136.62	25.55
7000~8000	82.54	136.32	25.39
8000~9000	64.90	135.24	24.98
9000~10000	52.27	133.70	24.87

同理，从所计算的性能数据中提取出飞机下降起始高度为 5000m、目标高度为 500m 且下降马赫数为 Ma = 0.5 时的数据。在不同起始质量下飞机下降性能数据见表 2-5。

表 2-5　在不同起始质量下飞机下降性能数据（等马赫数下降方式）

起始质量/kg	燃油消耗量/kg	下降飞行时间/s	下降水平距离/km
49000	322.10	487.28	80.10
54000	327.73	487.62	80.16
58000	332.37	487.88	80.20
61000	339.14	488.08	80.23
65000	348.56	488.32	80.27

从所计算的性能数据中提取出飞机下降起始高度为 5000m、目标高度为 500m 且起始质量为 54000kg 时的数据。在不同初始下降马赫数下飞机下降性能数据见表 2-6。

表 2-6　在不同初始下降马赫数下飞机下降性能数据（等马赫数下降方式）

初始下降马赫数	燃油消耗量/kg	下降飞行时间/s	下降水平距离/km
0.30	164.15	475.86	60.38
0.35	179.13	486.14	62.44
0.40	203.70	487.42	65.49
0.45	261.43	488.36	72.41
0.50	339.14	487.62	80.16
0.55	435.90	486.46	86.97
0.60	486.58	486.04	89.81

从等马赫数下降性能数据计算的结果可以看到，起始高度、初始下降马赫数和起始质量对飞机下降性能的影响趋势与等表速下降方式基本相同。

2.3.3　先等马赫数再等表速下降

从所计算的性能数据中提取出飞机下降起始质量为 54000kg、初始下降马赫数 Ma = 0.3，表速 V_{cas} = 90m/s 时的数据，通过插值计算出的交叉高度为 2075m。为了仿真计算先等马赫数再等表速下降方式下的飞机下降性能数据，必须使起始下降高度大于交叉高度，而使目标下降高度小于交叉高度。否则，所计算的飞机下降性能数据等价于单纯的等马赫数下降方式或等表速下降方式下的性能数据。为方便起见，把目标高度设为 0m，下降起始高度以 1000m 为步长逐级增大。在不同下降起始高度下飞机下降性能数据见表 2-7。

表 2-7 在不同下降起始高度下飞机下降性能数据（先等马赫数再等表速下降方式）

下降起始高度/m	燃油消耗/kg	下降飞行时间/s	下降水平距离/km
1000	49.60	123.90	12.45
2000	88.29	226.00	24.71
3000	120.83	327.24	37.26
4000	156.23	428.46	50.60
5000	187.40	529.78	64.47
6000	216.43	631.26	78.45
7000	243.13	732.92	92.63
8000	267.44	834.82	106.41
9000	287.16	927.34	120.55
10000	299.14	1014.58	133.47

同理，从所计算的性能数据中提取出下降起始高度为 5000m、目标高度为 0m 且初始下降马赫数 $Ma = 0.3$、表速 $V_{cas} = 90m/s$ 时的数据。在不同起始质量下飞机下降性能数据见表 2-8。

表 2-8 在不同起始质量下飞机下降性能数据（先等马赫数再等表速下降方式）

起始质量/kg	燃油消耗量/kg	下降飞行时间/s	下降水平距离/km
49000	186.74	528.58	63.54
54000	187.40	529.78	64.47
58000	187.97	530.68	65.01
61000	188.42	531.34	65.29
65000	189.06	532.18	65.49

由表 2-8 可知，超始质量对飞机下降性能的影响趋势与采用等表速下降方式和等马赫数下降方式时基本相似。

从所计算的性能数据中提取出下降起始高度为 5000m、目标高度为 0m 且起始质量为 54000kg 时的数据。在不同的下降表速/马赫数下飞机下降性能数据见表 2-9。

表 2-9 在不同的下降表速/马赫数下飞机下降性能数据（先等马赫数再等表速下降方式）

下降表速单位：m/s

下降表速/马赫数	燃油消耗量/kg	下降飞行时间/s	下降水平距离/km
90/0.3	187.40	529.78	64.47
100/0.35	192.03	529.40	65.99
110/0.4	204.20	535.96	68.27
120/0.45	225.94	536.50	71.71
130/0.5	271.29	536.64	77.93
140/0.55	323.04	536.74	83.89
150/0.6	386.01	536.90	89.65

由表 2-9 可知，下降表速/马赫数的增大会显著增大飞机下降时的燃油消耗量和下降水平距离。由于存在下降表速的限制要求，下降表速/马赫数的增大对下降飞行时间不会有很大的影响。

2.4 最优下降性能数据库的建立

在指定的下降方式和飞机起始状态条件下，可用最优下降性能数据中插值获得燃油消耗量最小时的最优下降表速、下降顶点位置及最优下滑角等参数。最优下降性能数据计算示意如图 2-3 所示。

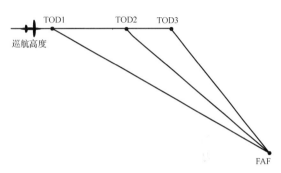

图 2-3　最优下降性能数据计算示意

给定下降方式后，对飞机在下降过程中的燃油消耗量随下降表速的变化关系进行函数拟合，找到每一高度下拟合函数的极值点，该极值点对应的速度即从指定高度下降的最优下降速度；从 2.3 节计算得到的基本下降性能数据中插值得到下降水平距离，并将该下降水平距离作为指定高度下的下降顶点（TOD）到最后进近定位点（FAF）的水平距离，从而确定不同高度下燃油消耗量最小时的下降顶点位置。最优下降性能数据计算流程图如图 2-4 所示。

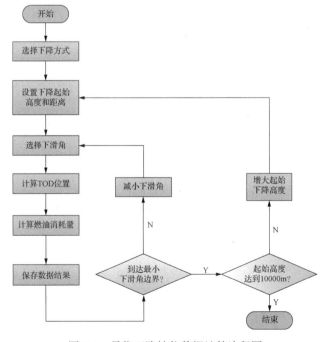

图 2-4　最优下降性能数据计算流程图

例如，选择的下降方式为等表速下降，超始高度为4000m，最后进近定位点的高度为500m，分别以不同的下降表速进行等表速下降仿真，计算结果见表2-10。

表2-10 不同下降表速下燃油消耗量计算结果

下降表速/（m/s）	90	100	110	120	130	140	150	160
燃油消耗量/kg	555	457	404	376	363	360	366	379

为了得到燃油消耗量随下降表速的变化关系，分别用二次多项式 $y = a_2 x^2 + a_1 x + a_0$ 和三次多项式 $y = a_3 x^3 + a_2 x^2 + a_1 x + a_0$ 对表2-10中的数据进行拟合，得到如图2-5所示的曲线。拟合函数中的 x 代表燃油消耗量，单位为 kg；y 代表下降表速，单位为 m/s。拟合结果见表2-11。

表2-11 燃油消耗量随下降表速变化的拟合结果

项目	a_3	a_2	a_1	a_0	残差
二次多项式拟合		0.0818	−22.6274	1915.1	27.6969
三次多项式拟合	−0.0011	0.4890	−72.5226	3910.3	8.1695

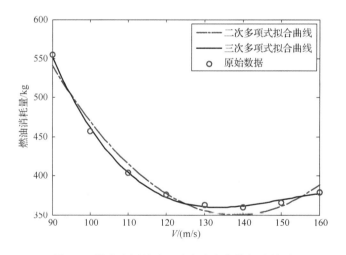

图2-5 燃油消耗量随下降表速变化的拟合结果

从图2-5可以看出，二次多项式拟合结果的残差较大，而采用三次多项式拟合结果的残差较小，因此，选择三次多项式进行拟合。图2-5表明，在指定下降起始高度下，以大约130m/s的下降表速进行等表速下降，对应的燃油消耗量最小；低于此表速时，由于下降表速较小，增加了下降飞行时间的同时也增大了燃油消耗量；高于此表速时，为了维持较大的下降表速，需要增大单位时间内的燃油消耗量，进而增大发动机推力，也会增大燃油消耗量。

由此可知，最优下降表速为130m/s，根据2.3节的计算结果，可知对应的下降水平距离为 59km。因此。该高度下的最优下滑角可以通过式（2-10）计算：

$$\gamma = -\arctan(\Delta h / s) \tag{2-10}$$

式中，γ 为对应高度下的最优下滑角；Δh 为起始下降高度，s 为下降水平距离。

用同样的方法对从其他高度下的下降表速和燃油消耗量变化关系进行函数拟合，基于 2.3 节中的基本下降性能计算结果，插值计算出对应的下降水平距离，可得到不同高度下燃油消耗量最小时的最优下降表速、下降顶点位置和最优下滑角，具体见表 2-12。

表 2-12   不同高度下燃油消耗量最小的最优下降性能数据

下降起始高度/m	最优下降表速/（m/s）	下降顶点位置/km	最优下滑角/（°）
3000	128	49.04	3.5
4000	130	59.74	3.8
5000	131	86.71	3.3
6000	131	95.36	3.6
7000	132	117.82	3.4
8000	133	130.79	3.5

其他下降方式（等马赫数下降、先等马赫数再等表速下降）下最优下降性能数据库的建立方法与此相同，不再赘述。由此可知，根据所建立的最优下降性能数据库，只须选择下降方式、下降起始高度和最优性能指标（燃油消耗量最小、下降水平距离最短、下降飞行时间最少），便可得到对应高度下的最优下滑角和下降顶点位置。

2.5   传统下降剖面设计

2.5.1   阶梯式下降程序设计

本节主要介绍传统下降剖面的设计过程及其应该满足的设计规范。传统的下降方式为阶梯式下降，它与连续下降进近同属于非精密进近的范畴。与精密进近相比，非精密进近是只有方位引导而没有垂直引导的仪表进近，需要靠机组人员根据飞机离跑道入口的距离计算、检查和调整飞行高度，控制飞机在规定的"下滑线"上下降。实施非精密进近的难度较高，百分之六十的可控飞行撞地事故发生在实施非精密进近的下降阶段，因此实施非精密进近需要严格遵守非精密进近程序规范并对进近程序的流程有明确了解。

所谓阶梯式下降是指飞机在下降过程中包含一个以上的平飞航段。根据典型的阶梯式下降进近程序，可以将其划分为进场航段、起始进近航段、中间进近航段、最后进近航段和复飞航段，如图 2-6 所示。

进场航段是指飞机从巡航阶段到实施进近程序的过渡航段，该航段一般由空中交通管制部门指定。在空中交通流量较小时，可不设置此航段；在空中交通流量比较大时，由空中交通管制部门根据终端区排序结果通过进近航段将飞机引导到起始进近定位点，以保证航线的畅通。起始进近航段的起点为起始进近定位点，终点为中间进近定位点，该航段通常以等表速或等马赫数下降方式下降到某一高度，对垂直航迹没有特别要求。中间进近航段是指飞机从中间进近定位点飞到最后进近定位点的航段，在该航段一般要求飞机保持等高平飞，调整飞行速度和姿态等，以便对准最后进近航段。最后进近航段起始于最后进近定位点，终止于复飞点，在该航段飞行员根据仪表信息和目视信息引导飞机对准着陆航迹下降并着陆。若飞机下降至最低下降高度时，飞行员无法看到跑道或无法获得继续下降所要求的目视参考，则立即启动复飞程序，逐步引导飞机飞到复飞航段。上述各航段的最佳下降梯度和最大下降梯度见表 2-13。

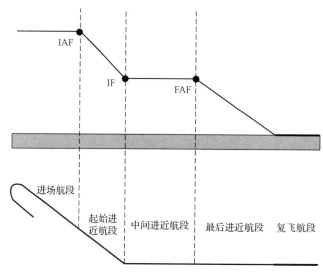

图 2-6　传统阶梯式下降示意

表 2-13　不同下降航段的最大最佳下降梯度

航段	最佳下降梯度	最大下降梯度
起始进近航段	4%	8%
中间进近航段	0%	5%
最后进近航段	5%	6.5%

　　非精密进近对能见度和云高有要求，从理论上说，采用阶梯式下降可以使飞机在起始进近定位点之后或最后一个阶梯式下降定位点（Step Descent Fix, SDF）之后立即下降到最低下降高度，但此时不可能看到跑道，无法获得目视参考。因此，才需要增加平飞航段，以调整速度和下降着陆构型，直到飞机以合适的下降率下降或飞到复飞点复飞。在某些情况下，最后进近定位点后包括阶梯式下降定位点，仪表进近程序会公布阶梯式下降定位点和之后相应的垂直下降梯度。对于最后进近定位点之后包括阶梯式下降定位点的程序，其设计目标是确保垂直航迹不低于阶梯式下降定位点的超障高度。
　　传统阶梯式下降程序是在机场净空剖面的基础上设计的，其中有的包含（有的不包含）

阶梯式下降定位点。所谓阶梯式下降定位点是指在一个航段内确认已安全飞越障碍物后允许再下降的定位点。对于最后进近航段之后包含阶梯式下降定位点的非精密进近，飞行员需要在通过最后进近定位点之后多次调整飞机的推力、俯仰姿态和高度，这些调整增加了飞行员的工作负担和出现差错的可能；对于最后进近航段不包含阶梯式下降定位点的非精密进近，飞行员在通过最后进近定位点之后可以立即下降到最低下降高度，这种操纵通常被称为"快速下降后平飞"（dive and drive）。下面举例说明，图 2-7 为我国某机场 23 号跑道的仪表进近纵向剖面图。

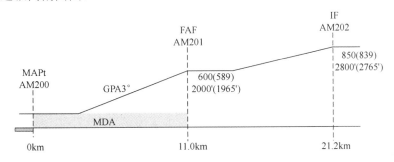

图 2-7　我国某机场 23 号跑道的仪表进近纵向剖面图

最后进近航段的下降率需要根据飞机地速换算，地速与下降率换算见表 2-14。

表 2-14　地速与下降率换算（1ft=0.3048m）

地速	kt	80	100	120	140	160	180
	km/h	150	185	220	260	295	335
时间	min:sec	4:27	3:34	2:58	2:33	2:14	1:59
下降率	ft/min	420	530	640	740	850	960
	m/s	2.2	2.7	3.2	3.8	4.3	4.9

根据上述某机场仪表进近纵向剖面图，可以设计如下进近定位点模拟阶梯式下降进近过程。因阶梯式下降过程中的水平航迹在一般情况下已确定，故在仿真过程中将水平航迹简化为一条直线。下降定位点的纬经高坐标见表 2-15。

表 2-15　下降定位点的纬经高坐标

定位点	纬度/（°）	经度/（°）	高度/m
IAF	31.31	121.30	3000
IF	31.32	121.63	1351
FAF	31.15	121.83	1351
机场	31.06	122.13	0

所设计的阶梯式下降三维航迹、垂直剖面和水平航迹分别如图 2-8、图 2-9 和图 2-10 所示。

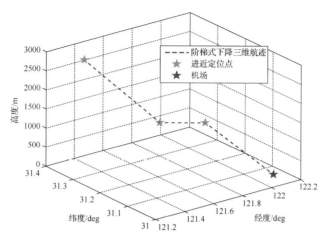

图 2-8　阶梯式下降三维航迹

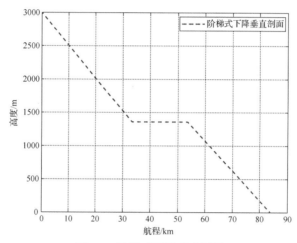

图 2-9　阶梯式下降垂直剖面

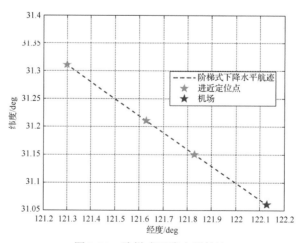

图 2-10　阶梯式下降水平航迹

从设计结果来看，所设计的阶梯式下降进近程序在某机场仪表进近纵向剖面图所规定的边界之内，符合设计要求。

2.5.2　仿真结果及分析

以实现上述阶梯式下降为目标，以国产某型飞机为对象通过仿真测试整个阶梯式下降过程。其中，超始进近航段和最后进近航段分别以 120m/s 和 95m/s 等表速下降方式下降，中间进近航段（平飞航段）的目标速度为 100m/s。这 3 个航段的期望航迹倾斜角见表 2-16。

表 2-16　3 个航段的期望航迹倾斜角

航段	期望航迹倾斜角/（°）
起始进近航段	−2.83
中间进近航段	0
最后进近航段	−2.55

假设飞机从 3000m 高度开始下降，初始速度为 120m/s，阶梯式下降仿真结果如图 2-11 所示。

从图 2-11（a）所示的飞行速度曲线可以看出，飞机从 3000m 高度进入下降航段时，由于速度方向的改变，在重力分量的作用下，存在一个短暂的加速过程。随后在控制律的作用下逐渐减速到初始速度 120m/s。结合图 2-11（e）所示的飞行高度曲线可知，飞机在进入平飞航段后，迅速减速到目标速度 100m/s，随后保持 100m/s 的速度平飞，大约 500s 后，以 95m/s 的速度继续下降。观察图 2-11（f）中整个下降过程的垂直速度曲线可知，在第一个下降航段，飞机的下降速度较快，以达到迅速降低高度的目的，随后进入平飞航段，下降速度为零；在第二个下降航段，飞机保持较慢的下降速度以利于着陆。在这两个下降航段，航迹倾斜角为−2.5°左右，与所设计的期望下滑角基本一致。由于整个下降过程中飞行速度逐渐减小，所需要的推力值也逐渐减小。另外，通过分析图 2-11（j）所示的油门开度曲线和图 2-11（l）所示的燃油消耗速度曲线可以发现，两者的变化趋势基本相同，并且在平飞航段的油门开度和燃油消耗速度大于在下降航段的油门开度和燃油消耗速度，因为在平飞航段为了克服重力而保持一定的平飞高度，需要比下降航段更大的推力和消耗更多的燃油。

通过上述分析可知，采用阶梯式下降进近程序，过程烦琐，程序复杂，需要反复改变推力，导致飞行状态改变频繁，对机组人员的飞行技术有很高的要求。另外，因为在平飞航段的燃油消耗率大，也增加了飞机下降进近的燃油消耗量。复杂的下降过程不利于空管人员对所需到达时间做出估计，他们不得不增加进近飞机之间的安全间隔，限制了机场的运行效率。因此，基于四维航迹的连续下降进近技术可以有效解决上述问题：减少平飞航段以节省燃油消耗量；对所需到达时间的精确控制，可以有效提高机场的运行效率，增加机场的吞吐量。

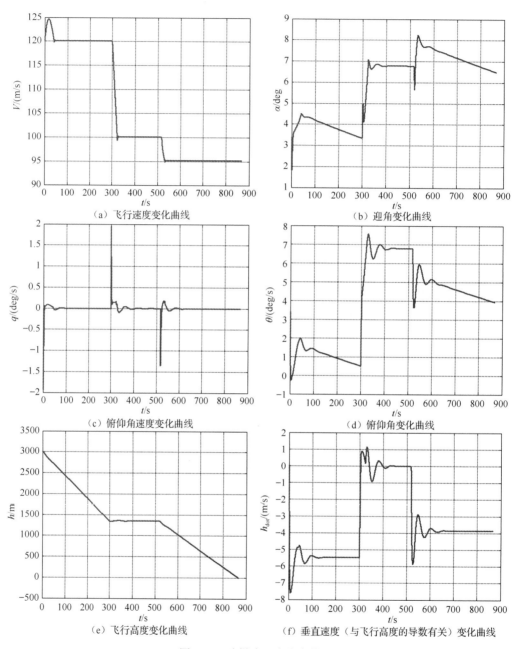

（a）飞行速度变化曲线
（b）迎角变化曲线
（c）俯仰角速度变化曲线
（d）俯仰角变化曲线
（e）飞行高度变化曲线
（f）垂直速度（与飞行高度的导数有关）变化曲线

图 2-11　阶梯式下降仿真结果

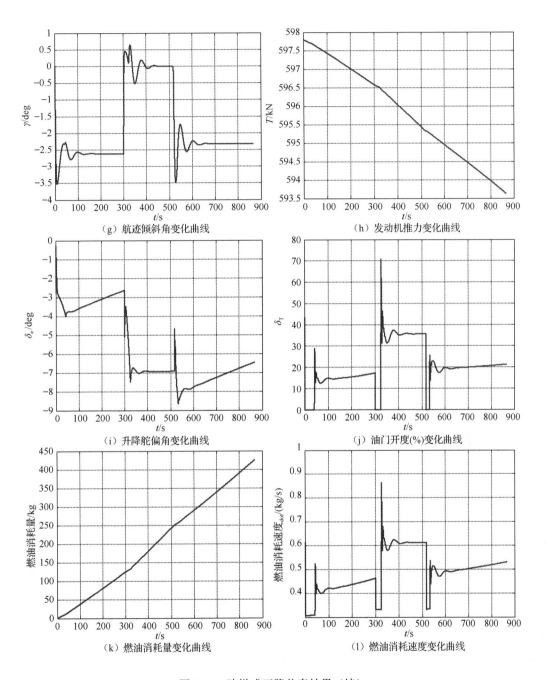

（g）航迹倾斜角变化曲线　　　　　　（h）发动机推力变化曲线

（i）升降舵偏角变化曲线　　　　　　（j）油门开度(%)变化曲线

（k）燃油消耗量变化曲线　　　　　　（l）燃油消耗速度变化曲线

图 2-11　阶梯式下降仿真结果（续）

2.6　基于高斯伪谱法的轨迹优化方法

2.5 节介绍了基于性能数据库的最优下降剖面的构建方法，该方法虽然原理简单，但是计算量大，并且依赖于前期的性能数据库的计算结果。同时构建的下降剖面速度大多保持不变，该方法所构建的剖面只是在给定控制模式下的最优剖面。若要对下降剖面进一步优化，寻找给定指标下的精确的速度剖面，则该问题可以被看作一个最优控制问题，可采用高斯伪谱法对其求解。基于高斯伪谱法的四维连续下降运行（4D-CDO）航迹规划模块如图 2-12 所示。

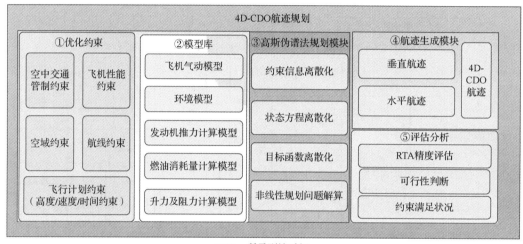

RTA—所需到达时间

图 2-12　四维连续下降运行（4D-CDO）航迹规划模块

四维连续下降运行航迹规划系统可以分成五个部分，其中，优化约束模块主要包括空中交通管制约束、飞机性能约束和空域约束等。例如，空管人员提供所需到达时间，飞机性能约束显示飞机下降性能和限制，空域约束主要包括高度窗口的计算。模型库用来描述高斯伪谱法规划问题的研究对象，主要包括升力及阻力计算模型、发动机推力计算模型及环境模型等，并在此基础上建立飞机纵向运动学和动力学微分方程。高斯伪谱法规划模块根据约束信息和模型信息，用微分方程描述连续最优控制问题，设计基于四维连续下降运行航迹规划的性能指标，将最优控制问题转化为离散的非线性规划问题。航迹生成模块采用直接法计算该非线性规划问题，获得在相应约束条件和性能指标下的控制量序列与状态变量序列，将状态点依次平滑连接，即可得到四维连续下降运行的垂直航迹，而对水平航迹，需要根据所需到达时间区间进行调整，两者共同组成四维连续下降运行航迹。最后，需要对规划结果进行评估分析，对不合理的地方进行局部修改或调整甚至重新规划计算。

2.6.1　问题描述

一般性的非线性最优控制问题可描述为系统的运动过程，该过程是指系统从一个状态转移到另一个状态。为了确定系统的运动轨迹，首先要确定系统初始状态 $x(t_0)$ 和终端状态 $x(t_f)$，即轨迹优化问题的边界条件。

对于最优控制问题，顾名思义，我们的最终目的是得到一个使性能函数最优的控制量 $u(t)$，而控制量的各个分量往往具有不同物理含义。在轨迹优化问题控制过程中，控制量受被控对象机械机构的限制，这种限制范围就构成了路径约束。

下面是一般非线性系统的数学模型描述。

状态方程：

$$\dot{x}(t) = f(x(t), u(t), t) \tag{2-11}$$

式中，$x \in \mathbf{R}^n, u \in \mathbf{R}^m, t \in [t_0, t_f]$。

边界条件：

$$\Phi[x(t_0), t_0, x(t_f), t_f] = \mathbf{0} \in \mathbf{R}^q \tag{2-12}$$

路径约束：

$$C[x(t), u(t), t; t_0, t_f] = \mathbf{0} \in \mathbf{R}^c \tag{2-13}$$

上述非线性系统在面对不同的最优控制问题时，有不同的性能指标。即使是同一问题，其性能指标也可能存在差异。尽管不能为各种各样的最优控制问题归纳出一个统一的性能指标表达式，但是在不失一般性的情况下，对连续系统的性能指标函数可以用 Bolza 型性能指标描述。

博尔查（Bolza）型性能指标也称为综合型性能指标，它分为迈尔（Mayer）型（终端型）性能指标和拉格朗日型（积分型）性能指标，其函数形式描述为

$$J = \Phi[x(t_0), t_0, x(t_f), t_f] + \int_{t_0}^{t_f} g[x(t), u(t), t; t_0, t_f] \, \mathrm{d}t \tag{2-14}$$

上述 Bolza 型性能指标连同非线性系统的状态方程、边界条件和路径约束一起，构成了一个具有一般性意义的 Bolza 型最优控制问题。

2.6.2　高斯伪谱法的基本原理

高斯伪谱法或正交配点法是一种直接法，对控制量和状态变量同时进行离散化。高斯伪谱法的离散点分布在区间[-1,1]上，其中正交分配点就是正交多项式的根，或者可以看作正交多项式和其微分的线性组合。

高斯伪谱法存在两个关键的问题：离散点的选取和分配点的选取。离散点的作用是将状态变量和控制量离散化，使它们得以应用在非线性规划中。分配点则是用来分配微分方程，以确保满足系统特性。这两种点的选取方式会影响高斯伪谱法最终的精度。

连续系统 Bolza 型最优控制问题的时间域定义在区间 $[t_0, t_f]$ 上，但高斯伪谱法的时间域定义在区间[-1,1]上。因此，需要考虑时域转换关系，即 $t = \dfrac{t_f - t_0}{2}\tau + \dfrac{t_f + t_0}{2}, \tau \in [-1,1]$，利

用此映射关系将 $t \in [t_0, t_f]$ 映射到 $\tau \in [-1,1]$。这样就得到了适用于高斯伪谱法求解的 Bolza 型最优控制问题，称为 Bolza 问题。

此最优控制问题的数学含义为确定状态变量 $\boldsymbol{x}(\tau) \in \mathbf{R}^n$、控制量 $\boldsymbol{u}(\tau) \in \mathbf{R}^m$、初始时刻 t_0 以及终端时刻 t_f，在满足约束条件下使性能指标函数值最小。

性能指标函数：

$$J = \varPhi[\boldsymbol{x}(\tau_0), t_0, \boldsymbol{x}(\tau_f), t_f] + \frac{t_f - t_0}{2} \int_{-1}^{1} g[\boldsymbol{x}(\tau), \boldsymbol{u}(\tau), \tau; t_0, t_f] \mathrm{d}\tau \tag{2-15}$$

约束条件：

$$\begin{cases} \dfrac{\mathrm{d}\boldsymbol{x}(\tau)}{\mathrm{d}\tau} = \dfrac{t_f - t_0}{2} \boldsymbol{f}(\boldsymbol{x}(\tau), \boldsymbol{u}(\tau), \tau; t_0, t_f) \\ \varPhi[\boldsymbol{x}(\tau_0), t_0, \boldsymbol{x}(\tau_f), t_f] = \boldsymbol{0} \in \mathbf{R}^q \\ C[\boldsymbol{x}(\tau), \boldsymbol{u}(\tau), \tau; t_0, t_f] \leqslant \boldsymbol{0} \in \mathbf{R}^c \end{cases} \tag{2-16}$$

式中，$\tau_0 = -1$，$\tau_f = 1$，$\tau \in [-1,1]$。

高斯伪谱法采用以拉格朗日插值基函数组成的全局多项式逼近变量。多项式被定义在区间 $\tau \in [-1,1]$ 中的 N 个节点 $\tau_1, \cdots, \tau_N$ 上。在高斯伪谱法中，状态变量、控制量、协态变量可以由以下多项式逼近：

$$\begin{cases} y(\tau) \approx Y(\tau) = \displaystyle\sum_{i=1}^{N} \mathcal{L}_i(\tau) Y(\tau_i) \\ \mathcal{L}_i(\tau) = \displaystyle\prod_{j=1, j \neq i}^{N} \frac{\tau - \tau_j}{\tau_i - \tau_j} \end{cases} \tag{2-17}$$

其中，$\mathcal{L}_i(\tau)$ 表示所选节点所对应的拉格朗日多项式的组合，$i = 1, \cdots, N$；Y 表示需要离散化求解的各个变量。这表示在 N 个节点 τ_i 上，所构造的近似多项式的值与函数真实值相等，即 $y(\tau_j) = Y(\tau_j), j = 1, \cdots, N$，则 $\mathcal{L}_i(\tau)$ 可以表示为

$$\mathcal{L}_i(\tau_j) = \begin{cases} 1, & i = j \\ 0, & i \neq j \end{cases} \tag{2-18}$$

上述 N 个节点选取的准则是，使正交逼近整体函数时误差最小的离散点组合。在高斯伪谱法中进行正交逼近的一般形式可以表示为

$$\int_a^b f(\tau) \mathrm{d}\tau \approx \sum_{i=1}^{N} w_i(\tau) f(\tau_i) \tag{2-19}$$

式中，$\tau_1, \cdots, \tau_N$ 表示在区间 $\tau \in [-1,1]$ 中的正交节点，w_i 表示对应节点的正交权重，$i = 1, \cdots, N$。对于任一系列正交节点 $\tau_1, \cdots, \tau_N$，存在一个阶数至多为 N-1 阶的正交多项式与之对应。而且，节点的不同组合影响正交分配的精度。

高斯伪谱法一般将高斯正交节点作为函数积分、微分和插值的离散节点。通过一个简单的线性变换，可以很容易将实际问题中的时间区间 $[t_0, t_f]$ 映射到正交节点所在的区间。高斯伪谱法的分配点称为勒让德-高斯配点，如果用 $L_N(\tau)$ 表示 N 阶勒让德多项式，那么 $L_N(\tau)$ 的所有零点就是勒让德-高斯配点。

高斯伪谱法所采用的正交节点实际上是在区间[-1,1]内的 n 阶雅可比多项式 $P_n^{\alpha,\beta}$ 内积满足如下正交条件下时的根。

$$\int_{-1}^{1}(1-t)^{\alpha}(1+t)^{\beta}P_n^{\alpha,\beta}(t)P_m^{\alpha,\beta}(t)\mathrm{d}t \qquad (2\text{-}20)$$

注：高斯伪谱法中所用的勒让德多项式是雅可比多项式在参数 $\alpha=\beta=0$ 时的一种特殊情况。如果用 $t_{i,n}^{\alpha,\beta}$ 表示 n 阶雅可比多项式 $P_n^{\alpha,\beta}(t)$ 的 n 个根，即方程 $P_n^{\alpha,\beta}(t_{i,n}^{\alpha,\beta})=0(i=0,1,\cdots,n-1)$ 的零点，那么，可以定义零点和积分权重，以近似下面的积分形式，并且可以给出在上述积分节点的微分矩阵数学表达式：

$$\int_{-1}^{1}u(t)\mathrm{d}t=\sum_{i=0}^{N}w_iu(t_i)+R(u) \qquad (2\text{-}21)$$

下面是高斯伪谱法的积分节点、积分权重及无权重微分矩阵的数学表达式：

$$\begin{cases} t_i=t_{i,N+1}^{0,0}, & i=0,1,\cdots,N \\ w_i^{0,0}=\dfrac{2}{1-t_i^2}\left[\dfrac{\mathrm{d}}{\mathrm{d}t}L_{N+1}(t)\big|_{t=t_i}\right]^{-2}, & i=0,1,\cdots,N \\ R(u)=0, & u(t)\in P^{2N+1}, \quad t\in[-1,1] \\ D_{i,j}=\begin{cases}\dfrac{L'_{N+1}(t_i)}{(t_i-t_j)L'_{N+1}(t_j)}, & i\neq j,0\leqslant i,j\leqslant N \\ \dfrac{t_i}{1-t_i^2}, & i=j\end{cases} \end{cases} \qquad (2\text{-}22)$$

用高斯节点可以有效抑制在用等距节点（相邻节点之间的距离相等）进行函数拟合时的龙格现象（拟合函数在边界点发生激烈波动的现象）。例如，在分别用 20 个高斯节点和 20 个等距节点对函数 $y=1/(1+25x^2)$ 进行拟合，拟合效果如图 2-13 所示。

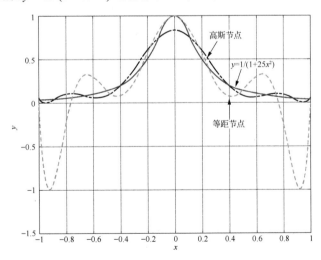

图 2-13　拟合效果

高斯伪谱法中状态变量的离散化原理可以描述如下：对 $N-1$ 个离散点上的状态值与相对应的拉格朗日插值多项式之积的求和，表示为

$$\boldsymbol{x}(\tau) \approx \boldsymbol{X}(\tau) = \sum_{i=0}^{N-2} \bar{\mathcal{L}}_i(\tau) \boldsymbol{X}(\tau_i) \qquad (2\text{-}23)$$

式中，$\tau_i(i=0,\cdots,N-2)$ 表示初始值点加上 $N-2$ 个勒让德-高斯配点。而终端值点虽然属于非线性规划（Non-Linear Programming，NLP）问题中的离散化问题，但是在状态变量近似时却用不到它。

高斯伪谱法所使用的配点个数 K 与节点个数 N 不相等，即 N 个离散节点包括 $N-2$ 个内部勒让德-高斯配点加上初始值点 $\tau_0 \equiv -1$ 和终端值点 $\tau_f \equiv 1$，$K = N-2$。在分配点上的正交分配方程为

$$\sum_{i=0}^{N} D_{ki} \boldsymbol{X}(\tau_i) - \frac{t_f - t_0}{2} \boldsymbol{f}(\boldsymbol{X}(\tau_k), \boldsymbol{U}(\tau_k)) = \boldsymbol{0}, \quad k=1,\cdots,K \qquad (2\text{-}24)$$

此处，τ_k 表示勒让德-高斯配点。注意，上式在边界值上没有进行离散化。定义离线微分方程 $\boldsymbol{D} \in \mathbf{R}^{K \times N-1}$，$\dot{\mathcal{L}}_i(\tau_k) = D_{ki}$，其数学表达式为

$$D_{ki} = \begin{cases} \dfrac{(1+\tau_k)\dot{P}_N(\tau_k) + P_N(\tau_k)}{(\tau_k - \tau_i)[(1+\tau_i)\dot{P}_N(\tau_i) + P_N(\tau_i)]}, & i \neq k \\[4mm] \dfrac{(1+\tau_k)\ddot{P}_N(\tau_k) + 2\dot{P}_N(\tau_k)}{2[(1+\tau_i)\dot{P}_N(\tau_i) + P_N(\tau_i)]}, & i = k \end{cases} \qquad (2\text{-}25)$$

此处，$\tau_k(k=1,\cdots,K)$ 表示勒让德-高斯配点，$\tau_i(i=0,\cdots,K)$ 表示勒让德-高斯配点加上初始值点。对控制量的近似，只需要在 $N-2$ 个勒让德-高斯配点上进行即可，全局逼近多项式是由 $N-2$ 个拉格朗日插值基函数 $\tilde{\mathcal{L}}_i(\tau)$ 组成的多项式，即

$$\boldsymbol{u}(\tau) \approx \boldsymbol{U}(\tau) = \sum_{i=1}^{N-2} \tilde{\mathcal{L}}_i(\tau) \boldsymbol{U}(\tau_i) \qquad (2\text{-}26)$$

此处，$\tau_i(i=1,\cdots,N-2)$ 表示勒让德-高斯配点。在上述正交分配方程中，终端状态 $\boldsymbol{X}(\tau_f)$ 不受方程约束。因此，必须增加一个约束条件以保证终端状态满足状态方程。为此，可以用一个正交多项式逼近在整个时间间隔上的状态积分来实现，即

$$\boldsymbol{X}(\tau_f) - \boldsymbol{X}(\tau_0) - \frac{t_f - t_0}{2} \sum_{k=1}^{K} w_k \boldsymbol{f}(\boldsymbol{X}(\tau_k), \boldsymbol{U}(\tau_k)) = 0 \qquad (2\text{-}27)$$

式中，w_k 为高斯正交权重；τ_k 为勒让德-高斯配点。

离散化代价函数为

$$J = \Phi(\boldsymbol{X}(\tau_f)) \qquad (2\text{-}28)$$

边界条件：

$$\phi(\boldsymbol{X}(\tau_0), \boldsymbol{X}(\tau_f)) = \boldsymbol{0} \qquad (2\text{-}29)$$

这样就将一个连续迈尔（Mayer）问题转化为一个非线性规划问题，其数学表达式整合为

$$J = \Phi(\boldsymbol{X}(\tau_{\mathrm{f}}))$$

$$\mathrm{s.t.}\begin{cases} \displaystyle\sum_{i=0}^{N} D_{ki}\boldsymbol{X}(\tau_i) - \frac{t_{\mathrm{f}} - t_0}{2}\boldsymbol{f}(\boldsymbol{X}(\tau_k), \boldsymbol{U}(\tau_k)) = \boldsymbol{0}, \quad k = 1, \cdots, K \\[3mm] \boldsymbol{X}(\tau_{\mathrm{f}}) - \boldsymbol{X}(\tau_0) - \frac{t_{\mathrm{f}} - t_0}{2}\displaystyle\sum_{k=1}^{K} w_k \boldsymbol{f}(\boldsymbol{X}(\tau_k), \boldsymbol{U}(\tau_k)) = 0 \\[3mm] \phi(\boldsymbol{X}(\tau_0), \boldsymbol{X}(\tau_{\mathrm{f}})) = \boldsymbol{0} \end{cases} \tag{2-30}$$

该非线性规划问题的数值解就是连续迈尔问题的近似最优解。

2.6.3 四维连续下降运行航迹规划所需模型

民航客机在进入终端区域后，接收到来自空管人员给定的时间窗口，机组人员按照给定的时间窗口进行连续下降进近飞行。因此，对民航客机下降航段的航迹优化必须在给定的时间窗口内进行。一方面，需要尽可能将时间成本降到最低，以提高机场的容量；另一方面，需要将燃油消耗量降到最少，以节约飞行成本。这两方面因素往往存在矛盾，需要综合考虑。

1. 飞机模型的建立

通常情况下，用微分方程描述飞机运动状态的变化情况是很方便的。因此，飞机六自由度模型也被广泛应用，它可以方便地描述飞机在空间的位置和姿态信息，但是在航迹优化问题中，我们更加关注飞机在空间的位置信息，而不需要关心飞机的姿态等细节。在建模过程中多余的状态会给航迹优化算法带来不必要的计算负担。因此，可忽略飞机姿态等信息，而将飞机作为质点模型来看待。另外，飞机在下降过程中往往是按照规定的水平航迹飞行的，因此，同样可以忽略飞机的水平航迹，而只关心飞机的垂直航迹。

在上述模型简化条件和假设条件下，建立如下的质点状态方程，并把它作为航迹优化问题的研究对象：

$$\begin{cases} \dfrac{\mathrm{d}x}{\mathrm{d}t} = V\cos\gamma \\[3mm] \dfrac{\mathrm{d}h}{\mathrm{d}t} = V\sin\gamma \\[3mm] \dfrac{\mathrm{d}V}{\mathrm{d}t} = \dfrac{T\cos\alpha - D - mg\sin\gamma}{m} \\[3mm] \dfrac{\mathrm{d}\gamma}{\mathrm{d}t} = \dfrac{(T\sin\alpha + L) - mg\cos\gamma}{mV} \\[3mm] \dfrac{\mathrm{d}m}{\mathrm{d}t} = -C_f T \end{cases} \tag{2-31}$$

式中，x 为飞机飞行的水平距离；h 为飞行高度；V 为飞机飞行的真空速；γ 为航迹倾斜角；T 为飞机发动机推力；α 为飞机飞行迎角；D 为阻力；L 为升力；C_f 为燃油消耗率；x, h, V 和 α 为状态变量；T 为控制量。

2. 环境模型

1）大气温度模型

一般情况下民航客机在对流层顶层之下飞行，在该区域内，大气温度随高度的变化情况可以用下式来描述：

$$T_t = T_{ISA} - 0.0065h \quad (K) \tag{2-32}$$

式中，T_t 为当前高度下的大气温度；T_{ISA} 为平均海平面处的大气温度，其值为 $T_{ISA} = 288.15\text{K}$。

2）大气密度模型

在飞行空域内的大气密度与温度的变化关系为

$$\rho = \rho_{ISA}\left(\frac{T_t}{T_{ISA}}\right)^{-\frac{g}{K_T R}-1} \quad (\text{kg/m}^3) \tag{2-33}$$

式中，$\rho_{ISA} = 1.225\text{kg/m}^3$，平均海平面处的大气密度；$R = 287.04\text{m}^2/\text{ks}^2$，气体常数值；$g = 9.80665\text{m/s}^2$，重力加速度；$K_T = -0.0065°\text{K/m}$，国际标准大气温度梯度。

3）声速模型

在飞行空域内，声速与温度之间的变化关系为

$$a = 340.29\sqrt{\frac{T_t}{T_{ISA}}} \quad (\text{m/s}) \tag{2-34}$$

而飞机的马赫数是真空速与声速之比，即 $\text{Ma} = V/a$。

3. 发动机推力及燃油消耗量计算模型

1）发动机推力计算模型

发动机推力计算模型的影响因素较多，在简化计算过程但又不失去合理性的前提下，考虑飞机发动机推力的大小与飞行马赫数、温度、高度以及飞行阶段之间的关系。下面以涡轮风扇发动机为对象，建立发动机推力计算简化模型。涡轮风扇发动机的基本结构及其产生推力的原理如图 2-14 所示。

从图 2-14 可以看出涡轮风扇发动机的部件关系及产生推力的原理：空气通过进气道进入风扇，初步增大空气压力。然后，空气经过分离器分别进入内涵道和外涵道，进入外涵道的空气直接通过外涵喷管喷出，产生外涵道推力。而进入内涵道的空气通过低压压气机和高压压气机两级增压，燃油在燃烧室中与高压空气混合并燃烧，产生高温高压气体。高温高压气体分别经过高压涡轮和低压涡轮，对高/低压涡轮做功，带动高/低压压气机内的转子转动，然后从内涵道的尾喷管喷出，产生内涵道推力。

发动机推力的产生涉及复杂的热力学问题，这不利于高斯伪谱法的数值计算。因此，在建立发动机推力计算模型过程中，只须考虑关键因素对推力的影响，如温度、马赫数、高度、大气压强及飞行阶段。由于本书研究的是大型客机连续下降运行轨迹的规划，因此只考虑下降阶段的简化发动机推力计算模型。

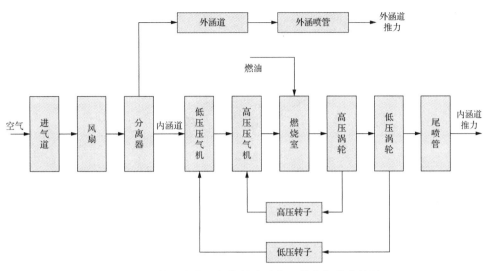

图 2-14　涡轮风扇发动机的基本结构及其产生推力的原理

发动机的推力按照下式计算：

$$T = \delta_{\mathrm{T}} C_{\mathrm{DE}} T_{\max} \tag{2-35}$$

式中，δ_{T} 为油门开度；C_{DE} 为下降阶段的最大可用推力系数；$T_{\max}$ 为在某一确定飞行状态下的最大推力，它是马赫数、大气温度及大气压强的函数，其表达式为

$$T_{\max} = \frac{P}{P_{\mathrm{ISA}}} \cdot T_{\mathrm{SL}} \left(1 + \frac{\kappa - 1}{2} M^2\right)^{\frac{\kappa}{\kappa - 1}} \left(1 - 0.49\sqrt{M}\right)\frac{1}{\varphi} \tag{2-36}$$

式中，P 为当前大气压；P_{ISA} 为标准大气压；T_{SL} 为在海平面标准状态下零马赫数时的最大推力；$\kappa = 1.4$ 为比热比；$\varphi = T_{\mathrm{t}} / T_{\mathrm{ISA}}$ 为当前大气温度与标准大气温度之比。

而 C_{DE} 的值与飞机的飞行高度及飞机的起飞推力系数有关，其计算公式可表示为

$$C_{\mathrm{DE}} = \begin{cases} 0.0206 \cdot C_{\mathrm{CL}}, & h \geqslant 8000\mathrm{ft} \\ 0.12 \cdot C_{\mathrm{CL}}, & h \leqslant 8000\mathrm{ft} \end{cases} \tag{2-37}$$

其中，C_{CL} 表示飞机的起飞推力系数，$C_{\mathrm{CL}} = 1 - C'_{\mathrm{CL}}\Delta T_{\mathrm{eff}}$，$C'_{\mathrm{CL}} = 0.00426$，$\Delta T_{\mathrm{eff}} = (T_{\mathrm{t}} - T_{\mathrm{ISA}}) - 6.75$。

2）燃油消耗量计算模型

飞机的质量是飞机模型中的一个状态变量，飞机质量的变化主要源于飞机在下降过程中的燃油消耗量变化。其中关键参数为燃油消耗率 C_f，它表示在单位时间内产生单位推力所需要的燃油消耗量，即

$$\frac{\mathrm{d}m}{\mathrm{d}t} = -C_f T \tag{2-38}$$

飞机单位时间内的燃油消耗量与飞机的飞行速度 V、飞行高度 h 和油门开度有关，因此可根据国产某型飞机的燃油消耗实验数据，插值计算出不同飞行速度、飞行高度和油门开度下单位时间内的燃油消耗量。假设单位时间内的燃油消耗量 $f = C_f \cdot T$，单位为 kg/h，则不同油门开度下燃油消耗量 f 随飞行速度 V 和飞行高度 h 变化的趋势如图 2-15～图 2-17 所示。

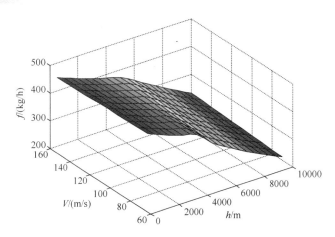

图 2-15　油门开度为 0.2 时单位时间内的燃油消耗量随飞行速度和飞行高度变化的趋势

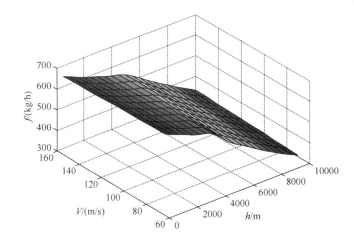

图 2-16　油门开度为 0.5 时单位时间内的燃油消耗量随飞行速度和飞行高度变化的趋势

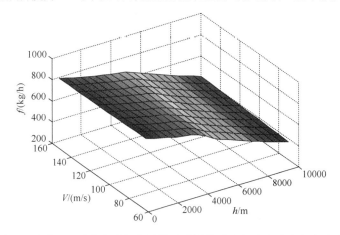

图 2-17　油门开度为 0.7 时单位时间内的燃油消耗量随飞行速度和飞行高度变化的趋势

根据关系式 $f = C_f T$，可知 $C_f = f/T$，然后通过插值计算出不同状态下（不同飞行速度、飞行高度和油门开度）所对应的推力，即可得到不同油门开度下燃油消耗量 C_f 随飞行速度 V 和飞行高度 h 变化的趋势，如图 2-18～图 2-20 所示。

可以看出，燃油消耗率随飞行速度的增大而增大，随油门开度的增大而增大。在油门开度和飞行速度保持不变的情况下，飞行高度在大约 6000m 以上时候，燃油消耗率 C_f 基本不随飞行高度变化，而在 6000m 以下时，燃油消耗率随飞行高度的增大而减小。

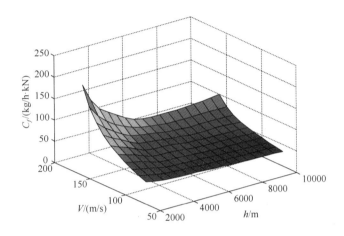

图 2-18　油门开度为 0.2 时燃油消耗率随飞行速度和飞行高度变化的趋势

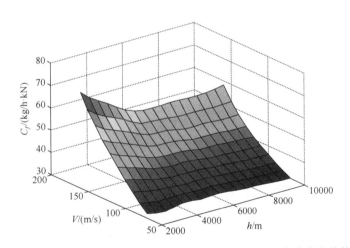

图 2-19　油门开度为 0.5 时燃油消耗率随飞行速度和飞行高度变化的趋势

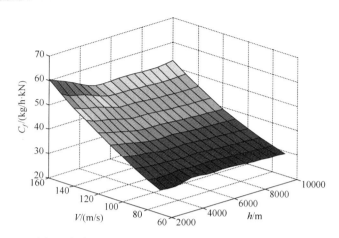

图 2-20　油门开度为 0.7 时燃油消耗率随飞行速度和飞行高度变化的趋势

4. 升力及阻力计算模型

如前所述的飞机模型需要时刻计算飞机所受的升力 L 和阻力 D，飞机所受的升力主要由飞机机翼产生，升力方向为飞机气流坐标系的 z 轴方向。而飞机所受的阻力主要由空气作用在翼面上的法向力构成的，阻力方向为飞机气流坐标系的 x 轴方向，以向后为正。升力和阻力都与飞机的飞行高度、马赫数、迎角 α 和操纵面等有关。考虑研究对象的同时，为了节约计算成本，在建模过程中主要关心升力和阻力与马赫数、迎角以及襟翼位置的变化关系。

升力和阻力的计算公式如下：

$$\begin{cases} L = 0.5\rho V^2 S_w C_L \\ D = 0.5\rho V^2 S_w C_D \end{cases} \tag{2-39}$$

式中，ρ 为某一高度下的空气密度；V 为飞机的真空速；S_w 为机翼的参考面积，本书选用"运八"飞机作为研究对象，其机翼参考面积 $S_w = 121.86\text{m}^2$；C_L 和 C_D 分别为飞机的升力系数和阻力系数，两者与飞机迎角、马赫数的关系如下：

$$\begin{cases} C_L(\alpha, \text{Ma}) = C_{L0}(\text{Ma}) + C_{L\alpha}(\text{Ma})\alpha \\ C_D(\alpha, \text{Ma}) = C_{D0}(\text{Ma}) + C_{Dt}(\text{Ma}, \alpha) \end{cases} \tag{2-40}$$

在小迎角的情况下，阻力系数的大小与升力系数有关，上式可以写成：

$$\begin{cases} C_L(\alpha, \text{Ma}) = C_{L0}(\text{Ma}) + C_{L\alpha}(\text{Ma})\alpha \\ C_D(\alpha, \text{Ma}) = C_{D0}(\text{Ma}) + A(\text{Ma})C_L^2 \end{cases} \tag{2-41}$$

其中 $A(\text{Ma})$ 是诱导阻力因子。

根据给定的飞机气动数据（不同襟翼位置、不同马赫数下的 C_L 和 C_D），插值获得精度更高的升力系数和阻力系数网格数据，在 $0.2\sim0.7$Ma 之间划分 30 等分，分别获得每个网格点的升力系数和阻力系数。利用 MATLAB 中的拟合函数对获得的网格数据进行多项式函数拟合。一般情况下，多项式模型的阶次选择得越高，函数拟合的精度越高，误差越小，但过高的阶次会给后续模型的计算带来更大的计算压力。在本书中，分别用三次多项式和四次多项式对襟翼位置为 0°、15° 和 30° 时的升力系数和阻力系数网格数据进行多项式拟合，拟合结果见表 2-17 和表 2-18，拟合结果图例如图 2-21 和图 2-22 所示。

表 2-17　$C_{L\alpha}$ 三次多项式拟合结果

襟翼位置	a_0	a_1	a_2	a_3	残差
0°	7.6962	−16.1482	43.3344	−34.9845	0.2573
15°	8.6164	−16.6834	44.7082	−35.8186	0.2635
30°	9.5366	−17.2185	46.0820	−36.6526	0.2699

表 2-18　$C_{L\alpha}$ 四次多项式拟合结果

襟翼位置	a_0	a_1	a_2	a_3	a_4	残差
0°	3.3361	27.9314	−114.9037	205.3454	−131.0891	0.1484
15°	4.1683	28.2851	−116.7210	209.3581	−133.7327	0.1533
30°	5.0006	28.6389	−118.5384	213.3708	−136.3764	0.1583

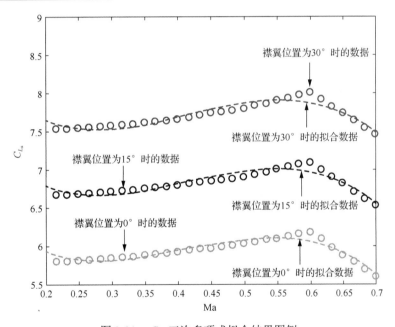

图 2-21　$C_{L\alpha}$ 三次多项式拟合结果图例

由上图结果可以看出，采用四次多项式拟合，不同襟翼位置下的升力系数拟合结果的残差范数都在 0.2 以内，满足精度要求。那么，可以近似获得 C_L 的拟合函数，即

$$C_L = (a_4 M^4 + a_3 M^3 + a_2 M^2 + a_1 M^1 + a_0)\alpha \qquad (2\text{-}42)$$

其中 M 代表马赫数。

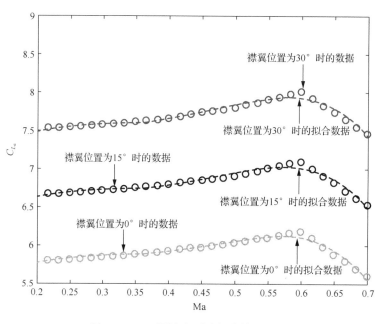

图 2-22 $C_{L\alpha}$ 四次多项式拟合结果图例

用同样的方法可以获得 $C_{D0}(\mathrm{Ma})$ 和 $A(\mathrm{Ma})$ 的拟合函数，从而最终确定并计算出 C_D。分别以三次多项式和四次多项式拟合 $C_{D0}(\mathrm{Ma})$ 和 $A(\mathrm{Ma})$，拟合结果见表 2-19 和表 2-20，拟合结果图例如图 2-23 和图 2-24 所示。

表 2-19 $C_{D0}(\mathrm{Ma})$ 和 $A(\mathrm{Ma})$ 三次多项式拟合结果

襟翼位置	$C_{D0}(\mathrm{Ma})$			
	b_0	b_1	b_2	残差
0°	0.0434	−0.0312	0.0418	0.00200
15°	0.0573	−0.0411	0.0551	0.00270
30°	0.0685	−0.0511	0.0711	0.00340
襟翼位置	$A(\mathrm{Ma})$			
	c_0	c_1	c_2	残差
0°	0.0786	−0.1417	0.2046	0.00720
15°	0.0536	−0.0966	0.1394	0.00490
30°	0.0743	−0.0515	0.0285	0.00260

表 2-20 $C_{D0}(\mathrm{Ma})$ 和 $A(\mathrm{Ma})$ 四次多项式拟合结果

襟翼位置	$C_{D0}(\mathrm{Ma})$				
	b_0	b_1	b_2	b_3	残差
0°	0.0313	0.0595	−0.1685	0.1530	0.00057
15°	0.0412	0.0789	−0.2232	0.2024	0.00076
30°	0.0512	0.0982	−0.2778	0.2518	0.00095

襟翼位置	A(Ma)				
	c_0	c_1	c_2	c_3	残差
0°	0.0364	0.1745	−0.5289	0.5334	0.00210
15°	0.0249	0.1180	−0.3583	0.3620	0.00140
30°	0.0135	0.0615	−0.1877	0.1905	0.00075

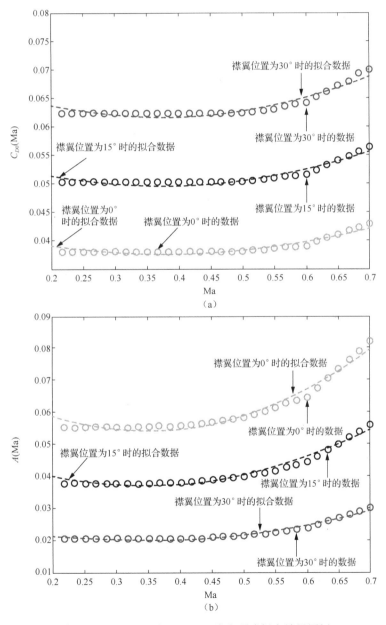

图 2-23 $C_{D0}(Ma)$ 和 $A(Ma)$ 三次多项式拟合结果图例

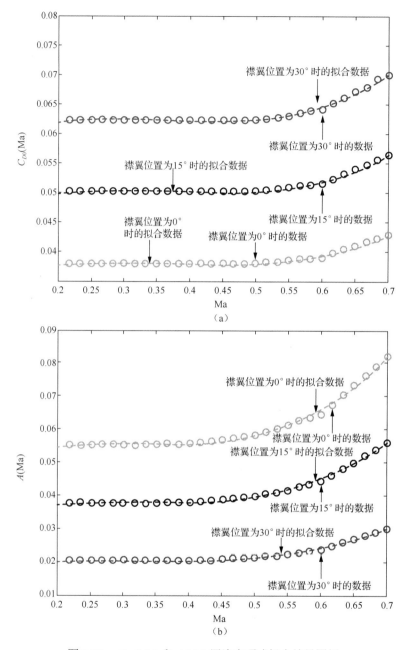

图 2-24 C_{D0}(Ma) 和 A(Ma) 四次多项式拟合结果图例

观察上述结果的残差范数可以发现，以三次多项式对 C_{D0}(Ma) 和 A(Ma) 进行拟合便可以达到很高的精度。那么，可以近似获得 C_D 的拟合函数，如式（2-43）所示，其中 M 代表马赫数。

$$C_D = (b_3 M^3 + b_2 M^2 + b_1 M + b_0) + (c_3 M^3 + c_2 M^2 + c_1 M + c_0)C_L^2 \qquad （2-43）$$

2.6.4　连续下降进近高度窗口计算

可以根据水平路径是否固定，将连续下降进近的水平航迹分为封闭式路径和开放式路径。封闭式路径由一些确定的航路点组成，通过闭合路径，可准确获得飞机在下降运行过程中与跑道的距离，但还需要提供确定的穿越高度、高度窗口和速度限制等信息。而开放式路径则包含多条水平航迹，在水平路径没有确定的情况下，飞机距离跑道的水平距离也无法确定。对于合理的所需到达时间要求，可以按照提前规划好的封闭式路径进行下降，而当所需到达时间要求超越了飞机的时间调整能力或在顺风/逆风的条件下，可以通过调整水平航迹的方式，控制所需到达时间，即采用开放式路径控制所需到达时间。

封闭式路径和开放式路径示意如图 2-25 所示。其中，封闭式路径由若干确定的航路点及中间航段构成，逐段引导飞机到最后进近定位点。而开放式路径可在封闭式水平路径附近的空域设置航路点，构造多条水平路径，不同路径均可引导飞机至最后进近定位点。该方式不仅可以调整水平航迹实现对所需到达时间的控制，在飞行过程中遇到积雨云或雷暴区时，也可以通过水平航迹的调整规避积雨云或雷暴区。

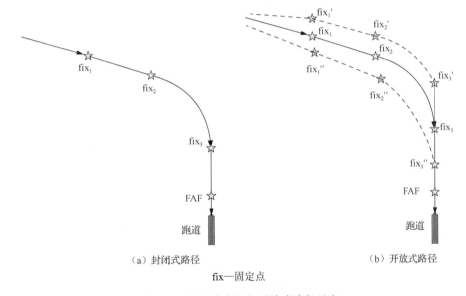

（a）封闭式路径　　　　　　　　　　（b）开放式路径

fix—固定点

图 2-25　封闭式路径和开放式路径示意

所谓封闭式连续下降运行是指程序中的水平航迹已经提前设计好，在程序的初始化过程中完成，其设计原则是水平航迹尽可能短。可以精确地获得航路上的每一点到跑道入口的距离。封闭式连续下降运行程序需要公布穿越高度、高度窗口以及速度限制等信息。

高度窗口的确定原则如下：一方面，尽可能包含各种型号的飞机，保证多数型号飞机的下降性能可以满足该高度限制，即满足机场到达率（Airport Arrival Rate, AAR）要求。另一方面，所确定的高度窗口对空域的影响应该尽可能小，以减少交通冲突发生的可能，所设计的高度窗口不能影响其他交通流。这两个方面的要求又是相互矛盾的，因此需要对高度窗口进行计算。

图 2-26 所示为标准仪表进近（Standard Instrument Approach, SIA）程序中的高度窗口的计算示意图。多数仪表进近过程都有起始进近定位点、中间进近定位点和最后进近定位点。在一个标准仪表进近程序中要求飞机在初始进近定位点坐标点处不低于给定的高度值，空管中信息中通常以"At or Above"（不低于）的字段表示。一般来说，仪表进近的高度通常以飞机按 3° 下滑角下滑到跑道的高度确定。

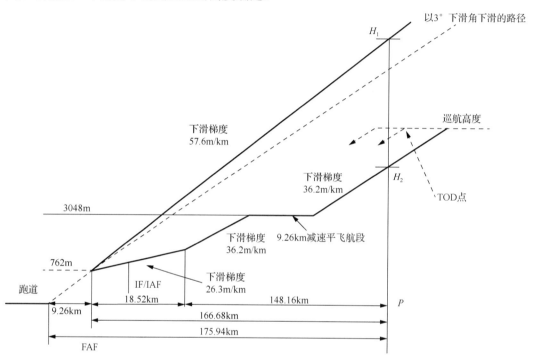

图 2-26　标准仪表进近程序中的高度窗口计算示意

标准仪表进近程序中的高度窗口的选择原则是高度窗口越大越好，因为这样可以保证更多型号的飞机（下降性能不同）实施此进近程序，而不需要装备额外的仪表设备。高度窗口包含一个高度上限和一个高度下限。设置高度上限的目的是使实施此进近程序的飞机能够与其他交通流保持足够的安全间隔。一般来说，飞机以 57.6m/km（350 英尺每海里）的下滑梯度下降到跑道时所确定的高度可以作为高度窗口的上限，该高度上限对大多数民航客机来说都是合适的。

以图 2-26 为例，如果需要计算位置 P 处的高度上限，那么可以通过下式计算：

$$H_1 = H_{FAF} + K_s s \tag{2-44}$$

式中，H_{FAF} 为最后进近定位点所要求的高度；K_s 为下滑梯度；s 为到 P 点到 FAF 点的水平距离。从图 2-26 可知，$H_{FAF} = 762\text{m}$，$s = 166.68\text{km}$，$K_s = 57.6\text{m/km}$，据此可以求得 P 点的高度窗口上限，即 $H_1 = 10363\text{m}$。

高度窗口下限的确定同样是为了能够与其他交通流分离，在能够保证与机场和空管协调的基础上，高度窗口下限越小越好。确定高度窗口下限时，需要保证多数飞机在正常飞行条件下能够充分减速，以满足着陆要求。一般情况下，需要保证飞机在下降过程中的下滑角不低于 2°，以此来反向计算高度窗口下限。而在顺风或巡航速度太大的情况下，可以以 1.5° 左右的下滑角确定下降时的高度窗口下限。

仍以图 2-26 为例，高度窗口下限计算所用的轨迹线分为四个阶段，其中包含三个下降航段和一个平飞航段，下降航段的下滑梯度分别以上述的 1.5° 和 2° 下滑角确定。对于某些减速能力不足的机型，为了确保其能够以着陆速度着陆，特别设计平飞航段，以便减速。各个航段的梯度如图 2-26 所示。那么，P 点高度窗口下限计算如下：

$$H_2 = H_{\mathrm{FAF}} + s_1 \cdot \tan 1.5° + (s_2 - s_3) \cdot \tan 2° \tag{2-45}$$

在图 2-26 中，$H_{\mathrm{FAF}} = 762\mathrm{m}$，$s_1 = 18.52\mathrm{km}$，$s_2 = 148.16\mathrm{km}$，$s_3 = 9.26\mathrm{km}$，那么 P 点高度窗口下限 $H_2 = 6278\mathrm{m}$。

2.6.5 连续下降进近约束条件与边界条件设计

1. 微分约束转化为代数约束

飞机是一个复杂的非线性对象，上述所建立的飞机质点模型为轨迹优化问题框架提供了微分约束。为了便于表示，定义三个参数：状态变量 $\boldsymbol{X} = (x, h, V, \alpha, m)^{\mathrm{T}}$、控制量 $\boldsymbol{U} = (\alpha, \delta_T)^{\mathrm{T}}$、各种常值参数 P。那么，飞机全量模型可以用非线性微分方程表示：

$$\dot{\boldsymbol{x}}(t) = f(\boldsymbol{x}(t), \boldsymbol{u}(t), t; P) \tag{2-46}$$

式中，$\boldsymbol{x} \in \mathbf{R}^n, \boldsymbol{u} \in \mathbf{R}^m, t \in [t_0, t_\mathrm{f}]$。

高斯伪谱法的核心思想是利用拉格朗日插值多项式作为基函数对状态变量和控制量进行逼近。通过拉格朗日全局插值多项式求导可逼近状态变量对时间的导数，即

$$\dot{\boldsymbol{x}}(\tau) \approx \dot{\boldsymbol{X}}(\tau) = \sum_{i=0}^{N} \boldsymbol{D}_{ki} \boldsymbol{X}(\tau_i) = \frac{t_\mathrm{f} - t_0}{2} f(\boldsymbol{x}(\tau_k), \boldsymbol{u}(\tau_k), \tau_k; t_0, t_\mathrm{f}) \tag{2-47}$$

式中，通过映射变换 $\tau = \dfrac{2t - (t_\mathrm{f} + t_0)}{(t_\mathrm{f} - t_0)}$，将时间域 $t \in [t_0, t_\mathrm{f}]$ 转换到 $\tau \in [-1, 1]$。

把上式写成由微分矩阵 $\boldsymbol{D}_{ki}$ 表示的离散化状态方程：

$$\sum_{i=0}^{N} \boldsymbol{D}_{ki} \boldsymbol{X}_i - \frac{t_\mathrm{f} - t_0}{2} f(\boldsymbol{X}_k, \boldsymbol{U}_k, \tau_k; t_0, t_\mathrm{f}) = \boldsymbol{0}, \quad k = 1, \cdots, N \tag{2-48}$$

对终端边界点的状态变量进行单独的离散化处理，此时，必须增加一个约束条件以保证终端状态 $\boldsymbol{X}_\mathrm{f}$ 满足状态方程。

$$\boldsymbol{X}_\mathrm{f} - \boldsymbol{X}_0 - \frac{t_\mathrm{f} - t_0}{2} \sum_{k=1}^{N} w_k f(\boldsymbol{X}_k, \boldsymbol{U}_k, \tau_k; t_0, t_\mathrm{f}) \equiv 0, \quad k = 1, \cdots, N \tag{2-49}$$

此处，$\boldsymbol{X}_k \equiv \boldsymbol{x}(\tau_k) \in \mathbf{R}^n, \boldsymbol{U}_k \equiv \boldsymbol{u}(\tau_k) \in \mathbf{R}^m$，$\tau_k$ 表示勒让德-高斯配点。

飞机质点模型是连续的微分方程，不能直接用参数优化方法求解，可由高斯伪谱法将其转换为在离散点上的代数约束集。需要注意的是，通过高斯伪谱法在初始时刻点和勒让德-高斯配点上对状态变量进行离散化，利用由 $N-1$ 个拉格朗日插值基函数组成的多项式

对连续的状态变量进行逼近；在正交分配过程中，终端状态不受微分方程约束，而是用一个正交多项式近似在整个时间间隔上的状态积分实现终端状态的离散化。

在初始时刻点和勒让德-高斯配点上的代数约束如式（2-50）所示。

$$\begin{cases} \sum_{i=0}^{N} \boldsymbol{D}_{ki} x_i - \dfrac{t_f - t_0}{2}\left(V_k \cos\gamma_k\right) = \boldsymbol{0} \\[2mm] \sum_{i=0}^{N} \boldsymbol{D}_{ki} h_i - \dfrac{t_f - t_0}{2}\left(V_k \sin\gamma_k\right) = \boldsymbol{0} \\[2mm] \sum_{i=0}^{N} \boldsymbol{D}_{ki} V_i - \dfrac{t_f - t_0}{2}\left(\dfrac{T_k \cos\alpha_k - D_k - gm_k \sin\gamma_k}{m_k}\right) = \boldsymbol{0} \\[2mm] \sum_{i=0}^{N} \boldsymbol{D}_{ki} \gamma_i - \dfrac{t_f - t_0}{2}\left(\dfrac{(T_k \sin\alpha_k + L_k)}{m_k V_k} - \dfrac{g\cos\gamma_k}{V_k}\right) = \boldsymbol{0} \\[2mm] \sum_{i=0}^{N} \boldsymbol{D}_{ki} m_i - \dfrac{t_f - t_0}{2}\left(C_{fk} T_k\right) = \boldsymbol{0} \end{cases} \tag{2-50}$$

终端时刻点的代数约束如式（2-51）所示：

$$\begin{cases} x_f - x_0 - \dfrac{t_f - t_0}{2}\left(\sum_{k=1}^{N} w_k \left(V_k \cos\gamma_k\right)\right) = 0 \\[2mm] h_f - h_0 - \dfrac{t_f - t_0}{2}\left(\sum_{k=1}^{N} w_k \left(V_k \sin\gamma_k\right)\right) = 0 \\[2mm] V_f - V_0 - \dfrac{t_f - t_0}{2}\left\{\sum_{k=1}^{N} w_k \left(\dfrac{T_k \cos\alpha_k - D_k - gm_k \sin\gamma_k}{m_k}\right)\right\} = 0 \\[2mm] \gamma_f - \gamma_0 - \dfrac{t_f - t_0}{2}\left\{\sum_{k=1}^{N} w_k \left(\dfrac{(T_k \sin\alpha_k + L_k)}{m_k V_k} - \dfrac{g\cos\gamma_k}{V_k}\right)\right\} = 0 \\[2mm] m_f - m_0 - \dfrac{t_f - t_0}{2}\left(\sum_{k=1}^{N} w_k \left(C_{fk} T_k\right)\right) = 0 \end{cases} \tag{2-51}$$

在式（2-50）和式（2-51）中，$i - 0,1,\cdots,N$ 为初始时刻点和勒让德-高斯配点；$k-1,2,\cdots,N$ 为勒让德-高斯配点；$\boldsymbol{D}_{ki}$ 为高斯伪谱法微分矩阵；w_k 为高斯伪谱法积分权重；x_0，x_i，x_f 为离散点上的水平距离；h_0，h_i，h_f 为离散点上的飞行高度；V_0，V_i，V_f 为离散点上的飞行速度；γ_0，γ_i，γ_f 为离散点上的航迹倾斜角；m_0，m_i，m_f 为离散点上的飞机质量；t_0，t_f 为初始时刻和终端时刻。

2. 边界条件

在四维轨迹优化问题中，初始点的状态是已知的，可以把飞机当前时刻的状态信息作为初始条件。当飞机到达终端点时，所有的状态信息是提前预设的，尤其是飞机的到达时间必须满足要求，因而终端条件也是给定的。在轨迹优化过程中，某些状态变量的终端值可能是不确定的，因此在计算时需要将其作为自由变量。式（2-52）表示飞机三自由度状态变量的边界条件，具体初始端条件和终端条件见表2-21。

$$\begin{cases} x(t_0) = x_0 & x(t_f) = x_f \\ h(t_0) = h_0 & h(t_f) = h_f \\ V(t_0) = V_0 & V(t_f) = V_f \\ \gamma(t_0) = \gamma_0 & \gamma(t_f) = \gamma_f \\ m(t_0) = m_0 & m(t_f) = m_f \end{cases} \qquad (2\text{-}52)$$

表 2-21　初始端条件和终端条件

初始端条件				终端条件			
x/km	h/m	$V/(\mathrm{m/s})$	$\gamma/(°)$	x/km	h/m	$V/(\mathrm{m/s})$	$\gamma/(°)$
0	6000	150	0	200	500	90	−2

3. 路径约束

在实际飞行中，飞机会受到性能要求和自身结构的制约，表现在数学模型中就是以各种过程约束描述的等式约束。同时，四维轨迹优化问题不仅要求飞机在规定时间（容许误差范围为-5~5s）到达目标航路点，还需要增加额外的时间约束。受飞机自身结构和发动机推力限制，飞机飞行高度存在上限。考虑飞机安全性及飞机舵面的偏转限制，必须对飞机的航迹倾斜角进行限制。对于民航客机，过载是乘客舒适度的重要指标，民航客机上的过载限制一般是-1~2g，因此对于过载的约束也应考虑在内。

路径约束条件如下：

$$\begin{cases} t_f \in [t_{f\min}, t_{f\max}] & m(t) \in [m_{\min}, m_{\max}] \\ h(t) \in [h_{\min}, h_{\max}] & \alpha(t) \in [\alpha_{\min}, \alpha_{\max}] \\ V(t) \in [V_{\min}, V_{\max}] & \gamma(t) \in [\gamma_{\min}, \gamma_{\max}] \\ n_z(t) \in [n_{z\min}, n_{z\max}] & \delta_T(t) \in [\delta_{T\min}, \delta_{T\max}] \end{cases} \qquad (2\text{-}53)$$

表2-22列出了部分路径约束条件的取值。

表 2-22　部分路径约束条件的取值

x/km	h/m	$V/(\mathrm{m/s})$	$\gamma/(°)$	$\alpha/(°)$	δ_T
$[x_{\min}, x_{\max}]$	$[h_{\min}, h_{\max}]$	$[V_{\min}, V_{\max}]$	$[\gamma_{\min}, \gamma_{\max}]$	$[\alpha_{\min}, \alpha_{\max}]$	$[\delta_{T\min}, \delta_{T\max}]$
[0,114.42]	[0,6000]	[70,180]	[−5,0]	[−10,20]	[0,1]

上表所列的路径约束条件都是飞机在连续下降进近过程中需要遵守的，分别代表飞机在连续下降进近过程中各个状态变量的边界。例如，连续下降过程的水平距离为150km，初始下降高度为7000m。关于飞行速度和航迹倾斜角的范围，根据飞机下降性能的边界设置。实际上，上述约束条件只是飞机在连续下降进近过程中时时刻刻都需要满足的大范围约束条件，在实际下降飞行过程中，对应于不同的飞行状态，存在比上述更为精确的状态约束。例如，根据飞机相对于跑道的距离，有不同的高度窗口约束条件。其原理和计算过

程参考 2.6.4 节。

假设飞机距离跑道的水平距离为 $s(km)$ ，那么在该位置飞机应满足的高度约束条件为 $[h(s)_{\min}, h(s)_{\max}]$ 。下面给出 $h(s)_{\min}$ 和 $h(s)_{\max}$ 的计算过程。

$h(s)_{\max}$ 以一条下滑角为 $-3.5°$ 的下滑航迹确定，即

$$h(s)_{\max} = \tan(3.5°) \cdot s \qquad (2\text{-}54)$$

对于图 2-26 所示的高度窗口， $h(s)_{\min}$ 可以表示为分段函数的形式，即

$$h(s)_{\min} = \begin{cases} 1000\tan(3) \cdot s & s \leqslant 9.5\text{km} \\ 9500\tan(3) + 1000\tan 1.5 \cdot (s-9.5) & 9.5\text{km} \leqslant s \leqslant 28\text{km} \\ 9500\tan(3) + 18500\tan 1.5 \cdot + 1000\tan 2(s-28) & 18.5\text{km} \leqslant s \leqslant 90\text{km} \\ 3147 & 90\text{km} \leqslant s \leqslant 100\text{km} \\ 3147 + 1000\tan 2(s-100) & s \geqslant 100\text{km} \end{cases} \qquad (2\text{-}55)$$

4. 时间约束

传统三维航迹的引导依靠空中交通管制部门引导飞机下降，通过此方式往往难以准确预测到达时间。因此，不得不增大空中飞机之间的安全距离，造成空域的浪费和终端区的拥堵，严重制约了机场的吞吐量和运行效率。实施基于四维航迹的连续下降进近可以有效改善这种情况，基于四维航迹的连续下降进近的重要内容就是对到达时间的精准预测和准确控制。那么，在采用高斯伪谱法对连续下降航迹进行规划时，必须考虑时间约束。

对所需到达时间，不能随意选取，要根据下降顶点的位置、下降高度及飞机的下降性能边界值选取。在此，采用第 2 章中的飞机下降性能计算模型，分别计算从不同高度下降到目标高度的时间。把目标高度设为 0m，分别以最小边界速度 $V_{\min}$ 和最大边界速度 $V_{\max}$ 按照等表速下降方式进行仿真计算。因为在实际下降飞行时，飞机不能以边界速度长时间飞行，所以需要给边界速度留有余量。以 $(V_{\min}+5)$m/s 和 $(V_{\max}-5)$m/s 仿真计算获得的不同起始下降高度下的所需到达时间范围见表 2-23。

表 2-23 不同起始下降高度下的所需到达时间范围

起始下降高度/m	所需到达时间范围/s
3000	[358,674]
4000	[477,899]
5000	[597,1123]
6000	[716,1348]
7000	[835,1573]
8000	[955,1798]
9000	[1074,2023]
10000	[1194,2247]

确定了从不同高度层下降的所需到达时间范围后，即可在对应的取值范围选取一个值作为所需到达时间约束，在用高斯伪谱法进行四维连续下降航迹规划时，将所需到达时间作为最优控制问题中的目标函数进行规划。除了时间约束，连续下降运行过程还要减少燃油消耗量，因此，在目标函数中同样引入燃油消耗量。假设所需到达时间为 t_{RTA}，飞机连续下降航迹飞行时间为 t_{f}，那么就有如下 Meyer 形式的指标函数：

$$J = (t_{\mathrm{f}} - t_{\mathrm{RTA}})^2 + C_m[m(t_{\mathrm{f}}) - m(t_0)] \tag{2-56}$$

其意义是，所规划的连续下降航迹的飞行时间 t_{f} 尽可能逼近于 t_{RTA}，在满足所需到达时间的解空间中，搜索使燃油消耗量最小的连续下降航迹。

5. 不同阶段的速度约束

在连续下降进近过程中，飞机的速度持续减小，减小到一定程度后难以满足飞机所需要的升力。此时，需要打开襟翼，因为打开襟翼可以增大飞机受到的升力和阻力。为此，有必要研究在合适的速度下对襟翼进行收放操作，并根据高度、速度及襟翼的位置对下降阶段进行划分，为最终对多阶段航迹优化问题的求解做准备。不同襟翼位置对应的最大/最小速度可通过下降配平计算得到，把推力设置在慢车推力范围，搜索不同高度对应的最大/最小速度，以此速度作为襟翼收放的边界值和航迹优化阶段划分的参考值。不同襟翼位置时的最小速度曲线如图 2-27 所示。

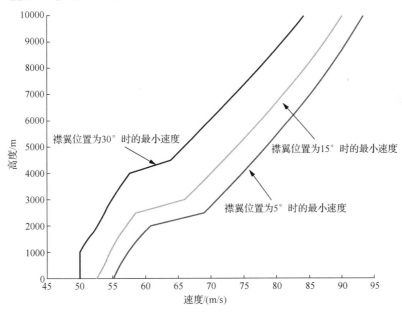

图 2-27　不同襟翼位置时的最小速度曲线

2.6.6　水平路径设计

上述采用高斯伪谱法的航迹规划过程主要是针对纵向剖面进行规划的，而未考虑其下降的水平路径。这样做的目的是简化计算流程，提高规划的计算效率。但一条完整的四维航迹必须包含一条连续的水平路径。同时，对于某些所需到达时间不在表 2-23 中对应高度层所约束的时间范围内的四维航迹，还可以通过调整水平航迹的方式改变原计划的航程，从而实现对实际到达时间的控制。因此，有必要对水平航迹进行设计和规划。

根据上述内容，可设计开放式水平路径。进行开放式水平路径设计时，需要保证不同航迹之间的起始航路点和终止航路点的坐标相同，不同航迹之间的航程差距约为 10km，以增强对所需到达时间的调节能力。因为跑道的方向无法改变，所以不同水平路径之间的最终航向都要对准跑道方向。图 2-28 为包含三条航迹的开放式水平路径。其中一条路径包含 7 个航路点和 6 个航段，第四个航段为圆弧航段，其余航段为直线航段。三条水平路径上的航路点坐标见表 2-24。三条水平路径的航程分别为 $s_1 = 125.11\text{km}$、$s_2 = 114.42\text{km}$ 和 $s_3 = 105.42\text{km}$。

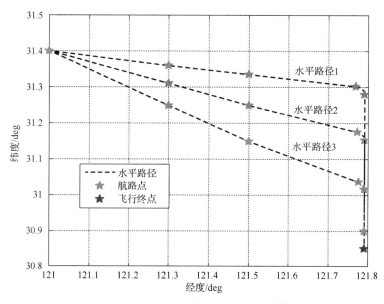

图 2-28　包含三条航迹的开放式水平路径

表 2-24　水平路径上各个航路点的坐标

项目	水平路径 1	水平路径 2	水平路径 3
航路点 1	[31.40,121.00]	[31.40,121.00]	[31.40,121.00]
航路点 2	[31.36,121.30]	[31.31,121.30]	[31.25,121.30]
航路点 3	[31.33,121.50]	[31.25,121.50]	[31.15,121.50]
航路点 4	[31.30,121.76]	[31.17,121.77]	[31.04,121.77]
航路点 5	[31.28,121.79]	[31.15,121.79]	[31.02,121.79]
航路点 6	[31.90,121.79]	[31.90,121.79]	[31.90,121.79]
航路点 7	[31.85,121.79]	[31.85,121.79]	[31.85,121.79]

由图 2-28 可以看出，除了起始航路点和终止航路点，不同路径上的第六个航路点坐标位置是相同的。这是因为在实际下降飞行过程中，飞机从最后进近定位点到跑道这段仪表进近程序中的水平路径和垂直剖面都是确定的。图中第六个航路点可看作最后进近定位点。

2.6.7　基于高斯伪谱法的四维连续下降航迹的垂直剖面规划算例

1. 仿真优化设计

为验证上述高斯伪谱法在解决四维连续下降轨迹规划问题的有效性，采用 2.6.3 节所述的纵向飞机模型，用高斯伪谱法对四维连续下降航迹的垂直剖面进行规划，先计算下降过程中的油门开度及迎角控制量，记录飞机的水平距离、飞行高度、飞行速度、航迹倾斜角和迎角等状态变量的变化趋势。再与对应的水平航迹综合，生成最终的四维连续下降航迹。

该飞机模型的起始下降高度为 6000m，终点高度为 50m，终点距离下降起点的水平航程 $s_2 = 114.42$km，其他边界条件和路径约束如 2.6.5 节所述。在 2.6.5 节所述的所需到达时间（RTA）范围内选择目标值，以式（2-55）作为指标函数（其中 $C_m = 1$），分别采用高斯伪谱法进行四维连续下降航迹的垂直剖面规划计算。

2. 结果分析

在上文所述的仿真条件下，分别在 $t_{RTA} = 900$s、$t_{RTA} = 950$s、$t_{RTA} = 1000$s $t_{RTA} = 1050$s、$t_{RTA} = 1100$s、$t_{RTA} = 1150$s 时进行垂直剖面规划计算。基于高斯伪谱法的四维连续下降轨迹规划结果如图 2-29 所示。

图 2-29（a）表示在不同所需到达时间（RTA）下规划的垂直剖面，由该图可知，在不同所需到达时间下，下降高度 h 随水平距离 s 的变化趋势基本相同。图 2-29（b）表示飞行高度随时间变化的趋势，不难看出，所需到达时间越短，则下降阶段的飞行速度越大。图 2-29（c）表示不同所需到达时间下，下降阶段的飞行速度随时间变化的趋势，可以看出，在不同所需到达时间下，飞行速度变化趋势基本相同，都首先从巡航速度减速下降到某一速度，然后保持该速度下降飞行一段距离，在接近终点时继续减速下降，以达到所要求的边界速度，即 $V_f = 90$m/s，而随着所需到达时间的增大，等速下降阶段对应的飞行速度逐渐减小。图 2-29（d）和图 2-29（e）分别表示飞机在下降过程中的航迹倾斜角和迎角随时间变化的趋势，可以看出，航迹倾斜角始终为负，并且整个下降过程中航迹倾斜角的绝对值始终在 3.5° 以内。

尽管采用高斯伪谱法可以解决四维连续下降航迹的规划问题，但仍存在其他问题。例如，仔细观察飞行高度随时间变化的曲线，可以发现在曲线的末尾，其高度下降梯度陡然增大，因为在求解规划过程中已选择 20 个配点，再加上初始值点和终端值点，航迹就包含 22 个离散点。分析数据后发现，在不同所需到达时间下，第 21 个离散点到第 22 个离散点的时间差基本为 3~4s，其间飞行高度变化很大。其原因主要是在采用高斯伪谱法时对边界值没有进行离散化，仅在 20 个内部勒让德-高斯配点上进行离散化，并且该方法只追求对所需到达时间的高精度控制。规划终端到达时间误差如表 2-25 所示。在规划终端，过载超过了乘客所能容许的范围。因此，根据以上结果，对垂直剖面进行改进。

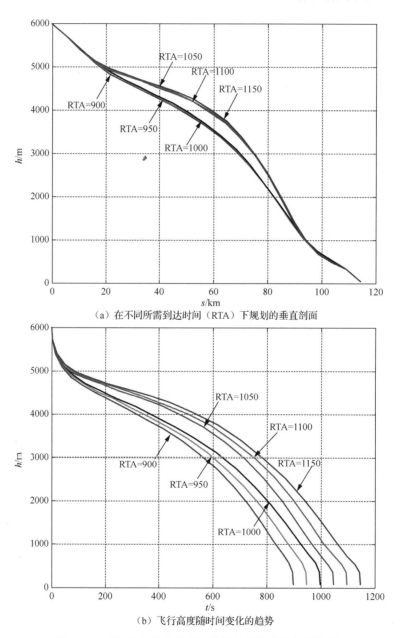

（a）在不同所需到达时间（RTA）下规划的垂直剖面

（b）飞行高度随时间变化的趋势

图 2-29　基于高斯伪谱法的四维连续下降轨迹规划结果

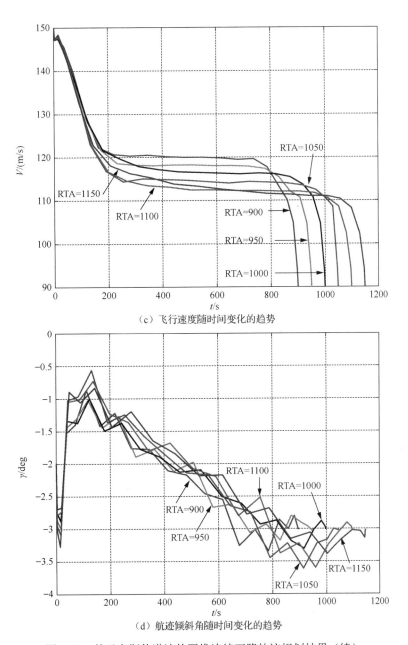

（c）飞行速度随时间变化的趋势

（d）航迹倾斜角随时间变化的趋势

图 2-29 基于高斯伪谱法的四维连续下降轨迹规划结果（续）

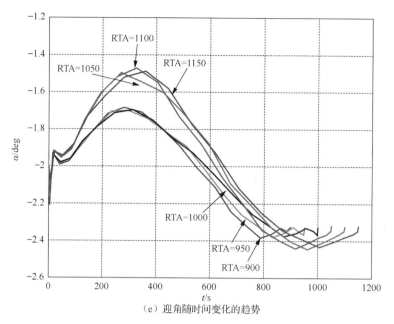

（e）迎角随时间变化的趋势

图 2-29   基于高斯伪谱法的四维连续下降轨迹规划结果（续）

表 2-25   规划终端到达时间误差

t_{RTA} / s	t_f / s	$(t_f - t_{RTA}) / t_{RTA}$
900	900.02	0.0022%
950	950.02	0.0021%
1000	1000.00	0%
1050	1050.01	0.0009%
1100	1100.01	0.0009%
1150	1150.00	0%

由于在连续下降进近过程中飞机下降到某一高度后按照给定的下滑航迹下滑，因此可将上述规划结果第 19 个离散点（第 18 个勒让德-高斯配点）之后的航迹按照某一给定的下滑角下滑到最终跑道。该方式虽然在一定程度上损失了对所需到达时间的控制精度，但它避免了在下降终端飞机下降速度过快的现象。观察图 2-29（b）可以看到，其下降速度随着下降飞行时间的增大越来越快，到接近终点时甚至达到了每秒 20 多米，这种规划结果对于实际的下降运行显然是不可飞的。造成这个结果的原因是没有考虑对下降速度的限制。下面对上述规划结果进行改进，改进方法是在上述规划过程中加入对下降速度的限制，如式（2-57）所示。

$$-8\text{m/s} \leqslant \dot{h} = V\sin\gamma \leqslant 0\text{m/s} \tag{2-57}$$

保留原规划结果到第 19 个离散点，在该点之后按照固定下滑角下滑到终点。改进后的四维连续下降轨迹规划结果如图 2-30 所示。

从图 2-30 可以看出，改进后，在不同所需到达时间下，下降阶段的飞行速度由小变大，其值为 5～7m/s，在接近终点时飞行速度逐渐减小，其值为 3～4m/s。而下降阶段的航迹倾斜角先随时间逐渐减小到-4°左右，然后在经过 600～700s 后航迹倾斜角逐渐增大，其绝对值逐渐减小，最终以较小的航迹倾斜角绝对值下降飞行到规划终点。此规划结果可以有效提高乘客的舒适度，也满足飞机下降的机动能力，更加符合实际情况。

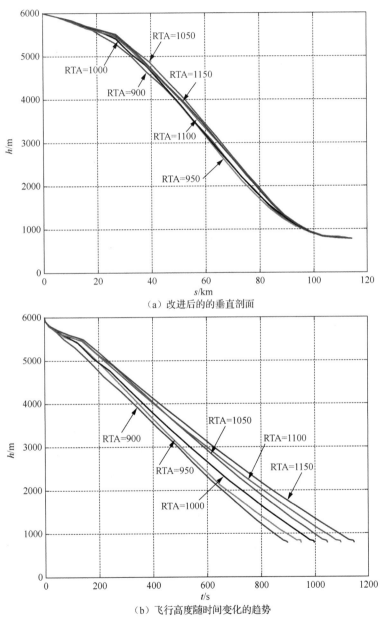

（a）改进后的的垂直剖面

（b）飞行高度随时间变化的趋势

图 2-30　改进后的四维连续下降轨迹规划结果

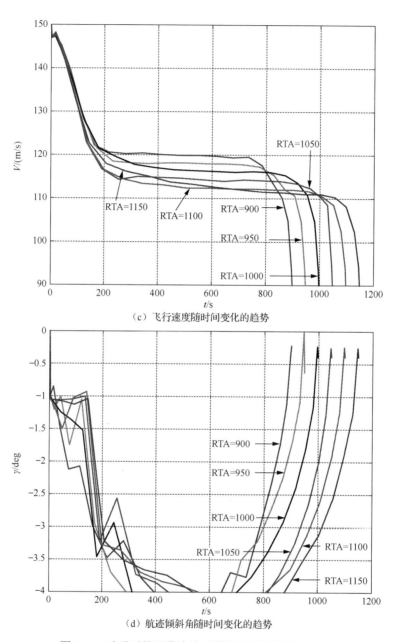

（c）飞行速度随时间变化的趋势

（d）航迹倾斜角随时间变化的趋势

图 2-30　改进后的四维连续下降轨迹规划结果（续）

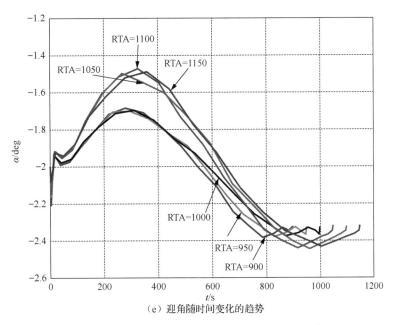

（e）迎角随时间变化的趋势

图 2-30　改进后的四维连续下降轨迹规划结果（续）

本 章 小 结

　　本章对下降性能数据的建立以及下降剖面设计两方面内容进行了介绍。以国产某型飞机为对象，建立了飞机下降性能计算模型，对不同下降方式下的燃油消耗量、水平距离、所需到达时间等飞机性能指标进行计算。在此基础上构建不同性能指标下的下降性能数据库，并研究了传统的阶梯式下降剖面设计方法和基于高斯伪谱法的四维连续下降轨迹优化方法。

第 3 章　大型客机 CAT III A/B 着陆导航传感器信息融合架构和导航传感器建模

3.1　概　　述

开展大型客机 CAT III A/B 着陆导航传感器信息融合研究时,首先要明确飞机着陆过程中信息融合架构的组成、各个模块的实现方法和各个模块之间的交联关系。本章从信息融合的角度分析,给出大型客机 CAT III A/B 着陆导航传感器信息融合架构,建立典型导航传感器的数学模型。

3.2　大型客机 CAT III A/B 着陆导航传感器信息融合架构

信息融合系统是一个多源传感器信息处理系统,它将各个导航传感器的测量信息按照一定的规则进行融合管理,形成最优估计信息,并根据最优估计信息计算得到导航信息。大型客机 CAT III A/B 着陆导航传感器信息融合框架如图 3-1 所示。

根据信息融合待解决的基本问题,即待融合信息的来源、信息源的完好性监控和信息融合算法,将大型客机 CAT III A/B 着陆过程中的信息融合研究分为 3 个主要步骤:

(1)导航传感器建模。导航传感器提供了测量信息,信息融合需要根据导航源信息的误差特点选取对应的融合方法,同时要将不同测量频率(采样频率)、不同的测量基准(参考坐标系)进行同步,为信息融合做好数据储备。本书以飞机模型输出的运动学和动力学信息为基础,建立能够体现各个导航传感器测量特性的数学模型,包括惯性导航系统(INS)、全球定位系统(GPS)、仪表着陆系统(ILS)、大气数据系统(ADS)以及用于卫星导航着陆系统(GLS)进近引导的地基增强系统(GBAS)模型。

(2)导航传感器管理。导航传感器是信息融合的数据基础,导航传感器的完好性是保证信息融合结果最优的基础。因此,需要设计导航传感器完好性监控算法,对导航传感器进行故障检测和处理,避免故障信号对系统产生影响。

(3)信息融合所用的算法。这些算法是信息融合系统的核心内容,利用这些算法可以对多源传感器信号进行融合,以得到最优结果,提高导航信息的可信度,同时得到高精度的位置估计。这些算法包括信息融合前的数据预处理算法和信息融合滤波算法。预处理算

法的目的包括以下 3 个:

① 对单个导航传感器信息进行处理,如测量野点的去除和降噪等。

② 对不同测量频率的导航传感器信息进行时间配准。

③ 对不同测量基准的导航传感器信息进行空间配准。

上述算法用于对载体的导航状态信息进行融合和估计,本书采用基于联邦滤波算法的信息融合框架。该框架内部采用卡尔曼滤波算法、遗忘滤波算法、自适应滤波算法等多种数据估计方法,实现对导航状态信息的最优估计。

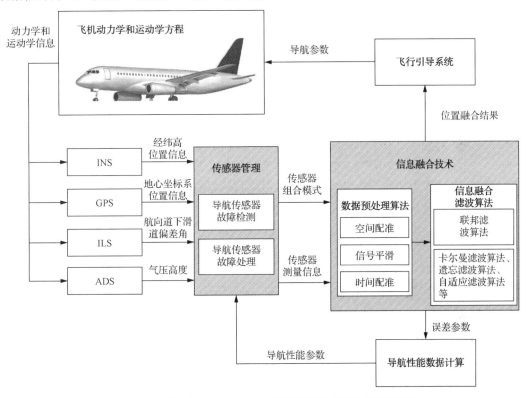

图 3-1 大型客机 CAT III A/B 着陆导航传感器信息融合框架

3.3 满足大型客机 CAT III A/B 着陆的导航传感器建模

导航传感器建模是开展信息融合研究的基础,导航传感器测量值可分解为真实值和测量误差,导航传感器的误差特性则体现在测量误差中。本章对导航传感器进行简化建模,忽略其内部特性,主要考虑各个导航传感器的测量信息和误差特性。首先分析各个导航传感器的测量原理,结合飞机六自由度模型的运动学和动力学方程,得到导航传感器建模所需的输入信息;然后根据各个导航传感器的误差特性,建立各个导航传感器的误差模型,将两者叠加得到相应的导航传感器模型。

飞机在进近着陆段可用的典型多源导航传感器及其测量信息见表3-1。

表 3-1　典型多源导航传感器及其测量信息

导航传感器	测量信息类型	精度
GPS	以地球坐标系为基准的航空器三维位置、三维速度和时间信息	径向精度为 1.0～3.9m，垂直轴方向精度为 1.6～6.3m
INS	以惯性坐标系为基准的航空器纬经高信息、三轴速度和三轴角速度信息	在有 GPS 辅助的情况下，导航精度为 0.3n mile（1n mile=1852m）
ILS	以着陆点为中心的极坐标系的相对航向道的偏差角、相对下滑道的偏差角信息	在 CAT III 着陆情况下，水平精度为 4.02m，垂直精度为 0.54m
ADS	以标准气压平面为基准的气压高度、校正空速、马赫数、真空速等信息	参考 SAE AS 8002A《大气数据计算机最低性能标准》，在 1200m 以下时气压高度精度为±8m

导航传感器精度误差限按照两倍均方差给出，即导航传感器的测量误差以 95%的概率落在正负两倍的均方差内部。因此，以给定均方差的高斯噪声模拟导航传感器的测量误差。下面以具体实例说明：若导航传感器 A 的精度为±4m，即以导航传感器 A 测量的位置点为圆心，以给定的 4m 误差限为半径作圆，真实的飞机位置以 95%的概率落在该圆内部，则仿真时能够以均方差为 2m 的高斯噪声模拟导航传感器 A 的测量误差。

因此，以某型民航客机六自由度模型为对象，在该模型输出信息的基础上，根据导航传感器特性，建立误差模型。将误差模型附加到飞机运动信息上，即可得到导航传感器的测量信息。

3.3.1　GPS 空间卫星模型

建立 GPS 空间卫星模型时，需要读取 GPS 广播星历文件并进行 GPS 空间卫星在轨位置计算。GPS 广播星历文件的读取是指按照特定格式读取 RINEX 格式文件中的信息；GPS 空间卫星在轨位置的计算是指利用 GPS 广播星历文件读取出的信息，以及修正摄动信息得到 GPS 空间卫星在轨位置，是进行航空器位置定位的基础。

1. GPS 广播星历文件的读取

卫星的位置信息是 GPS 接收机实现定位计算的基础，卫星的瞬时位置信息是通过解析 GPS 广播星历文件中记录的参数信息得到的。读取 GPS 广播星历文件中的信息，解析卫星的实时位置是进行伪距差分定位的关键步骤。

1）卫星运动参考坐标系

为描述卫星的运动，首先需要选择合适的参考坐标系。读取 GPS 广播星历文件之后计算的卫星位置处于地心地固坐标系（ECEF）下。要进行后续的航空器定位，需要将计算出的卫星位置转换到 WGS-84 坐标系下。与卫星相关的坐标系包括天球坐标系、平天球坐标系、瞬时极天球坐标系、地心地固坐标系、地球坐标系与 WGS-84 坐标系。

（1）天球坐标系。天球是以地球质心为中心、半径无限大的球体，以地球自转轴所在的直线为天轴，天轴与天球表面的连接点为天极。通过地球质心与天轴垂直的平面和天球表面的交线为天球赤道。地球绕太阳公转时的轨道平面和天球表面相交的圆称为黄道，而太阳从南半球向北半球运动时，所经过的天球黄道与天球赤道的交点称为春分点。天球坐标系如图 3-2 所示，其中，P_N 为天球北极点，γ 为春分点，以地球质心 M 为坐标轴原点，Z_s 轴指向天球北极点，X_s 轴指向春分点 γ，Y_s 轴垂直于 $X_s M Z_s$ 平面，与 X_s 轴、Z_s 轴构成右手坐标系。

（2）平天球坐标系与瞬时极天球坐标系。由于地球受日月引力和行星引力的作用，平天球坐标系自转轴方向和春分点位置都在缓慢发生变化。为了研究卫星的运动，需要建立以固定天极为基准的惯性坐标系，把它称为平天球坐标系。平天球坐标系的原点为地球质心 M，Z_{t_0} 轴为历元时刻 t_0 的地球自转轴，X_{t_0} 轴指向历元时刻 t_0 的春分点，Y_{t_0} 轴垂直于 $X_{t_0} M Z_{t_0}$ 平面，与 X_{t_0} 轴、Z_{t_0} 轴构成右手坐标系，如图 3-3 所示。

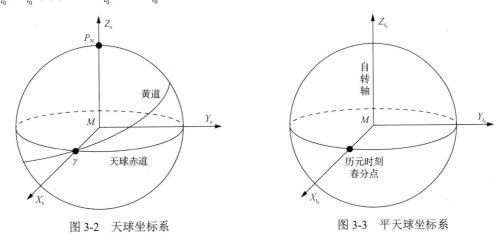

图 3-2　天球坐标系　　　　　　　　图 3-3　平天球坐标系

为方便描述卫星与地球的相对位置，需要建立瞬时极天球坐标系。瞬时极天球坐标系的原点位于地球质心 M，Z_t 轴指向瞬时时刻 t 的天球北极点 P_N，X_t 轴指向瞬时时刻 t 的春分点，Y_t 轴垂直于 $X_t M Z_t$ 平面，与 X_t 轴、Z_t 轴构成右手坐标系，如图 3-4 所示。

（3）地心地固坐标系（ECEF）。地心地固坐标系是一种以地心为原点，随地球一起转动的非惯性直角坐标系。地心地固坐标系是以地球质心 M 为坐标轴原点，Z_{ECEF} 轴与地球自转轴平行并指向北极点，X_{ECEF} 轴指向本初子午线与赤道的交点，Y_{ECEF} 轴垂直于 $X_{ECEF} M Z_{ECEF}$ 平面，与 X_{ECEF} 轴、Z_{ECEF} 轴构成右手坐标系，如图 3-5 所示。

（4）地球坐标系。地球自转轴因地球内部不均匀的质量而在地球内部运动，使地极在地球表面发生转动，这种现象称为极移。极移使地球坐标系的坐标轴指向发生变化，为方便描述坐标系，把国际天文学联合会在 1900—1905 年测定的平均纬度确定的平均地极位置确定为国际协议原点（Conventional International Origin, CIO）。

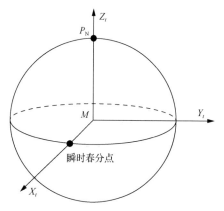

图 3-4　瞬时极天球坐标系

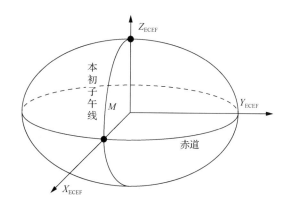

图 3-5　地心地固坐标系

地球坐标系以地球质心 M 为原点，Z_e 轴由原点指向国际协议原点，X_e 轴由原点指向格林威治本初子午面和地球平赤道面的交点，Y_e 轴垂直于 $X_e M Z_e$ 平面，与 X_e 轴、Z_e 轴构成右手坐标系，如图 3-6 所示。

（5）WGS-84 坐标系。该坐标系如图 3-7 所示，它是在 GPS 定位测量中采用的协议地球坐标系。其原点为地球质心 M，Z_{WGS-84} 轴指向国际时间服务局 BIH 1984.0 定义的协议地极（Conventional Terrestrial Pole, CTP）；X_{WGS-84} 轴指向国际时间服务局 BIH 1984.0 定义的零子午面与协议地极赤道的交点；Y_{WGS-84} 轴垂直于 $X_{WGS-84} M Z_{WGS-84}$ 平面。

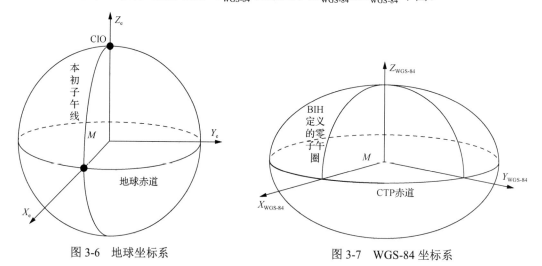

图 3-6　地球坐标系　　　　　图 3-7　WGS-84 坐标系

该坐标系采用地球椭球模型，相关参数见表 3-2。

表 3-2　地球椭球模型相关参数

相关参数	数值
椭球长半径 a	$6378137 \pm 2m$
地心引力常数 G_M	$(3986005 \pm 0.6) \times 10^8 (\mathrm{m^3 \cdot s^{-2}})$

续表

相关参数	数值
正常化二阶带谐系数 $C_{2.0}$	$-484.16685\times10^{-6}\pm1.30\times10^{-9}$
地球自转角速度 ω_e	$(7292115\times10^{-11}\pm0.15\times10^{-11})$ rad/s
地球椭球扁率 f	$1/298.257223563$
第一偏心率 e^2	0.00669437999013
第二偏心率 e'^2	0.00673949674227

2）GPS 广播星历

卫星广播星历存储在特殊形式的文件中。下面以 GPS 广播星历为例，详细介绍记录卫星广播星历参数的 RINEX 格式文件。

RINEX 是一种在 GPS 测量中普遍采用的标准数据格式，由瑞士伯尔尼大学天文学院的 Werner Gurtner 在 1989 年提出。主要定义了 6 中不同类型的数据文件，分别是观测值文件、导航电文文件、气象数据文件、格洛纳斯（GLONASS）导航电文文件、地球同步卫星（CEO）导航文件以及卫星时钟和接收机时钟文件。

GPS 广播星历由用于计算卫星位置坐标的开普勒轨道参数和用于修正卫星时钟和轨道运动的参数组成，用于卫星最基本位置坐标计算的参数共 16 个：1 个历元参考时刻，6 个对应历元参考时刻的开普勒轨道参数，9 个用于修正摄动力影响的参数。这些数据记录在 RINEX 格式的导航电文文件中，记录部分的内容为按照卫星序号和参考时刻存放的各颗卫星的时钟和轨道数据。

每颗卫星在每个参考时刻的完整广播星历数据共 8 行，第 1 行为某颗卫星的 PRN 编号（伪随机噪声码编号）和该卫星广播星历与时钟的参考时刻以及用于修正卫星钟差的参数，第 2～8 行主要是该卫星用于位置坐标计算的轨道参数以及位置坐标修正参数。RINEX 格式的星历参数及其具体含义见表 3-3。

表 3-3　RINEX 格式的星历参数及其具体含义

卫星 PRN 编号	TOC（基准时间，UTC 形式）	a_0（卫星时钟误差，单位为 s）	a_1（卫星时钟漂移量，单位为 ds/dt）	a_2（a_1 的变化速度）
广播轨道-1	IODE（卫星数据的年龄，单位为 s）	C_{rs}（摄动矢径修正正弦项，单位为 m）	$\Delta\zeta$（平均角速度的修正值，单位为 rad/s）	M_0（参考时刻的平近点角，单位为 rad）
广播轨道-2	C_{uc}（升交角距的余弦修正项，单位为 rad）	e（轨道的偏心率）	C_{us}（升交角距的正弦修正项，单位为 rad）	$\sqrt{A}$（轨道长半轴的方根，单位为 m$^{1/2}$）
广播轨道-3	t_{oe}（参考时刻，单位为 s）	C_{ic}（摄动矢径修正余弦项，单位为 m）	Ω（t_{oe} 时升交点赤经，单位为 rad）	C_{is}（i_0 的正弦修正项，单位为 rad）
广播轨道-4	i_0（参考时刻的轨道倾角，单位为 rad）	C_{rc}（摄动矢径修正余弦项，单位为 m）	ω（近地点角距，单位为 rad）	Ω_{dot}（Ω 的变化率，单位为 rad/s）
广播轨道-5	i_{dot}（轨道倾角的变化率，单位为 rad/s）	L2 上的码	Week（参考时刻的周数）	L2P 码数据标记
广播轨道-6	卫星精度（单位为 m）	Health（卫星的健康状况）	TGD（卫星时钟的误差修正，单位为 s）	IODC（卫星时钟数据期号）
广播轨道-7	电文发送时刻	拟合区间（单位为 h）	备用	备用

2. GPS 空间卫星在轨位置的计算

GPS 空间卫星在轨位置计算一般分为无摄动卫星位置计算和有摄动卫星位置计算。无摄动卫星位置计算是指将地球视为均匀球体，忽略其他摄动力对卫星的影响，只考虑开普勒轨道参数；有摄动卫星位置计算是指将其他摄动力对卫星的影响考虑在内，通过星历文件中的摄动修正参数对卫星位置进行补偿，从而计算得到更为精确的卫星位置。这两种卫星位置的计算均在地心地球固坐标系中进行。为完成飞机定位，必须将卫星在地心地固坐标系下的位置转换到 WGS-84 坐标系下的位置。

1）坐标转换

卫星无摄动位置的计算和有摄动位置的计算都将卫星位置计算到地心地固坐标系下，需要进一步转换到 WGS-84 坐标系下，才能进行飞机定位。这两个坐标系之间的转换涉及4 种变换，分别是岁差旋转、章动旋转、真春分点时角旋转和极移旋转。

（1）岁差旋转。岁差旋转示意如图 3-8 所示，其中地心地固坐标系的 3 个坐标轴分别为 X_{ECEF} 轴、Y_{ECEF} 轴和 Z_{ECEF} 轴，北天极点用 P_{ECEF} 表示，坐标原点为地球质心 M。平天球坐标系的 3 个坐标轴分别为 X_{t_0} 轴、Y_{t_0} 轴和 Z_{t_0} 轴，北天极点用 P_{t_0} 表示，坐标原点为地球质心 M。

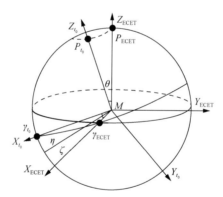

图 3-8　岁差旋转示意

在图 3-8 中，将 Z_{ECEF} 轴顺时针旋转岁差所形成的圆弧弧长，使其旋转到 Z_{t_0} 轴，旋转的角距与地心地固坐标系到平天球坐标系的岁差相等，因此称该旋转为岁差旋转；γ_{t_0} 和 γ_{ECEF} 分别表示平天球坐标系和地心地固坐标系下的春分点，用于确定 X_{t_0} 轴和 X_{ECEF} 轴。

岁差旋转可由 3 次旋转合成：

① 以 Z_{ECEF} 轴为旋转轴，顺时针旋转 ξ 角度，使 X_{ECEF} 轴旋转到观测时刻坐标系的子午面上。此时，

$$\xi = -2.650545'' + 2306.077181''T + 1.0927348''T^2 + 0.01826837''T^3 \quad (3-1)$$

式中，T 为在观测时刻的儒略世纪数。

② 以 Y_{ECEF} 轴为旋转轴，逆时针旋转 θ 角度，使 Z_{ECEF} 轴与 Z_{t_0} 轴重合。此时，

$$\theta = 2004.191903''T - 0.4294934''T^2 - 0.04182264''T^3 \qquad (3\text{-}2)$$

③ 再以 Z_{ECEF} 为旋转轴，顺时针旋转 η 角度，使 X_{ECEF} 轴与 X_{t_0} 轴重合。此时，

$$\eta = 2.650545'' + 2306.083227''T + 0.2988499''T^2 + 0.01801828''T^3 \qquad (3\text{-}3)$$

经过以上 3 次旋转，实现从地心地固坐标系到平天球坐标系的转换，转换关系如式（3-4）所示。

$$\boldsymbol{R}_{ZYZ}(-\eta, \theta, -\xi) = \boldsymbol{R}_Z(-\eta)\boldsymbol{R}_Y(\theta)\boldsymbol{R}_Z(-\xi)$$

$$\begin{bmatrix} X \\ Y \\ Z \end{bmatrix}_{t_0} = \boldsymbol{R}_{ZYZ}(-\eta, \theta, -\xi) \begin{bmatrix} X \\ Y \\ Z \end{bmatrix}_{\text{ECEF}} \qquad (3\text{-}4)$$

（2）章动旋转。章动旋转是指将平天球坐标系转换为瞬时极天球坐标系，如图 3-9 所示。此时，平天球坐标系的 3 轴分别为 X_{t_0} 轴、Y_{t_0} 轴和 Z_{t_0} 轴，瞬时极天球坐标系的 3 轴分别为 X_t 轴、Y_t 轴和 Z_t 轴，坐标原点为地球质心 M。

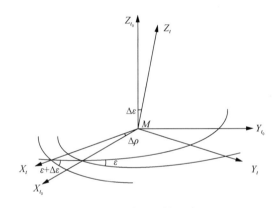

图 3-9　章动旋转示意

章动旋转同样可以分为 3 次旋转。

① 以 X_{t_0} 轴为旋转轴逆时针旋转 ε 角度，其旋转矩阵为

$$\boldsymbol{R}_X(\varepsilon) = \begin{bmatrix} 1 & 0 & 0 \\ 0 & \cos\varepsilon & \sin\varepsilon \\ 0 & -\sin\varepsilon & \cos\varepsilon \end{bmatrix} \qquad (3\text{-}5)$$

② 以 Z_{t_0} 轴为旋转轴顺时针旋转 $\Delta\varphi$ 角度，其旋转矩阵为

$$\boldsymbol{R}_Z(-\Delta\varphi) = \begin{bmatrix} \cos\Delta\varphi & \sin\Delta\varphi & 0 \\ -\sin\Delta\varphi & \cos\Delta\varphi & 0 \\ 0 & 0 & 1 \end{bmatrix} \qquad (3\text{-}6)$$

③ 再以 X_{t_0} 轴为旋转轴逆时针旋转 $\varepsilon + \Delta\varepsilon$ 角度，其旋转矩阵为

$$R_x(-\varepsilon - \Delta\varepsilon) = \begin{bmatrix} 1 & 0 & 0 \\ 0 & \cos(\varepsilon + \Delta\varepsilon) & -\sin(\varepsilon + \Delta\varepsilon) \\ 0 & \sin(\varepsilon + \Delta\varepsilon) & \cos(\varepsilon + \Delta\varepsilon) \end{bmatrix} \quad (3\text{-}7)$$

在以上式中，ε 为黄赤交角，T 仍为观测时刻的儒略世纪数。两者关系如下：

$$\varepsilon = 23°26'21.448'' - 46.815''T - 0.00059''T^2 + 0.01813''T^3 \quad (3\text{-}8)$$

式（3-6）和式（3-7）中的 $\Delta\varphi$ 和 $\Delta\varepsilon$ 分别是黄经章动和章动交角，实际上这两个角的表达式展开后可达 106 项，过于复杂。这里给出简化表达式，即

$$\Delta\varepsilon = 9.2025''\cos\Omega + 0.5736''\cos(2F - 2D + 2\Omega) + 0.0927''\cos(2F - 2\Omega)$$
$$\Delta\varphi = -17.1996''\sin\Omega - 1.3187''\sin(2F - 2D + 2\Omega) - 0.2274''\cos(2F - 2\Omega) \quad (3\text{-}9)$$

其中 Ω、D 和 F 均为中间参数，具体表达式为

$$\Omega = 125.04455501° - 6962890.2665''T + 7.4722''T^2 +$$
$$0.007702''T^3 - 0.00005969''T^4$$
$$D = 297.85019547° + 1602961601.2090''T - 6.3706''T^2 + \quad (3\text{-}10)$$
$$0.006593''T^3 - 0.00003169''T^4$$
$$F = 93.27209062° + 1739527262.8474''T - 12.7512''T^2 +$$
$$0.001037''T^3 + 0.00000417''T^4$$

经过以上 3 次旋转，实现从平天球坐标系转换到瞬时极天球坐标系，其转换关系如式（3-11）所示。

$$R_{XZX}(-\varepsilon - \Delta\varepsilon, -\Delta\varphi, \varepsilon) = R_X(-\varepsilon - \Delta\varepsilon)R_Z(-\Delta\varphi)R_X(\varepsilon)$$
$$\begin{bmatrix} X \\ Y \\ Z \end{bmatrix}_t = R_{XZX}(-\varepsilon - \Delta\varepsilon, -\Delta\varphi, \varepsilon)\begin{bmatrix} X \\ Y \\ Z \end{bmatrix}_{t_0} \quad (3\text{-}11)$$

（3）真春分点时角旋转。卫星在地心地固坐标系下的位置坐标经过岁差旋转和章动旋转之后，处于天球坐标系中。若要将该坐标系转换为地球坐标系，则需要进行真春分点时角旋转，如图 3-10 所示。

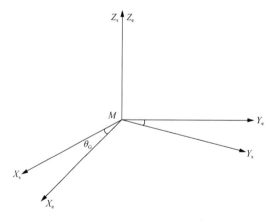

图 3-10　天球坐标系转换成地球坐标系

天球坐标系（$X_sY_sZ_s$）与地球坐标系（$X_eY_eZ_e$）的 Z 轴是重合的，即围绕 Z_s 轴旋转使 X_s 轴和 X_e 轴重合，旋转的角度即真春分点时角 θ_G，相应的模型为

$$R_Z(\theta_G) = \begin{bmatrix} \cos\theta_G & \sin\theta_G & 0 \\ -\sin\theta_G & \cos\theta_G & 0 \\ 0 & 0 & 1 \end{bmatrix}$$

$$\begin{bmatrix} X \\ Y \\ Z \end{bmatrix}_e = R_Z(\theta_G) \begin{bmatrix} X \\ Y \\ Z \end{bmatrix}_s$$

（3-12）

式（3-12）中的真春分点时角表示为

$$\theta_G = \frac{360^\circ}{24(h)}[6(h)41(m)50.54841(s) + 8640184.812866(s)T + 0.093104(s)T^2 - 6.2\times10^{-6}(s)T^3] + \Delta\varphi\cos(\varepsilon+\Delta\varepsilon)$$

（3-13）

式中，T 为观测时刻的儒略世纪数；ε 为黄赤交角；$\Delta\varphi$ 和 $\Delta\varepsilon$ 分别为黄经章动与章动交角。

（4）极移旋转。因地球自转轴内部运动而产生的极移现象使实际地球坐标系与 WGS-84 坐标系之间存在偏差，而该偏差可以通过极移旋转转换到 WGS-84 坐标系中。以国际协议原点（CIO）为坐标原点，以格林威治子午线方向为 X 轴，以格林威治子午面以西 90° 为 Y 轴，建立坐标系。通过该坐标系描述极移分量（δ_{px}, δ_{py}），如图 3-11 所示。

通过查阅对应观测时刻记录的地球自转参数的时间频率公报，获取对应时间的极移分量。地球坐标系（$X_eY_eZ_e$）和 WGS-84 坐标系（$X_{WGS-84}Y_{WGS-84}Z_{WGS-84}$）的转换关系如图 3-12 所示。

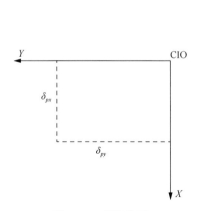

图 3-11　极移分量

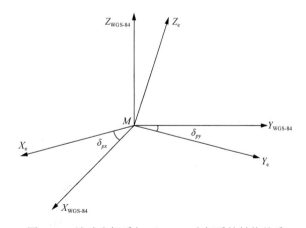

图 3-12　地球坐标系与 WGS-84 坐标系的转换关系

整个极移旋转分两步骤进行：

① 以 Y_e 轴为旋转轴，顺时针旋转 δ_{px} 弧度，使 X_e 轴与 X_{WGS-84} 轴重合，其旋转矩阵为

$$R_Y(-\delta_{px}) = \begin{bmatrix} \cos\delta_{px} & 0 & \sin\delta_{px} \\ 0 & 1 & 0 \\ -\sin\delta_{px} & 0 & \cos\delta_{px} \end{bmatrix} \quad (3\text{-}14)$$

② 以 X_e 轴为旋转轴，顺时针旋转 δ_{py} 弧度，使 Y_e 轴与 $Y_{WGS\text{-}84}$ 轴重合，其旋转矩阵为

$$R_X(-\delta_{py}) = \begin{bmatrix} 1 & 0 & 0 \\ 0 & \cos\delta_{py} & -\sin\delta_{py} \\ 0 & \sin\delta_{py} & \cos\delta_{py} \end{bmatrix} \quad (3\text{-}15)$$

从瞬时真地球坐标系转换到 WGS-84 坐标系的模型为

$$\begin{bmatrix} X \\ Y \\ Z \end{bmatrix}_{WGS\text{-}84} = R_X(-\delta_{py}) \cdot R_Y(-\delta_{px}) \begin{bmatrix} X \\ Y \\ Z \end{bmatrix}_e \quad (3\text{-}16)$$

至此，经过岁差旋转、章动旋转、旋转真春分点时角和极移旋转，实现卫星位置坐标从地心地固坐标系到 WGS-84 坐标系的转换。

2）无摄动卫星位置计算

卫星的无摄动可以通过开普勒轨道参数表示，包括轨道长半轴 a_{ko}、轨道椭圆偏心率 e_{ko}、升交点赤经 Ω_{ko}、轨道倾斜角 i_{ko}、近地点角距 ω_{ko} 和卫星真近点角 υ_{ko}。a_{ko} 与 e_{ko} 用于确定卫星轨道椭圆的大小和形状，Ω_{ko} 与 i_{ko} 用于确定卫星轨道平面与地球体之间的夹角，ω_{ko} 用于确定卫星轨道椭圆的具体定向，υ_{ko} 用于确定卫星在轨道上运动时的某一时刻位置。

由上述 6 个参数构成的坐标系通常称为轨道坐标系，其特点是直角坐标系的原点与地球质心 M 在同一点，X_{orbit} 轴由原点指向近地点，Y_{orbit} 轴也位于卫星轨道平面上且垂直于 X_{orbit} 轴，Z_{orbit} 轴垂直于 $X_{orbit}MY_{orbit}$ 平面，构成右手坐标系。任意时刻卫星位置坐标 $(X_{orbit}, Y_{orbit}, Z_{orbit})$ 可表示为

$$\begin{bmatrix} X_{orbit} \\ Y_{orbit} \\ Z_{orbit} \end{bmatrix} = r_{orbit}^{earth} \begin{bmatrix} \cos\upsilon_{ko} \\ \sin\upsilon_{ko} \\ 0 \end{bmatrix} \quad (3\text{-}17)$$

其中，r_{orbit}^{earth} 是卫星到地心的矢径的模，且满足如下关系：

$$a_{ko}\cos E_{ko} = r_{orbit}^{earth}\cos\upsilon_{ko} + a_{ko}e_{ko} \quad (3\text{-}18)$$

$$r_{orbit}^{earth} = \frac{a_{ko}(1-e_{ko}^2)}{1+e_{ko}\cos\upsilon_{ko}} \quad (3\text{-}19)$$

式中，a_{ko} 为轨道长半轴；e_{ko} 为轨道椭圆的偏心率；E_{ko} 为卫星的偏近点角。

实际计算过程中偏近点角需要通过下式迭代得到，即

$$\begin{aligned} E_{ko} &= M_{ko} + e_{ko}\sin E_{ko} \\ M_{ko} &= n_{ko}(t_{ko} - t_{oe}) \\ n_{ko} &= \sqrt{\frac{G_M}{a_{ko}^3}} \end{aligned} \quad (3\text{-}20)$$

式中，M_{ko} 为观测时刻的真近点角；n_{ko} 为卫星修正平均角速度；t_{ko} 为观测时刻；t_{oe} 为参考时刻；G_M 为地心引力常数。

初始迭代时可以先使 $E_{ko,0} = M_{ko}$，再进行迭代计算。

根据式（3-17）、式（3-18）和式（3-19）可以得到

$$\begin{bmatrix} X_{\text{orbit}} \\ Y_{\text{orbit}} \\ Z_{\text{orbit}} \end{bmatrix} = a_{ko} \begin{bmatrix} \cos E_{ko} - e_{ko} \\ (1 - e_{ko}^2)^{0.5} \sin E_{ko} \\ 0 \end{bmatrix} \tag{3-21}$$

最后，将轨道坐标系转换为天球坐标系（地心地固坐标系）。坐标转换的相应顺序如下：

（1）以 Z_{orbit} 轴为旋转轴顺时针旋转角度 ω_{ko}，使 X_{orbit} 轴方向由指向近地点变为指向升交点。

$$R_1 = \begin{bmatrix} \cos \omega_{ko} & -\sin \omega_{ko} & 0 \\ \sin \omega_{ko} & \cos \omega_{ko} & 0 \\ 0 & 0 & 1 \end{bmatrix} \tag{3-22}$$

（2）以 X_{orbit} 轴为旋转轴顺时针旋转角度 i_{ko}，使 Z_{orbit} 轴与 Z 轴重合。

$$R_2 = \begin{bmatrix} 1 & 0 & 0 \\ 0 & \cos i_{ko} & -\sin i_{ko} \\ 0 & \sin i_{ko} & \cos i_{ko} \end{bmatrix} \tag{3-23}$$

（3）以 Z_{orbit} 轴为旋转轴顺时针旋转角度 Ω_{ko}，使 X_{orbit} 轴方向指向春分点。

$$R_3 = \begin{bmatrix} \cos \Omega_{ko} & -\sin \Omega_{ko} & 0 \\ \sin \Omega_{ko} & \cos \Omega_{ko} & 0 \\ 0 & 0 & 1 \end{bmatrix} \tag{3-24}$$

最终计算得到的卫星位置坐标为

$$\begin{bmatrix} X \\ Y \\ Z \end{bmatrix}_{\text{ECEF}} = R_3 R_2 R_1 \begin{bmatrix} X_{\text{orbit}} \\ Y_{\text{orbit}} \\ Z_{\text{orbit}} \end{bmatrix} = R_3 R_2 R_1 a_{ko} \begin{bmatrix} \cos E_{ko} - e_{ko} \\ (1 - e_{ko}^2)^{0.5} \sin E_{ko} \\ 0 \end{bmatrix} \tag{3-25}$$

经过上述坐标变换得到的卫星位置坐标是在地心地固坐标系下的，为了与卫星接收机坐标处于同一坐标系下，需要再进行 3.3.1 节中的坐标转换，即转换为 WGS-84 坐标系下的坐标。

3）有摄动卫星位置计算

卫星的无摄动是指将地球看成均匀球体，忽略其他摄动力对卫星的影响。但在实际卫星运动中，卫星会受到许多其他摄动力的影响，包括地球非球形引力摄动、日月间的摄动、地球固体潮摄动等。这些摄动的存在使实际的轨道参数存在误差，无法向无摄动那样计算卫星的位置坐标。需要用星历文件中的其他参数（用于摄动修正）进行轨道参数误差修正，从而在不忽略摄动力的情况下也可以计算出相对精确的卫星位置坐标。

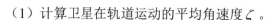

（1）计算卫星在轨道运动的平均角速度 ζ。

卫星在轨道运动的平均角速度为

$$\zeta = \sqrt{\frac{G_M}{a_{ko}^3}} \qquad (3\text{-}26)$$

式中，$G_M = 3.986005 \times 10^{14}\,\mathrm{m^3/s^2}$，表示 WGS-84 坐标系中的地心引力常数；$a_{ko}$ 为轨道长半轴。把求得的未校正的平均角速度和表 3-3 中星历文件中的角速度修正值 $\Delta\zeta$ 相加，便可得到卫星运动的真实平均角速度 ζ，即

$$\zeta = \zeta_0 + \Delta\zeta \qquad (3\text{-}27)$$

（2）计算观测时刻 t_k。因为 GPS 卫星的轨道参数都是以参考时刻 t_{oe} 作为基准的，所以需要将参考时刻归一化到 GPS 时系，具体如下所示。

$$t_k = t - t_{oe} \qquad (3\text{-}28)$$

（3）计算观测时刻的卫星平近点角 M_k。在卫星广播星历参数中参考时刻的平近点角 M_0 的基础上，可得到

$$M_k = M_0 + \zeta t_k \qquad (3\text{-}29)$$

（4）计算观测时刻的偏近点角 E_k。根据表 3-3 中卫星广播星历文件给出的偏心率 e 和计算算出的平近点角 M_k 可以得到

$$E_k = M_k + e \sin E_k \qquad (3\text{-}30)$$

该方程需要通过迭代法进行计算且角度单位都为弧度制，首次迭代时可使 $E_k = M_k$。由于偏心率通常较小，因此迭代两三次便可达到精度要求。

（5）计算修正钟差。定义常数 F 如下：

$$F = \frac{-2\sqrt{G_M}}{c^2} = -4.442807633 \times 10^{-10}\,\mathrm{s/(m)^{1/2}} \qquad (3\text{-}31)$$

式中，G_M 为 WGS-84 坐标系中的地心引力常数；c 为光速。

则时间相对修正项为

$$\Delta t_r = F e \sqrt{a_{ko}} \sin E_k \qquad (3\text{-}32)$$

式中，e 为卫星广播星历文件给出的偏心率；a_{ko} 为轨道长半轴。

总的时间修正项为

$$\Delta t = a_0 + a_1(t - t_{oc}) + a_2(t - t_{oc})^2 + \Delta t_r - \mathrm{TGD} \qquad (3\text{-}33)$$

其中，$a_0, a_1, a_2, \mathrm{TGD}$ 都是表 3-3 中卫星广播星历文件中用于计算修正项的星历参数，分别表示卫星时钟误差、卫星时钟漂移量、卫星时钟漂移变化率和卫星时钟修正误差；t_{oc} 为卫星时钟参考时刻。

最后修正观测时间：

$$t = t - \Delta t$$
$$t_k = t_k - \Delta t \qquad (3\text{-}34)$$

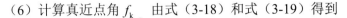

（6）计算真近点角 f_k。由式（3-18）和式（3-19）得到

$$\cos f_k = \frac{\cos E_k - e}{1 - e \cos E_k} \tag{3-35}$$

$$\sin f_k = \frac{\sqrt{1-e^2}\,\sin f_k}{1 - e \cos E_k} \tag{3-36}$$

$$f_k = \arctan 2(\sin f_k, \cos f_k) \tag{3-37}$$

真近点角的大小和象限都能用上式确定。

（7）计算升交角距 ϕ_k。

$$\phi_k = f_k + \omega \tag{3-38}$$

式中，ω 为表 3-3 中卫星广播星历的近地点角距。

（8）计算摄动修正项。

$$\begin{aligned}
\delta u &= C_{uc} \cos 2\phi_k + C_{us} \sin 2\phi_k \\
\delta r &= C_{rc} \cos 2\phi_k + C_{rs} \sin 2\phi_k \\
\delta i &= C_{ic} \cos 2\phi_k + C_{is} \sin 2\phi_k
\end{aligned} \tag{3-39}$$

式中，$C_{uc}, C_{us}, C_{rc}, C_{rs}, C_{ic}, C_{is}$ 均由表 3-3 卫星广播星历文件给出，它们的具体含义分别为升交角距余弦修正项、升交角距正弦修正项、摄动矢径修正余弦项、摄动矢径修正正弦项、轨道倾斜角余弦修正项和轨道倾斜角正弦修正项。而 δu，δr，δi 分别是升交角距摄动修正项、卫星矢径摄动修正项和轨道倾斜角摄动修正项。

（9）计算经过摄动修正的升交角距 u_k、卫星矢径 r_k、轨道倾斜角 i_k。

$$\begin{aligned}
u_k &= \phi_k + \delta u \\
r_k &= a_{ko}(1 - e \cos E_k) + \delta r \\
i_k &= i_0 + \delta i + i_{dot} \cdot t_k
\end{aligned} \tag{3-40}$$

（10）计算卫星在轨道平面上的位置。

在轨道坐标系中卫星的位置：

$$\begin{aligned}
x_k &= r_k \cos u_k \\
y_k &= r_k \sin u_k
\end{aligned} \tag{3-41}$$

（11）计算观测时刻的升交点经度 Ω_k。

$$\Omega_k = \Omega + \Omega_{dot} t_k - \omega_e t \tag{3-42}$$

式中，ω_e 为地球的自转速度；Ω 为参考时刻升交点赤经；Ω_{dot} 为 Ω 的变化率；t 为观测时刻的秒形式。

（12）计算卫星在地心地固坐标系中的位置坐标。

根据上述（11）步计算得到的参数，可计算卫星在地心地固坐标系中的位置坐标，如式（3-43）所示。

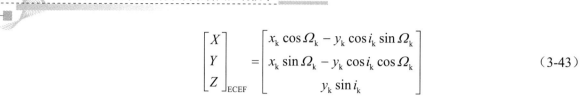
$$\begin{bmatrix} X \\ Y \\ Z \end{bmatrix}_{\text{ECEF}} = \begin{bmatrix} x_k \cos\Omega_k - y_k \cos i_k \sin\Omega_k \\ x_k \sin\Omega_k - y_k \cos i_k \cos\Omega_k \\ y_k \sin i_k \end{bmatrix} \tag{3-43}$$

经过以上步骤，卫星在有摄动情况下的位置计算已经完成，计算出的卫星位置在地心地固坐标系下。与无摄动情况下卫星的位置计算相同，该位置计算同样需要坐标转换为 WGS-84 坐标系下的坐标，才能进行飞机的位置计算。

3.3.2 GPS 卫星接收机模型

GPS 卫星接收机模型用于模拟 GPS 测量信息，在接收机内部经过复杂的数据处理，完成航空器的定位。GPS 卫星接收机模型功能主要有两个，一是卫星可见性判断，二是飞机定位。卫星可见性判断是飞机定位的基础，可见卫星提供飞机定位所需的伪距测量信息；飞机定位借助 4 颗以上可见卫星提供的伪距测量信息，根据伪距差分定位算法完成飞机的定位。

1. 卫星可见性判断

实际卫星在发送波束时，所发送的波束存在角度上限。由于地球接收不到以大角度发送的波束，因此卫星信号传播到地球上的极限是卫星波束与地球的表面相切。卫星可见性判断原理如图 3-13 所示，已知卫星在地心地固坐标系中的位置，该卫星对用户的可见性由矢径之间的夹角判断。

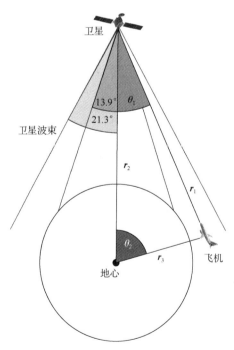

图 3-13 卫星可见性判断原理

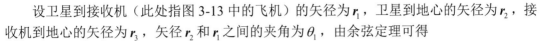

设卫星到接收机（此处指图 3-13 中的飞机）的矢径为 r_1，卫星到地心的矢径为 r_2，接收机到地心的矢径为 r_3，矢径 r_2 和 r_1 之间的夹角为 θ_1，由余弦定理可得

$$\theta_1 = \arccos\left(\frac{r_1 + r_2 - r_3}{2|r_1||r_2|}\right) \tag{3-44}$$

矢径 r_2 和 r_3 之间的夹角为 θ_2，由余弦定理可得

$$\theta_2 = \arccos\left(\frac{r_2 + r_3 - r_1}{2|r_2||r_3|}\right) \tag{3-45}$$

当 $\theta_1 < 21.3°$ 且 $\theta_2 < 90°$ 时，卫星与飞机之间是可见的；否则，不可见。

2. 基于伪距差分定位算法的飞机定位

GPS 卫星接收机的时钟脉冲精度有限，把接收机时钟与卫星导航电文中的时钟作差计算得到的用户与导航卫星之间的距离存在一定偏差。因此，由卫星接收机计算得到的距离被称为伪距。伪距包含多种误差，主要包括钟差、电离层延时、对流层延时、多路径误差及接收机噪声等。伪距测量精度决定了卫星导航定位精度，需要利用相关算法计算伪距。伪距差分定位算法是利用差分卫星导航基站提高伪距测量精度的一种方法。关于钟差，可以利用 4 颗导航卫星进行定位计算得到，基本可以消除该偏差，因此，伪距差分定位算法主要利用差分卫星导航基站广发的导航电文，消除掉电离层延时与对流层延时。

1）伪距差分定位原理

GPS 伪距差分定位原理参考北斗系列第二代卫星的定位方式，北斗系列第二代采用的是目前主流卫星导航系统的定位方式——三球交汇，即由三颗卫星测量地面上的一点，如图 3-14 所示。以北斗系列第二代三颗卫星（卫星坐标已知）为球心，以这三颗卫星到接收机的距离为半径分别作三个球，所作的三个球必定相交于两个点。

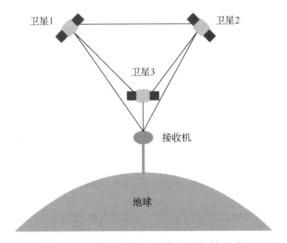

图 3-14 由三颗卫星测量地面上的一点

假设三颗卫星到接收机的距离分别为 R_1、R_2、R_3，三颗卫星发射信号的时刻分别为 t_1、t_2、t_3，三颗卫星的坐标可以由下列方程表示：

$$\begin{cases} R_1 = c(t_r - t_1) = \sqrt{(x_1 - x)^2 + (y_1 - y)^2 + (z_1 - z)^2} \\ R_2 = c(t_r - t_2) = \sqrt{(x_2 - x)^2 + (y_2 - y)^2 + (z_2 - z)^2} \\ R_3 = c(t_r - t_3) = \sqrt{(x_3 - x)^2 + (y_3 - y)^2 + (z_3 - z)^2} \end{cases} \tag{3-46}$$

由于存在接收机钟差，只列出三个球的方程无法计算出位置，因此测得的卫星广播时间不准，得到的站星距离也不准。因此把这个测得的距离称为伪距。

由三颗卫星无法准确定位用户的位置，包括钟差在内一共 x, y, z, t 四个未知数。因此，在实际采用卫星伪距定位时，选取四颗及以上可见卫星才能计算出用户的位置。

2）伪距定位计算

实际采用卫星的伪距定位时，每个卫星的伪距计算公式如式（3-47）所示。

$$\rho = \rho_{true} + c \times \delta t_u - c\delta t_{sa} + v_k \tag{3-47}$$

式中，ρ_{true} 为卫星到接收机的理论直线距离；c 为光速；δt_u 为接收机的钟差；δt_{sa} 为卫星钟差；v_k 表示随机观测误差。

卫星钟差在计算位置时已经修正，将上式展开为飞机和卫星在 WGS-84 坐标系下的坐标，计算得到

$$\rho = \sqrt{(X_s - X_{plane})^2 + (Y_s - Y_{plane})^2 + (Z_s - Z_{plane})^2} + c \times \delta t_u \tag{3-48}$$

其中，X_s, Y_s, Z_s 表示卫星在 WGS-84 坐标系下的坐标，$X_{plane}, Y_{plane}, Z_{plane}$ 表示飞机在 WGS-84 坐标系下的坐标。

为获取飞机的三维位置坐标 $(X_{plane}, Y_{plane}, Z_{plane})$，计算飞机的三维位置坐标信息，需要建立四个以上的伪距观测方程，以求解上述四个未知数。由此得到四个联立方程：

$$\begin{cases} \rho_{cor}^1 = \sqrt{(X_1 - X_{plane})^2 + (Y_1 - Y_{plane})^2 + (Z_1 - Z_{plane})^2} + c \times \delta t_u \\ \rho_{cor}^2 = \sqrt{(X_2 - X_{plane})^2 + (Y_2 - Y_{plane})^2 + (Z_2 - Z_{plane})^2} + c \times \delta t_u \\ \rho_{cor}^3 = \sqrt{(X_3 - X_{plane})^2 + (Y_3 - Y_{plane})^2 + (Z_3 - Z_{plane})^2} + c \times \delta t_u \\ \rho_{cor}^4 = \sqrt{(X_4 - X_{plane})^2 + (Y_4 - Y_{plane})^2 + (Z_4 - Z_{plane})^2} + c \times \delta t_u \end{cases} \tag{3-49}$$

假设飞机的真实位置坐标为 $(X_{plane}, Y_{plane}, Z_{plane})$，其近似值为 $(\hat{X}_{plane}, \hat{Y}_{plane}, \hat{Z}_{plane})$，真实值与近似值之间的偏移量表示为 $(\Delta X_{plane}, \Delta Y_{plane}, \Delta Z_{plane})$，将式（3-49）中的四个方程按泰勒级数展开的方式在近似值处展开。

$$\begin{aligned} \rho_i &= f(X_i, Y_i, Z_i, t_u) \\ &= f(\hat{X}_{plane} + \Delta X_{plane}, \hat{Y}_{plane} + \Delta Y_{plane}, \hat{Z}_{plane} + \Delta Z_{plane}, \hat{t}_u + \Delta t_u) \\ &= f(\hat{X}_{plane}, \hat{Y}_{plane}, \hat{Z}_{plane}, \hat{t}_{plane}) + \Delta \rho_i \\ &= \hat{\rho}_i + \Delta \rho_i (i = 1, 2, 3, 4) \end{aligned} \tag{3-50}$$

$$\begin{cases} \Delta\rho_1 = a_{x1}\Delta X_u + a_{y1}\Delta Y_u + a_{z1}\Delta Z_u - c \times \delta t_u \\ \Delta\rho_2 = a_{x2}\Delta X_u + a_{y2}\Delta Y_u + a_{z2}\Delta Z_u - c \times \delta t_u \\ \Delta\rho_3 = a_{x3}\Delta X_u + a_{y3}\Delta Y_u + a_{z3}\Delta Z_u - c \times \delta t_u \\ \Delta\rho_4 = a_{x4}\Delta X_u + a_{y4}\Delta Y_u + a_{z4}\Delta Z_u - c \times \delta t_u \end{cases} \tag{3-51}$$

式（3-51）中，$a_{xi}, a_{yi}, a_{zi}(i=1,2,3,4)$ 为由飞机位置指向第 i 号卫星的单位矢量的方向余弦。

$$a_{xi} = -\frac{X_i - \hat{X}_{plane}}{\hat{\rho}_i}$$

$$a_{yi} = -\frac{Y_i - \hat{Y}_{plane}}{\hat{\rho}_i} \tag{3-52}$$

$$a_{zi} = -\frac{Z_i - \hat{Z}_{plane}}{\hat{\rho}_i}$$

$$\hat{\rho}_i = \sqrt{(X_i - \hat{X}_{plane})^2 + (Y_i - \hat{Y}_{plane})^2 + (Z_i - \hat{Z}_{plane})^2} \tag{3-53}$$

将上述方程线性化，使之变为线性方程组并用矩阵形式表示：

$$\boldsymbol{\rho} = \begin{bmatrix} \Delta\rho_1 \\ \Delta\rho_2 \\ \Delta\rho_3 \\ \Delta\rho_4 \end{bmatrix} \tag{3-54}$$

$$\boldsymbol{H} = \begin{bmatrix} a_{x1} & a_{y1} & a_{z1} & 1 \\ a_{x2} & a_{y2} & a_{z2} & 1 \\ a_{x3} & a_{y3} & a_{z3} & 1 \\ a_{x4} & a_{y4} & a_{z4} & 1 \end{bmatrix} \tag{3-55}$$

$$\boldsymbol{X} = \begin{bmatrix} \Delta X_{plane} \\ \Delta Y_{plane} \\ \Delta Z_{plane} \\ \Delta t_u \end{bmatrix} \tag{3-56}$$

最后得到

$$\boldsymbol{\rho} = \boldsymbol{HX} \tag{3-57}$$

方程的解为

$$\boldsymbol{X} = \boldsymbol{H}^{-1}\boldsymbol{\rho} \tag{3-58}$$

当可见卫星数量超过四颗时，则上式的最小二乘解可表示为

$$\boldsymbol{X} = (\boldsymbol{H}^T\boldsymbol{H})^{-1}\boldsymbol{H}^T\boldsymbol{\rho} \tag{3-59}$$

在计算出偏移量之后，就能够在估计值的基础上得到飞机的坐标。当位移增量与选取的线性化的点靠近时，经过数轮迭代就能得到满足条件的坐标。

3.3.3 惯性导航系统的测量原理及误差模型

惯性导航系统（INS）是一种自主式航位推算导航系统，该系统完全自主，可全天候使用，不受外界环境干扰，也不存在信号丢失的问题。惯性导航系统能够提供载体的位置、速度和角速度信息，因此，在组合导航的研究中，通常将惯性导航系统作为基准导航传感器，用其他导航传感器的高精度测量信息对惯性导航系统的测量信息进行修正。

惯性导航系统的测量原理是把惯性传感器测量载体的加速度和角速度信息经过导航计算机进行多次积分运算，从而求出导航参数，确定载体的位置、速度和角速度信息，并将结果进行坐标转换，以求得载体在任意导航坐标系中的位置。惯性导航系统的测量原理较为复杂，需要使用四元数计算、力学编排等方法，由于本书的信息融合是对导航传感器的测量信息进行融合，因此不考虑惯性导航系统内部测量原理，只对惯性导航系统的误差模型进行建立，惯性导航系统的误差模型状态变量如下：

$$\begin{bmatrix} \varphi_e & \varphi_n & \varphi_u & \mathrm{d}V_e & \mathrm{d}V_n & \mathrm{d}V_u & \mathrm{d}L & \mathrm{d}A & \mathrm{d}h & \varepsilon_x & \varepsilon_y & \varepsilon_z & \nabla_x & \nabla_y & \nabla_z \end{bmatrix} \quad (3\text{-}60)$$

式中，$\mathrm{d}A$，$\mathrm{d}L$，$\mathrm{d}h$ 为纬经高位置误差；φ_e，φ_n，φ_u 为姿态角误差；$\mathrm{d}V_e$，$\mathrm{d}V_n$，$\mathrm{d}V_u$ 为速度误差；∇_e，∇_n，∇_u 为加速度计误差；ε_e，ε_u，ε_n 为陀螺仪漂移误差。

各状态变量下角标中的 e，n，u 分别表示各误差在东-北-天方向的分量。

综合考虑模型精度和计算量，将惯性导航系统状态误差方程简化为

$$\begin{cases} \mathrm{d}\dot{V}_e = \left(\dfrac{V_n}{R_N + h} \tan(L) \right) \mathrm{d}V_e + \left(2\Omega_U + \dfrac{V_e}{R_N + h} \tan(L) \right) \mathrm{d}V_n - f_u \varphi_n + f_n \varphi_u + \nabla_e \\[3mm] \mathrm{d}\dot{V}_n = -2 \left(\Omega_U + \dfrac{V_e}{R_N + h} \tan(L) \right) \mathrm{d}V_e + f_u \varphi_e - f_e \varphi_u + \nabla_n \\[3mm] \mathrm{d}\dot{V}_u = -f_n \varphi_e + f_e \varphi_n + \nabla_u \end{cases} \quad (3\text{-}61)$$

$$\begin{cases} \dot{\varphi}_e = -\dfrac{1}{R_M + h} \mathrm{d}V_n + \left(\Omega_U + \dfrac{V_e}{R_N + h} \tan L \right) \varphi_n - \left(\Omega_U + \dfrac{V_e}{R_N + h} \tan L \right) \varphi_u - \varepsilon_e \\[3mm] \dot{\varphi}_n = -\dfrac{1}{R_N + h} \mathrm{d}V_e + \left(\Omega_U + \dfrac{V_e}{R_N + h} \tan L \right) \varphi_e - \dfrac{V_e}{R_M + h} \varphi_u - \varepsilon_n \\[3mm] \dot{\varphi}_u = -\dfrac{\tan L}{R_M + h} \mathrm{d}V_e + \left(\Omega_U + \dfrac{V_e}{R_N + h} \right) \varphi_e + \dfrac{V_e}{R_M + h} \varphi_n - \varepsilon_u \end{cases} \quad (3\text{-}62)$$

$$\begin{cases} \mathrm{d}\dot{A} = \dfrac{1}{(R_N + h)\cos L} \mathrm{d}V_e \\[3mm] \mathrm{d}\dot{L} = \dfrac{1}{R_M + h} \mathrm{d}V_n \\[3mm] \mathrm{d}\dot{h} = \mathrm{d}V_u \end{cases} \quad (3\text{-}63)$$

式中，A，L，h 为当前飞机的纬经高位置；f_e，f_u，f_n 为由比力计测量得到的比力在东-北-天坐标系三轴的分量；V_e，V_n，V_u 为当前飞机速度在东-北-天坐标系三轴的分量。

地球卯酉圈曲率半径和子午圈曲率半径计算公式如下：

$$\begin{cases} R_{\mathrm{N}} = R_{\mathrm{e}} \left[1 - (2-f)f\sin^2 L \right]^{-\frac{1}{2}} \\ R_{\mathrm{M}} = R_{\mathrm{e}}(1-f)^2 \left[1 - (2-f)f\sin^2 L \right]^{-\frac{3}{2}} \end{cases} \tag{3-64}$$

式中，f 为扁率，$f = 1/298.257$；R_{e} 为地球半长轴，$R_{\mathrm{e}} = 6378254\mathrm{m}$。

地球自转角速度在北向和天向的分量：

$$\begin{cases} \Omega_{\mathrm{U}} = \omega_{ie}\sin L \\ \Omega_{\mathrm{N}} = \omega_{ie}\cos L \end{cases} \tag{3-65}$$

实际中，长时间下的导航陀螺仪和加速度计的漂移对惯性导航的精度影响较大。因此，建立导航陀螺仪误差模型和加速度计误差模型如下。

1. 导航陀螺仪误差模型

导航陀螺仪存在沿着东-北-天坐标系三轴方向上的漂移，在捷联惯性导航系统中，陀螺仪漂移为从机体坐标系转换到地理坐标系的等效陀螺仪漂移。假定三个轴向的陀螺仪漂移误差模型相同，则陀螺仪漂移误差主要由以下三部分构成：

$$\varepsilon = \varepsilon_{\mathrm{b}} + \varepsilon_{\mathrm{r}} + \omega_{\mathrm{g}} \tag{3-66}$$

式中，ε_{b} 为随机常值；ω_{g} 为零均值白噪声；ε_{r} 为一阶马尔可夫过程。

$$\begin{cases} \dot{\varepsilon}_{\mathrm{b}} = 0 \\ \dot{\varepsilon}_{\mathrm{r}} = -\dfrac{1}{\tau_{\mathrm{i}}}\varepsilon_{\mathrm{r}} + \omega_{\mathrm{r}} \end{cases} \tag{3-67}$$

式中，τ_{i} 为陀螺仪的相关时间；ω_{r} 为马尔可夫过程驱动噪声。

2. 加速度计误差模型

考虑一阶马尔可夫过程，假定三个轴向的加速度计误差模型相同且均为

$$\dot{V}_{\mathrm{a}} = -\frac{1}{\tau_{\mathrm{g}}}\nabla_{\mathrm{a}} + \omega_{\mathrm{a}} \tag{3-68}$$

式中，τ_{g} 为马尔可夫过程的相关时间；ω_{a} 为均方差为 δ_{g} 的马尔可夫过程驱动白噪声。

因此，考虑陀螺仪和加速度计的误差特性后，误差状态方程中的陀螺仪误差和加速度计误差方程为

$$\begin{cases} \dot{\varepsilon}_x = -\dfrac{1}{\tau_{\mathrm{i}}}\varepsilon_{\mathrm{rx}} + \omega_{\mathrm{rx}} \\[2mm] \dot{\varepsilon}_y = -\dfrac{1}{\tau_{\mathrm{i}}}\varepsilon_{\mathrm{ry}} + \omega_{\mathrm{ry}} \\[2mm] \dot{\varepsilon}_z = -\dfrac{1}{\tau_{\mathrm{i}}}\varepsilon_{\mathrm{rz}} + \omega_{\mathrm{rz}} \end{cases} \tag{3-69}$$

$$
\begin{cases}
\dot{V}_x = -\dfrac{1}{\tau_g} \nabla_{ax} + \omega_{ax} \\[2mm]
\dot{V}_y = -\dfrac{1}{\tau_g} \nabla_{ay} + \omega_{ay} \\[2mm]
\dot{V}_z = -\dfrac{1}{\tau_g} \nabla_{az} + \omega_{az}
\end{cases}
\tag{3-70}
$$

根据式（3-60）～式（3-70），可建立惯性导航系统的误差模型。在该误差模型的基础上，附加飞机六自由度模型的输出信息，即可模拟惯性导航系统的实际输出信息。

3.3.4 大气数据系统的测量原理及误差模型

大气数据系统（ADS）通过测量动压、静压、压力变化率和温度，经过计算和修正得出迎角、侧滑角、飞行高度、垂直速度、真空速、马赫数变化率、马赫数与大气密度等一系列参数。精准的大气数据信息对提高飞行安全性起着至关重要的作用。

大气数据系统一般由空速管（含总压或动压导航传感器以及温度导航传感器）、静压导航传感器、空速管路、静压管路和大气数据模块（Air Data Modula, ADM）组成，该系统主要测量与飞机相关的大气参数，包括自由气体的静压 p_s、大气总压 p_t、总温（Total Air Temperature, TAT）、迎角（Angle of Attack, AOA）、侧滑角（Angle of Sideslip, AOS）。

进行大气数据计算时，需要使用标准大气。标准大气是国际上统一采用的假想大气，国际标准大气规定，空气为干燥清洁的理想空气并遵循理想气体方程所确立的关系，即

$$ p = \rho R T \tag{3-71} $$

式中，p 为空气中气体的压力，单位为 Pa；ρ 为空气中气体的密度，单位为 kg/m^3；T 为空气中气体的温度，单位为 K。

通过大气数据原始参数和理想气体方程，可计算得到所需的大气数据。由于本书中主要使用大气数据系统测量的气压高度信息，因此对大气数据系统测量的气压高度进行建模。气压高度定义为飞机重心在空中的高度，通过测量大气压力测量气压高度。在标准大气中，飞机所处的相对于海平面的气压高度是该处大气压力的单值函数 $H = f(p_s)$，气压高度和静压的计算公式如式（3-72）所示。

$$
\begin{cases}
H_p = 32000 & p_s < 0.868 \\[2mm]
H_p = 216650\left[\left(\dfrac{p_s}{5.47487}\right)^{-0.02927124665} - 1\right] + 20000 & 0.868 \leqslant p_s < 5.474 \\[2mm]
H_p = 6341.61556551 \times \lg\left(\dfrac{22.632}{p_s}\right) + 11000 & 5.474 \leqslant p_s < 22.632 \\[2mm]
H_p = -46330.7692308 \times \left[\left(\dfrac{p_s}{127.774}\right)^{0.1902630258} - 1\right] - 2000 & 22.632 \leqslant p_s < 107.418 \\[2mm]
H_p = -500 & p_s \geqslant 107.418
\end{cases}
\tag{3-72}
$$

影响大气数据系统测量精度的因素很多，包括原理误差和方法误差，如静压与高度之

间的非线性关系，温度补偿不确定引起的误差等。由于气压高度和空速是根据测量得到的动压和静压并经过转换得到的，因此诸多误差都可并入这种转换不准确而引起的转换误差中，可以用一定误差限范围内的高斯噪声对大气数据信息的误差进行描述。

此外，影响气压高度精度的主要误差源还有气压方法误差，不同地点的气压方法误差是不相同的，同一地点的气压方法误差也会随时间改变，并且这种误差是随机过程。气压高度的误差模型如式（3-73）所示。

$$d\dot{h}_b = -\frac{1}{\tau_b}dh_b + w_b \qquad (3\text{-}73)$$

其中，dh_b 为气压高度误差，w_b 为距离误差，气压高度的相关时间 τ_b，后两者的设置视飞行速度和活动范围而定。

根据上述原理，建立大气数据系统的误差模型和测量模型，把两者进行叠加，即可模拟得到大气数据系统的测量信息。

3.3.5 仪表着陆系统的测量原理及误差模型

仪表着陆系统（ILS）是目前应用最为广泛的飞机精密进近和着陆引导系统。其原理如下：由地面信号台发射的两束频率不同的无线电信号在空中叠加，建立起一条由跑道指向空中的虚拟路径。由于飞机在相对跑道的不同位置接收到的调制深度不同，因此可通过判断调制深度，实现航向道和下滑道指引。飞机通过机载接收设备，确定自身与该路径的相对位置，使飞机沿正确方向飞向跑道并平稳下降，最终实现安全着陆。

仪表着陆系统测量值包括以着陆点为中心的极坐标系下的相对航向道的偏差角、相对下滑道的偏差角信息。仪表着陆系统的测量范围一般为 15～450m，通常使用调制深度与偏差角的关系进行测量，但调制深度与偏差角的关系在不同类型的仪表着陆系统中有所不同，并且没有确定的表达公式。因此，本书采用简化建模的方式，通过坐标变换，将飞机位置信息转换到以导航台/着陆点为原点建立的空间直角坐标系中，然后建立仪表着陆系统的误差模型。仪表着陆系统的测量原理示意如图 3-15 所示。

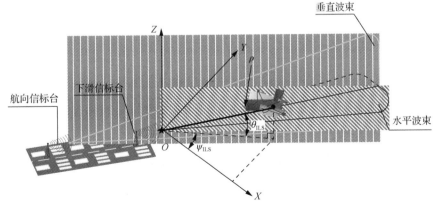

图 3-15   仪表着陆系统的测量原理示意

仪表着陆系统本身的信号等同于一组甚高频全向信标（VOR）和一组测距仪（DME）的测量信息，由航向信标台和下滑信标台分别发送垂直波束与水平波束，获取飞机当前位置到着陆点的距离和角度。在对仪表着陆系统建模时，可以近似地用与导航台位置相同的一组 VOR/DME 的测量信息建模。将飞机位置信息转换到以导航台/着陆点为原点建立的空间直角坐标系中，计算飞机当前位置与该坐标系原点连线构成的矢量的长度 ρ、该矢量与 XOY 平面的夹角 θ_{ILS}，即下滑角，以及该矢量在 XOY 平面的投影与 X 轴的夹角 ψ_{ILS}，即航向角；然后与预先设定的航向角和下滑角作差得到偏差角，在此基础上附加噪声信息，即可得到仪表着陆系统测量的偏差角信息。关于，仪表着陆系统测量的距离信息，可通过在飞机当前位置与空间直角坐标系原点连线构成的矢量的长度 ρ 的基础上附加噪声信息得到。

因此，仪表着陆系统建模的方法如下：将飞机模型输出的飞机三轴位置的增量信息 (x, y, z)，转换到以着陆点为原点建立的空间直角坐标系内的坐标中，求解得到航向角 ψ_{ILS} 和下滑角 θ_{ILS}；根据具体着陆等级所需的地面导航台的精度，设置偏差角和下滑角偏差的噪声信息，以模拟仪表着陆系统的测量误差。

测距仪具有距离越近测量信息越准确的特性，其测量误差与测量距离成正比。因此，测距仪的测距误差为

$$d\rho = \frac{\rho_{pre}}{\rho_{total}} v_{ILS} \tag{3-74}$$

式中，ρ_{total} 为测距仪的有效工作范围；ρ_{pre} 为飞机到 DME 导航台的距离；v_{ILS} 为随机噪声。

根据上述原理，可建立仪表着陆系统的误差模型和测量模型，把两者进行叠加，即可得到仪表着陆系统的测量信息。

3.4 地基增强系统建模

地基增强系统（GBAS）由多个地面测量基站组成，其作用主要有包括卫星导航误差分析、飞机定位误差修正和卫星的完好性监控。对于卫星的完好性监控，将在 5.3 节进行详细介绍。

本节首先介绍卫星导航误差源，针对误差源给出飞机定位误差修正的原理。最后，给出利用地面增强系统修正飞机位置的仿真算例。

3.4.1 卫星导航误差源

由于在三球交汇定位中决定最终定位结果的参数实际上是接收机测量的站星距离，而站星距离等于光速乘以传播时延。因此，如果想要精确地计算接收机的位置，就必须得到传播时延的真实值。然而，实际上，地面站能够测量得到的是包含各种额外延迟的传播时延。本节将列举卫星定位中的各种误差源，为地基增强系统根据误差源信息修正飞机的实际位置打下基础。

1. 站星距离

站星距离是指卫星与地面站真实的传播时延所产生的距离。卫星导航系统采用的中轨卫星距离地面大约 20000km，假设仿真所使用的轨道误差为 ΔD，由轨道引起的基线误差为 Δd，则轨道误差和由轨道引起的基线误差的关系可近似地表示为

$$\Delta d \approx \frac{1}{20000}\Delta D \tag{3-75}$$

基线长度与容许轨道误差的关系见表 3-4。

表 3-4　基线长度与容许轨道误差的关系

基线长度/km	基线相对误差/10^{-4}	容许轨道误差/m
1.0	10	250.0
10.0	1.0	25.0
100.0	0.1	2.5
1000.0	0.01	0.25

2. 卫星钟差

在 GPS 中，卫星时钟与接收机时钟在理论上应保持同步。在实际运行时，卫星时钟与接收机时钟存在约 1ms 的偏差总量，由此造成的测距误差可达 300km。

通过连续监测卫星的运行状态，可以估计卫星钟差，卫星钟差可由式（3-76）计算得到：

$$\delta t = a_0 + a_1(t - t_{oe}) + a_2(t - t_{oe})^2 \tag{3-76}$$

式中，t_{oe} 为参考历元；a_0 为卫星时钟的钟差；a_1 为卫星时钟的钟速；a_2 为卫星时钟的钟加速度。卫星钟差经过以上模型修正后，各卫星之间的同步偏差通常在 20ns 以内，由此带来的等效距离偏差不超过 6m。

3. 相对论效应

狭义相对论的钟慢效应和广义相对论的引力场效应使卫星时钟产生额外的钟差，由此造成的测距误差最高可达 13m。

4. 对流层延迟

对流层是地球上的大气主要集中的区域，是距离地面 50km 范围内的大气层。大气介质对电磁波信号产生非色散的折射，使电磁波传播速度与传播路径产生变化，从而产生额外的测量时延，由此造成的测距误差为 2～10m。地基增强系统需要向机载接收机发送的对流层修正参数如表 3-5 所示。

表 3-5 对流层修正参数

误差源	描述	缩写	单位
Refractivity	对流层折射指数	N_R	无量纲
Scale Height	均值大气高度	h_0	m
Refractivity Uncertainty	折射不确定度	σ_n	无量纲

根据对流层折射指数 N_R、均值大气高度 h_0 和折射不确定度 σ_n 三个参数，能够计算出飞机的对流层时延值 t_{TC} 以及相应的修正误差 δ_c，计算公式为

$$t_{TC} = N_R h_0 \frac{10^{-6}}{\sqrt{0.002 + \sin^2(\theta)}}(1 - e^{-\Delta h/h_0}) \tag{3-77}$$

$$\delta_c = \sigma_n h_0 \frac{10^{-6}}{\sqrt{0.002 + \sin^2(c)}}(1 - e^{-\Delta h/h_0}) \tag{3-78}$$

式中，Δh 为飞机相对于地面基准接收站的高度；θ 为地面接收站可见卫星的仰角。

除了这两个参数，其余参数的计算都需要地基增强系统地面设备的支持。其余参数的计算过程如下：

1）对流层折射指数

$$N_R = (n - 1) \times 10^{-6} \tag{3-79}$$

式中，n 为对流层折射率。由于干湿度的影响，实际计算过程中分为干湿两种过程：

$$N_{R,wet} = 2.277 \times 10^4 \frac{RH}{T_0^2} 10^{\frac{7.4475(T_0 - 273K)}{T_0 - 38.3K}} \tag{3-80}$$

$$N_{R,dry} = 77.6 \frac{P_0}{T_0} \tag{3-81}$$

$$N_R = N_{R,dry} + N_{R,wet} \tag{3-82}$$

式中，RH 为相对湿度；P_0 为大气压；T_0 为温度；K 为开氏温度单位。

统计选定地区一年的对流层折射指数并取其均值，即可得到年平均对流层折射指数。每天的不确定度等于每日日常折射指数减去年平均不确定度，即

$$\sigma_{N,daily} = N_{R,year} - N_{R,daily} \tag{3-83}$$

2）均值大气高度

与对流层折射指数的计算思想相同，均值大气高度 h_0 由季节划分的干湿分量计算，计算公式如下：

$$h_{0,wet} = \frac{13000 - h_s}{2} \tag{3-84}$$

$$h_{0,dry} = \frac{42700 - h_s}{2} \tag{3-85}$$

式（3-84）和式（3-85）中，$h_{0,wet}$ 为湿润季节的均值大气高度；$h_{0,dry}$ 为干燥季节的均值大

气高度；h_s 为基准站的海拔高度。

5. 电离层延迟

电离层是地球上空 70～100km 的大气层，在太阳光的紫外线和其他宇宙中高能粒子的辐射下，电离层内的大气基本处于电离状态。带电粒子的存在使无线电信号发生折射，其传播速度和传播路径都产生变化，从而产生额外的测量时延，由此造成的测距误差在垂直方向最大达到 50m、在水平方向最大达到 150m。这个额外的测量时延与无线电的频率有关，可以通过观测值组合的方式消除。一般采用式（3-86）进行电离层误差的消除。

$$\sigma_{\text{iono}}(\theta) = \left[1 - \left(\frac{R_{\text{e}} \cos(\theta)}{R_{\text{e}} + h_{\text{l}}} \right)^2 \right]^{-\frac{1}{2}} \cdot \sigma_{\text{ground}} \cdot (x_{\text{air}} + 200 v_{\text{air}}) \tag{3-86}$$

式中，h_{l} 为电离高度层，取值 350km；θ 为可见卫星俯仰角度；R_{e} 为地球半径，取值 6378.1363km；σ_{ground} 为地面站接收机的故障率，选取 10^{-6} 等级；x_{air} 为飞机到地面站接收机的斜距；v_{air} 为飞机在水平方向上的速度。

6. 接收机内部随机噪声

接收机进行伪距时延测量时，其内部随机噪声会产生不可避免的测距误差，一般为米级误差。接收机内部随机噪声一般是均值为零的白噪声，地面站接收机的误差与其精度和数量有关。

3.4.2 飞机定位误差修正原理

对地面增强系统的地面参考站精密位置坐标 $(L_{\text{station}}, \lambda_{\text{station}}, h_{\text{station}})$，可通过测量设备得到其准确值，并把该值转换为 WGS-84 坐标系下的位置坐标 $(X_{\text{b}}, Y_{\text{b}}, Z_{\text{b}})$，如式（3-87）所示。其中，$R_{\text{N}}$ 为地球卯酉圈曲率半径。

$$\begin{cases} X_{\text{b}} = (R_{\text{N}} + h_{\text{station}}) \cos L_{\text{station}} \cos \lambda_{\text{station}} \\ Y_{\text{b}} = (R_{\text{N}} + h_{\text{station}}) \cos L_{\text{station}} \sin \lambda_{\text{station}} \\ Z_{\text{b}} = \left(\frac{b^2}{a^2} R_{\text{N}} + h_{\text{station}} \right) \sin L_{\text{station}} \end{cases} \tag{3-87}$$

则导航卫星与地面站之间的实际距离 R_{b}^i 可由式（3-88）计算得到，即

$$R_{\text{b}}^i = \sqrt{(X_{\text{s}}^i - X_{\text{b}})^2 + (Y_{\text{s}}^i - Y_{\text{b}})^2 + (Z_{\text{s}}^i - Z_{\text{b}})^2} \tag{3-88}$$

式（3-88）中，$X_{\text{s}}^i, Y_{\text{s}}^i, Z_{\text{s}}^i$ 为第 i 颗卫星在 WGS-84 坐标系下的坐标。通过地面站修正飞机定位误差的原理示意如图 3-16 所示，把实际距离 R_{b}^i 与卫星到地面站之间的伪距 ρ 作差，即可得到伪距修正数 $\Delta \rho_i$，伪距修正数中包含轨道误差、电离层延迟和对流层延迟等误差，即

$$\Delta \rho_i = R_{\text{b}}^i - \rho_i \tag{3-89}$$

此外，由于伪距修正数在发布过程中存在时延，因此需要计算伪距修正变化率 $\Delta \dot{\rho}_i$，即

$$\Delta\dot\rho_i = \frac{\Delta\rho_i(t) - \Delta\rho_i(t-1)}{\Delta t} = \frac{\Delta\rho}{\Delta t} \tag{3-90}$$

通过甚高频数据广播的方式，将伪距修正数与伪距修正变化率同时发送给机载接收机，在航空器当前时刻的观测值基础上加以修正。根据式（3-91），可计算得到较为精确的航空器位置，即

$$\rho_{cor}^i = \rho_{mea}^i(t) + \Delta\rho_i(t) + \dot\rho_i(t-t_0) \tag{3-91}$$

式中，$\rho_{mea}^i(t)$ 为第 i 颗卫星的伪距信息；$\Delta\rho_i(t)$ 为伪距修正数；$\dot\rho_i(t-t_0)$ 为伪距修正变化率。

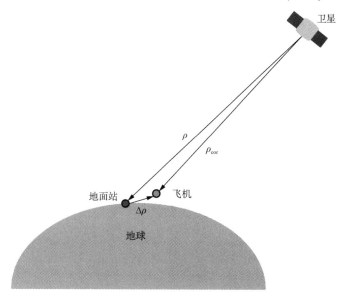

图 3-16　通过地面站修正飞机定位误差的原理示意

3.4.3　卫星导航误差分析与飞机定位误差修正仿真

设定地面增强系统地面站的真实位置 P_g，读取星历文件信息后根据伪距差分定位原理，选出地面站可见的 4 颗以上卫星，并根据这些可见卫星的伪距信息计算出系统对地面站定位的数值位置 P_g^*。地面站的真实位置与数值位置的差可用于修正根据卫星伪距信息计算得到的飞机数值位置 P_p^*。

地面站的真实位置 P_g 和飞机在该时刻的真实位置 P_p 见表 3-6，由伪距定位计算出的纬经高与真实值的误差如图 3-17 和图 3-18 所示。

表 3-6　地面站的真实位置与飞机在该时刻的真实位置

位置分类	经度/（°）	纬度/（°）	高度/m
地面站位置	100	30	100
飞机位置	110.00238	30.028135	2000

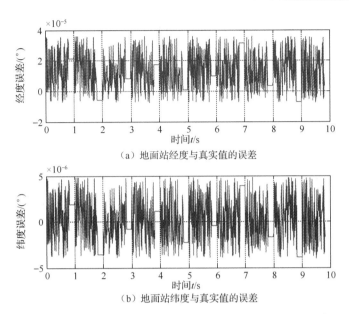

（a）地面站经度与真实值的误差

（b）地面站纬度与真实值的误差

图 3-17　由伪距定位计算出的地面站经纬度与真实值的误差

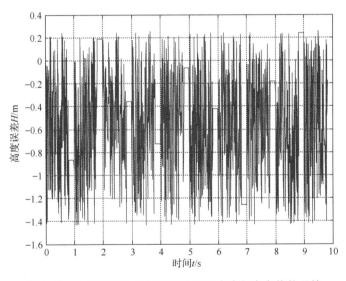

图 3-18　由伪距定位计算出的地面站高度与真实值的误差

由图 3-17 和图 3-18 可知，经过伪距定位计算出的地面站数值位置 $\boldsymbol{P}_{\mathrm{g}}^{*}$ 与地面站真实位置 $\boldsymbol{P}_{\mathrm{g}}$ 的经纬度误差均值和高度误差均值等见表 3-7。

由表 3-7 可知，伪距定位计算出的数值位置的经纬度与真实位置的经纬度之间的误差数量级为 10^{-5}，即误差达到米级。高度误差均值为 $-0.5388\mathrm{m}$，满足地基增强系统导航定位精度要求。利用该均值修正伪距定位计算出的航空器数值位置，即可得到由地基增强系统定位的飞机位置。

表 3-7 伪距定位计算出的地面站数值位置与真实位置误差均值

误差分类	均值	方差	误差范围
纬度误差度/（°）	1.2847×10^{-5}	1.5735×10^{-10}	$-0.7619\times10^{-5}\sim3.5732\times10^{-5}$
经度误差度/（°）	0.2127×10^{-5}	6.4800×10^{-12}	$-0.3983\times10^{-5}\sim0.4821\times10^{-5}$
高度误差度/m	$-0.5388m\times10^{-5}$	0.2389	$-1.4336\times10^{-5}\sim0.2582\times10^{-5}$

本 章 小 结

本章首先建立了大型客机 CAT III A/B 着陆导航传感器信息融合架构，对其组成进行分析。其次研究了进近着陆段主要导航传感器的测量原理和误差特性，建立了包括全球定位系统（GPS）、惯性导航系统（INS）、大气数据系统（ADS）、仪表着陆系统（ILS）的测量误差模型。此外，在分析地基增强系统运行过程的基础上，建立了地基增强系统模型。

第4章 大型客机 CAT III A/B 着陆导航传感器信息融合技术

4.1 概　　述

大型客机 CAT III A/B 着陆过程中的多源导航传感器存在着测量频率、测量基准不一致，测量信号噪声过大等问题。因此，在进行数据融合之前，需要对多源导航传感器的数据进行预处理。

数据预处理包括时间配准、空间配准和信号平滑三部分内容。时间配准用于解决不同导航传感器测量频率不一致的问题；空间配准用于解决不同导航传感器测量基准不一致的问题；信号平滑用于剔除导航传感器测量信号中的信号野点。

经过数据预处理，多源导航传感器的测量信息被配准到同一测量频率和测量基准上，进而利用信息融合算法对多源导航传感器的测量信息进行融合。信息融合的目的是对多源导航传感器的测量信息进行融合并得到最优导航解，进而得到高精度的位置估计。本书采用基于联邦滤波算法的信息融合框架，首先利用卡尔曼滤波算法或改进型卡尔曼滤波算法得到初步滤波结果，然后在联邦滤波算法下对初步滤波结果进行融合，得到高精度的位置估计信息。

4.2 时间配准方法

时间配准用于解决不同导航传感器测量频率不一致和采样时间基准不统一的问题。通过最小二乘法、内插外推法等方法，把不同测量频率下的传感器测量值匹配到同一时刻，实现多源导航传感器在测量时间上的同步。

本书以民航客机进近着陆段可用导航传感器为基础，根据不同导航传感器的采样频率关系，提出基于内插外推法的时间配准和基于最小二乘法的时间配准。

4.2.1 基于内插外推法的时间配准

基于内插外推法的时间配准是针对测量频率不一致的两组导航传感器测量信号，以低频信号的测量时间点为参考时序，采用内插外推法，将高频采样信号配准到低频采样信号的时间点上。

内插外推法的原理示意如图 4-1 所示。当数据变化率均匀时，即采样数据随时间的变化率固定且已知时，根据待配准数据与参考时序点的时间差，通过插值公式对待配准数据进行推算。

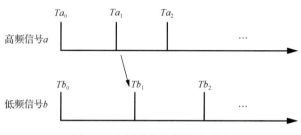

图 4-1　内插外推法的原理示意

下面以图 4-1 所示的两组测量信息相同的导航传感器测量值为例。导航传感器 a 的测量时刻 Ta_1 和 Ta_2 间隔包含了导航传感器 b 的测量时刻 Tb_1，假设导航传感器 a 在上述两个时刻的测量值分别为 Xa_1 和 Xa_2，并且导航传感器测量值随时间的变化率不变，采用内插外推法推导出导航传感器 a 在 Tb_1 测量时刻的测量值，计算公式如下：

$$Xb_1 = Xa_1 + \frac{Xa_2 - Xa_1}{Ta_2 - Ta_1}(Tb_1 - Ta_1) \tag{4-1}$$

根据式（4-1），即可实现对高频信号的配准。

以图 4-1 所示原理为基础，建立能够满足实时配准的基于内插外推法的时间配准方法，其原理示意如图 4-2 所示。

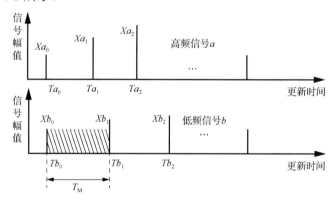

图 4-2　基于内插外推法的时间配准方法原理示意

图 4-2 中，Ta_n（$n=0,1,\cdots$）为测量频率较高的导航传感器（如惯性导航系统）的测量时刻，Tb_n 为测量频率较低的导航传感器（如全球定位系统）的测量时刻。为满足实时配准要求，设定时间窗口 T_M，时间窗口随时间的更新向前滚动，时间窗口的终点即待输出的融合时刻。

基于内插外推法的时间配准方法原理：为拟定一个时间窗口 T_M，求解该时间窗口内导航传感器测量信息随时间的变化率（以民航客机进近着陆段为例，待配准的信息为位置信息，则求解该时间窗口内的速度信息）。假设在该时间窗口内导航传感器测量信息的变化率保持不变，以该时间窗口内高频信号在待配准点附近的一个点的测量值作为初始值，加上高频信号的测量时间与待配准时刻的时间差和高频信号变化率的乘积，可以得到能够将高频信号点内插外推到任意时刻的数值。

基于内插外推法的时间配准方法具体步骤如下：

（1）选取时间窗口 T_M。若待配准的两组信号的采样时间间隔较小，则可选取采样时间的公倍数；若待配准的两组信号的采样时间间隔较大，则可选取测量频率较低的导航传感器的更新时间作为时间窗口。

（2）将各个导航传感器的测量数据按照测量频率进行从大到小排序。

（3）将测量频率高的测量数据向测量频率低的时刻进行内插外推，从而得到等采样时间间隔的观测数据。

结合图 4-2，由信号 a 向信号 b 进行时空配准的公式如下：

$$\bar{X}_{ab} = \Delta T V_{\bar{x}a} + \bar{X}_a \tag{4-2}$$

式中，ΔT 为时间差矩阵，表示两组导航传感器不同测量点之间的时间差；$V_{\bar{x}a}$ 为速度矩阵，表示待配准信息在时间窗口内的更新率；$\bar{X}_a$ 表示信号 a 在时间窗口内各个时刻的数值，将式（4-2）展开成式（4-3）：

$$\begin{bmatrix} \bar{X}_{a_1b_1} & \cdots & \bar{X}_{a_nb_1} \\ \vdots & \ddots & \vdots \\ \bar{X}_{a_1b_m} & \cdots & \bar{X}_{a_nb_m} \end{bmatrix} = \begin{bmatrix} T_{b_1} - T_{a_1} & \cdots & T_{b_1} - T_{a_n} \\ \vdots & \ddots & \vdots \\ T_{b_m} - T_{a_1} & \cdots & T_{b_m} - T_{a_n} \end{bmatrix} \times \begin{bmatrix} V_{\bar{x}a_1} & \cdots & 0 \\ \vdots & \ddots & \vdots \\ 0 & \cdots & V_{\bar{x}a_n} \end{bmatrix} + \begin{bmatrix} \bar{X}_{a_1} & \cdots & \bar{X}_{a_n} \\ \vdots & \ddots & \vdots \\ \bar{X}_{a_1} & \cdots & \bar{X}_{a_n} \end{bmatrix} \tag{4-3}$$

若待配准信息的变化率存在未知情况，则可采用式（4-4）估算速度矩阵，即

$$V_{\bar{x}a} = \begin{bmatrix} \dfrac{Xa_1 - Xa_0}{Ta_1 - Ta_0} & 0 & \cdots & 0 \\ 0 & \dfrac{Xa_2 - Xa_1}{Ta_2 - Ta_1} & \cdots & 0 \\ \vdots & \vdots & \ddots & \vdots \\ 0 & 0 & \cdots & \dfrac{Xa_n - Xa_{n-1}}{Ta_n - Ta_{n-1}} \end{bmatrix} \tag{4-4}$$

式中，Ta_n（$n = 0, 1, \cdots$）为第 n 个待配准信号的采样时刻；Xa_n 为第 n 个待配准信号的采样值。

根据式（4-2）、式（4-3）和式（4-4），可以将高频信号配准到时间窗口内低频信号的采样时间点上。在实际应用中，只需将高频信号配准到时间窗口的终点，则上述公式可转化为

$$\bar{X}_{a_nb_m} = (T_{b_m} - T_{a_n}) * V_{\bar{x}a_n} + \bar{X}_{a_n} \tag{4-5}$$

式中，$\bar{X}_{a_nb_m}$ 为配准后的数据；$T_{b_m} - T_{a_n}$ 为高频信号在时间窗口终点附近的测量点与时间窗口终点的时间差；$V_{\bar{x}a_n}$ 为当前时刻高频信号的更新速度；$\bar{X}_{a_n}$ 为高频信号在时间窗口终点附近测量点的测量数据。

4.2.2 基于最小二乘法的时间配准

采用基于内插外推法的时间配准方法，能够对满足任意测量频率关系的两组导航传感器的测量信号进行配准。但是，当两组导航传感器的测量频率差距过大时，仅对时间窗口终点的测量信号进行配准，会造成大量数据浪费；并且当导航传感器的测量频率非匀速时，采用内插外推法估计测量信号的变化率会产生较大的误差，难以实现精确的时间配准。

为解决基于内插外推法的时间配准方法存在的问题，本书提出基于最小二乘法的时间配准方法。根据待配准信号的测量频率关系，还提出基于最小二乘估计的时间配准方法和最小二乘拟合的时间配准方法。

1. 基于最小二乘估计的时间配准方法

当两组导航传感器的测量频率为整数倍时，可采用基于最小二乘估计的时间配准方法对导航传感器的测量信号进行配准。基于最小二乘法的时间配准方法适用于存在两组测量频率不相同的导航传感器测量信号，并且两组导航传感器的测量频率是整数倍。例如，假设存在A、B两组导航传感器，其中导航传感器 A 的测量频率是导航传感器 B 的 n 倍，则在导航传感器 B 的采样间隔内，对导航传感器 A 的全部更新值进行融合，从而实现时间上的统一。

设 A、B 两组导航传感器的采样周期分别为 τ 和 T，两者时间更新之比为 n，即在导航传感器 A 前后两个测量更新点之间，导航传感器 B 更新了 n 次，输出了 n 个测量值。下面将导航传感器 B 的 n 个测量值进行融合。

设 $\boldsymbol{Z}_n = \begin{pmatrix} z_1 & \cdots & z_n \end{pmatrix}^{\mathrm{T}}$ 为时间间隔内导航传感器 B 的 n 次更新，$\boldsymbol{U} = (z, \dot{z})$ 表示测量值 $\boldsymbol{Z}_n = \begin{pmatrix} z_1 & \cdots & z_n \end{pmatrix}^{\mathrm{T}}$ 融合到一点的测量值和导数，则任意时刻导航传感器 B 的测量值可表示为

$$z_i = z + (i - n) T \cdot \dot{z} + v_i \tag{4-6}$$

式中，v_i 为测量噪声。

则任意时刻测量值与融合后的测量值的关系可表示为

$$\boldsymbol{Z}_n = \boldsymbol{W}_n \boldsymbol{U} + \boldsymbol{V}_n \tag{4-7}$$

为了保证误差平方和最小，即

$$J = \boldsymbol{V}_n^{\mathrm{T}} \boldsymbol{V}_n = \left[\boldsymbol{Z}_n - \boldsymbol{W}_n \hat{\boldsymbol{U}} \right]^{\mathrm{T}} \left[\boldsymbol{Z}_n - \boldsymbol{W}_n \hat{\boldsymbol{U}} \right] \tag{4-8}$$

达到最小值，其中

$$\hat{\boldsymbol{U}} = \left[\hat{\boldsymbol{Z}}, \hat{\dot{\boldsymbol{Z}}} \right]^{\mathrm{T}} = \left(\boldsymbol{W}_n^{\mathrm{T}} \boldsymbol{W} \right)^{-1} \boldsymbol{W}_n^{\mathrm{T}} \boldsymbol{Z}_n \tag{4-9}$$

求导整理后可得到融合后的测量值和方差，即

$$\hat{z} = C_1 \sum_{i=1}^{n} z_i + C_2 \sum_{i=1}^{n} z_i \cdot i \tag{4-10}$$

$$\mathrm{Var}\left[z(k) \right] = \frac{2(2n+1)}{n(n+1)} \sigma_r^2 \tag{4-11}$$

式中，$C_1 = -2/n, C_2 = 6/[n(n+1)]$。

根据上述方法,选取时间窗口 T_{M},其中时间窗口即低频信号的更新时间间隔。在时间窗口内,存储高频信号的测量值,并将其所有测量值按照最小二乘估计的时间配准方法,估计得到时间窗口终点的信号,即当前时刻的配准信号。

2. 基于最小二乘拟合的时间配准方法

当两组导航传感器的测量频率为非整数倍时,基于最小二乘估计的时间配准方法无法使用。因此,针对两组导航传感器测量频率为非整数倍的情况,本书提出基于最小二乘拟合的时间配准方法,对导航传感器的测量信息进行配准。

基于最小二乘拟合的时间配准方法原理:假设两组采样频率不相同的导航传感器的采样频率是非整数倍,应先选取时间窗口;时间窗口的选取规则取决于两组导航传感器测量频率之差的大小。当两组导航传感器的测量频率相差较大时,应选取低频信号更新周期作为时间窗口;当两组导航传感器的测量频率相差较小时,应选取低频信号更新周期的整数倍作为时间窗口。在时间窗口的长度满足信息融合周期需求的前提下,应选取尽量大的时间窗口,保证时间窗口内的高频信号更新点足够多,从而提高拟合的精度。

基于最小二乘拟合的时间配准方法的核心是,将时间窗口内的高频信号测量点的测量信息,根据最小二乘法原理,拟合得到能够反映该时间窗口内高频信号变化规律的曲线方程,利用该曲线方程计算时间窗口终点,即当前配准时刻的配准数据,实现高频信号向低频信号的配准。

假设 (x_i, y_i) 为已知的数据集合,由于待配准信号均为一维信号,因此,本书中数据集合中的 x_i 为时间窗口内待配准信号的测量时间点,y_i 为导航传感器的测量数据,$\varPhi(x)$ 表示拟合后的曲线方程,也称拟合函数,则拟合后的曲线误差为

$$\delta_i = \varPhi(x_i) - y_i \,(i = 0,1,\cdots) \tag{4-12}$$

其中,拟合函数 $\varPhi(x)$ 的形式较多,考虑到进近着陆段导航传感器信号变化率较小,本书采用多项式的形式,对数据进行拟合。假设基函数如下:

$$\varPhi_0(x),\varPhi_1(x),\cdots,\varPhi_m(x) \tag{4-13}$$

其中,$\varPhi_i(x) = x^i$,最终的拟合函数为基函数的线性组合,即

$$\varPhi(x) = c_0\varPhi_0(x) + c_1\varPhi_1(x) + \cdots + c_m\varPhi_m(x) \tag{4-14}$$

其中,m 小于时间窗口内部数据点总和。基于最小二乘拟合准则,确定拟合函数 $\varPhi(x)$,使得如下公式取最小值:

$$\|\delta\|^2 = \sum_{i=1}^{n} \delta_i^2 = \sum_{i=1}^{n} \left(\varPhi(x_i) - y_i\right)^2, \quad i = 0,1,\cdots \tag{4-15}$$

得到的拟合函数 $\varPhi(x)$ 即最小二乘拟合曲线。

以本书实例说明,拟定时间窗内存在 n 个数据点 (x_i, y_i),采用多项式进行拟合,则拟合曲线的公式为

$$y(x) = a_0 + a_1x + \cdots + a_mx^m \tag{4-16}$$

误差的平方和表示为

$$F\left(a_0, a_1, \cdots, a_m\right) = \sum_{i=0}^{m} \left[y(x_i) - y_i \right] \qquad (4\text{-}17)$$

对误差平方和求偏导并令其为零，得

$$\frac{\delta F\left(a_0, a_1, \cdots, a_m\right)}{\delta a_j} = 2\left[y(x_i) - y_i \right] x_i = 0 \qquad (4\text{-}18)$$

则多项式的系数应满足如下方程组：

$$a_0 \sum_{i=0}^{n} x_i^j + a_1 \sum_{i=0}^{n} x_i^{j+1} + \cdots + a_m \sum_{i=0}^{n} x_i^{j+m} = \sum_{i=0}^{n} y_i x_i^j \qquad (4\text{-}19)$$

由上式可以解出系数，然后把它代入多项式中，即可得到待配准点的拟合多项式。然后代入当前时间窗口内的终点，即可得到配准点的配准值。

4.2.3 时间配准方法仿真验证

本节对时间配准方法进行仿真验证，设计仿真场景为定常平飞，飞机飞行速度为100m/s，飞行高度为1000m。在此基础上，对大气数据系统测量的高度信号进行配准。

首先，对两组导航传感器采样频率为整数倍信号的配准方法进行仿真验证。设置大气数据系统更新频率为100Hz，即每0.01s更新一次。对大气数据系统测量的高度信号，分别采用基于最小二乘法和内插外推法配准到更新频率为5Hz。整数倍信号基于最小二乘法的时间配准结果如图4-3所示。

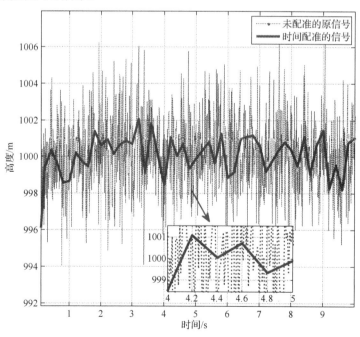

图4-3　整数倍信号基于最小二乘法的时间配准结果

由图 4-3 可知，经过最小二乘法时间配准，大气数据系统测量的高度更新频率由原本的每 0.01s 更新一次变为每 0.2s 更新一次。还可从图 4-3 明显看出，大气数据系统测量的高度误差服从高斯噪声特性，经过最小二乘法配准后，噪声显著减小。因此，采用最小二乘法，在时间配准的同时，达到了降噪的效果。整数倍信号基于内插外推法的时间配准结果如图 4-4 所示。

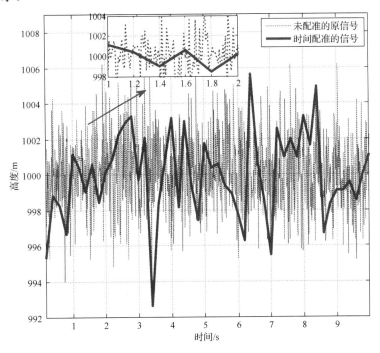

图 4-4　整数倍信号基于内插外推法的时间配准结果

　　由图 4-4 可知，经过最小二乘法时间配准，大气数据系统测量的高度更新频率由原来的每 0.01s 更新一次变为每 0.2s 更新一次。

　　将上述两种配准方法的配准结果与原信号进行特性统计，统计结果见表 4-1。

表 4-1　时间配准信号特性统计

对比项	均值/m	均方差/m
未配准的原信号	1000.0878	1.9899
最小二乘法的时间配准结果	999.8375	1.0265
内插外推法的时间配准结果	999.8862	2.5635

　　由表 4-1 可知，两种配准方法得到的信号都能较好地还原信号。其中，基于最小二乘法的时间配准方法能够有效地降低噪声。

　　其次，对两组导航传感器采样频率非整数倍信号的配准方法进行仿真验证。设置大气数据系统更新频率为每 0.03s 更新一次，对大气数据系统的两个高度信号。分别采用基于最小二乘法和内插外推法配准到更新频率为每 0.2s 更新一次。非整数倍信号基于最小二乘法的时间配准结果如图 4-5 所示。

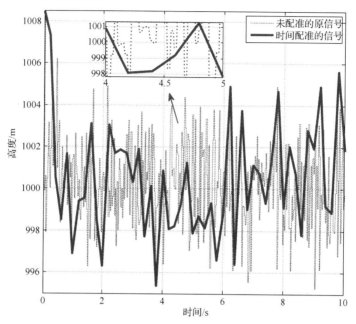

图 4-5　非整数倍信号基于最小二乘法的时间配准结果

由图 4-5 可知，相较于配准前的曲线，配准后的曲线频率明显变慢，即配准后信号更新频率变为每 0.2s 更新一次。非整数部信号基于内插外推法的时间配准结果如图 4-6 所示。

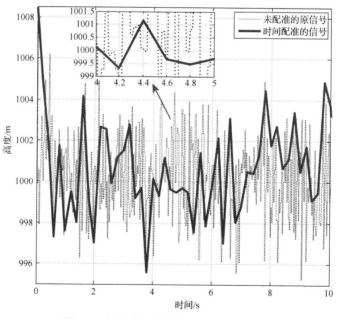

图 4-6　基于内插外推法的时间配准结果

由图 4-6 可知，相较于配准前的曲线，配准后的曲线频率明显变慢，即配准后信号更新频率变为每 0.2s 更新一次。

将上述两种配准方法的配准结果与原信号进行特性统计，统计结果见表 4-2。

表 4-2   时间配准信号特性统计

对比项	均值/m	均方差/m
未配准的原信号	1000.1324	2.0762
最小二乘法的时间配准结果	1000.1396	1.7814
内插外推法的时间配准结果	1000.2423	2.6287

由表 4-2 可知，由于大气数据系统测量信息附有高斯白噪声，因此待配准量的变化频率不均匀，导致采用基于内插外推法的时间配准方法的配准结果统计特性与原信号出入较大；而基于最小二乘法的配准方法在配准前后，信号的统计特性变化较小，较好地保留了原信号的统计特性。因此，在信息融合前，采用基于最小二乘法的时间配准方法对各个导航传感器的测量频率进行统一。

4.3   空间配准方法

空间配准用于解决不同导航传感器测量基准不一致的问题。为了实现后续的多导航传感器信息融合，需要将多导航传感器的测量信息统一转换到融合中心所在的全局参考系中。在飞机进近着陆过程中，除了要进行导航传感器信息融合，还需要利用融合后的信息计算得到引导和控制指令。因此，空间配准需要一套完整双向（正反解）的配准方法。

4.3.1   基于地理坐标系的空间配准框架

空间配准主要用于解决不同导航传感器测量信息所处坐标系不统一的问题，需要建立一个完整的空间配准体系，将各个导航传感器的测量信息转换到同一坐标系中。本书选取地理坐标系作为基准坐标系，将导航传感器测量的位置信息转换为纬经高后再进行信息融合；经过信息融合得到高精度的飞机位置信息后，将飞机的纬经高信息转换到以着陆点为坐标原点的空间直角坐标系中，进而计算飞行控制系统的引导和控制指令。根据进近着陆段信息融合系统中可用导航传感器的测量信息类型，以及飞行控制系统的导航信息需求，建立基于地理坐标系的空间配准框架，如图 4-7 所示。

进近着陆段常用的导航传感器测量信号共四种，分别为惯性导航系统测量的纬经高信息、仪表着陆系统测量的距离和偏差角信息、全球定位系统测量的地心地固坐标系中的坐标信息和大气数据系统测量的气压高度信息。空间配准包括两部分：将测量信号转换到地理坐标系中的坐标正解；将信息融合结果转换到以着陆点为坐标原点的空间直角坐标系中的坐标反解。

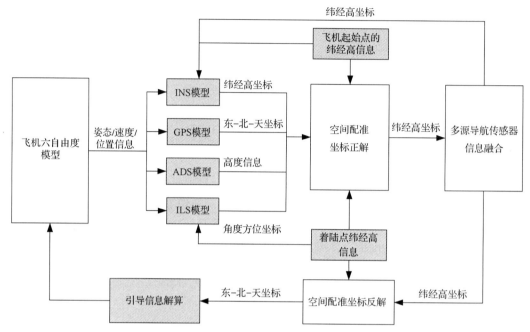

图 4-7　基于地理坐标系的空间配准框架

由于进近着陆段时间短且对飞行高度控制的精度要求高，因此不宜使用大圆航线正反解算法进行坐标转换。本书中，建立两组东-北-天坐标系，分别以飞机起始位置为坐标原点和跑道入口为坐标原点，利用地理坐标系、空间直角坐标系和地心地固坐标系的转换关系，建立坐标正解和反解。

4.3.2　以地理坐标系为基准的坐标正解

坐标正解的目的：已知 A 点的纬经高坐标，以及以 A 点为坐标原点建立的东-北-天坐标系中任一点 B 的三轴坐标，求解 B 点的纬经高坐标。坐标正解的具体步骤如下：

（1）判断位置信息的象限。在进近着陆过程中，飞机起始位置和跑道入口位置不同，飞机六自由度模型输出的位置增量在以飞机起始位置为坐标原点建立的东-北-天坐标系内的象限也不同。因此，在进行坐标转换前，需要考虑飞机起始位置和跑道入口位置的相对关系。

假定在地理坐标系下，跑道入口位置的纬经高坐标为 (L_1,λ_1,h_1)，飞机起始位置的纬经高坐标为 $A(L_0,\lambda_0,h_0)$；在地心地固坐标系下，飞机起始位置为 $A(x_A,y_A,z_A)$，飞机位置的变化量为 $(\Delta x,\Delta y,\Delta z)$，飞机当前位置为 $B(x_B,y_B,z_B)$；在以 A 点为原点建立的东-北-天坐标系下，飞机当前位置为 $B(x_0,y_0,z_0)$。选取飞机起始位置 A 作为坐标正解函数的起点，则根据飞机起始位置和跑道入口位置的相对关系，可判断坐标正解位置关系，见表 4-3。

表 4-3　坐标正解位置关系判断

飞机起始位置和跑道入口位置的相对关系	飞机当前位置符号判断
$\lambda_0 \geqslant \lambda_1, L_0 \geqslant L_1$	$x_0 = \Delta x,\ y_0 = \Delta y$
$\lambda_0 \leqslant \lambda_1, L_0 \leqslant L_1$	$x_0 = -\Delta x,\ y_0 = -\Delta y$
$\lambda_0 \geqslant \lambda_1, L_0 \leqslant L_1$	$x_0 = \Delta x,\ y_0 = -\Delta y$
$\lambda_0 \leqslant \lambda_1, L_0 \geqslant L_1$	$x_0 = -\Delta x,\ y_0 = \Delta y$

（2）将 A 点的纬经高坐标转换到地心地固坐标系中，转换公式为

$$\begin{cases} x_A = \left(R_N + h_0\right)\cos L_0 \cos \lambda_0 \\ y_A = \left(R_N + h_0\right)\cos L_0 \sin \lambda_0 \\ z_A = \left[R_N\left(1 - f^2\right) + h_0\right]\sin L_0 \end{cases} \tag{4-20}$$

式中，f 为扁率，其在 WGS-84 坐标系中的数值为 1/298.257；R_N 为地球卯酉圈曲率半径。

（3）根据 B 点在以 A 点为坐标原点的东-北-天坐标系中的位置坐标，计算得到飞机当前位置 B 在地心地固坐标系内的坐标，即

$$\begin{cases} x_B = x_A + x_0 \\ y_B = y_A + y_0 \\ z_B = z_A + z_0 \end{cases} \tag{4-21}$$

（4）根据地心地固坐标系与地理坐标系的转换关系，计算飞机当前位置 B 的纬经高坐标，计算公式为

$$\begin{cases} \lambda = \arctan \dfrac{y}{x} \\ L = \arctan\left[\dfrac{1}{\left(1 - f\right)^2} \cdot \dfrac{z}{\sqrt{x^2 + y^2}}\right] \end{cases} \tag{4-22}$$

当高度已知且高度不大时，纬度的计算公式近似为

$$L \approx \arctan\left[\left(\frac{R_e + h}{R_p + h}\right)^2 \cdot \frac{z}{\sqrt{x^2 + y^2}}\right] \tag{4-23}$$

式中，R_e 为地球长半轴；R_p 为地球短半轴。

在忽略地球曲率的情况下，飞机当前位置 B 的高度可按式（4-24）计算得到，即

$$h_B = z_B - h_0 \tag{4-24}$$

4.3.3　以地理坐标系为基准的坐标反解

坐标反解的目的：已知 A、B 两点的纬经高坐标，计算 A 点在以 B 点为坐标原点建立的东-北-天坐标系中的坐标。坐标反解的步骤如下：

（1）将 A、B 两点的纬经高坐标转换到地心地固坐标系中，转换公式为

$$
\begin{cases}
x = (R_N + h)\cos L \cos \lambda \\
y = (R_N + h)\cos L \sin \lambda \\
z = \left[R_N(1 - f^2) + h \right] \sin L
\end{cases}
\tag{4-25}
$$

（2）将 A、B 两点作差得到矢量 $\boldsymbol{M}_{AB} = (x_B - x_A, y_B - y_A, z_B - z_A)$。

（3）将矢量 $\boldsymbol{M}$ 转换到以 B 点为坐标原点建立的东-北-天坐标系中，B 点纬经高坐标为 (L_B, λ_B, h_B)，则转换矩阵为

$$
\boldsymbol{C}_e^{g_b} = \begin{bmatrix}
-\sin \lambda_B & \cos \lambda_B & 0 \\
-\sin L_B \cos \lambda_B & -\sin L_b \sin \lambda_B & \cos L_B \\
\cos L_B \cos \lambda_B & \cos L_B \sin \lambda_B & \sin L_B
\end{bmatrix}
\tag{4-26}
$$

则 A 点在以 B 点为坐标原点的东-北-天坐标系中的位置坐标为

$$
\begin{bmatrix}
x_{A_B} \\
y_{A_B} \\
z_{A_B}
\end{bmatrix} = \boldsymbol{C}_e^{g_b}
\begin{bmatrix}
x_B - x_A \\
y_B - y_A \\
z_B - z_A
\end{bmatrix}
\tag{4-27}
$$

4.3.4 基于非线性最小二乘法的空间配准误差修正

坐标正解采用地心地固坐标系和地理坐标系的反向计算公式，即式（4-22）和式（4-23）。在高度已知的情况下，对纬度进行近似估计，但在进行坐标转换时，将地球默认为球形，忽略了地球曲率的变化。为了消除空间配准中因忽略地球曲率变化的纬度近似计算公式而造成的误差，采用非线性最小二乘法，对空间配准的误差进行修正，对求解得到的纬度信息进行补偿。

具体补偿方法如下：

假设空间配准时，待配准信息在地心地固坐标系中的坐标为 (x_s, y_s, z_s)，采用 4.3.2 节所述方法进行空间配准得到的初步配准结果为 (L_s, λ_s, h_s)；假设初步配准得到的纬经高坐标与实际纬经高坐标的误差为 $(\Delta L, \Delta \lambda, \Delta h)$，已知地理坐标系与地心地固坐标系中的坐标转换关系为

$$
y = (R_N + h)\cos L \sin \lambda
\tag{4-28}
$$

则修正后的公式为

$$
\left[R_N(1 - f^2) + h_s + \Delta h \right] \sin (L_s + \Delta L) = z_s
\tag{4-29}
$$

已知多元非线性函数 $f(x, y, z)$ 在展开点 (x_0, y_0, z_0) 处的泰勒公式为

$$
\begin{aligned}
P(x) = f(x_0, y_0, z_0) &+ \frac{\delta f(x_0, y_0, z_0)}{\delta x_0}(x - x_0) + \frac{\delta f(x_0, y_0, z_0)}{\delta y_0}(y - y_0) + \\
&\frac{\delta f(x_0, y_0, z_0)}{\delta z_0}(z - z_0) + \cdots + R_n(x_0, y_0, z_0)
\end{aligned}
\tag{4-30}
$$

省略上式中的高阶项和余项，仅选取多元非线性函数一阶展开式，得

$$P(x) \approx f(x_0, y_0, z_0) + \frac{\delta f(x_0, y_0, z_0)}{\delta x_0}(x - x_0) +$$

$$\frac{\delta f(x_0, y_0, z_0)}{\delta y_0}(y - y_0) + \frac{\delta f(x_0, y_0, z_0)}{\delta z_0}(z - z_0) \qquad (4\text{-}31)$$

在进近着陆段纬经高坐标的变化量较小，误差量级也较小，因此，上述函数的展开点 (λ_0, L_0, h_0) 可设置为 $(0, 0, 0)$，得到其展开式：

$$z_s = \left[R_N(1 - f^2) + h_s + h_0\right]\sin(L_s + L_0) + \sin(L_s + L_0)\Delta h +$$

$$\left[R_N(1 - f^2) + h_s + h_0\right]\cos(L_s + L_0)\Delta L \qquad (4\text{-}32)$$

转换得到线性化方程：

$$G \cdot \Delta X = b \qquad (4\text{-}33)$$

其中

$$G = \left[R_N(1 - f^2) + h_s + h_0\right]\cos(L_s + L_0) \qquad (4\text{-}34)$$

$$\Delta X = \Delta L \qquad (4\text{-}35)$$

$$b = z_s - \left[R_N(1 - f^2) + h_s + h_0\right]\sin(L_s + L_0) \qquad (4\text{-}36)$$

用最小二乘法进行求解，所得到的方程解 ΔX 应使上式的估算值与实际值的残差平方和最小。此时，

$$\Delta X = \left(\boldsymbol{G}^T \boldsymbol{G}\right)^{-1} \boldsymbol{G}^T b \qquad (4\text{-}37)$$

每次迭代后，对迭代点进行更新，新的迭代点为

$$L_k = L_{k-1} + \Delta L \qquad (4\text{-}38)$$

反复进行迭代，直至最小二乘法的估计值与实际值的误差 $\|\Delta X\|$ 达到可接受的范围。此时的更新迭代点即误差修正过后的空间配准值。

4.3.5 空间配准方法仿真验证

首先，对坐标反解算法进行检验。检验方法如下：选取 A、B 两点纬经高坐标信息，利用坐标反解算法，计算得到 A 点在以 B 点为坐标原点建立的坐标系中的位置后，计算 A、B 两点的距离，并利用大圆航线对坐标反解算法进行验证。大圆航线是球面上的最短航线，但计算时忽略了高度的影响，大圆航线的航程计算公式为

$$
\begin{aligned}
a &= \cos L_1 \cos \lambda_1 \cos L_2 \cos \lambda_2 \\
b &= \cos L_1 \sin \lambda_1 \cos L_2 \sin \lambda_2 \\
c &= \sin L_1 \sin L_2 \\
D_{gct} &= (R + h)\arccos(a + b + c)
\end{aligned} \qquad (4\text{-}39)
$$

式中，(L_1, λ_1, h) 为起始点的纬经高坐标；(L_2, λ_2, h) 为终止点的纬经高坐标；R 为地球半径。

与前文所述的惯性导航建模不同，大圆航线的地球半径并非其子午圈曲率半径或卯酉

圈曲率半径，而是将地球视为正球体时的半径，其数值为 6371393m。对利用大圆航线计算时忽略的高度进行修正，因为利用大圆航线计算出的数值为两点之间的弧长，需要利用弧长公式计算出两点的直线距离，计算公式如下：

$$\begin{aligned}\varphi_{gct} &= D_{gct} / R \\ d_{gct} &= 2R\sin(\varphi_{gct} / 2)\end{aligned} \tag{4-40}$$

由大圆航线计算得到的是两点之间最短的距离，并且经过补偿高度后，认为由大圆航线计算得到的数值为精确值。以该值为参考值，检验坐标反计算法结果与精确值的误差。选取 A 点的位置坐标（60.1°,30.1°,1000m），选取 B 点的位置坐标（60°,30°,500m），坐标反解检验结果见表 4-4。

表 4-4　坐标反解检验结果

计算方法	航程/m
大圆利用航线的计算结果	1.246914×10^4
坐标反解算法的计算结果	1.247154×10^4

通过对比航程可知坐标反解的精度，由表 4-4 可知坐标反解精度达到 99.98%。

其次，利用坐标反解对坐标正解以及非线性最小二乘法修正结果进行验证。设最小二乘法迭代的精度为 0.0001°，A 点纬经高坐标为（60.1°,30.1°,1000m），B 点纬经高坐标为（60°,30°,500m），通过坐标反解，求解得到 A 点在以 B 点为坐标原点建立的东-北-天坐标系中的坐标，即（11143m,5564m,500m）。将该坐标与 B 点纬经高坐标按照坐标正解算法，进而求解 A 点纬经高坐标，坐标正解检验结果见表 4-5。

表 4-5　坐标正解检验结果

比较项	纬度/（°）	经度/（°）	高度/m
实际值	60.1	30.1	1000
最小二乘法修正坐标反解结果	60.1001	30.1	1000
无修正坐标正解结果	60.1005	30.1	1000

由表 4-5 可知，经过最小二乘法的修正，由坐标正解算法得到的纬度精度明显提高。可通过提高最小二乘迭代精度进一步提高坐标正解的精度，但过高的精度会提高计算量，影响算法的实时性。

最后，对空间配准方法进行仿真验证。飞机六自由度模型输出的信号是位置增量信息，在后续的仿真验证中，需要将位置增量信息转换为地理坐标系下的纬经高坐标，同时也需要将仪表着陆系统的测量信息转换为地理坐标系下的纬经高坐标。

设置飞机起始点和终止点的纬经高坐标分别为（60.0605°,30.1211°,1000m）和（60°,30°,500m），将飞机六自由度模型输出的位置增量信息转换为实时变化的纬经高信息，空间配准方法检验结果如图 4-8 所示。

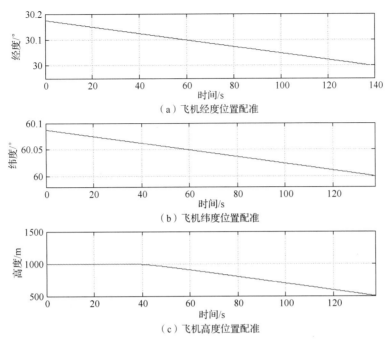

（a）飞机经度位置配准

（b）飞机纬度位置配准

（c）飞机高度位置配准

图 4-8 空间配准方法检验结果

由图 4-8 可知，经过坐标转换后，飞机六自由度模型输出的位置增量信息被转换为纬经高位置信息；飞机从起始点出发，到达终止点时的纬经高坐标等于预先设置的纬经高坐标。

4.4 导航传感器信号平滑方法

信号平滑的主要目的是，根据导航传感器误差特性，对一定更新范围内的信号进行平滑处理，避免信号野点对导航传感器信息融合结果产生不利影响。

4.4.1 基于最小二乘法的信号平滑

信号平滑主要用于解决噪声短时突变的问题，在卡尔曼滤波算法方程中，状态方程与测量方程中的噪声均为零均值白噪声，该噪声具有正态分布的特点。但在实际仿真中，对零均值白噪声，采用伪随机数的方式模拟，因此会出现数值差异较大的信号野点。

为防止导航传感器测量信号突变对信息融合结果造成影响，同时对异常数据进行抑制，采用最小二乘法对导航传感器测量信号进行平滑处理。具体方法如下：选取固定数据长度的平滑窗口，存储测量信号；平滑窗口随时间移动，平滑窗口内最后一点即当前时刻的测量信号。在滤波前对平滑窗口内的数据统计特性进行分析，若平滑窗口内数据的方差超出预先设置的阈值，则利用最小二乘法对平滑窗口内部数据进行拟合，然后用拟合后的数据替换原始数据。

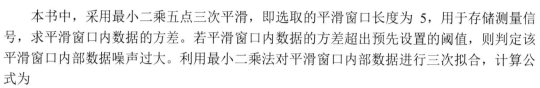

本书中，采用最小二乘五点三次平滑，即选取的平滑窗口长度为 5，用于存储测量信号，求平滑窗口内数据的方差。若平滑窗口内数据的方差超出预先设置的阈值，则判定该平滑窗口内部数据噪声过大。利用最小二乘法对平滑窗口内部数据进行三次拟合，计算公式为

$$
\begin{aligned}
b_1 &= \left[69a_1 + 4(a_2 + a_4) - 6a_3 - a_5\right]/70 \\
b_2 &= \left[2(a_1 + a_5) + 27a_2 + 12a_3 - 8a_4\right]/35 \\
b_3 &= \left[(-3a_1 + a_5) - 8a_2 + 12a_3 + 27a_4\right]/35 \\
b_4 &= \left[2(a_1 + a_5) - 8a_2 + 12a_3 + 27a_4\right]/35 \\
b_5 &= \left[-a_1 + 4(a_2 + a_4) - 6a_3 - 69a_5\right]/70
\end{aligned}
\tag{4-41}
$$

4.4.2　信号平滑方法仿真验证

为了验证信号平滑的效果，设置仿真算例：以大气数据系统测量的气压高度信息为例进行信号平滑方法仿真验证。对大气数据系统测量的高度每间隔 20s 附加一组冲击信号，以模拟信号野点。冲击信号的幅值设置为 15m，远超大气数据系统的误差范围，设置判断条件为平滑窗口内的均方差超过 8m。选取经过平滑的高度信号的误差与未平滑的高度信号的误差进行对比，信号平滑方法仿真验证结果如图 4-9 所示。

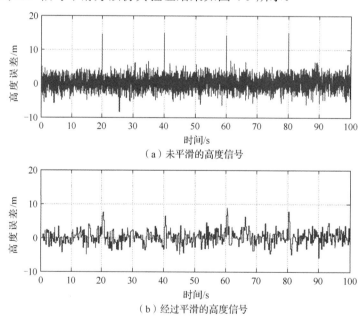

（a）未平滑的高度信号

（b）经过平滑的高度信号

图 4-9　信号平滑方法仿真验证结果

由图 4-9 可知，信号经过平滑，超出误差限较多的信号野点被剔除，并且平滑后的信号噪声幅值明显减小。平滑前后的信号误差统计特性见表 4-6。

表 4-6 平滑前后的信号误差统计特性

对比项	均值/m	均方差/m
未平滑的信号	0.1048	1.9966
平滑后的信号	0.2099	2.1367

表 4-6 中的结果表明，平滑前后，测量信号的统计特性基本一致，即测量信号的噪声特性得到较好的保留。

4.5 基于联邦滤波算法的信息融合框架

联邦滤波算法是分散滤波算法的一种，它通过信息分配原则，在保证信息守恒的前提下，对多导航传感器系统中的信息进行合理的分配，使多导航传感器系统能够在不同场景下，满足不同的性能要求。

联邦滤波算法包含主滤波和子滤波两级算法。其中子滤波算法单独更新，先采用方差上界技术去除各种子滤波算法的相关性，再将子滤波算法的状态估计值和状态估计均方差矩阵进行加权融合，把它们作为全局滤波算法的信号更新。在全局滤波算法输出的最优解的基础上，根据信息守恒原则进行信息分配，重置子滤波算法的初值。

以进近着陆段可用导航传感器为基础设计的基于联邦滤波算法的信息融合框架如图 4-10 所示。

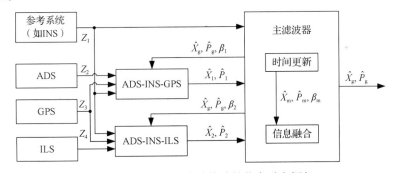

图 4-10 基于联邦滤波算法的信息融合框架

基于联邦滤波算法的信息融合过程如下：以进近着陆段可用导航传感器为基础，对子滤波算法进行设计，子滤波算法包括 ADS-INS-GPS 组合导航滤波算法和 ADS-INS-ILS 组合导航滤波算法；利用方差上界技术处理由子滤波算法得到的状态估计值和状态估计值均方差，保证子滤波算法之间无相关性；在保证均方差最小的前提下，将子滤波算法的状态估计值进行融合，并将信息融合结果分配给各种子滤波算法，重置子滤波算法的初值，形成完整的闭环算法架构。

相比于卡尔曼滤波算法，联邦滤波算法中的子滤波算法的状态不需要存储，其初值直接采用反馈的形式给出，计算量大幅度减小；子滤波算法可以单独设计，联邦滤波算法整体的信息分配因子也可以进行动态调整，以此对联邦滤波算法的容错性、精度和计算量进行改变。同时，子滤波算法单独更新，进一步提高了整个多导航传感器系统的容错能力。

4.5.1 基于导航传感器误差特性的子滤波算法的选取

在联邦滤波算法的框架下，子滤波算法的设计较为灵活，可采用卡尔曼滤波算法或改进型卡尔曼滤波算法（如遗忘滤波算法、自适应滤波算法、扩展卡尔曼滤波算法等）。本书根据进近着陆段可用导航传感器的误差特性，选取不同的子滤波算法。

1. 卡尔曼滤波算法

卡尔曼滤波算法是信息融合的数学基础，是一种信号的最优估计方法。卡尔曼滤波算法本质上是一种最小方差递推估计，其核心是利用新息对状态预测（先验信息）进行加权修正，得到后验信息，从而充分利用状态方程和测量值方程中包含的状态信息对状态变量进行估计。卡尔曼滤波算法的原理如下。

$$\begin{cases} \boldsymbol{X}_k = \boldsymbol{\Phi}_{k,k-1}\boldsymbol{X}_{k-1} + \boldsymbol{\Gamma}_{k-1}\boldsymbol{Q}_{k-1} & ① \\ \boldsymbol{Z}_k = \boldsymbol{H}_k\boldsymbol{X}_k + \boldsymbol{V}_k & ② \end{cases} \tag{4-42}$$

其中，①式为系统的状态方程，通过经验公式或状态微分关系推导得到；②式为系统的测量方程，通过已知的导航传感器测量值与状态值的关系构造得到。

式中，$\boldsymbol{X}_k$、$\boldsymbol{X}_{k-1}$ 分别表示前后两个时刻的状态变量和惯性导航系统测量信息误差；$\boldsymbol{\Phi}_{k,k-1}$ 矩阵是前后两个时刻状态变量的关系，通过惯性导航系统测量信量误差方程转化得到；$\boldsymbol{Q}_{k-1}$ 矩阵表示状态方程的误差矩阵，具体为陀螺仪漂移误差和加速度计零漂误差；$\boldsymbol{\Gamma}_{k-1}$ 矩阵为噪声驱动矩阵，可取为单位矩阵；$\boldsymbol{Z}_k$ 为可用导航传感器的测量信息，为经空间配准后的 GPS 或 ILS 测量的更精确的位置信息与惯性导航系统测量位置信息的差值；$\boldsymbol{H}_k$ 矩阵表示测量值与状态值的关系，$\boldsymbol{V}_k$ 矩阵为导航传感器测量信息时产生的误差。

随着新信号的输入进行迭代循环，在一个滤波周期内，卡尔曼滤波算法存在两个明显的信息更新过程：时间更新和测量更新。

时间更新：

$$\begin{aligned} \hat{\boldsymbol{X}}_{k,k-1} &= \boldsymbol{\Phi}_{k,k-1}\boldsymbol{X}_{k-1} \\ \boldsymbol{P}_{k,k-1} &= \boldsymbol{\Phi}_{k,k-1}\boldsymbol{P}_{k-1}\boldsymbol{\Phi}_{k,k-1}^{\mathrm{T}} + \boldsymbol{\Gamma}_{k-1}\boldsymbol{Q}_{k-1}\boldsymbol{\Gamma}_{k-1}^{\mathrm{T}} \end{aligned} \tag{4-43}$$

测量信息更新：

$$\begin{aligned} \boldsymbol{K}_k &= \boldsymbol{P}_{k,k-1}\boldsymbol{H}_{k-1}^{\mathrm{T}}\left[\boldsymbol{H}_k\boldsymbol{P}_{k,k-1}\boldsymbol{H}_k^{\mathrm{T}} + \boldsymbol{R}_k\right]^{-1} \\ \hat{\boldsymbol{X}}_k &= \hat{\boldsymbol{X}}_{k,k-1} + \boldsymbol{K}_k\left[\boldsymbol{Z}_k - \boldsymbol{H}_k\hat{\boldsymbol{X}}_{k,k-1}\right] \\ \boldsymbol{P}_k &= \left[\boldsymbol{I} - \boldsymbol{K}_k\boldsymbol{H}_k\right]\boldsymbol{P}_{k,k-1} \end{aligned} \tag{4-44}$$

其中，时间更新利用前一时刻的状态估计值 $\boldsymbol{X}_{k-1}$，采用线性最小方差无偏估计方法，获得当前时刻的状态预测值 $\hat{\boldsymbol{X}}_{k,k-1}$ 和预测均方差 $\boldsymbol{P}_{k,k-1}$；时间更新将导航传感器信息从前一拍传递到当前拍，完成了时间的更新过程；测量信息更新通过对时间更新中的预测均方差 $P_{k,k-1}$ 进行求导，得到误差最小时的滤波增益 K_k，滤波增益表示测量预测误差（测量值和状态预测值乘以 H_k 矩阵得到的测量预测值的差）中包含状态信息所占的信息比重，根据求导得到的最优的修正因子，能够合理利用测量信息对状态预测进行修正，并计算得到预测加修正后的状态估计值和状态估计方差矩阵。

2. 遗忘滤波算法

标准卡尔曼滤波算法综合利用当前时刻之前的所有的测量值 Z_k，保证所有信息被有效利用。当滤波模型准确时，理论上能够得到状态的最优估计值 $\hat{X}_k$。但是在经过较长时间的滤波后，滤波的精度逐渐升高，当前滤波结果逐渐接近真实值。此时，测量值与预测的测量值之差逐渐减小，导致滤波的增益计算回路逐渐收敛，滤波增益 K_k 逐渐减小，使得滤波惯性不断增大，新的测量值对状态估计的修正作用逐渐减小。

实际应用中，系统的建模通常会存在一定的偏差，滤波算法容易出现虚的过渡收敛的现象，方差矩阵 P_k 并不能如实地反映状态估计值的精度。此外，测量基准与待测量值并不在一个参考系中，随待测量点与测量导航传感器的接近，测量精度会逐渐提高，即测量值 Z_k 的精度并不是保持不变的。为了减轻过渡收敛的状况，保证状态估计能够更有效地利用当前最新的测量值，使得状态估计能够适应测量值的变化，本书采用遗忘滤波算法，在滤波过程中，实时地修正系统噪声矩阵 Q_{k-1} 和测量噪声矩阵 R_{k-1} 的权重，从而逐渐减小历史信息的权重，相对提高新信息的权重，达到减小滤波惯性的目的。遗忘滤波算法在系统建模不准确，尤其是在测量信息逐渐精确的情况下能够有效地改善滤波的精度，但其本质是一种次优的滤波，在系统建模较为准确的情况下，不适合使用遗忘滤波算法。

遗忘滤波算法的公式如下：

$$
\begin{aligned}
\hat{X}_{k,k-1} &= \boldsymbol{\Phi}_{k,k-1} X_{k-1} \\
P_{k,k-1} &= \boldsymbol{\Phi}_{k,k-1}(sP_{k-1})\boldsymbol{\Phi}_{k,k-1}^{\mathrm{T}} + \boldsymbol{\Gamma}_{k-1} Q_{k-1} \boldsymbol{\Gamma}_{k-1}^{\mathrm{T}} \\
K_k &= P_{k,k-1} H_k^{\mathrm{T}} \left[H_k P_{k,k-1} H_k^{\mathrm{T}} + R_k \right]^{-1} \\
\hat{X}_k &= \hat{X}_{k,k-1} + K_k \left[Z_k - H_k \hat{X}_{k,k-1} \right] \\
P_k &= \left[I - K_k H_k \right] P_{k,k-1}
\end{aligned}
\tag{4-45}
$$

其中，整体的公式与卡尔曼滤波算法方程一致，在预测均方差矩阵 $P_{k,k-1}$ 的计算中，附加了遗忘因子 s，通常对它选取接近但大于 1 的数值。通过附加遗忘因子，对某个有限的时间序列 $1,2,3,\cdots,N$，将噪声的方差矩阵变为

$$
\begin{cases}
E\left[W_k W_j^{\mathrm{T}}\right] = s^{N-k+1} Q_k \delta_{kj} \\
E\left[V_k V_j^{\mathrm{T}}\right] = s^{N-k+1} R_k \delta_{kj}
\end{cases}
\tag{4-46}
$$

与传统的卡尔曼滤波算法相比，遗忘滤波算法的噪声设置更加强调新状态和测量的作用。利用式（4-45），把均方差矩阵乘以一个遗忘因子，等效于扩大了状态预测的不确定性，

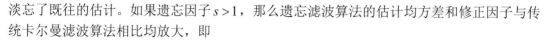

淡忘了既往的估计。如果遗忘因子 $s>1$，那么遗忘滤波算法的估计均方差和修正因子与传统卡尔曼滤波算法相比均放大，即

$$\boldsymbol{P}_{k,k-1} > \boldsymbol{P}_{k,k-1}^{*}$$
$$K_k > K_k^{*} \tag{4-47}$$

其中，$\boldsymbol{P}_{k,k-1}^{*}$ 和 K_k^{*} 为传统卡尔曼滤波算法计算值，又根据

$$\hat{\boldsymbol{X}}_k = \hat{\boldsymbol{X}}_{k,k-1} + K_k\left[\boldsymbol{Z}_k - \boldsymbol{H}_k\hat{\boldsymbol{X}}_{k,k-1}\right] = \left(\boldsymbol{I} - K_k\boldsymbol{H}_k\right)\hat{\boldsymbol{X}}_{k,k-1} + K_k\boldsymbol{Z}_k \tag{4-48}$$

可知，与传统卡尔曼滤波算法相比，增大了当前测量值 $\boldsymbol{Z}_k$ 的权重，减小了状态预测值 $\hat{\boldsymbol{X}}_{k,k-1}$ 的权重，由传统卡尔曼滤波算法的递推公式可得到，状态预测值 $\hat{\boldsymbol{X}}_{k,k-1}$ 中包含了旧的测量信息，因此通过放大修正因子，减少旧的测量信息的影响。

3. 自适应滤波算法

自适应滤波算法的研究和应用非常广泛，本书采用 Sage-Husa 自适应滤波算法。理论上，只有在随机动态系统的结构参数和噪声统计特性参数都准确已知的条件下，标准卡尔曼滤波算法才能获得状态最优的估计。然而，在实际应用中，随机动态系统的结构参数和噪声统计特性参数的获取或多或少存在一些误差，导致卡尔曼滤波结果精度降低，严重的时候还会引起滤波结果的发散。

自适应滤波算法在进行状态估计的同时，还可以通过测量输出在线实时估计系统的噪声参数，但在实际应用中，对所有的噪声（包括系统噪声均值和方差、测量噪声均值和方差）进行估计是比较困难的。此外，本书采用的组合方式均以惯性导航为参考系统，以惯性导航为主的组合导航技术发展较为成熟，状态矩阵的构造趋于一致，场景仅限于进近着陆段，该航段的时间较短，加速度计和陀螺仪引起的漂移也不甚明显。因此，仅对测量噪声方差矩阵进行自适应的估计。

在卡尔曼滤波算法中，测量预测误差（新息）的公式为

$$\begin{aligned}
\tilde{\boldsymbol{Z}}_{k/k-1} &= \boldsymbol{Z}_k - \hat{\boldsymbol{Z}}_{k,k-1} \\
&= \boldsymbol{H}_k\boldsymbol{X}_k + \boldsymbol{V}_k - \boldsymbol{H}_k\hat{\boldsymbol{X}}_{k,k-1} \\
&= \boldsymbol{H}_k\tilde{\boldsymbol{X}}_{k,k-1} + \boldsymbol{V}_k
\end{aligned} \tag{4-49}$$

由于状态一步预测误差 $\tilde{\boldsymbol{X}}_{k,k-1}$ 和测量噪声 $\boldsymbol{V}_k$ 的均值均为零，可知新息 $\tilde{\boldsymbol{Z}}_{k,k-1}$ 的均值也为零。考虑到一步预测误差和测量噪声互不相关，对新息公式等号左右两边同时求方差，可以得到

$$E[\tilde{\boldsymbol{Z}}_{k,k-1}\tilde{\boldsymbol{Z}}_{k,k-1}^{\mathrm{T}}] = \boldsymbol{H}_k\boldsymbol{P}_{k,k-1}\boldsymbol{H}_k^{\mathrm{T}} + \boldsymbol{R}_k \tag{4-50}$$

将上式移项可以得到测量噪声方差矩阵的表达式，即

$$\boldsymbol{R}_k = E[\tilde{\boldsymbol{Z}}_{k,k-1}\tilde{\boldsymbol{Z}}_{k,k-1}^{\mathrm{T}}] - \boldsymbol{H}_k\boldsymbol{P}_{k,k-1}\boldsymbol{H}_k^{\mathrm{T}} \tag{4-51}$$

式中，$E[\tilde{\boldsymbol{Z}}_{k,k-1}\tilde{\boldsymbol{Z}}_{k,k-1}^{\mathrm{T}}]$ 理论上表示状态一步预测误差总平均，实际上可以以时间平均进行代

替，$\boldsymbol{R}_k$ 的加权递推估计如下式：

$$
\begin{aligned}
\hat{\boldsymbol{R}}_k &= \frac{1}{k}\sum_{i=1}^{k}(\tilde{\boldsymbol{Z}}_{i,i-1}\tilde{\boldsymbol{Z}}_{i,i-1}^{\mathrm{T}} - \boldsymbol{H}_i\boldsymbol{P}_{i,i-1}\boldsymbol{H}_i^{\mathrm{T}}) \\
&= \frac{1}{k}\left[\sum_{i=1}^{k-1}(\tilde{\boldsymbol{Z}}_{i,i-1}\tilde{\boldsymbol{Z}}_{i,i-1}^{\mathrm{T}} - \boldsymbol{H}_i\boldsymbol{P}_{i,i-1}\boldsymbol{H}_i^{\mathrm{T}}) + (\tilde{\boldsymbol{Z}}_{k,k-1}\tilde{\boldsymbol{Z}}_{k,k-1}^{\mathrm{T}} - \boldsymbol{H}_k\boldsymbol{P}_{k,k-1}\boldsymbol{H}_k^{\mathrm{T}})\right] \\
&= \frac{1}{k}\left[(k-1)\hat{\boldsymbol{R}}_{k-1} + (\tilde{\boldsymbol{Z}}_{k,k-1}\tilde{\boldsymbol{Z}}_{k,k-1}^{\mathrm{T}} - \boldsymbol{H}_k\boldsymbol{P}_{k,k-1}\boldsymbol{H}_k^{\mathrm{T}})\right] \\
&= \left(1-\frac{1}{k}\right)\hat{\boldsymbol{R}}_{k-1} + \frac{1}{k}(\tilde{\boldsymbol{Z}}_{k,k-1}\tilde{\boldsymbol{Z}}_{k,k-1}^{\mathrm{T}} - \boldsymbol{H}_k\boldsymbol{P}_{k,k-1}\boldsymbol{H}_k^{\mathrm{T}})
\end{aligned}
\tag{4-52}
$$

可将式（4-52）改为指数渐消记忆加权平均的方法，减小陈旧噪声的影响，结果为

$$
\hat{\boldsymbol{R}}_k = (1-\beta_k)\hat{\boldsymbol{R}}_{k-1} + \beta_k(\tilde{\boldsymbol{Z}}_{k,k-1}\tilde{\boldsymbol{Z}}_{k,k-1}^{\mathrm{T}} - \boldsymbol{H}_k\boldsymbol{P}_{k,k-1}\boldsymbol{H}_k^{\mathrm{T}})
\tag{4-53}
$$

$$
\beta_k = \frac{\beta_{k-1}}{\beta_{k-1}+b}
\tag{4-54}
$$

其中，β_k 的初值为 1；b 为渐消因子，取值范围为 0～1，渐消因子取值越小，对陈旧噪声的依赖越小。

因此，自适应滤波算法方程如下：

$$
\begin{aligned}
&\hat{\boldsymbol{X}}_{k,k-1} = \boldsymbol{\Phi}_{k,k-1}\boldsymbol{X}_{k-1} \\
&\boldsymbol{P}_{k,k-1} = \boldsymbol{\Phi}_{k,k-1}(s\boldsymbol{P}_{k-1})\boldsymbol{\Phi}_{k,k-1}^{\mathrm{T}} + \boldsymbol{\Gamma}_{k-1}\boldsymbol{Q}_{k-1}\boldsymbol{\Gamma}_{k-1}^{\mathrm{T}} \\
&\hat{\boldsymbol{R}}_k = (1-\beta_k)\hat{\boldsymbol{R}}_{k-1} + \beta_k(\tilde{\boldsymbol{Z}}_{k,k-1}\tilde{\boldsymbol{Z}}_{k,k-1}^{\mathrm{T}} - \boldsymbol{H}_k\boldsymbol{P}_{k,k-1}\boldsymbol{H}_k^{\mathrm{T}}) \\
&K_k = \boldsymbol{P}_{k,k-1}\boldsymbol{H}_{k-1}^{\mathrm{T}}\left[\boldsymbol{H}_k\boldsymbol{P}_{k,k-1}\boldsymbol{H}_k^{\mathrm{T}} + \hat{\boldsymbol{R}}_k\right]^{-1} \\
&\hat{\boldsymbol{X}}_k = \hat{\boldsymbol{X}}_{k,k-1} + K_k\left[\boldsymbol{Z}_k - \boldsymbol{H}_k\hat{\boldsymbol{X}}_{k,k-1}\right] \\
&\boldsymbol{P}_k = \left[\boldsymbol{I} - K_k\boldsymbol{H}_k\right]\boldsymbol{P}_{k,k-1}
\end{aligned}
\tag{4-55}
$$

即在原卡尔曼滤波算法的基础上，将测量方程的噪声均方差矩阵加入滤波算法方程进行迭代，设置测量方程噪声初值后，通过迭代实时修正，达到自适应的目的。

4. 滤波结果仿真算例及子滤波算法的选取

本书涉及的子滤波算法包括卫星导航系统（GPS）和惯性导航系统（INS）的组合滤波算法，即 GPS-INS 组合导航滤波算法，以及仪表着陆系统（ILS）和惯性导航系统组合滤波算法，即 ILS-INS 组合导航滤波算法。惯性导航系统是一种独立性好、完好性强的导航传感器，本书惯性导航系统为基准，将卫星导航系统和仪表着陆系统的测量信息通过空间配准，转换为纬经高坐标形式，对惯性导航系统测量的飞机位置信息进行修正。

GPS-INS 组合导航滤波算法和 ILS-INS 组合导航滤波算法的状态测量矩阵均由惯性导航系统的误差方程进行构造。

1）GPS-INS 组合导航滤波算法的滤波结果仿真验证

GPS-INS 组合导航滤波算法采用松组合方式，即 INS 和 GPS 各自独立工作。该组合

滤波算法融合两者的数据并给出最优的估计结果，最终反馈给 INS 进行修正。此外，还可以提供比单独的 INS 和 GPS 更好的导航结果。状态变量为 INS 的误差，大型客机 CAT III A/B 着陆时间短，不考虑陀螺仪和加速度计的漂移，将 INS 的状态变量缩小为 9 维，分别为惯性导航系统测量的飞机三轴姿态角误差、速度误差在东-北-天方向的分量和纬经高误差，即

$$\boldsymbol{X}(t)=\begin{bmatrix}\varphi_e & \varphi_n & \varphi_u & \mathrm{d}V_e & \mathrm{d}V_n & \mathrm{d}V_u & \mathrm{d}L & \mathrm{d}\lambda & \mathrm{d}h\end{bmatrix} \tag{4-56}$$

式中，φ_e、φ_n、φ_u 分别为惯性导航系统测量的飞机三轴姿态角误差；$\mathrm{d}V_e$、$\mathrm{d}V_n$、$\mathrm{d}V_u$ 分别为惯性导航系统测量的三轴速度误差；$\mathrm{d}L$、$\mathrm{d}\lambda$、$\mathrm{d}h$ 分别为惯性导航系统测量的飞机纬经高位置误差。

状态矩阵 $\boldsymbol{\Phi}_{k,k-1}$ 的构造采用惯性导航系统的误差传递方程，采用分块矩阵的方式描述，即

$$\boldsymbol{\Phi}_{k,k-1}=\begin{bmatrix} F^1_{3\times5} & \mathbf{0}_{3\times4} \\ F^2_{3\times5} & \mathbf{0}_{3\times4} \\ F^3_{3\times5} & \mathbf{0}_{3\times4} \end{bmatrix} \tag{4-57}$$

其中，各个分块矩阵的表达式如下：

$$F^1_{3\times5}=\begin{bmatrix} 0 & \left(\Omega_U+\dfrac{V_e}{R_N+h}\tan L\right) & -\left(\Omega_U+\dfrac{V_e}{R_N+h}\right) & 0 & -\dfrac{1}{R_M+h} \\ \left(\Omega_U+\dfrac{V_e}{R_N+h}\tan L\right) & 0 & -\dfrac{V_e}{R_M+h} & -\dfrac{1}{R_M+h} & 0 \\ \left(\Omega_U+\dfrac{V_e}{R_N+h}\right) & \dfrac{V_e}{R_M+h} & 0 & 0 & 0 \end{bmatrix}$$

$$F^2_{3\times5}=\begin{bmatrix} 0 & -f_u & -f_u & \left(\dfrac{V_n}{R_N+h}\tan L\right) & \left(2\Omega_U+\dfrac{V_e}{R_N+h}\tan L\right) \\ f_u & 0 & -f_e & -2\left(\Omega_U+\dfrac{V_e}{R_N+h}\tan L\right) & 0 \\ f_u & f_e & 0 & 0 & 0 \end{bmatrix}$$

$$F^3_{3\times5}=\begin{bmatrix} \dfrac{1}{(R_M+h)\cos L} & 0 & 0 & 0 & 0 \\ 0 & \dfrac{1}{R_N+h} & 0 & 0 & 0 \\ 0 & 0 & 1 & 0 & 0 \end{bmatrix}$$

其中，f 为地球扁率；Ω_N、Ω_U 为地球自转角速度在北向和天向的分量，R_N 和 R_M 分别为地球子午圈曲率半径和卯酉圈曲率半径。

状态方程中的状态噪声矩阵 $\boldsymbol{Q}_{k-1}$ 的构造如下：

$$\boldsymbol{Q}_{k-1}=\begin{bmatrix}\varepsilon_e & \varepsilon_n & \varepsilon_u & \nabla_e & \nabla_n & \nabla_u & 0 & 0 & 0\end{bmatrix}\cdot\boldsymbol{I}_{9\times9} \tag{4-58}$$

式中，ε_e、ε_n、ε_u 分别为陀螺仪三轴方向的漂移误差；∇_e、∇_n、∇_u 分别为加速度计三轴方向的误差。

对测量值方程，选取 INS 和 GPS 测量的位置差，采用空间配准转换方法，将 GPS 测量信息转换为纬经高坐标，测量值方程表示为

$$Z_k = \begin{bmatrix} \delta\lambda_{INS} - \delta\lambda_{GPS} \\ \delta L_{INS} - \delta L_{GPS} \\ \delta h_{INS} - \delta h_{ADS} \end{bmatrix} \tag{4-59}$$

式中，$\delta\lambda_{INS}$、δL_{INS}、δh_{INS} 分别为 INS 测量的纬经高位置信息误差；$\delta\lambda_{GPS}$、δL_{GPS} 分别为 GPS 测量的位置信息转换为纬经高后的误差；δh_{ADS} 为大气数据系统（ADS）测量的高度信息误差。

进近着陆段对高度的精度要求较高，因此，本书利用 ADS 测量的高度进行滤波，相当于对 INS 测量的高度设置阻尼，抑制其发散。

由于状态变量的选取与测量值的构造均为误差值，因此利用上述状态方程和测量值方程，可滤波得到惯性导航系统测量的纬经高位置与实际位置的差值。最终使用时，还需要将惯性导航系统测量的纬经高位置减去滤波结果，才能得到高精度、完好性强的位置信息。

在滤波前，还需将各个导航传感器的测量频率配准到统一的时刻。本书选取的配准基准频率为每 0.2s 更新一次。因此，经过时间配准后，子滤波算法的更新周期也为每 0.2s 更新一次。

GPS 存在马尔可夫特性的随机游走误差，虽然进近着陆段所需时间短，马尔可夫特性体现得不甚明显，但对滤波结果仍存在一定影响。同时，由于 GPS 的测量值不存在精度变化较明显的趋势，不宜采用遗忘滤波算法，因此，对 GPS-INS 组合导航滤波算法，分别采用自适应滤波算法和卡尔曼滤波算法进行滤波，并对这两种滤波结果的误差进行比较。首先，把自适应滤波算法的自适应因子设为 0.99，设置上述两种滤波算法的测量噪声矩阵一致，均为如下矩阵：

$$R_k = \begin{bmatrix} 5\times10^{-6} & 0 & 0 \\ 0 & 5\times10^{-6} & 0 \\ 0 & 0 & 2.5^2 \end{bmatrix} \tag{4-60}$$

测量噪声矩阵的大小决定测量信息占总信息的比重，因此，可根据精度需求，具体调整测量噪声矩阵。本书选取一个合理值进行仿真验证，分别比较自适应滤波算法和卡尔曼滤波算法的结果。由前文可知，自适应滤波算法和卡尔曼滤波算法的结果均为纬经高位置误差。其中，在高度通道对 INS 与 ADS 的测量信息进行滤波，因此观察不同滤波算法对结果的影响时，主要观察经纬度的滤波结果。此外，两种不同的滤波算法得到的结果均为经纬位置误差，该结果不能直观地反映出滤波精度。因此，在对比结果前，先对滤波结果进行处理，采用 4.3 节介绍的空间配准方法，将经纬位置误差转换为地理坐标系中的东向误差和北向误差，自适应因子为 0.99 时的自适应滤波结果和卡尔曼滤波结果东向误差与北向误差对比分别如图 4-11 和图 4-12 所示。上述两种滤波结果误差的统计特性见表 4-7。

由图 4-11、图 4-12 和表 4-7 可知，自适应滤波结果的精度明显高于卡尔曼滤波结果，

其滤波结果的误差范围明显减小。下面讨论自适应滤波算法的自适应因子对滤波结果的影响，设置 5 组自适应因子值，分别为 0.9、0.95、0.99（仿真结果见图 4-11 和图 4-12）、0.995、0.999，并对其结果进行仿真验证。仿真得到的不同自适应因子下的自适应滤波结果和卡尔曼滤波结果误差对比如图 4-13 所示。

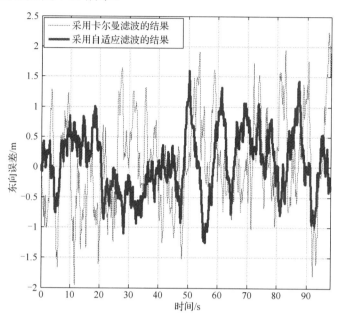

图 4-11　自适应因子为 0.99 时的自适应滤波结果和卡尔曼滤波结果东向误差对比

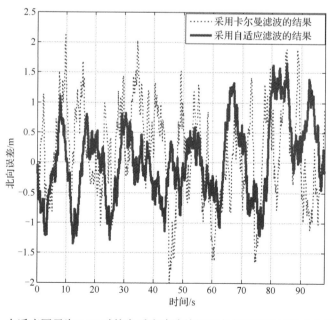

图 4-12　自适应因子为 0.99 时的自适应滤波结果和卡尔曼滤波结果北向误差对比

表 4-7　自适应滤波结果和卡尔曼滤波结果误差的统计特性

对比项	均值/m	均方差/m	误差范围/m
卡尔曼滤波结果东向误差	0.0616	0.7722	(−1.4828, 1.6060)
自适应滤波结果东向误差	0.0584	0.5249	(−0.9914, 1.1082)
卡尔曼滤波结果北向误差	0.1648	0.7676	(−1.3704, 1.7000)
自适应滤波结果北向误差	0.0311	0.6466	(−1.2621, 1.3243)

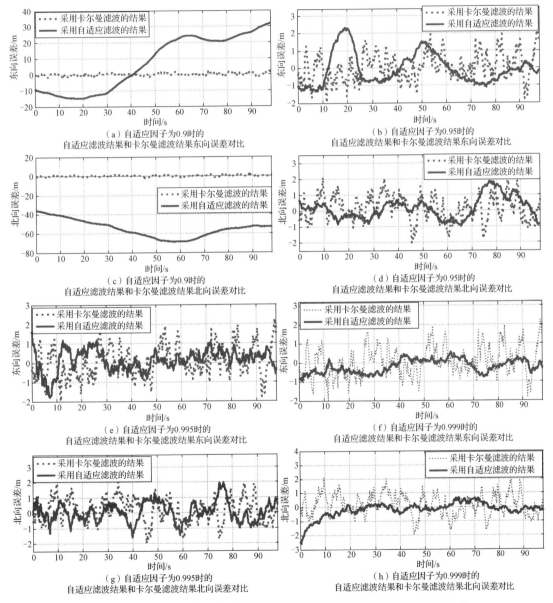

图 4-13　不同自适应因子下的自适应滤波结果和卡尔曼滤波结果误差对比

由图 4-13 可知，当自适应因子为 0.9 时，滤波结果出现发散的情况；随着自适应因子的逐渐增大，滤波结果也逐渐变好，但是，当自适应因子增大到 0.999 时，出现滤波初始收敛速度过慢的情况。不同自适应因子（分别为 0.95、0.99、0.995、0.999）下的自适应滤波结果和卡尔曼滤波结果东向误差与北向误差的统计特性分别见表 4-8 和表 4-9。

表 4-8　不同自适应因子下的自适应滤波结果和卡尔曼滤波结果东向误差的统计特性

不同自适应因子	均值/m	均方差/m	误差范围/m
自适应因子为 0.95	−0.0534	0.9084	（−1.8702，1.7634）
自适应因子为 0.99	0.0584	0.5249	（−0.9914，1.1082）
自适应因子为 0.995	0.1217	0.5363	（−1.1943，0.9509）
自适应因子为 0.999	−0.2024	0.3349	（−0.8722，0.4674）

表 4-9　不同自适应因子下的自适应滤波结果和卡尔曼滤波结果北向误差的统计特性

不同自适应因子	均值/m	均方差/m	误差范围/m
自适应因子为 0.95	0.1437	0.6597	（−1.1757，1.4631）
自适应因子为 0.99	0.0311	0.6466	（−1.2621，1.3243）
自适应因子为 0.995	0.0450	0.6349	（−1.2248，1.3148）
自适应因子为 0.999	−0.1864	0.4853	（−1.1570，0.7842）

由表 4-8 和表 4-9 可知，随着自适应因子的增大，滤波精度逐渐提高，同时，滤波结果误差的均值也在逐渐增大，高斯特性变差。由图 4-11～图 4-13 可知，当自适应因子增大时，出现滤波初始收敛速度较慢的情况。综合以上因素，本书选取的自适应因子为 0.99，对 GPS-INS 组合导航滤波算法采用自适应滤波算法进行验证。

2）INS-ILS 组合导航滤波算法的滤波结果仿真验证

INS-ILS 组合导航采用位置信息组合的方式。其中，状态方程的构造方法与前文一致，测量值方程的构造方法如下：将 ILS 输出的信号转换为纬经高位置，把该位置与 INS 测量的位置信息作差得到测量值方程，即

$$\boldsymbol{Z}_k = \begin{bmatrix} \delta\lambda_{\text{INS}} - \delta\lambda_{\text{ILS}} \\ \delta L_{\text{INS}} - \delta L_{\text{ILS}} \\ \delta h_{\text{INS}} - \delta h_{\text{ADS}} \end{bmatrix} \tag{4-61}$$

式中，$\delta\lambda_{\text{INS}}$、$\delta L_{\text{INS}}$、$\delta h_{\text{INS}}$ 分别为 INS 测量的三轴位置信息误差；$\delta\lambda_{\text{ILS}}$、$\delta L_{\text{ILS}}$ 为 ILS 测量的位置信息转换为纬经高位置后的误差；δh_{ADS} 为 ADS 测量的高度信息误差。

ILS-INS 组合导航滤波算法得到的也是惯性导航系统的测量值与实际值的误差。考虑到 ILS 的测量值具有距离导航台越近精度越高的特点，以及测量模型存在较明显的变化，可采用遗忘滤波算法对 ILS 的测量信息进行滤波，分别采用卡尔曼滤波算法和遗忘滤波算法对滤波结果误差进行比较。把遗忘因子设为 1.001 进行仿真验证，得到的遗忘滤波结果和卡尔曼滤波结果东向误差与北向误差对比分别如图 4-14 和图 4-15 所示。

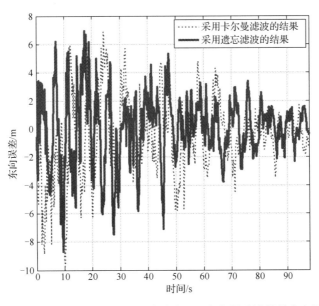

图 4-14　遗忘因子为 1.001 时的遗忘滤波结果和卡尔曼滤波结果东向误差对比

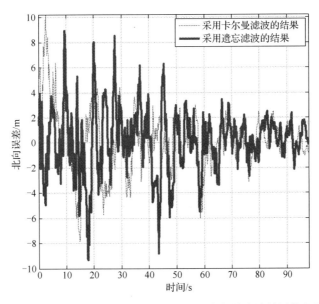

图 4-15　遗忘因子为 1.001 时的遗忘滤波结果和卡尔曼滤波结果北向误差对比

　　遗忘因子为 1.001 时的遗忘滤波结果和卡尔曼滤波结果误差的统计特性见表 4-10。由表 4-10 可知，遗忘滤波结果的误差范围小于卡尔曼滤波结果。下面对遗忘滤波的遗忘因子对滤波的影响进行讨论，设置 5 个遗忘因子，分别为 1.05、1.01、1.005、1.001（该遗忘因子下的滤波结果误差见图 4-14 和图 4-15）、1.0005，并对其结果进行仿真验证。仿真得到的不同遗忘因子下的遗忘滤波结果和卡尔曼滤波结果误差对比如图 4-16 所示。

表 4-10　遗忘因子为 1.001 时的遗忘滤波结果和卡尔曼滤波结果误差的统计特性

误差	均值/m	均方差/m	误差范围/m
卡尔曼滤波结果东向误差	−0.5590	2.6390	（−5.8770，4.6790）
遗忘滤波结果东向误差	0.0331	2.3947	（−4.7563，4.8225）
卡尔曼滤波结果北向误差	0.2565	2.4599	（−4.6633，5.1763）
遗忘滤波结果北向误差	0.1293	2.4746	（−4.8199，5.0785）

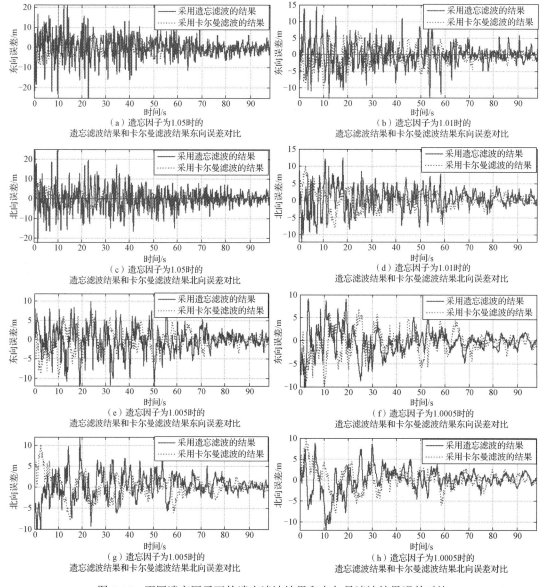

图 4-16　不同遗忘因子下的遗忘滤波结果和卡尔曼滤波结果误差对比

根据图 4-14～图 4-16 可知，当减小遗忘因子时，遗忘滤波结果明显变好。上述 5 个不同遗忘因子下的遗忘滤波结果和卡尔曼滤波结果东向误差与北向误差的统计特性分别见表 4-11 和表 4-12。

表 4-11　不同遗忘因子下的遗忘滤波结果和卡尔曼滤波结果东向误差的统计特性

不同遗忘因子	均值/m	均方差/m	误差范围/m
遗忘因子为 1.05	−0.0239	5.4963	（−11.0165，10.9687）
遗忘因子为 1.01	−0.0806	3.4345	（−6.9496，6.7884）
遗忘因子为 1.005	−0.2415	3.2581	（−6.7577，6.2747）
遗忘因子为 1.001	0.0331	2.3947	（−4.7563，4.8225）
遗忘因子为 1.0005	−0.2115	2.6514	（−5.5183，5.0873）

表 4-12　不同遗忘因子下的遗忘滤波结果和卡尔曼滤波结果北向误差的统计特性

不同遗忘因子	均值/m	均方差/m	误差范围/m
遗忘因子为 1.05	−0.1146	5.3724	（−10.8594，10.6302）
遗忘因子为 1.01	0.3761	3.2083	（−6.0405，6.7927）
遗忘因子为 1.005	0.2774	2.8836	（−5.4898，6.0446）
遗忘因子为 1.001	0.1293	2.4746	（−4.8199，5.0785）
遗忘因子为 1.0005	−0.0265	2.8666	（−5.7597，5.7067）

　　由表 4-11 和表 4-12 可知，当遗忘因子逐渐减小时，滤波结果的精度明显提高；当遗忘因子减小到一定程度后继续减小，误差逐渐增大。因此，本书选取的遗忘因子为 1.001，并对 ILS-INS 组合导航滤波算法采用遗忘滤波算法进行验证。

4.5.2　联邦滤波算法设计

　　联邦滤波算法是本章信息融合技术的核心，在 4.5.1 节中选取的子滤波算法以及滤波算法参数的基础上，对全局滤波算法进行最优估计。

1. 联邦滤波原理

　　联邦滤波的核心原理为信息守恒和信息分配，因此，在对联邦滤波算法设计步骤进行说明之前，先对信息守恒和信息分配原则进行说明。

　　在卡尔曼滤波理论中，对状态进行估计时所需的信息由两部分组成：状态方程中的信息和测量值方程中的信息。其中，状态方程中的信息主要用于卡尔曼滤波的时间更新中，状态方程中信息量的多少与状态方程中的状态噪声矩阵 Q 成反比，即噪声矩阵越小，状态方程中的信息越精确，可信度越高，因此状态方程中的信息总量通常以矩阵 Q^{-1} 来表示；测量值方程中的信息主要用于卡尔曼滤波的测量更新，测量值方程中信息量的多少与测量噪声矩阵 R 成反比，即测量噪声矩阵越小，测量值方程中的信息越精确，可信度越高。

　　对本书中提到的联邦滤波，测量值方程中的信息分别为仪表着陆系统（ILS）和全球定位系统（GPS）两者测量的位置信息。在不同的子滤波算法组合方式下，上述两种导航传感器的测量值被单独使用。因此，各种子滤波算法的测量信息自然分开，不存在重复使用的问题。而状态方程中的信息来源于参考系统中的惯性导航系统，而惯性导航系统的信息被子滤波算法重复使用，造成参考系统的噪声包含在所有的子滤波算法中，导致参考系统的信息量重复使用，信息不守恒。为保证信息的守恒，需要将参考系统中的惯性导航系统的信息合理地分配到各种子滤波算法中，即

$$\boldsymbol{Q}_i^{-1} = \gamma_i^{-1} \boldsymbol{Q}^{-1} \tag{4-62}$$

式中，$\boldsymbol{Q}^{-1}$ 为状态方程中信息总量；γ_i 为信息分配因子，表示状态方程中的信息总量分配给各种子滤波算法的权重。

为了保证信息的守恒，信息分配因子需要满足：

$$\begin{cases} \sum_{i=1}^{N} \gamma_i^{-1} = 1 \\ \gamma_i^{-1} \leqslant 1 \end{cases} \tag{4-63}$$

式中，N 为子滤波算法的数量。

各种子滤波算法在进行滤波时，卡尔曼滤波算法递推公式中状态噪声矩阵的输入值被放大为原状态噪声矩阵的 γ_i 倍。此外，状态方程的信息除了包含在状态噪声矩阵 $\boldsymbol{Q}$ 中，状态方程初值也是状态方程信息的一部分。状态方程初值的信息量可由状态估计均方差矩阵的初值的逆矩阵 $\boldsymbol{P}_0^{-1}$ 表示。因此，在进行滤波前，除了对状态噪声矩阵进行放大，也要对状态估计均方差矩阵的初值 $\boldsymbol{P}_0$ 同样放大 γ_i 倍。对于各种子滤波算法，状态方程中的信息未能完全使用，得到的是次优的滤波结果。但联邦滤波算法中的信息是根据信息守恒原理在各个子滤波算法和主滤波算法之间分配的，即所有子滤波算法包含的状态信息输入主滤波算法后，经过加权满足：

$$\sum_{i=1}^{N} \gamma_i^{-1} \boldsymbol{Q}^{-1} = \boldsymbol{Q}^{-1} \tag{4-64}$$

这样，将所有子滤波算法结果合成后，在整个过程中信息量又被恢复到了原来的值。因此，合成后的估计值是最优的。采用信息分配原则后，虽然局部滤波结果是次优的，但是合成后的全局滤波结果却是最优的。

上述理论的前提是建立在各种子滤波算法更新周期一致，并且均与全局滤波算法融合周期一致，若全局滤波算法融合的周期大于各种子滤波算法的测量周期，则会出现几次在经过局部滤波结果后全局滤波才是最优的情况。本书中采用时间配准，将所有导航传感器配准到统一的更新周期上。因此，为了保证全局滤波结果的最优性，本书后续的联邦滤波算法更新周期被设为与子滤波算法更新周期一致。

联邦滤波算法的设计步骤如下：

（1）待滤波状态变量的分类。各种子滤波算法的状态变量存在差异，因此需要根据信息融合的数据需求，提取出各种子滤波算法的公共状态变量和对应的状态估计均方差，为后续信息融合做准备。在进近着陆段，信息融合所需状态变量为位置信息，因此将各种子

滤波算法的状态变量拆分如下：

$$\boldsymbol{X}_k^{(i)} = \begin{bmatrix} \boldsymbol{X}_{\text{position}}^{(i)} \\ \overline{\boldsymbol{X}}_k^{(i)} \end{bmatrix} \qquad (4\text{-}65)$$

式中，$\boldsymbol{X}_{\text{position}}^{(i)}$ 为所有子滤波算法均有的公共状态变量，即纬经高位置信息，本书后续只对公共状态变量进行信息融合；$\overline{\boldsymbol{X}}_k^{(i)}$ 为其他状态变量，在联邦滤波算法中其他状态变量不参与信息融合。

（2）采用方差上界技术去除相关性。为便于理解，将所有子滤波算法的更新视为对增广系统进行分析（以集中滤波的形式进行分析），增广系统的一步预测均方差矩阵如下：

$$\begin{bmatrix} \boldsymbol{P}_{11_{k,k-1}} & \cdots & \boldsymbol{P}_{1\overline{N}_{k,k-1}} \\ \vdots & \ddots & \vdots \\ \boldsymbol{P}_{\overline{N}1_{k,k-1}} & \cdots & \boldsymbol{P}_{\overline{N}\overline{N}_{k,k-1}} \end{bmatrix} = \begin{bmatrix} \boldsymbol{\Phi}_{11} & \\ & \boldsymbol{\Phi}_{\overline{N}\overline{N}} \end{bmatrix} \begin{bmatrix} \boldsymbol{P}_{11_{k-1}} & \cdots & \boldsymbol{P}_{1\overline{N}_{k-1}} \\ \vdots & \ddots & \vdots \\ \boldsymbol{P}_{\overline{N}1_{k-1}} & \cdots & \boldsymbol{P}_{\overline{N}\overline{N}_{k-1}} \end{bmatrix} \begin{bmatrix} \boldsymbol{\Phi}_{11}^{\text{T}} & \\ & \boldsymbol{\Phi}_{\overline{N}\overline{N}}^{\text{T}} \end{bmatrix} +$$
$$\begin{bmatrix} \boldsymbol{\Gamma}_{1_{k-1}} \\ \vdots \\ \boldsymbol{\Gamma}_{\overline{N}_{k-1}} \end{bmatrix} \boldsymbol{Q} \begin{bmatrix} \boldsymbol{\Gamma}_{1_{k-1}} & \cdots & \boldsymbol{\Gamma}_{\overline{N}_{k-1}} \end{bmatrix} \qquad (4\text{-}66)$$

式中，各个矩阵下标中的 $1 \sim \overline{N}$ 分别表示各种子滤波算法对应的值；$\boldsymbol{P}_{k-1}$ 为预测均方差矩阵，当其下标两组值不相等时，为子滤波算法之间的预测协方差矩阵；$\boldsymbol{\Phi}$ 为状态转移矩阵；$\boldsymbol{P}_{k-1}$ 为前一时刻状态估计均方差矩阵，当其下标不相等时，为子滤波算法之间的状态估计协方差矩阵；$\boldsymbol{\Gamma}$ 为各种子滤波算法的噪声驱动矩阵；$\boldsymbol{Q}$ 为状态噪声矩阵。在上述一步预测均方差矩阵的更新中，由于子滤波算法存在公共状态的纬经高位置信息，因此会产生子滤波算法之间协方差不为 0 的情况，引起不同子滤波算法的状态相关，具体公式为

$$\boldsymbol{P}_{ij_{k,k-1}} = \boldsymbol{\Phi}_{jj} \boldsymbol{P}_{ij_k} \boldsymbol{\Phi}_{jj}^{\text{T}} + \boldsymbol{\Gamma}_j \boldsymbol{Q} \boldsymbol{\Gamma}_j^{\text{T}} \qquad (4\text{-}67)$$

由式（4-67）可知，由于状态噪声矩阵 $\boldsymbol{Q}$ 的存在，即使前一时刻各种子滤波算法之间的状态估计协方差矩阵 $\boldsymbol{P}_{ij_k} = 0$，当前时刻的一步预测协方差矩阵 $\boldsymbol{P}_{ij_{k,k-1}}$ 也会存在一定的值。也就是说，状态噪声矩阵 $\boldsymbol{Q}$ 的存在，使得卡尔曼滤波算法的时间更新引入了子滤波算法之间的不相关性。当不同子滤波算法的状态相关时，若不进行去相关性的处理，则各种子滤波算法无法进行单独更新。因此，采用方差上界技术去除相关性。具体原理如下：

$$\begin{bmatrix} \boldsymbol{Q} & \cdots & \boldsymbol{Q} \\ \cdots & & \cdots \\ \boldsymbol{Q} & \cdots & \boldsymbol{Q} \end{bmatrix} \leqslant \begin{bmatrix} \gamma_1 \boldsymbol{Q} & \cdots & 0 \\ \cdots & & \cdots \\ 0 & \cdots & \gamma_{\overline{N}} \boldsymbol{Q} \end{bmatrix} \qquad (4\text{-}68)$$

$$\frac{1}{\gamma_1} + \cdots + \frac{1}{\gamma_{\overline{N}}} = 1, 0 \leqslant \frac{1}{\gamma_i} < 1 \qquad (4\text{-}69)$$

即把状态噪声矩阵 $\boldsymbol{Q}$ 的对角线元素分别乘以对应的信息分配因子 γ_i 进行放大，放大后，状态噪声矩阵 $\boldsymbol{Q}$ 转化为对角矩阵，上述滤波算法的时间更新转化为

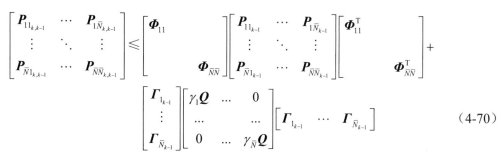

$$(4\text{-}70)$$

将上式取等号，此时滤波算法之间协方差均为 0，保证各种子滤波算法之间无相关性，能够单独进行时间更新。状态估计均方差矩阵的初值也包含状态方程的信息，为了满足去相关性，状态估计均方差矩阵的初值也需要满足对角矩阵的形式。因此，对初始状态估计均方差矩阵同时采用方差上界技术去除相关性。例如，将过程信息分配给两种子滤波算法，信息分配因子分别为 γ_1 和 γ_2，信息分配因子的选择方式详见 4.6 节。由于放大了状态噪声矩阵，此时的子滤波算法估计值为次优结果。但各种子滤波算法的信息在融合过程中，信息量又恢复到了原来的值。

（3）信息融合与状态重置。各种子滤波算法处理各自的测量信息进行单独的更新，获得局部估计值后，将各子系统的局部估计值（公共状态）与其状态估计均方差矩阵输入主滤波算法中进行融合得到最优估计值。融合公式如下：

$$\hat{X}_{\mathrm{g}} = P_{\mathrm{g}} \sum_{i=1}^{N} P_{ii}^{-1} \hat{X}_i$$
$$P_{\mathrm{g}} = \left(\sum_{i=1}^{N} P_{ii}^{-1} \right)^{-1}$$

$$(4\text{-}71)$$

其中，各种子滤波算法的状态估计 $\hat{X}_i$ 和状态估计均方差矩阵 P_{ii}^{-1} 被融合，以得到全局估计值 $\hat{X}_{\mathrm{g}}$ 和滤波协方差矩阵 P_{g}。

需要注意的是，前文按照信息分配的原则，将状态方程信息分配给各种子滤波算法，即将各种子滤波算法中的卡尔曼滤波算法输入的状态噪声矩阵 Q 和状态估计均方差矩阵初值 P_0 同时放大。因此，通过卡尔曼滤波算法计算得到的均方差矩阵不再是最小方差估计，而是最小方差的 γ_i 倍。对卡尔曼滤波算法估计的均方差矩阵取逆矩阵后，得到如下公式：

$$P_k^{-1} = P_{k,k-1}^{-1} + H_k^{\mathrm{T}} R_k^{-1} H_k$$

$$(4\text{-}72)$$

由上述公式可知，预测方差得到放大的同时，状态估计均方差矩阵并没有同步放大。如果利用卡尔曼滤波算法进行迭代，前一时刻的状态估计均方差矩阵没有同步放大，导致全局滤波结果为次优。为了避免次优结果的出现，在联邦滤波算法的信息融合后，需要重置信息。重置原理如下：将信息融合得到的滤波协方差矩阵 P_{g}，按照子滤波算法的信息分配因子，放大 γ_i 倍后，重置子滤波算法的状态估计均方差阵，这样，状态估计均方差矩阵初值、状态噪声矩阵和滤波算法得到的状态估计均方差矩阵都被放大了 γ_i 倍。采用上述信息分配的原则，在避免信息重复使用的同时，局部滤波结果虽然是次优的，但是融合后的全局滤波结果是最优的，全局估计值也是最优的。分配原则为

$$\hat{\boldsymbol{X}}_i = \hat{\boldsymbol{X}}_g$$
$$\boldsymbol{P}_{ii} = \gamma_i \boldsymbol{P}_g$$

(4-73)

通过上述步骤，联邦滤波算法完成闭环，联邦滤波算法内部的数据能够进行信息分配和最优融合。

2. 联邦滤波结果仿真验证

下面对前文所述的联邦滤波结果进行仿真验证。对联邦滤波算法中的子滤波算法，分别选取 4.5.1 节中所述的自适应滤波算法和遗忘滤波算法，对应的滤波算法参数分别为自适应因子 0.99 和遗忘因子 1.001。联邦滤波的信息分配为均分的方式，联邦滤波算法兼顾两种组合的优点，即信息分配因子 $\gamma_1 = \gamma_2 = 2$，分别将两种子滤波算法的状态噪声矩阵放大 2 倍，同时把由联邦滤波算法得到的全局最优估计均方差放大 2 倍，把它和全局最优估计值反馈给两种子滤波算法，以重置状态初值。根据前文所述导航传感器模型的离散时间，本书将联邦滤波算法的更新周期设置为 0.2s，与前文所述子滤波器一致。飞机沿虚拟下滑道下滑，从距离机场 450m 的高度下降到 15m，依此绘制的飞机实际航迹和联邦滤波算法输出航迹对比如图 4-17 所示。

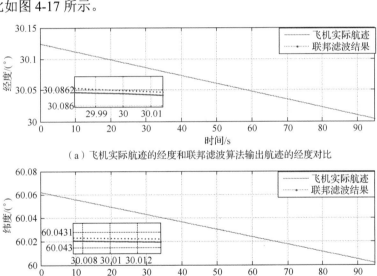

（a）飞机实际航迹的经度和联邦滤波算法输出航迹的经度对比

（b）飞机实际航迹的纬度和联邦滤波算法输出航迹的纬度对比

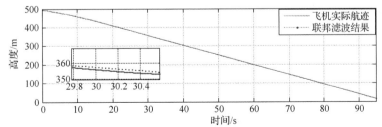

（c）飞机实际航迹的高度和联邦滤波算法输出航迹的高度对比

图 4-17　飞机实际航迹和联邦滤波算法输出航迹对比

大型客机连续下降运行和自动着陆控制技术

　　由图 4-17 可知，联邦滤波算法估计的位置能够很好地与飞机实际航迹吻合。由此可知，联邦滤波算法得到的航迹与飞机实际航迹存在较小的误差。为了方便比较，将联邦滤波结果误差转换到东-北-天坐标系中，其误差变化曲线如图 4-18 所示。

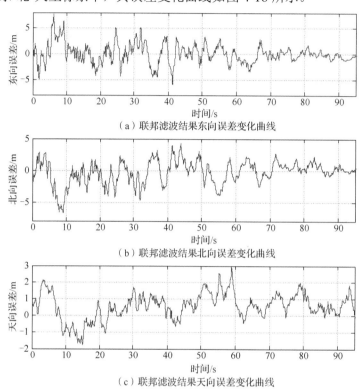

（a）联邦滤波结果东向误差变化曲线

（b）联邦滤波结果北向误差变化曲线

（c）联邦滤波结果天向误差变化曲线

图 4-18　东-北-天坐标系中的联邦滤波结果误差变化曲线

　　由图 4-18 可知，联邦滤波结果误差近似服从高斯分布。由于两种子滤波算法的信息分配因子一致，因此联邦滤波算法兼顾了两种子滤波算法的特性。初始时，由于 ILS-INS 组合导航滤波算法精度较差，故引入了较差的位置估计信息，导致初始时联邦滤波结果误差较大；随着 ILS-INS 组合导航滤波算法精度的逐渐提高，联邦滤波结果的精度也在逐渐提高。本节所述的联邦滤波算法是在 4.5.1 节的两种滤波算法的基础上进行信息融合的，因此直接将本节联邦滤波结果误差的统计特性与 4.5.1 节中误差的统计特性进行比较。联邦滤波结果误差与 ILS-INS 组合导航滤波算法中的遗忘滤波结果误差的统计特性见表 4-13。

表 4-13　联邦滤波结果误差与 ILS-INS 导航滤波算法中的遗忘滤波结果误差的统计特性

误差类型	均值/m	均方差/m	误差范围/m
联邦滤波结果东向误差	0.0718	1.8588	（-3.6458，3.7894）
ILS-INS 组合导航滤波算法中的遗忘滤波结果东向误差	0.0331	2.3947	（-4.7563，4.8225）
联邦滤波结果北向误差	-0.2881	1.8221	（-4.0523，3.4761）
ILS-INS 组合导航滤波算法中的遗忘滤波结果北向误差	0.1293	2.4746	（-4.8199，5.0785）

由表 4-13 可知，由于引入了 GPS-INS 组合导航滤波算法，因此联邦滤波结果的精度在全航程中明显优于 ILS-INS 组合滤波结果精度。

由于 ILS-INS 组合导航滤波算法的引入，联邦滤波算法得到的误差噪声并非方差一致的噪声，其精度也因引入 ILS-INS 组合导航滤波算法而逐渐提高。因此，本书选取联邦滤波算法和 GPS-INS 组合导航滤波算法在最后 50m 高度内的滤波结果误差的统计特性进行比较，得到的联邦滤波结果误差与 GPS-INS 组合滤波中的自适应导航滤波算法结果误差的统计特性见表 4-14。

表 4-14 联邦滤波结果误差与 GPS-INS 组合导航滤波算法中的自适应滤波结果误差的统计特性

误差类型	均值/m	均方差/m	误差范围/m
联邦滤波结果东向误差	−0.4409	0.5239	(−1.4887, 0.6069)
GPS-INS 组合导航滤波算法中的自适应滤波结果东向误差	0.0584	0.5249	(−0.9914, 1.1082)
联邦滤波结果北向误差	0.0780	0.4637	(−0.4749, 0.8259)
GPS-INS 组合导航滤波算法中的自适应滤波结果北向误差	0.0311	0.6466	(−1.2621, 1.3243)

由表 4-14 可知，虽然统计数量有限，存在均值较大的情况，但是从误差范围看，进近着陆时在飞机拉平机动高度内，联邦滤波结果的精度优于 GPS-INS 组合导航滤波结果的精度。

综合上述仿真结果可知，虽然在特定情况下，联邦滤波结果优于 GPS-INS 组合导航和 ILS-INS 组合导航滤波结果，但是，由于两种子滤波算法的信息分配因子一致，因此当某个导航传感器精度较低时，会在全局引入精度较差的信息量，导致某些时刻联邦滤波结果没有达到理想的精度。为了解决上述问题，本书对信息分配策略进行了研究。

4.6 基于残差的模糊自适应信息分配策略

在联邦滤波算法中，信息分配因子的选取决定了信息融合的性能，因为通过对信息分配因子的调整，能够动态地改变滤波系统的精度、容错性、计算量等性能。为此，需要根据导航传感器信息的有用程度在线调整各个导航传感器的权值，使信息分配因子尽可能地合理，以便获得最优融合结果。本书对联邦滤波算法中信息分配策略进行研究，并采用基于残差模糊控制的方法，采用两种组合导航滤波算法输出的残差在一段移动时间窗口内的方差的比值，作为信息分配因子的判断准则，将两种组合导航滤波算法输出的残差进行比较，利用模糊逻辑根据两者的比值关系的大小调整尺度函数，实现信息分配因子的在线调整，提高算法的性能。

在设计联邦滤波算法时，对信息分配因子，大多采用均分的方式，即每种子滤波算法的信息分配因子均相等。在均分的策略下，当各种子滤波算法均正常工作时，联邦滤波系统综合了各种子滤波算法的特点，具有良好的综合性能。但在实际滤波过程中，由于环境因素干扰、导航传感器发生故障或失效、导航传感器测量精度变化等情况，导致各种子滤波算法的滤波结果并非一成不变。在某个时段或某种工况下，单种子滤波算法的滤波结果精度会明显高于其他子滤波算法，或者单一子滤波算法不能正常工作、滤波结果精度较差。此时，若仍采用均分的信息分配策略，得到的联邦滤波结果不再是最优的估计结果，甚至出现子滤波算法的故障对滤波结果造成影响的情况。因此，针对实际环境下，各种子滤波算法的滤波结果精度时变的特点，联邦滤波算法需要实时调整信息分配因子，保证联邦滤波系统的整体性能向精度高的子滤波算法靠拢。根据具体情况，自动调整信息分配因子，使联邦滤波系统成为一种自适应的融合机制。

4.6.1 基于移动时间窗口的残差计算方法

本书采用两种滤波算法的残差在一定时间窗内的统计特性关系，作为信息分配因子的判断准则。因此，本节对残差计算方法的移动时间窗口的选取进行说明。

1. 残差定义和计算方法

目前，在联邦滤波算法研究中，信息分配因子大多通过各种子滤波算法的估计均方差进行动态调整。估计均方差的含义是使状态估计方差达到最小，即最小方差估计：

$$J = E_{X,Z}\left\{\left[\boldsymbol{X} - \widehat{\boldsymbol{X}}(\boldsymbol{Z})\right]^{\mathrm{T}}\left[\boldsymbol{X} - \widehat{\boldsymbol{X}}(\boldsymbol{Z})\right]\right\} = \min \tag{4-74}$$

在卡尔曼滤波算法中，状态估计均方差体现了估计精度，即当前测量条件下的估计值与真实值的偏差大小。状态估计均方差反映了卡尔曼滤波算法本身的性能，在滤波结果趋于稳定时，状态估计均方差与状态噪声和测量噪声有关，即当卡尔曼滤波算法的参数确定时，状态估计均方差变化幅度较小。因此，当采用基于状态估计均方差对信息分配因子进行调整时，把重点放在滤波算法本身的特性，而并没有较好地反映出导航传感器精度变化时对滤波结果精度的影响。而由前文可知，本书中的 INS-ILS 组合导航滤波结果精度具有随着时间的增大而逐渐增大的特点，为了保证联邦滤波算法得到的信息融合精度，以 INS-ILS 组合导航滤波算法得到的信息所占的比例应该逐渐增大，而利用状态估计均方差矩阵对信息分配因子进行调整，不能达到上述要求。

因此，本书采用残差作为信息分配因子调整的依据，残差能够反映出测量值和预测值之间的偏差。残差的计算公式为

$$\boldsymbol{r}_k = \boldsymbol{Z}_k - \boldsymbol{H}_k \widehat{\boldsymbol{X}}_{k,k-1} \tag{4-75}$$

式中，$\boldsymbol{Z}_k$ 为测量值；$\widehat{\boldsymbol{X}}_{k,k-1}$ 为卡尔曼滤波算法方程中的预测信息；$\boldsymbol{H}_k$ 为测量值与状态变量的关系矩阵。

测量值为惯性导航系统的测量信息和 GPS 或 ILS 的测量信息之间的差值。残差计算公式既包含测量值的实际值，又包含测量值的预测值，根据卡尔曼滤波算法的性质，测量值 $\boldsymbol{Z}_k$ 与预测信息 $\widehat{\boldsymbol{X}}_{k,k-1}$ 为互不相关的高斯噪声。因此，当状态模型准确时，残差可以视作滤波误差的观测值。综上所述，残差能够有效地反映出滤波算法估计值与实际值的误差变化情况，由 4.2.2 节可知，ILS-INS 组合导航滤波结果精度随时间变化。因此，采用残差能够动态地匹配滤波算法的特性。

2. 基于拟合优度检验的移动时间窗口的选取方法

由前文所述残差的计算公式可知，残差由测量值和预测信息组成，两者不相关且服从高斯分布。因此，在时间轴上，残差本质上也具有高斯特性。针对这种情况，本书设置了时间长度为 N 的移动时间窗口，计算该移动时间窗口内的 GPS-INS 组合导航滤波算法和 ILS-INS 组合导航滤波算法残差的均方差，用均方差的大小衡量移动时间窗口内的残差范围。

基于残差的信息分配因子调整策略是，按照当前时间段内两种滤波算法的残差，调整下一时间段内的信息分配因子，即根据残差的变化趋势对未来某时间段信息分配因子进行预测。因此，移动时间窗口的设置不宜过大，避免预测值与实际值的偏差过大。同时，移动时间窗口内的数据应足够多，保证能够体现出该时间窗口内的残差的统计特性。

在两种滤波算法中，ILS-INS 组合导航滤波结果的精度变化较大，但变化趋势较为明显，呈现逐渐减小的趋势；GPS-INS 组合导航滤波结果的精度基本保持一致。因此，在选取移动时间窗口时，应更加关注统计特性指标。

本书采用正态分布拟合优度检验的方法，即 Jarque-Bera 检验，对样本数据是否具有符合正态分布的样本峰度和样本偏度的拟合优度进行检验。Jarque-Bera 检验的统计量定义为

$$J = \frac{S^2}{6/n} + \frac{(K-3)^2}{24/n} \tag{4-76}$$

式中，n 为自由度；S 为样本偏度；K 为样本峰度。

样本偏度和样本峰度的计算公式分别如下：

$$S = \frac{\hat{\mu}^3}{\hat{\sigma}^3} = \frac{\frac{1}{n}\sum_{i=1}^{n}(x_i - \bar{x})^3}{\left(\frac{1}{n}\sum_{i=1}^{n}(x_i - \bar{x})^2\right)^{3/2}} \tag{4-77}$$

$$K = \frac{\hat{\mu}^4}{\hat{\sigma}^4} = \frac{\frac{1}{n}\sum_{i=1}^{n}(x_i - \bar{x})^4}{\left(\frac{1}{n}\sum_{i=1}^{n}(x_i - \bar{x})^2\right)^{4/2}} \tag{4-78}$$

式（4-77）和式（4-78）中，$\hat{\mu}^3$ 和 $\hat{\mu}^4$ 分别是三阶中心距和四阶中心距的估计值；$\bar{x}$ 为样本均值；$\hat{\sigma}^2$ 为二阶中心距。

上述计算公式均根据样本进行计算。若样本具有正态分布的特性，则统计量 J 近似服从自由度为 2 的卡方分布 χ^2；对于正态分布，样本偏度为 0，样本峰度为 3，统计量 J 为 0。若样本不具有正态分布的特性，则统计量为一个逐渐增大的值。因此，根据 Jarque-Bera 检验的统计量 J 的特性，进行以下假设检验。

H_0：样本分布服从正态分布

H_1：样本分布不服从正态分布

给定显著性水平 α，计算自由度为 2 的正态分布在给定显著性水平下的临界值 $\chi_\alpha^2(2)$。

将当前样本下的统计量 J 与临界值比较，若统计量 J 的值超过临界值，则拒绝零假设，认为当前样本分布不服从正态分布；若统计量 J 的值小于临界值，则接受零假设，认为当前样本分布服从正态分布。

3. 移动时间窗口选取方法的仿真验证

根据 4.6.1 节所述的拟合优度检验方法，选取残差的移动时间窗口。当滤波算法完好时，残差为服从高斯分布的白噪声。为了便于进行蒙特卡洛模型仿真验证，采用方差为 10 的随机数模拟残差进行移动时间窗口的选取。

分别设置 10 组数组，采用伪随机数的方式，分配给 10 个数组长度为 20～200 的伪随机数，并进行拟合优度检验，检验这些数组内不同个数的伪随机数是否符合正态分布。根据结果分析该组数据是否符合正态分布，即该组数据是否具有高斯特性，从而确定移动时间窗口的长度。为了提高实验的随机性，采用蒙特卡洛模型仿真，对每个不同长度的数组分别进行 500 次拟合优度检验，并记录其符合正态分布的样本数量。在 Jarque-Bera 检验中，通常默认显著性水平为 0.05。因此，设置显著性水平为 0.05，每个数组均分配给方差为 10 的伪随机数，对每个数组分别做 500 次蒙特卡洛模型仿真，分配伪随机数，并对每次仿真结果进行假设检验，统计服从正态分布的数组的个数。Jarque-Bera 检验统计结果图例如图 4-19 所示。

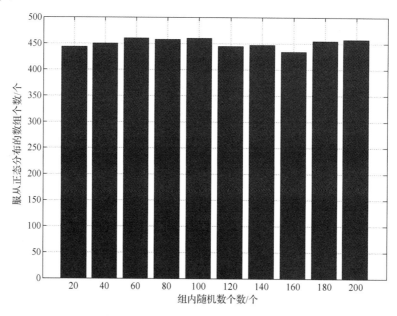

图 4-19　Jarque-Bera 检验统计结果图例

Jarque-Bera 检验统计结果包括 500 次蒙特卡洛模型仿真中服从正态分布的情况见表 4-15。

由表 4-15 可知，统计特性的整体趋势是，随着数组内数据的增多，服从正态分布的数组个数也逐渐增多。由于移动时间窗口的长度不宜过大，因此，按照表 4-15 中的统计结果，选取的移动时间窗口的数据长度 N 为 100 个。在实际应用中，移动时间窗口的长度为数据长度乘以采样时间。

表 4-15 Jarque-Bera 检验统计结果

组内随机数 个数/个	服从正态分布的 数组个数/个	不服从正态分布的 数组个数/个	服从正态分布的 数组比率
20	443	57	88.6%
40	449	51	89.8%
60	460	40	92%
80	457	43	91.4%
100	460	40	92%
120	444	56	88%
140	447	53	89.4%
160	434	66	86.8%
180	454	46	90.8%
200	457	43	91.4%

选定移动时间窗口后，在该时间窗口内，计算滤波算法残差，将该残差存储在移动时间窗口内。然后计算该时间窗口内残差的方差，供后续信息分配使用。

4.6.2 基于模糊控制的信息分配策略

本节利用不同子滤波算法残差的方差比值，以模糊控制方法，对联邦滤波算法信息分配因子进行动态调整。

在实际工程中，对某些系统的输入变量和输出变量之间的映射关系，无法用数学的方法准确地描述，也无法通过建立准确的数学模型模拟这类系统特性。在这种情况下，传统控制方法就显现出不足之处。模糊控制方法的出现就是为了解决控制对象在无精确模型情况下的控制问题，模糊控制是一种非线性的控制方法，也是基于知识或规则的控制方法。模糊控制是指，把自然语言所表达的信息通过专家知识或经验转化为数学函数，并建立输入/输出变量的控制规则，从而实现无精确模型下的控制。相比于传统控制，使用模糊控制方法时，不需要建立完整的模型，只需要根据专家知识或经验，即可确立控制规则。同时，在模糊控制过程中，可以对人的思维进行模拟，将专业经验或知识等信息输入模糊控制系统，能够实现对不精确的输入变量进行推理和自适应的控制。模糊系统的组成如图 4-20 所示。

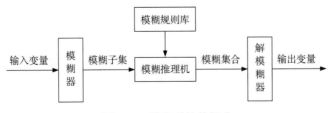

图 4-20 模糊系统的组成

模糊系统由模糊器、解模糊器、模糊推理机和模糊规则库组成，模糊控制的基本原理如下：首先，将输入变量，经过模糊化处理，映射为模糊子集及其隶属度函数，即将输入变量的精确值转化为模糊量。其次，将模糊量输入模糊推理机中，根据模糊规则库内的规则，处理得到模糊集合。最后，将模糊集合输出到解模糊器中，进行解模糊处理，最终输出精确值。模糊控制流程图如图 4-21 所示。

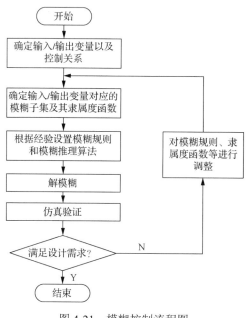

图 4-21　模糊控制流程图

模糊控制流程中的主要原理性方法介绍如下：

1. 模糊子集及其隶属度函数

将输入的精确值映射到模糊子集及其隶属度函数的过程称为模糊化，模糊化是进行模糊控制的前提。因此，模糊子集及其隶属度函数的选择是模糊控制的基础。模糊子集是指将输入变量的值按照语言值划分等级，例如，可将输入的数字划分为较大、一般、较小等语言值，即模糊量；隶属度函数是指将模糊量转化为区间[0,1]内的函数，通过隶属度函数，输入变量的大小转化为区间[0,1]内的隶属度，通过隶属度表述输入变量属于某个模糊集合的程度。隶属度函数的选取方法有很多，常用的包括三角形函数、高斯函数、梯形函数和钟形函数。隶属度函数的选择直接对模糊控制的结果产生影响，但隶属度函数的选择没有固定的标准，可在仿真验证中对隶属度函数逐步进行优化。

2. 模糊规则和模糊推理

模糊规则是指将工程人员的实际经验进行总结归纳而得到的控制语句，模糊规则是模糊控制的核心。目前，模糊控制采用的模糊规则通常为如果-那么（if-then）规则，以单输

入/单输出为例，列举一组模糊规则，即

$$如果 \quad x = A，那么 \quad y = B$$

由上述模糊规则确定一组简单的单输入/单输出的语言规则，按照该规则，即可指定模糊规则表，并进行模糊推理和后续的解模糊。

通常来说，一条模糊规则表示一种决策方式，但在多输入/多输出情况下，各个输入/输出变量关系复杂。因此，在指定模糊规则时，要充分考虑到各种情况。

模糊推理是指基于模糊规则中蕴含的关系以及推理规则，将所有的模糊规则转化为某种映射。模糊关系具有很多表达形式，通常使用乘积和最小值运算。

3. 解模糊

经过模糊逻辑推理得到的输出变量是模糊量，但是模糊控制的输出变量最终要传递给控制机构，需要转化为精确值。因此，需要对模糊量进行解模糊处理，将模糊量转化为精确值，常用的解模糊方法包括最大隶属度法、重心法、平均值法等。

根据模糊控制基本原理，结合本书的研究目的，设计基于残差的模糊控制器。本书中设计的模糊控制器为单输入/单输出的模糊控制器。根据前文所述，残差能够反映卡尔曼滤波算法的准确性，残差越小，卡尔曼滤波结果的精度越高。同时，选取信息分配因子时，需要兼顾两种子滤波结果的精度，保证信息能够较多地倾向于滤波结果精度较高的子滤波算法。因此，本书采用两种子滤波算法残差的均方差比值，对信息分配因子进行调整。根据前文选取的移动时间窗口，计算该时间窗口内两种子滤波算法残差的均方差。本书中的状态估计值为多维向量，但残差的量级过小，不宜使用残差矩阵的迹进行衡量。因此本书选取经度和纬度中的一个量，计算残差的均方差比值，作为模糊控制器的输入变量，即

$$x = D\left(rk_{\text{ILS-INS}}\right) \big/ D\left(rk_{\text{GPS-INS}}\right) \tag{4-79}$$

式中，$D\left(rk_{\text{ILS-INS}}\right)$ 为移动时间窗口内 ILS-INS 组合导航滤波算法残差的均方差；$D\left(rk_{\text{GPS-INS}}\right)$ 为移动时间窗口内 GPS-INS 组合导航滤波算法残差的均方差；x 为模糊控制器的输入变量。当 $x=1$ 时，表明上述两种子滤波结果的精度相当；当 $x>1$ 时，表明当前时刻 GPS-INS 组合导航滤波结果的精度更高，应当适当增加 GPS-INS 组合导航滤波算法信息分配因子的大小；当 $x<1$ 时，表明当前时刻 ILS-INS 组合导航滤波结果精度更高，应适当增加 ILS-INS 导航组合滤波算法信息分配因子的大小。设 y 为模糊控制器的输出变量，即信息分配因子的调整参数。为了便于后续模糊规则的推理，设置输出变量的分配因子为 GPS-INS 组合导航滤波算法的信息分配因子。设输入变量 x 的论域（定义域）为区间 $[0,n]$，设输出变量的论域为区间 $[0,m]$，设置模糊子集为{较大，相等，较小}，选取其隶属度函数，对输入/输出变量进行模糊处理。本书中的模糊控制器采用单输入/单输出的形式，为了简化处理，设置输入/输出变量为同型隶属度函数。三角形函数具有分辨率高、形式简单以及形状便于调整等优点，因此设计三角形函数作为隶属度函数。三角形函数的隶属度函数表达式为

$$\mu(A)=\begin{cases} 0 & x \leqslant a \\ \dfrac{x-a}{b-a} & a \leqslant x \leqslant b \\ \dfrac{c-x}{c-b} & b \leqslant x \leqslant c \\ 0 & x \geqslant c \end{cases} \tag{4-80}$$

式中，a,b,c 均为常数，由经验设定；$\mu(A)$ 为由隶属度函数计算得到的隶属度。

本书中，模糊子集的数量为 3。因此，将模糊子集中不同语言值对应的三角函数叠加得到输入/输出变量的隶属度函数，该函数曲线如图 4-22 所示（用<1，=1，>1 表示模糊子集的元素）。

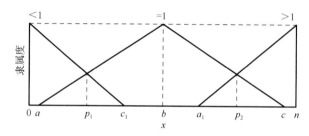

图 4-22　隶属度函数曲线

图 4-22 中，a,b,c 分别是输入变量的模糊子集元素为"=1"时隶属度函数内的参数；c_1 和 a_1 分别是其他模糊子集的隶属度函数内的参数；p_1 和 p_2 分别是不同模糊子集的隶属度函数的交点；横轴为输入变量 x 的论域范围。输出变量的隶属度函数与输入变量的隶属度同型。由图 4-22 可知，在不同的模糊子集中，例如，当元素为"<1"和"=1"时，某个确定的输入变量，如 a 和 c_1 之间的数值会出现两组不同的隶属度。当出现这种情况时，选取某一输入变量下隶属度最大值作为当前的隶属度。

按照上述三角函数的方法，构建输出变量的隶属度函数。对输入/输出变量的模糊规则进行分析，可知其输入变量为 ILS-INS 组合导航滤波算法残差的均方差和 GPS-INS 组合导航滤波算法残差的均方差的比值，输出变量为 GPS-INS 组合导航滤波算法信息分配因子的权重。当输入的比值>1，意味着 GPS-INS 组合导航滤波结果的精度较高，此时，需要将 GPS-INS 组合导航滤波器信息分配因子的权重增大，以提高联邦滤波结果精度；当输入的比值<1，意味着 ILS-INS 组合导航滤波结果的精度较高，此时需要将 ILS-INS 组合导航滤波算法信息分配因子的权重增大，以提高联邦滤波结果精度。因此，模糊推理的规则如下：

$$如果 \ x \in (<1)，那么 \ y \in (<1)$$
$$如果 \ x \in (=1)，那么 \ y \in (=1)$$
$$如果 \ x \in (>1)，那么 \ y \in (>1)$$

上述规则中，x 为输入的残差均方差比值，y 为输出的信息分配因子的权重。模糊规则见表 4-16。

表 4-16 模糊规则

残差均方差比值（输入变量）	信息分配因子的权重（输出变量）
较小	较小
一般	一般
较大	较大

本书提出的基于残差的信息分配因子的分配策略是一个典型的单输入/单输出情况。因此，在模糊推理时，一个输入信号仅对应一个隶属度。在解模糊时，采用最大平均法计算解模糊后的具体输出值。

4.6.3 信息分配策略仿真验证

根据 4.6.2 节的理论，对信息分配策略进行仿真验证。设置输入变量和输出变量的隶属度为{较小，等于，较大}，为了便于表示，分别用符号{<1, =1, >1}进行表示。对单输入/单输出情况，输入的模糊集简单，因此采用三角函数作为隶属度函数。隶属度函数构造思路如下：

设置输入函数的论域。本书模糊控制的输入变量为前文所述的移动时间窗口内的残差均方差的比值，根据拟合优度检验结果，本书设置移动时间窗口内有 100 个数据，联邦滤波的周期为 0.2s，因此移动时间窗口的时间维长度为 20s。当残差均方差比值为 1 时，输出的信息分配因子的权重应为 1，即保持两种子滤波算法的信息分配因子一致。残差均方差比值不应小于 0，设置输入函数的论域为[0,2]，按照所设置的隶属度，即{比值较小，比值相等，比值较大}，设置论域对应的范围：比值"较小"对应区间[0,0.9]，比值"相等"对应区间[0.8,1.2]，比值"较大"对应区间[1.1,2]。采用三角函数作为隶属度函数，输入的隶属度函数为

$$\beta = \begin{cases} \mu_{<1}(x) = -\dfrac{10}{9}x + 1 & 0 \leqslant x \leqslant 0.9 \\[2mm] \mu_{=1}(x) = \begin{cases} 2x-1 & 0.5 \leqslant x \leqslant 1 \\ -2x+3 & 1 \leqslant x \leqslant 1.5 \end{cases} \\[3mm] \mu_{>1}(x) = \dfrac{10}{9}x - \dfrac{11}{9} & 1.1 \leqslant x \leqslant 2 \end{cases} \tag{4-81}$$

式中，x 为输入的残差均方差比值；β 为经过隶属度函数计算得到的隶属度。

该隶属度函数曲线如图 4-23 所示。

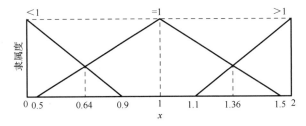

图 4-23 隶属度 β 函数曲线

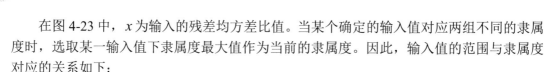

在图 4-23 中，x 为输入的残差均方差比值。当某个确定的输入值对应两组不同的隶属度时，选取某一输入值下隶属度最大值作为当前的隶属度。因此，输入值的范围与隶属度对应的关系如下：

$$如果 \quad x \in [0, 0.64]，那么 \quad x \in (<1)$$
$$如果 \quad x \in [0.64, 1.36]，那么 \quad x \in (<1)$$
$$如果 \quad x \in [1.36, 2]，那么 \quad x \in (<1)$$

由 4.6.2 节中的模糊规则推导结果可知，本书中的输入值和输出值的隶属度对应一致。因此，上式可转化为

$$如果 \quad x \in [0, 0.64]，那么 \quad y \in (<1)$$
$$如果 \quad x \in [0.64, 1.36]，那么 \quad y \in (<1)$$
$$如果 \quad x \in [1.36, 2]，那么 \quad y \in (<1)$$

由上述推理可知，可通过输入的残差均方差比值的大小，确定输出值的隶属度。与前文输入的方法一致，建立输出函数的隶属度函数。输出函数为参数调整因子，将输出函数的论域设置为区间 [0.7, 1.3]，令此类隶属度函数的选取规则为分配方法 1，建立其隶属度函数，即

$$W = \begin{cases} \mu_{<1}(y) = -5y + 4.5 & 0.7 \leqslant y \leqslant 0.9 \\ \mu_{=1}(y) = \begin{cases} 5y - 4 & 0.8 \leqslant y \leqslant 1 \\ -5y + 6 & 1 \leqslant y \leqslant 1.2 \end{cases} \\ \mu_{>1}(y) = 5y - 5.5 & 1.1 \leqslant y \leqslant 1.3 \end{cases} \tag{4-82}$$

式中，y 为输出的信息分配因子的权重；W 为通过隶属度函数计算得到的隶属度。

隶属度函数曲线如图 4-24 所示。

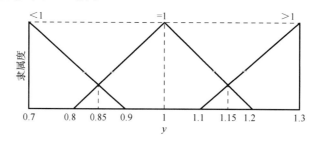

图 4-24　隶属度函数曲线

按照前文的模糊推理，可将输入值的隶属度 β，代入隶属度相同的输出函数的隶属度函数中，反解出输出的信息分配因子的权重。其计算方法为

$$如果 \quad y \in (<1)，那么 \quad y = 0.9 - 0.2\beta$$
$$如果 \quad y \in (=1)，那么 \quad y = 1 + 0.2(1 - \beta) \cdot \text{sign}(x - 1)$$
$$如果 \quad y \in (>1)，那么 \quad y = 1.1 + 0.2\beta$$

其中，sign 函数为分段函数，当 $x-1>0$，函数值为 1；当 $x-1<0$，函数值为 -1。

$$\text{sign}(x-1) = \begin{cases} 1, & x-1>0 \\ -1, & x-1<0 \end{cases} \tag{4-83}$$

通过上述推导，即可将两种子滤波算法输出的残差均方差比值，转化为自适应的信息分配因子。其中，模糊控制器输出的 y 值范围为 [0.7,1.3]。在此做归一化处理，将输出的 y 值乘以 0.5，作为 GPS-INS 组合导航滤波算法的信息分配因子。根据信息守恒原则，ILS-INS 组合导航滤波算法的信息分配因子与 GPS-INS 组合导航滤波算法的信息分配因子的和为 1，ILS-INS 组合导航滤波算法的信息分配因子为 $1-y$ 乘以 0.5。

由 4.5.1 节介绍的子滤波算法的构造可知，在 GPS-INS 组合导航滤波算法和 ILS-INS 组合导航滤波算法中，对高度，均采用同一测量信息源 ADS 的测量高度。测量精度一致，信息分配因子对高度的滤波结果影响不大。因此，仅对经纬位置坐标误差进行仿真验证。为了便于观察，将经纬位置坐标误差转换为东向误差和北向误差。模糊自适应信息分配因子分配方法 1 的联邦滤波结果误差如图 4-25 所示。

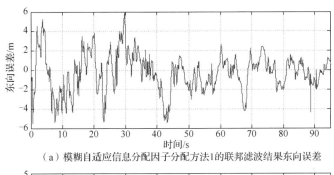

（a）模糊自适应信息分配因子分配方法 1 的联邦滤波结果东向误差

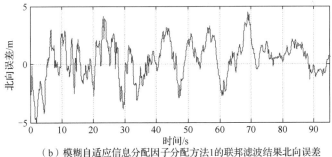

（b）模糊自适应信息分配因子分配方法 1 的联邦滤波结果北向误差

图 4-25　模糊自适应信息分配因子分配方法 1 的联邦滤波结果误差

更改输出值的隶属度函数，将输出值的论域扩大为 [0.5,1.5]，令此类输出值的隶属度函数的选取规则为分配方法 2，则输出的隶属度函数变为

$$W = \begin{cases} \mu_{<1}(y) = -2.5y+2.25 & 0.5 \leqslant y \leqslant 0.9 \\ \mu_{=1}(y) = \begin{cases} 5y-4 & 0.8 \leqslant y \leqslant 1 \\ -5y+6 & 1 \leqslant y \leqslant 1.2 \end{cases} \\ \mu_{>1}(y) = 2.5y-2.75 & 1.1 \leqslant y \leqslant 1.5 \end{cases} \tag{4-84}$$

输出信息分配因子权重的计算方法为

$$如果 \quad y \in (<1)，那么 \quad y = 0.9 - 0.4\beta$$

$$如果 \quad y \in (=1)，那么 \quad y = 1 + 0.2(1-\beta) \cdot \text{sign}(x-1)$$

$$如果 \quad y \in (>1)，那么 \quad y = 1.1 + 0.4\beta$$

对分配方法 2 进行仿真验证，把计算得到的纬经高坐标误差转换为东向误差和北向误差。模糊自适应信息分配因子分配方法 2 的联邦滤波结果误差如图 4-26 所示。

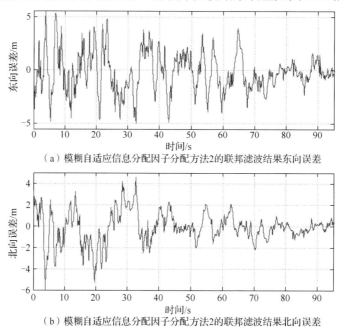

（a）模糊自适应信息分配因子分配方法2的联邦滤波结果东向误差

（b）模糊自适应信息分配因子分配方法2的联邦滤波结果北向误差

图 4-26　模糊自适应信息分配因子分配方法 2 的联邦滤波结果误差

更改输出的隶属度函数，将输出值的论域扩大为[0.2,1.8]。令此类输出值的隶属度函数的选取规则为分配方法 3，则输出值的隶属度函数变更为

$$W = \begin{cases} \mu_{<1}(y) = -\dfrac{10}{7}y + \dfrac{9}{7} & 0.2 \leqslant y \leqslant 0.9 \\[2mm] \mu_{=1}(y) = \begin{cases} 5y - 4 & 0.8 \leqslant y \leqslant 1 \\ -5y + 6 & 1 \leqslant y \leqslant 1.2 \end{cases} \\[4mm] \mu_{>1}(y) = \dfrac{10}{7}y - \dfrac{11}{7} & 1.1 \leqslant y \leqslant 1.8 \end{cases} \qquad (4\text{-}85)$$

输出的信息分配因子权重的计算方法为

$$如果 \quad y \in (<1)，那么 \quad y = 0.9 - 0.7\beta$$

$$如果 \quad y \in (=1)，那么 \quad y = 1 + 0.2(1-\beta) \cdot \text{sign}(x-1)$$

$$如果 \quad y \in (>1)，那么 \quad y = 1.1 + 0.7\beta$$

对分配方法 3 进行仿真验证，把计算得到的纬经高坐标误差转换为东向误差和北向误差。模糊自适应信息分配因子分配方法 3 的联邦滤波结果误差如图 4-27 所示。

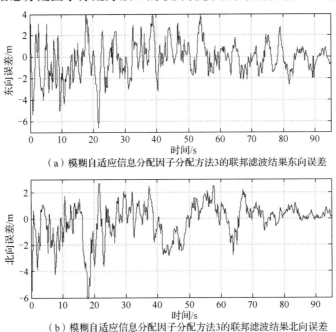

（a）模糊自适应信息分配因子分配方法3的联邦滤波结果东向误差

（b）模糊自适应信息分配因子分配方法3的联邦滤波结果北向误差

图 4-27 模糊自适应信息分配因子分配方法 3 的联邦滤波结果误差

对上述 3 种模糊自适应信息分配因子分配方法的误差进行统计特性分析，并与 4.5.2 节中的信息分配因子均分情况下的误差进行对比不同信息分配因子分配方法下的联邦滤波结果误差的统计特性见表 4-17 和表 4-18。

表 4-17 不同信息分配因子分配方法下的联邦滤波结果东向误差的统计特性

对比项	均值/m	均方差/m	误差范围/m
信息分配因子均分	0.0718	1.8588	（−3.6458，3.7894）
信息分配因子分配方法 1	−0.2129	1.8272	（−3.8673，3.4415）
信息分配因子分配方法 2	−0.0330	1.7789	（−3.5908，3.5248）
信息分配因子分配方法 3	−0.2043	1.5574	（−3.3191，2.9105）

表 4-18 不同信息分配因子分配方法下的联邦滤波结果北向误差的统计特性

对比项	均值/m	均方差/m	误差范围/m
信息分配因子均分	−0.2881	1.8221	（−3.9323，3.3561）
信息分配因子分配方法 1	−0.0960	1.4453	（−2.9866，2.7946）
信息分配因子分配方法 2	−0.4955	1.7682	（−4.0319，3.0409）
信息分配因子分配方法 3	0.1989	1.4067	（−2.6145，3.0123）

由表 4-17 和表 4-18 可知，当逐步增大信息分配因子权重的论域范围时，联邦滤波结果精度呈现明显提高的趋势。因此，本书选取信息分配因子分配方法 3 作为本书的信息分配因子权重分配方法。本书给出了一种信息分配因子权重分配的方法，在实际工程中，需要根据输入值/输出值的特性和模糊逻辑关系对输入值/输出值的论域以及隶属度进行调整，以期得到较好的结果。

本 章 小 结

　　本章对多源导航传感器的数据预处理算法和信息融合技术进行了研究。在数据预处理方面，针对不同导航传感器测量频率不一致的问题，提出了基于内插外推法和基于最小二乘法的时间配准方法；针对不同导航源测量基准不一致的问题，提出了以地理坐标系为基准的空间配准方法；为剔除信号野点，提出了基于五点三次最小二乘的信号平滑方法。在多源导航传感器信息融合的基础上，建立了基于联邦滤波算法的信息融合框架，并对联邦滤波算法的信息分配进行了研究，提出了基于残差的模糊自适应信息分配策略。

第5章　大型客机 CAT III A/B 着陆导航传感器管理策略

5.1　概　　述

导航传感器管理策略是本书的核心内容之一，该策略主要用于解决以下问题：对各个导航传感器的测量信息进行实时监控，对误差告警信息进行处理，进而调整信息融合算法，保证导航信息的连续性。

5.2　基于测量一致性的完好性监控策略

本书中，完好性监控策略主要用于解决如何进行用户级完好性监控，监测导航传感器模型输出的测量信息，实现故障的检测和排除。联邦滤波算法的优点在于，其子滤波算法是单独进行更新的，因此对子滤波算法中的导航传感器故障进行诊断和处理的同时，能够保持整体框架的导航信息连续输出；当某一子滤波算法被检测出故障后，其他无故障的子滤波算法继续进行信息分配和信息融合，发生故障的子滤波算法输出值被切断，不再参与信息融合过程。由此可知，误差检验算法的设计在联邦滤波算法中尤为重要。本书在联邦滤波算法的基础上进行完好性监控，对子滤波算法进行故障检测，以确定其有效性，然后计算局部滤波结果。

传统的故障诊断多采用滤波算法的残差构造统计量进行比较检验。需要注意的是，虽然联邦滤波算法为全局最优的滤波算法，但是其各种子滤波算法会放大误差均方差，并非严格意义上的最优卡尔曼滤波算法。因此，直接用子滤波算法的估计值与预测均方差进行二次检验，得到的故障诊断结果必定是不准确的。

本书采用基于测量一致性的方法实现完好性监控，基本思路如下：首先，利用状态递推器，根据参考系统的先验信息以及无故障时刻的融合信息，构造状态的无偏估计值；其次，将构造得到的无偏估计值作为子滤波算法测量值的估计值，将该测量值估计值的统计特性与各种子滤波器测量值的统计特性进行比较；最后，根据不同的故障情况构造偏差统计量，进行假设检验，以判断子滤波算法是否存在故障。基于测量一致性的故障检测原理示意如图 5-1 所示。

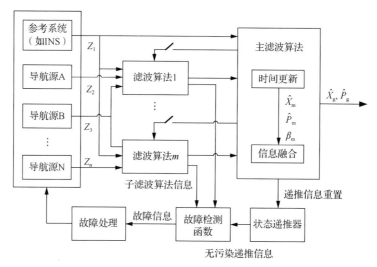

图 5-1　基于测量一致性的故障检测原理示意

以联邦滤波算法为基础的测量一致性完好监控策略的优点体现在以下 4 个方面：

（1）信息融合的周期可以大于子滤波的周期，因此，在信息融合之前，子滤波算法的故障有较长的时间发展到主滤波算法可以检测到的程度，在一定程度上可以避免漏检故障。

（2）各种子滤波算法自身子系统误差状态是分开估计的，子系统的误差状态在滤波周期内不会受到其他子系统的故障影响。

（3）某个子系统的故障被检测和隔离后，其他正常的子滤波算法的解仍然存在，利用正常的子滤波算法，经过简单的信息融合算法即可得到全局解，故障的恢复能力很强。

（4）状态递推器的初值是由无故障时刻的联邦滤波算法输出值代替的，因此状态递推器的精度较高。

导航传感器的常见故障按故障程度的大小可分为硬故障和软故障，硬故障一般指导航传感器结构存在的故障，具体表现为导航传感器测量信息变化幅值较大，变化突然；软故障一般指特性的变化，具体表现为导航传感器测量信息变化幅值较小。变化缓慢。本书针对导航传感器常见的软、硬两种故障类型，分别设计对应的故障检测算法，利用状态递推器的无偏估计值，对各个导航传感器的测量信息进行完好性监控。

5.2.1　状态递推器构造方法

在进行完好性监控时，需要采用测量一致性的方法，即利用无污染的估计值与待检测导航传感器测量信息进行比较检验。根据联邦滤波算法中的子滤波算法的次优性，本书通过构造状态的无偏估计值代替子滤波算法中的卡尔曼滤波结果，结合测量信息构造故障检测函数。

本书采用状态递推器构造无污染的估计。状态递推器是指，不利用导航传感器的测量信息，仅用递推的方式对状态进行估计。状态递推器的具体构造方法是在联邦滤波算法的基础上，选取某一时刻的联邦滤波算法输出的无故障信号，把它输入状态递推器，并且把这些信号作为初值进行迭代，得到任意时刻的状态无偏估计值。在子滤波算法进行信息融合前，将状态递推器的递推结果和各种子滤波算法的测量值进行比较检验，进行故障检测。状态递推器具体的构造方法如下。

根据前文已知，本书中构造的状态方程和测量方程如下：

$$\begin{cases} \boldsymbol{X}_k = \boldsymbol{\Phi}_{k,k-1}\boldsymbol{X}_{k-1} + \boldsymbol{W}_{k-1} \\ \boldsymbol{Z}_k = \boldsymbol{H}_k\boldsymbol{X}_k + \boldsymbol{V}_k \end{cases} \tag{5-1}$$

式中，$\boldsymbol{X}_k$ 和 $\boldsymbol{X}_{k-1}$ 分别为前后两个时刻的惯性导航系统测量信息误差值；$\boldsymbol{\Phi}_{k,k-1}$ 矩阵为根据惯性导航系统测量信息误差方程得到的转移矩阵；$\boldsymbol{W}_{k-1}$ 矩阵为陀螺仪漂移误差和加速度计零漂误差；$\boldsymbol{Z}_k$ 为全球定位系统（GPS）或仪表着陆系统（ILS）测量的更精确的位置信息与惯性导航系统测量位置信息的差值；$\boldsymbol{H}_k$ 为测量矩阵；$\boldsymbol{V}_k$ 为全球定位系统与仪表着陆系统测量位置的信息的误差。

其中，测量误差和状态误差均为零均值，是互不相关的噪声矩阵。假设系统具有高斯初始条件，标准卡尔曼滤波算法可分为时间更新和测量值更新两个过程，参考式（4-43）和式（4-44）。

根据卡尔曼滤波算法的特点，为了充分利用所有信息，采用预测加修正的形式。其中，时间更新将前一时刻和当前时刻的信息联系起来，测量值更新则是将测量值中的信息修正为预测量。因此，当导航传感器存在故障时，会直接影响到卡尔曼滤波算法的测量值更新。

状态递推器将卡尔曼滤波算法方程化简，只根据参考系统（如惯性导航系统）的状态方程，而不采用卡尔曼滤波算法的测量值更新，避免了由导航传感器故障引起的测量信息误差污染滤波结果。状态递推器的递推公式为

$$\begin{aligned} \hat{\boldsymbol{X}}_k^s &= \boldsymbol{\Phi}_{k,k-1}\hat{\boldsymbol{X}}_{k-1}^s \\ \boldsymbol{P}_k^s &= \boldsymbol{\Phi}_{k,k-1}\boldsymbol{P}_{k-1}^s\boldsymbol{\Phi}_{k,k-1}^{\mathrm{T}} + \boldsymbol{\Gamma}_{k-1}\boldsymbol{Q}_{k-1}\boldsymbol{\Gamma}_{k-1}^{\mathrm{T}} \end{aligned} \tag{5-2}$$

但是，若单独采用卡尔曼滤波算法的时间更新，忽略测量方程中信息获取的不充分，则卡尔曼滤波算法的修正将不复存在。因此，更新时间越长，递推值与真实值的差距会越来越大。为了避免状态递推器随时间增长的误差发散程度太大，导致导航传感器故障检测的精度受到影响，可采用固定周期，每个周期内用联邦滤波算法的输出值重置状态递推器的初值，减小递推的误差，提高故障检测的灵敏度。

采用联邦滤波结果重置状态递推器初值的方法虽然能够提高状态递推器的精度，但是联邦滤波算法的更新周期与子滤波算法的更新周期一致，一旦导航传感器存在故障，联邦滤波结果将会立即被污染。如果在故障检测前，联邦滤波算法的故障信息对状态递推器进行重置，就会对故障检测的精度造成很大的影响。为了进一步提高故障检测的灵敏度，可采用双状态递推器的方法，即两个状态递推器交替进行，在同一个周期内，两个状态递推器的作用不同，一个作故障检测用时，另一个由联邦滤波算法输出值实时进行校正；在下一个周期两者的作用则进行交换。这样，在重置的时间段内，状态递推器被实时地校正，就可以保持状态递推器的误差不被扩大。在实际的故障检测场景下，可根据具体的完好性

时间要求，设置双状态递推器的交替时间。采用双状态递推器能够有效地提高递推值精度，但会带来较大的计算量。

5.2.2 基于残差卡方检验的导航传感器故障诊断算法

本节利用残差卡方检验方法（后文中用符号 χ^2 代替卡方）对导航传感器硬故障进行诊断。残差卡方检验是指，将各种子滤波算法实时计算得到的残差与理想情况下的残差的方差，构造成服从卡方分布的故障检测函数，通过对故障检测函数值与阈值的比较，判断联邦滤波算法是否存在故障。

残差的本质是指测量值与测量值的预测值之间的误差，其计算公式为

$$r_k = Z_k - H_k \widehat{X}_{k,k-1} \tag{5-3}$$

式中，Z_k 为导航传感器的测量信息；$\widehat{X}_{k,k-1}$ 为根据状态方程递推得到的状态预测值。

由于本书中的故障检测是以联邦滤波算法为基础进行的，因此，当前时刻的状态预测值 $\widehat{X}_{k,k-1}$ 与待检测的导航传感器测量信息 Z_k 同时输入故障检测模块进行检测。状态预测值 $\widehat{X}_{k,k-1}$ 的计算公式为

$$\hat{X}_{k,k-1} = \boldsymbol{\Phi}_{k,k-1} X_{k-1} \tag{5-4}$$

式中，X_{k-1} 为前一时刻的估计值；$\boldsymbol{\Phi}_{k,k-1}$ 为状态转移矩阵。

当故障发生时，当前时刻状态的预测值未受到影响，此时残差发生明显的变化。因此，对具有变化明显且故障幅度较大的硬故障，以残差为判断依据对故障进行检测。

已知子滤波算法的残差为 r_k，残差由测量值和测量值的预测值计算得到，两者无相关性，且均为服从高斯分布的白噪声。因此，当子滤波算法的导航传感器无故障时，卡尔曼滤波算法的残差是服从高斯分布的零均值白噪声，无故障时残差的方差的推导公式如下：

$$A_k = E\left[r_k r_k^{\mathrm{T}}\right] = E\left[\left(Z_k - H_k \widehat{X}_{k,k-1}\right)\left(Z_k - H_k \widehat{X}_{k,k-1}\right)^{\mathrm{T}}\right] \tag{5-5}$$

$$A_k = E\left[Z_k Z_k^{\mathrm{T}}\right] + H_k E\left[\widehat{X}_{k,k-1} \widehat{X}_{k,k-1}^{\mathrm{T}}\right] H_k^{\mathrm{T}} \tag{5-6}$$

$$A_k = H_k P_{k,k-1} H_k^{\mathrm{T}} + R_k \tag{5-7}$$

式中，$P_{k,k-1}$ 为当前子滤波算法的预测均方差；R_k 为待检测导航传感器测量误差矩阵；H_k 为测量值与状态值的关系矩阵。

残差卡方检验的原理与检验方法介绍如下：

当导航传感器存在故障时，子滤波算法残差 r_k 的均值将不再为零。因此，可以通过对残差 r_k 的均值进行假设检验，确定导航传感器是否存在故障。

对残差 r_k 做出二元假设检验如下：

H_0：无故障，$E(r_k) = 0$，$E(r_k r_k^{\mathrm{T}}) = A_k$；

H_1：有故障，$E(r_k) = \mu$，$E\left[(r_k - \mu)(r_k - \mu)^{\mathrm{T}}\right] = A_k$。

在假设检验中，当前残差的方差需要与无故障情况下残差的方差进行比较，根据残差的方差计算公式，当导航传感器存在故障时，状态预测均方差矩阵 $\boldsymbol{P}_{k,k-1}$ 也会出现偏差。因此，对无故障情况下残差的方差，采用状态递推器得到的递推预测均方差矩阵 $\boldsymbol{P}_{k,k-1}^{s}$ 进行代替。无故障情况下的残差的方差计算公式为

$$\boldsymbol{A}_k = \boldsymbol{H}_k \boldsymbol{P}_{k,k-1}^{s} \boldsymbol{H}_k^{\mathrm{T}} + \boldsymbol{R}_k \tag{5-8}$$

构造服从 χ^2 分布的故障检测函数，设测量值的维数为 m，各个元素之间无相关性：

$$\boldsymbol{r}_k = \left[r_{k,1}, r_{k,2}, \cdots, r_{k,m} \right] \tag{5-9}$$

当导航传感器无故障时，残差内的任意元素服从零均值的正态分布：

$$r_{k,i} \sim N\left(0, \sigma_i^2\right) \tag{5-10}$$

式中，σ_i^2 为残差内元素对应的方差。

将残差内所有元素除以对应的方差，即可化为（0，1）型的标准正态分布，即

$$\boldsymbol{r}_k^{'} = \left[\frac{r_{k,1}}{\sigma_1}, \frac{r_{k,2}}{\sigma_2}, \cdots, \frac{r_{k,m}}{\sigma_m} \right]^{\mathrm{T}} \tag{5-11}$$

根据 χ^2 分布的性质，多个线性无关且服从标准正态分布的样本的平方即可构成自由度为样本数量的 χ^2 分布。因此，上述各个元素的平方和服从自由度为 m 的正态分布表达式为

$$\left(\frac{r_{k,1}}{\sigma_1}\right)^2 + \left(\frac{r_{k,2}}{\sigma_2}\right)^2 + \cdots + \left(\frac{r_{k,m}}{\sigma_m}\right)^2 \sim \chi^2\left(m\right) \tag{5-12}$$

把上式转化为矩阵形式，即

$$\boldsymbol{r}_k^{\mathrm{T}} \begin{bmatrix} \sigma_1 & & & \\ & \sigma_2 & & \\ & & \ddots & \\ & & & \sigma_m \end{bmatrix} \begin{bmatrix} \sigma_1 & & & \\ & \sigma_2 & & \\ & & \ddots & \\ & & & \sigma_m \end{bmatrix} \boldsymbol{r}_k = \boldsymbol{r}_k^{\mathrm{T}} \boldsymbol{A}_k^{-1} \boldsymbol{r}_k \tag{5-13}$$

式中，$\boldsymbol{A}_k$ 为无故障情况下残差的方差矩阵，即前文中通过状态递推器的递推公式得到的方差矩阵。

因此，对于残差 χ^2 检验，构造如下故障检测函数：

$$\lambda_k = \boldsymbol{r}_k^{\mathrm{T}} \boldsymbol{A}_k^{-1} \boldsymbol{r}_k \tag{5-14}$$

式中，λ_k 为服从自由度为 m 的正态分布；m 为测量信息的维数。

故障的判定标准如下：
若 $\lambda_k > T_{\mathrm{D}}$，则判定为有故障；
若 $\lambda_k \leqslant T_{\mathrm{D}}$，则判定为无故障。

其中，T_{D} 为预先设定的阈值，阈值的大小决定了故障检测的性能。当预先给出了误检率 P_{f} 时，根据奈曼-皮尔逊准则可知，阈值与误检率 P_{f} 和漏检率 P_{m} 相关。误检率为系统无故障但故障检测模块判定系统存在故障的概率，漏检率为系统存在故障但故障检测模块判

定系统无故障的概率。当给定误检率 $P_f = \alpha$ 时，即

$$P_f = P[\lambda_k \geq T_D \mid H_0] = \alpha \qquad (5\text{-}15)$$

由上式求解出的阈值 T_D 能够使漏检率 $P_m = P[\lambda_k \leq T_D \mid H_0]$ 达到最小，因此，阈值 T_D 能通过误检率 P_f 确定。

根据误检率 $P_f = \alpha$，可根据 χ^2 分布给定阈值，阈值之外的曲线面积确定，则误检率计算公式为

$$P_f = \int_{T_D}^{\infty} \chi^2 (\lambda, n) \qquad (5\text{-}16)$$

综上可知，若给定了期望值（均值）和的误检率值，就可以根据 χ^2 分布求出阈值 T_D。

利用残差 χ^2 检验的方法能够实现对导航传感器硬故障的检测，并且由于联邦滤波算法中的子滤波算法独立滤波，残差 χ^2 检验的方法能够对导航传感器硬故障迅速反应。但是，残差 χ^2 检验对导航传感器软故障的检验不甚有效。因为导航传感器软故障具有初值小、变化缓慢的特点，同时，根据残差的计算公式，当起始故障幅值过小而无法对故障进行检测时，有故障的导航传感器测量值将影响状态预测值 $\hat{X}_{k,k-1}$，使得状态预测值逐渐对故障下的测量值进行跟踪，残差一直处于变化较小的情况，很难用残差卡方检验方法对导航传感器软故障进行检测。

5.2.3 基于残差序贯概率比检验的导航传感器故障诊断算法

序贯概率比检验是一种不固定待检验样本数的似然比检验方法，按照某种精度或某种规则，给定一个抽样停止的规则，对不断增加的抽样值反复进行似然比检验，直到符合抽样停止规则为止。相比于残差卡方检验方法，残差序贯概率比检验方法更适合于导航传感器软故障的检测。因此，本书采用基于残差的序贯概率比检验方法，弥补卡方检验方法无法检测导航传感器软故障的缺点。

序贯概率比检验不规定样本数，具体待检验样本数在实验过程中确定。残差序贯概率比检验方法如下：在设定阈值之后，从获得的第一组样本数据开始，就直接进行似然比检验。如果依据检验结果能够做出待检测样本存在故障的判断，则检验结束；若故障检测模块不能做出判断，继续获得新的样本数据，并将新的样本数据与在当前时刻之前存储的所有数据按照同样的规则进行联合似然比检验，直到故障检测模块能够做出判断为止。

本书基于残差的序贯概率比检验原理和方法如下：

采用残差作为检验的数据来源，按照式（5-3）计算各种子滤波算法在当前时刻的残差。各种子滤波算法的导航传感器无故障时，残差服从高斯分布。此时，残差的方差可按式（5-8）计算。

序贯概率比检验与卡方检验在检验函数的构造上存在差异。卡方检验需要对残差的整体进行代入计算，通过检验函数计算得到一个具体的数值，而残差一般为多维向量的形式，卡方检验对全部参数集中进行检验，而序贯概率比检验需要对单独的样本进行检验。本书

对残差向量中的状态值分别进行检验，以残差向量中的任意状态为例进行推导。当各个导航传感器无故障时，根据前文，任意状态的残差服从高斯分布：

$$r_{k,i} \sim \left(0, A_k\left(i,i\right)\right) \tag{5-17}$$

式中，$r_{k,i}$ 为残差向量中的任意状态值对应的残差；$A_k\left(i,i\right)$ 为无故障情况下对应的方差。

设 $\sigma_i = A_k\left(i,i\right)$，进行假设检验。

H_0：无故障，$\sigma_i = A_k\left(i,i\right)$，$E\left(r_{k,i}r_{k,i}^{\mathrm{T}}\right) = \sigma_i$；

H_1：有故障，$E\left(r_{k,i}\right) = \mu$，$E\left[\left(r_{k,i} - \mu\right)\left(r_{k,i} - \mu\right)^{\mathrm{T}}\right] = \sigma_i$

假设当前待检测状态数目为 n，则 n 个状态的样本独立同分布。因此，当接受假设 H_0 时，n 个状态的联合分布密度函数为

$$L_0\left(x_1, x_2, \cdots, x_n\right) = \sup_{\theta \in \theta_0} L_0\left(x_1, x_2, \cdots, x_n; \theta\right) = \left[\frac{1}{\sqrt{2\pi}\sigma_i}\right]^n \mathrm{e}^{\left\{-\frac{1}{2\sigma_i^2}\sum_{i=1}^{n} x_i^2\right\}} \tag{5-18}$$

当拒绝假设 H_0 时，n 个状态的联合分布密度函数为

$$L_1\left(x_1, x_2, \cdots, x_n\right) = \sup_{\theta \notin \theta_0} L_1\left(x_1, x_2, \cdots, x_n; \theta\right) = \left[\frac{1}{\sqrt{2\pi}\sigma_i}\right]^n \mathrm{e}^{\left\{-\frac{1}{2\sigma_i^2}\sum_{i=1}^{n} \left(x_i - \bar{x}\right)^2\right\}} \tag{5-19}$$

其中，σ_i 为 n 个状态的方差，$\bar{x}$ 为 n 个状态的样本均值。根据上述两组函数，构造似然比检验函数，即

$$\lambda\left(x_1, x_2, \cdots, x_n\right) = \mathrm{e}^{\frac{n}{2\sigma_i^2}\bar{x}^2} \tag{5-20}$$

故障的判别标准如下：

若 $\lambda > T_{\mathrm{D}}$，则判定为有故障；

若 $\lambda \leqslant T_{\mathrm{D}}$，则判定为无故障。

根据误检率 P_{f} 和漏检率 P_{m} 计算得到序贯概率比函数的检测门限，计算公式为

$$T_{\mathrm{D}} \approx \ln\left(\frac{1 - P_{\mathrm{m}}}{P_{\mathrm{f}}}\right) \tag{5-21}$$

确定误检率和漏检率后，即可通过上式计算得到阈值。

5.2.4　基于最小错误概率的阈值选取规则

根据前文可知，对不同的检验方法，均需要设置阈值判断导航传感器是否存在故障，而阈值选取过大会造成很高的误检率，阈值选取过小则会导致漏检的发生。因此，合理地选取阈值是故障诊断过程中需要解决的重要问题。本书从误检率和漏检率与阈值的关系入手，介绍一种基于最小错误概率的阈值选取规则，并对阈值选取规则进行仿真验证。

1. 基于最小错误概率的阈值选取原理

在进行阈值选取前，对阈值、误检率和漏检率的关系进行说明，具体如下：

误检率 P_f 为系统状态正常时，故障诊断模块做出系统故障的错误判断的概率；漏检率 P_m 为系统状态异常时，故障诊断模块做出系统正常的错误判断的概率。为了说明两者之间的关系，首先假设事件 H_0 表示系统无故障，事件 H_1 表示系统有故障，假设待检测量为 z，则系统无故障时待检测量的概率密度函数为 $p_1(z|H_0)$，系统存在故障时待检测量的概率密度函数为 $p_2(z|H_1)$。假设误检率和漏检率的分布函数分别为 $P_1(z|H_0)$ 与 $P_1(z|H_1)$。误检率和漏检率与阈值的关系如图 5-2 所示。

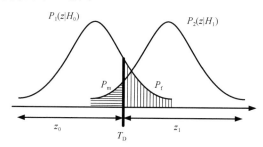

图 5-2　误检率和漏检率与阈值的关系

阈值为判断系统存在故障与否的依据。由图 5-2 可知，误检率可理解为当系统无故障时，待检测函数分布密度函数为 $p_1(z|H_0)$，此时误判系统存在故障，即超出阈值。因此，误检率可以通过分布密度函数的面积表示，即

$$P_f = \int_{T_D}^{\infty} p_1(z|H_0)\mathrm{d}x = 1 - \left[P_1(T_D) - P_1(-\infty) \right] \tag{5-22}$$

同理，漏检率即系统存在故障，待检测函数分布密度函数为 $p_2(z|H_1)$，此时误判系统无故障，即低于阈值，用分布密度的面积表示如下：

$$P_m = \int_{-\infty}^{T_D} p_2(z|H_1)\mathrm{d}x = P_2(T_D) - P_2(-\infty) \tag{5-23}$$

由式（5-22）和式（5-23）可知，当给定误检率时，可通过误检率计算公式得到阈值，把阈值代入漏检率公式中计算出漏检率的具体值，反之亦然。因此，已知三者中的任意一个值，即可计算出其他两个值。通常在进行故障检测时，期望能够产生尽量小的漏检率和误检率，但由图 5-2 以及分布密度函数的面积计算公式可知，两者是互相矛盾的。如果将阈值设为无穷大，那么通过公式计算得到的误检率为 0，即只要系统正常，故障诊断模块绝不会误判系统存在故障，但此时的漏检率计算值为 1，即系统存在故障时，故障诊断模块一定会判断其无故障。

通过上述分析可知，阈值与误检率和漏警率互相制约。当阈值设置过大时，漏检率就会过高；当阈值设置过小时，误检率就会过高。为了得到最优的误检率和漏检率，保证故障诊断模块的性能，本书采用基于最小错误概率的阈值选取规则。其主要原理是，从误检率和漏检率互相制约的原则出发，构造一个包含误检率和漏检率的函数，通过对该函数求导得到最优解。该函数的构造如下：

$$s(T_D) = \int_{T_D}^{\infty} p_1(z \mid H_0)\,\mathrm{d}x + \int_{-\infty}^{T_D} p_2(z \mid H_1)\,\mathrm{d}x \tag{5-24}$$

对上式进行求导，可得

$$\frac{\mathrm{d}s(T_D)}{\mathrm{d}T_D} = \frac{\mathrm{d}\left(1 - \left[P_1(T_D) - P_1(-\infty)\right]\right)}{\mathrm{d}T_D} + \frac{\mathrm{d}\left(P_2(T_D) - P_2(-\infty)\right)}{\mathrm{d}T_D}$$

$$= -\frac{\mathrm{d}\left(P_1(T_D)\right)}{\mathrm{d}T_D} + \frac{\mathrm{d}\left(P_2(T_D)\right)}{\mathrm{d}T_D}$$

$$= -f_1(T_D) + f_2(T_D) \tag{5-25}$$

计算结果表明，将阈值代入两组概率密度函数，使两者相等，即可得到最优解，即最优的阈值。

本书中的故障检测对象为导航传感器的残差。残差在系统无故障时服从零均值的正态分布，在系统有故障时则服从有均值的正态分布。假设系统无故障时的分布函数为 $N(\mu_1, \sigma_1^2)$，有故障时分布函数为 $N(\mu_2, \sigma_2^2)$，已知正态分布的密度函数为

$$f(x) = \frac{1}{\sqrt{2\pi}\sigma}\mathrm{e}^{-\frac{(x-\mu)^2}{2\sigma^2}} \tag{5-26}$$

将上述密度函数代入最小错误概率计算公式，得

$$\frac{1}{\sqrt{2\pi}\sigma_1}\mathrm{e}^{-\frac{(T_D-\mu_1)^2}{2\sigma_1^2}} = \frac{1}{\sqrt{2\pi}\sigma_2}\mathrm{e}^{-\frac{(x-\mu_2)^2}{2\sigma_2^2}} \tag{5-27}$$

把上式化简后得

$$(\sigma_2^2 - \sigma_1^2)T_D^2 + 2(\mu_2\sigma_1^2 - \mu_1\sigma_2^2)T_D + \left[\mu_1^2\sigma_2^2 - \mu_2^2\sigma_1^2 + 2\sigma_1^2\sigma_2^2(\ln\sigma_1 - \ln\sigma_2)\right] = 0 \tag{5-28}$$

对式（5-28）求解，得到两个根。显然，在 μ_1 和 μ_2 之间的根即按照最小错误概率得到的阈值。

2. 基于最小错误概率的阈值选取规则仿真算例

以 GPS-INS 组合导航滤波算法的故障为例，对前文所述的基于最小错误概率的阈值选取规则进行仿真验证。残差在无故障时服从零均值的高斯分布，在出现故障后，残差的方差并未发生变化，而由于故障的原因均值不再为 0。设能检测到全球定位系统（GPS）的最小误差为 6m，因为附加常值噪声的原因，出现故障后的残差均值为 6m，将其代入阈值求解公式，化简后得

$$T_D = \frac{\mu}{2} = \frac{6}{2} = 3 \tag{5-29}$$

即阈值为 3。为了验证阈值是否能够用于检测故障，对 GPS 注入大小为 6m 的常值噪声进行检验。由于注入的故障为硬故障，因此计算残差卡方检验的故障检测函数并将该函数的输出结果与阈值进行比较。基于最小错误概率的阈值对比结果如图 5-3 所示。

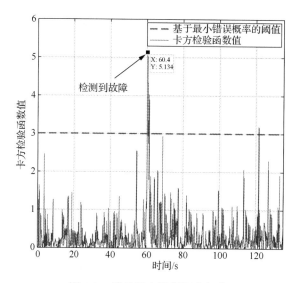

图 5-3　基于最小错误概率阈值

在图 5-3 中，虚线所在值为设定的阈值，在 60s 时注入故障，残差在短时间的变化超过了预设的阈值，此时的故障能够被检测出。但由于卡尔曼滤波算法的特性，在故障出现后，状态估计值与测量值逐渐接近，残差也随之回归正常，因此较难验证其误检率和漏检率。本书采用对比检验的方式，经统计检验，在无故障情况下，全球定位系统东向测量值残差的均方差为 $\sigma = 1.3792$，按照 5.2.4 节的计算方法，可知阈值为 3 时，$P_f = 0.0147$，$P_m = 0.0147$。

保持故障函数大小不变，仍在 60s 时注入故障，将阈值减小到 2.5m 后进行仿真。改变阈值后基于最小错误概率的阈值对比如图 5-4 所示。

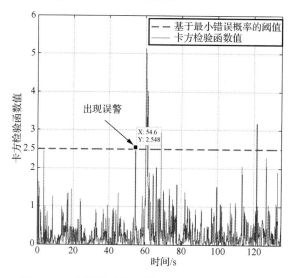

图 5-4　改变阈值后基于最小错误概率的阈值对比

在图 5-4 中，虚线所在值为设定的阈值，在 60s 时注入故障，残差在短时间内的变化超过了预设的阈值，此时的故障能够被检测出。但由于减小了阈值，造成未发生故障时卡方检验函数值大于阈值的情况。可知阈值为 2.5 时，$P_f = 0.0349$，$P_m = 0.0056$。

减小阈值后，误检率增大，漏检率减小。因此在注入误差前时，图 5-4 中的出现了无故障但被超过阈值的情况，即出现误警的情况。

5.2.5　导航传感器完好性监控仿真算例

在实际的大型客机进近着陆段，由于全球定位系统（GPS）受地形遮挡和地面效应影响，容易出现故障，因此导航传感器完好性监控以 GPS 故障情况为场景进行仿真验证。本书中的残差为三维，由卡尔曼滤波算法原理可知，残差向量之间无相关性，无交联关系，可直接对 GPS 的残差进行解耦，对 GPS 的残差分别计算故障的阈值和故障检测函数。

在实际应用中使用最多的是基于 3σ 准则的阈值选取方法，即系统检测值位于 $\pm 3\sigma$ 区间内时为正常值。前文 GPS 设置的东向和北向误差为 $3.9\text{m}(2\sigma)$，天向误差为 $6.3\text{m}(2\sigma)$，因此一旦 GPS 东向和北向的误差都超过 6m，天向误差超过 9.5m 即视为出现故障。根据 5.2.3 节中的最优阈值选取方法，计算得到东向、北向和天向对应的阈值以及误检率和漏检率，将此阈值作为残差卡方检验的阈值。同时，对序贯概率比检验的阈值，根据阈值与误检率和漏检率的函数关系计算：

$$T_D \approx \ln\left(\frac{1-P_m}{P_f}\right) \tag{5-30}$$

因此，本书采用前文计算得到的误检率和漏检率，把它们代入上式计算阈值。检验方法及其阈值见表 5-1。

表 5-1　检验方法及其阈值

检验方法	东向和北向阈值	天向阈值
残差卡方检验	3m	4.5m
序贯概率比检验	4.2m	5.15m
误检率 P_f	0.0147	0.0056
漏检率 P_m	0.0147	0.0349

仿真场景的设置如下：飞机沿固定下滑道以定速和定角下滑，从 500m 高度下降到 15m 高度。采用联邦滤波算法，对 GPS-INS 组合导航滤波算法和 ILS-INS 组合导航滤波算法信息进行融合，重置子滤波算法，并构造状态递推器，按照前文中的检测函数原理构造故障检测函数进行故障检测。根据国际民航组织对飞机着陆所需导航性能（Required Navigation Performance, RNP）要求，保证完好性监控时间小于 2s，对故障检测函数的检测速度进行判断，最后对联邦滤波算法的故障处理能力进行仿真验证。

本书通过对 GPS 输出的东向和北向位置上附加噪声的方法，模拟 GPS 故障并进行检验。首先，对 GPS 硬故障的检测进行仿真验证，在 60s 时注入噪声，在 GPS 东向和北向位置上附加数值为 10m 的常值噪声,采用卡方检验方法检测故障。由于东向和北向阈值相同,因此仅对东向测量值进行故障诊断硬故障卡方检验结果如图 5-5 所示。

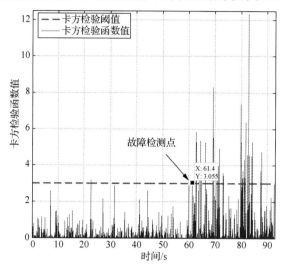

图 5-5　硬故障卡方检验结果

由图 5-5 可知,在故障发生后的 2s 之内,卡方检验函数值超出阈值,系统检测出 GPS 存在故障。联邦滤波算法检测到故障之后,切断 GPS-INS 组合导航滤波算法的输出值,仅用 ILS-INS 组合导航滤波算法的输出值。为了更好地观察故障对联邦滤波系统的影响,本节采用联邦滤波算法进行仿真时,并未按照模糊控制的方式自适应地调节信息分配因子,而是选取均分的方式。硬故障处理方式对联邦滤波结果的影响如图 5-6 所示。

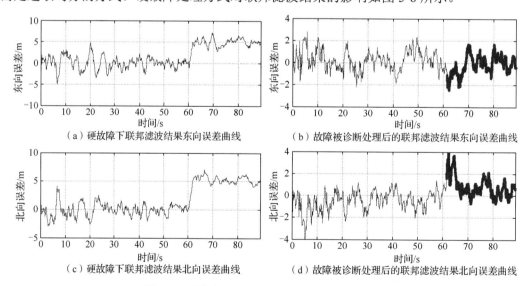

(a)硬故障下联邦滤波结果东向误差曲线　　　　(b)故障被诊断处理后的联邦滤波结果东向误差曲线

(c)硬故障下联邦滤波结果北向误差曲线　　　　(d)故障被诊断处理后的联邦滤波结果北向误差曲线

图 5-6　硬故障处理方式对联邦滤波结果的影响

由图 5-6 可知，在故障发生后，当按无故障诊断处理时，虽然联邦滤波算法引入了 ILS-INS 组合导航信号，但是整体信号仍被污染，存在阶跃式的故障信号，使最终滤波结果出现较大的偏差；在故障被诊断处理后，如图 5-6 中的高亮部分，在故障诊断起始时间，由于硬故障的存在，联邦滤波算法初值仍然存在较大的偏差，随着卡尔曼滤波算法初值的迭代更新，联邦滤波初值逐渐从较大偏差的初值收敛到正常值附近；在发生故障后，滤波结果较快地恢复了较高的精度。

其次，将 GPS 故障设置为软故障。在 GPS 输出的东向和北向位置上附加每秒增大 0.6m 的误差，在 10s 时，软故障值超过了前文设置的故障值，需要判断系统是否存在故障。采用残差卡方检验方法，得到的软故障的卡方检验结果如图 5-7 所示。

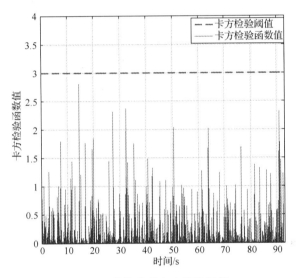

图 5-7　软故障的卡方检验结果

由图 5-7 可以看出，当故障类型为软故障时，基于残差卡方检验方法并没有检测出故障的发生，卡方检验函数值始终低于阈值。

最后，采用序贯概率比检验方法对故障进行检测。软故障持续增大，序贯概率比函数会随着软故障的增大持续发散，并且序贯概率比函数为指数函数，增长的幅值较大。为了便于比较，将阈值取对数，与序贯概率比函数中的指数项 $\dfrac{n}{2\sigma_i^2}\bar{x}^2$ 进行比较，对阈值取对数，其值为 1.4351。软故障的序贯概率比检验结果如图 5-8 所示。

由图 5-8 可知，当故障值增长到故障值后，序贯概率比检验函数迅速做出反应，其超出阈值，系统检测到 GPS 存在故障。软故障处理方式对联邦滤波结果的影响如图 5-9 所示。

由图 5-9 可知，在故障发生后，当按无故障诊断处理时，虽然联邦滤波算法引入了 ILS-INS 组合导航信号，但是整体信号仍被污染，存在逐渐增大的故障值，使最终滤波结果不断发散；在故障被诊断处理后，滤波结果较快地恢复较高的精度。

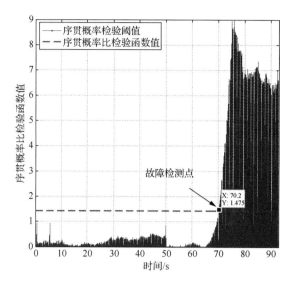

图 5-8　软故障的序贯概率比检验结果

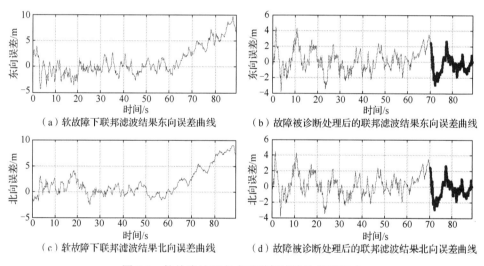

（a）软故障下联邦滤波结果东向误差曲线　　（b）故障被诊断处理后的联邦滤波结果东向误差曲线

（c）软故障下联邦滤波结果北向误差曲线　　（d）故障被诊断处理后的联邦滤波结果北向误差曲线

图 5-9　软故障处理方式对联邦滤波结果的影响

5.3　卫星导航系统完好性监控

　　卫星导航系统完好性监控能为用户提供有效的告警信息并实时更新伪距误差信息，协助用户进行定位计算。其主要作用是对卫星导航系统进行检测以及剔除故障卫星，提升航空器定位的准确性和精度。

　　本节借助奇偶矢量校验法对卫星导航系统中的持续故障与微小慢变故障进行检测，并对检测结果进行分析。针对奇偶矢量校验法对微小慢变故障不敏感，提出一种基于多历元累积奇偶矢量校验法的卫星导航系统完好性监控算法，用于提升奇偶矢量校验法对微小慢变故障的检测效果；针对奇偶矢量算法对可见卫星数量必须超过 4 颗以上的限制，提出一种基于冗余观测信息的累积奇偶矢量校验法的卫星导航系统完好性监控算法，用于在可见卫星数量较少时的故障检测。

5.3.1　基于奇偶矢量校验法的卫星导航系统完好性监控

根据基于伪距差分定位算法的飞机位置定位原理，考虑接收机的钟差等噪声信息。当利用伪距作为观测量时，线性化模型可以表示为

$$y = GX + \varepsilon \tag{5-31}$$

式中，X 为飞机位置信息，包括飞机在 3 轴方向上的位置变量 $(\Delta X, \Delta Y, \Delta Z)$ 和 1 个钟差 Δt_u；G 为 $n \times 4$ 维观测矩阵，与式（4-51）中的 H 矩阵相同；n 为观测的可见卫星数量；y 为由 n 颗可见卫星伪距观测信息与近似计算距离之间的差值；ε 表示测量噪声矩阵，假设其服从零均值且方差为 σ^2 高斯分布。

1. 奇偶矢量的定义

观测矩阵 G 是包含卫星伪距信息特征的数据，可以直接反映出故障卫星的伪距误差信息。对式（5-31）等号两边进行分解简化，能够得到观测的可见卫星的伪距与测量噪声之间的联系，便于进行故障诊断与隔离。

观测矩阵 G 的秩是 4，为简化计算，对观测矩阵 G 进行 QR 分解：

$$G = QR \tag{5-32}$$

式中，Q 是 $n \times n$ 维正交矩阵，R 为 $n \times 4$ 维的上三角矩阵。根据正交矩阵特性，在式（5-31）所示伪距观测方程等号两边同时左乘正交矩阵 Q 的转置矩阵 Q^{T}，以消除左项，即

$$\begin{aligned}
Q^{\mathrm{T}} y &= Q^{\mathrm{T}}(GX + \varepsilon) \\
&= Q^{\mathrm{T}} QRX + Q^{\mathrm{T}} \varepsilon \\
&= RX + Q^{\mathrm{T}} \varepsilon
\end{aligned} \tag{5-33}$$

转置矩阵 Q^{T} 和 R 又可以表示为

$$Q^{T} = \begin{bmatrix} Q_x \\ Q_p \end{bmatrix}, R = \begin{bmatrix} R_x \\ 0 \end{bmatrix} \tag{5-34}$$

Q_x 为 Q^{T} 的前四行元素组成的矩阵，Q_p 为 Q^{T} 后 $n-4$ 行元素组成的矩阵，R_x 为 R 的上四行元素组成的矩阵，则

$$\begin{bmatrix} Q_x \\ Q_p \end{bmatrix} y = \begin{bmatrix} R_x \\ 0 \end{bmatrix} X + \begin{bmatrix} Q_x \\ Q_p \end{bmatrix} \varepsilon \tag{5-35}$$

取式（5-35）的后 $n-4$ 行元素，则

$$Q_p y = Q_p \varepsilon \tag{5-36}$$

式中，$\boldsymbol{Q}_p$ 为奇偶空间矩阵，行与行相互正交且每行都是单位阵。把卫星的伪距信息投影到奇偶空间矩阵 $\boldsymbol{Q}_p$ 之后能够直接得到测量误差在 $\boldsymbol{Q}_p$ 下的投影，避免与飞机的位置变量 $(\Delta X, \Delta Y, \Delta Z)$ 有联系。

定义奇偶矢量为

$$\boldsymbol{p} = \boldsymbol{Q}_p \boldsymbol{\varepsilon} \tag{5-37}$$

式中，$\boldsymbol{p}$ 为奇偶空间矢量，可以通过误差矢量在奇偶空间矩阵 $\boldsymbol{Q}_p$ 下的投影得到该矢量。

能够借助奇偶空间矢量 $\boldsymbol{p}$ 构造统计量，以反应故障卫星的偏差信息。

2. 假设检验

假设检验的目的是，检验原假设中测量噪声矩阵 $\boldsymbol{\varepsilon}$ 是否能对飞机位置信息 $\boldsymbol{X}$ 的估计有明显影响。如果检验结果接受原假设，就说明测量噪声矩阵 $\boldsymbol{\varepsilon}$ 对飞机位置信息 $\boldsymbol{X}$ 几乎没有影响，可以被忽略；如果检验结果不接受原假设，就说明该卫星发生故障导致测量噪声较大，计算飞机位置时 $\boldsymbol{\varepsilon}$ 不能被忽略。

卡方检验的基本思想是，根据所构造的服从 χ^2 分布的故障检测函数，通过比较计算得到的故障检测函数值与阈值，判断卫星是否发生故障。

令 $F_{sse} = \boldsymbol{p}^T \boldsymbol{p}$，已知 $\boldsymbol{\varepsilon}$ 服从零均值且方差为 σ^2 的高斯分布，当卫星无故障时，变量 F_{sse} 服从自由度为 $(n-4)$ 的 χ^2 分布；当卫星无故障的假设不成立时，F_{sse} 服从自由度为 $(n-4)$ 的非中心 χ^2 分布，非中心化参数为 ξ。假设第 i 颗卫星存在硬故障，故障误差为 $\boldsymbol{b}_i$，非中心化参数可表示如下。

$$\xi = \frac{\left\| \boldsymbol{b}_i \boldsymbol{Q}_{:,i} \right\|_2^2}{\sigma^2} \tag{5-38}$$

3. 假设检验阈值计算与检验统计量

对于给定的漏检率 P_f，根据 χ^2 分布的统计特性和概率密度函数，当显著性水平为 α 时，卡方检验的概率密度函数如下：

$$P(F_{sse} / \sigma^2 > \alpha) = \int_{\alpha}^{+\infty} f_{\chi^2_{(n-4)}}(t)\mathrm{d}t = P_f \tag{5-39}$$

所构造的检验统计量为 $\beta = \sqrt{F_{sse}}$，对阈值 T_D，可以根据系统的最大漏检率 P_f、测量噪声的标准差 σ 以及可见卫星数量 n 计算，即

$$T_D = \sigma \sqrt{P^{-1}(P_f \mid n-4)} \tag{5-40}$$

式中，$P^{-1}(P_f \mid n-4)$ 为 $P(F_{sse} / \sigma^2 > \alpha)$ 在自由度 $n-4$ 下的反概率密度函数。

阈值 T_D 即在自由度 $(n-4)$ 下的 P_f 反概率密度函数值与测量噪声标准差 σ 的乘积。对地基增强系统（GBAS），当可见卫星数量大于或等于 5 时，可通过奇偶矢量校验法检测故障。表 5-2 为不同漏检率下的阈值与测量噪声标准差之比 T_D / σ。

表 5-2　不同漏检率下的阈值与测量噪声标准差之比

P_f	冗余卫星数量 n-4			
	1	2	3	4
10^{-1}	1.65	2.14	2.5	2.79
10^{-2}	2.57	3.03	3.37	3.65
10^{-3}	3.29	3.72	4.03	4.30
10^{-4}	3.89	4.29	4.59	4.85
10^{-5}	4.42	4.80	5.09	5.34
10^{-6}	4.89	5.26	5.54	5.78

按照给定的漏检率 P_f，根据式（5-40）直接得到阈值 T_D，计算每颗卫星的检验统计量 $\beta_i(i=1,2,3\cdots,n)$ 并把它与阈值 T_D 比较。当 $\beta_i > T_D$ 时，表示第 i 颗卫星发生故障。当可见卫星数量小于 5 颗时，基于奇偶矢量校验法的地基增强系统故障检测流程图如图 5-10 所示。

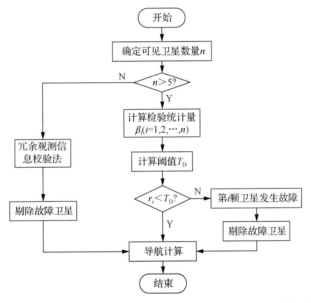

图 5-10　基于奇偶矢量校验法的地基增强系统故障检测流程图

4. 基于奇偶矢量校验法的卫星导航系统完好性监控仿真算例

设置仿真时间为 30s，其间共 8 颗可见卫星。由卡方检验的原理可知，该检验统计量服从自由度为 4 的 χ^2 分布，设漏检率为 10^{-6}，测量噪声标准差为 $\sigma = 0.2$。查表 5-2 可知，对应的阈值与测量噪声标准差之比为 5.78，因此阈值为 1.156。

设 6 号可见卫星在 8～18s 时被注入偏差为 5m 的持续故障如图 5-11（a）所示；仿真时间为 30s，计算得到的阈值和检验统计量函数值如图 5-11（b）所示。

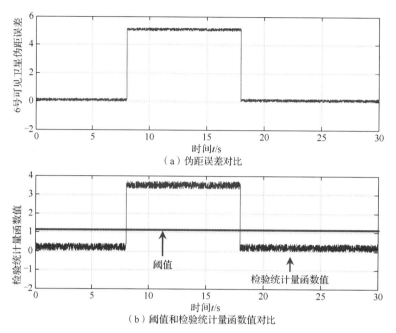

（a）伪距误差对比

（b）阈值和检验统计量函数值对比

图 5-11　持续故障下检测效果对比

从图 5-11 可以看出，在 8s 时注入持续故障，检验统计量函数值迅速增大并超过了阈值。从计算结果可知，基于奇偶矢量校验法的卫星导航系统完好性监控算法针对持续故障能立刻检测出结果，检测效果较好。

重新设置 6 号可见卫星，在 8～18s 时注入微小慢变故障，如图 5-12（a）所示。设置该微小慢变故障值每秒增加 0.5m，故障持续时间为 10s。设定的仿真时间为 30s，计算得到的阈值和检验统计量函数值对比如图 5-12（b）所示。由图 5-12 可知，随着微小慢变故障值的增加，检验统计量也不断增大并超过阈值。

由图 5-12 可知，随着故障值的持续增大，到 11.5s 时检验统计量函数值超过阈值，检测到微小慢变故障。从计算结果可知，基于奇偶矢量校验法的卫星导航系统完好性监控算法对卫星微小慢变故障不能立刻检测，存在检测延迟现象。

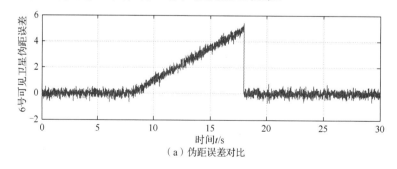

（a）伪距误差对比

图 5-12　微小慢变故障下检测效果对比

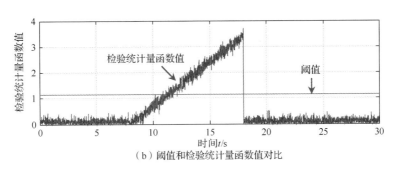

（b）阈值和检验统计量函数值对比

图 5-12　微小慢变故障下检验效果对比（续）

5.3.2　基于多历元累积奇偶矢量校验法的卫星导航系统完好性监控

由图 5-10 与图 5-11 可知，当故障类型为持续故障时，奇偶矢量校验法能够快速检测出卫星故障；当故障类型为微小慢变故障时，奇偶矢量校验法不能立刻检测出卫星故障，存在检测延迟现象。针对该问题，利用 N 个历元的奇偶检验统计量模的平方和新构造的统计量，在阈值、漏检率和可见卫星数量不变的前提下，上述算法的故障检测率与非中心化参数有关。通过多历元累积的方式扩大归一化后的伪距偏差的幅度，能够提高故障检测率。

令 $F_{\text{ssn}} = \sum_{k=1}^{N} \boldsymbol{p}_k^{\text{T}} \boldsymbol{p}_k$，其中 k 表示第 k 个历元的奇偶矢量，N 表示累积的历元个数。计算检验统计量 F_{ssn} 的均值：

$$E(F_{\text{ssn}}) = N \cdot E(F_{\text{sse}}) \tag{5-41}$$

已知 ε 服从零均值且方差为 σ^2 的高斯分布，当卫星无故障时，检验统计量 F_{ssn} 服从自由度为 $N \times (n-4)$ 的 χ^2 分布；当卫星无故障的假设不成立时，检验统计量 F_{ssn} 服从自由度为 $N \times (n-4)$ 的非中心 χ^2 分布，非中心化参数为 ξ^*：

$$\xi^* = \sum_{k=1}^{N} \frac{\left\| b_i \boldsymbol{Q}_{:,i} \right\|_2^2}{\sigma^2} = N\xi \tag{5-42}$$

与奇偶矢量校验法的非中心化参数 ξ 相比，多历元累积奇偶矢量校验法的非中心化参数增大了 N 倍，从而提升了微小慢变故障的检测率。

设置仿真时间为 30s，其间共 8 颗可见卫星。由卡方检验的原理可知，该检验统计量服从自由度为 4 的 χ^2 分布，该漏检率为 10^{-6}，测量噪声标准差为 $\sigma = 0.2$。查表 5-2 可知，对应的阈值与测量噪声标准差之比为 5.78，因此阈值为 1.156。

重新设置 6 号可见卫星，在 8～18s 时注入微小慢变故障，如图 5-13（a）设置微小慢变故障值每秒增加 0.5m，故障持续时间为 10s。设定的仿真时间为 30s，奇偶矢量校验法和多历元累积奇偶矢量校验法的阈值和检验统计量函数值对比，如图 5-13（b）所示。

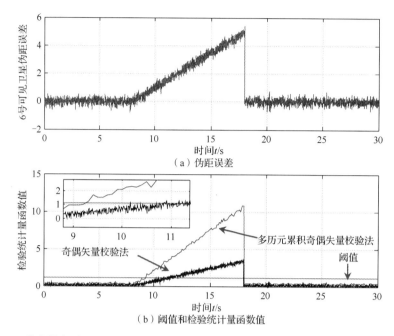

图 5-13　微小慢变故障下奇偶矢量校验法和多历元累积奇偶矢量校验法的检测效果对比

由图 5-13 可知，8～18s 时给 6 号可见卫星在注入 0～5m 的微小慢变故障，两种故障检测方法均能对故障进行检测。在 11.5s 时奇偶矢量检验法的检验统计量函数值超过阈值，故障被检测出来。而采用多历元累积奇偶矢量校验法时，检验统计量函数值在 9.3s 时超过阈值，与前者相比检测到故障的时间提前。因此，多历元累积奇偶矢量校验法在系统发生微小慢变故障时检测效果高于奇偶矢量校验法，能够解决传统奇偶矢量校验法的检测延迟问题。

5.3.3　基于冗余观测信息的累积奇偶矢量校验法的卫星导航系统完好性监控

在 5.3.1 节与 5.3.2 节中，基于奇偶矢量校验法和基于多历元累积奇偶矢量校验法的卫星导航系统完好性监控的前提条件是，飞机当前位置有 4 颗以上的可见卫星。当可见卫星的数量大于 4 颗时，采用伪距差分定位算法才能计算出飞机的位置，奇偶矢量校验法的伪距观测方程的观测矩阵才能满足采用该方法检测卫星故障的前提条件。在当前飞机位置的可见卫星数量恰好少于 4 颗时，基于奇偶矢量校验法和多历元累积奇偶矢量校验法的卫星导航系统完好性监控算法无法运行，缺乏可用性。

针对上述可见卫星数量较少的情况，提出一种基于冗余观测信息的累积奇偶矢量校验法的卫星导航系统完好性监控算法，借助冗余观测信息构造完整的观测矩阵，提高奇偶矢量校验法在可见卫星数量较少时的可用性。

提供冗余观测信息的测量距离装置主要是陆基无线电 DME 导航台，借助 DME 导航台提供的测距以及 DME 导航台本身的位置，构造冗余观测信息。

与卫星伪距差分定位算法相同，假设 m 个 DME 导航台的坐标分别为 (X_D^i, Y_D^i, Z_D^i) $(i=1,2,\cdots,m)$，飞机的三维位置坐标为 $(X_{\text{plane}}, Y_{\text{plane}}, Z_{\text{plane}})$，$\delta_{\text{DME}} t_u$ 为 DME 导航台与接收机之间的钟差，则 DME 导航台与航空器之间的实际距离 R_{DME}^i 能够由式（5-43）计算得到，即

$$R_{\text{DME}}^i = \sqrt{(X_D^i - X_{\text{plane}})^2 + (Y_D^i - Y_{\text{plane}})^2 + (Z_D^i - Z_{\text{plane}})^2} + \delta_{\text{DME}} t_u \ (i=1,2,3\cdots,m) \tag{5-43}$$

假设飞机的位置坐标真实值为 $(X_{\text{plane}}, Y_{\text{plane}}, Z_{\text{plane}})$，其近似值为 $(\hat{X}_{\text{plane}}, \hat{Y}_{\text{plane}}, \hat{Z}_{\text{plane}})$，真实值与近似值之间的偏移量表示为 $(\Delta X_{\text{plane}}, \Delta Y_{\text{plane}}, \Delta Z_{\text{plane}})$，将式（5-43）按泰勒级数在近似值处展开，如式（5-44）所示。

$$\begin{aligned}
\rho_{\text{DME}}^i &= f(X_i, Y_i, Z_i, t_u) \\
&= f(\hat{X}_{\text{plane}} + \Delta X_{\text{plane}}, \hat{Y}_{\text{plane}} + \Delta Y_{\text{plane}}, \hat{Z}_{\text{plane}} + \Delta Z_{\text{plane}}, \hat{t}_u + \Delta t_u) \\
&= f(\hat{X}_{\text{plane}}, \hat{Y}_{\text{plane}}, \hat{Z}_{\text{plane}}, \hat{t}_u) + \Delta \rho_{DME}^i \\
&= \hat{\rho}_{\text{DME}}^i + \Delta \rho_{\text{DME}}^i \ (i=1,2,3\cdots,m)
\end{aligned} \tag{5-44}$$

式中，ρ_{DME}^i 为第 i 个 DME 导航台测量的飞机距离；$\Delta \rho_{\text{DME}}^i$ 为第 i 个 DME 导航台测量的飞机距离与估计值的偏差，如式（5-45）所示。

$$\Delta \rho_{\text{DME}}^i = b_{xi} \Delta X_{\text{plane}} + b_{yi} \Delta Y_{\text{plane}} + b_{zi} \Delta Z_{\text{plane}} - \delta_{\text{DMW}} t_u \ (i=1,2,3\cdots,m) \tag{5-45}$$

其中，系数 b_{xi}、b_{yi} 和 b_{zi} 参考式（5-46）。

$$\begin{cases}
b_{xi} = -\dfrac{X_D^i - \hat{X}_{\text{plane}}}{\hat{\rho}_{\text{DME}}^i}, \ b_{yi} = -\dfrac{Y_D^i - \hat{Y}_{\text{plane}}}{\hat{\rho}_{\text{DME}}^i}, \ b_{zi} = -\dfrac{Z_D^i - \hat{Z}_{\text{plane}}}{\hat{\rho}_{\text{DME}}^i} \\
\hat{\rho}_{\text{DME}}^i = \sqrt{(X_D^i - \hat{X}_{\text{plane}})^2 + (Y_D^i - \hat{Y}_{\text{plane}})^2 + (Z_D^i - \hat{Z}_{\text{plane}})^2}
\end{cases} \tag{5-46}$$

综合伪距差分定位与斜距定位的观测方程，线性化之后的方程为

$$\boldsymbol{y} = \boldsymbol{GX} + \boldsymbol{\varepsilon} \tag{5-47}$$

其中，

$$\boldsymbol{G} = \begin{bmatrix}
a_{x1} & a_{y1} & a_{z1} & 1 & 0 \\
a_{x2} & a_{y2} & a_{z2} & 1 & 0 \\
\vdots & \vdots & \vdots & \vdots & \vdots \\
b_{xm-1} & b_{ym-1} & b_{zm-1} & 0 & 1 \\
b_{xm} & b_{ym} & b_{zm} & 0 & 1
\end{bmatrix} \tag{5-48}$$

$$\boldsymbol{X} = \begin{bmatrix} X_{\text{plane}} & Y_{\text{plane}} & Z_{\text{plane}} & \delta t_u & \delta_{\text{DME}} t_u \end{bmatrix}^{\text{T}} \tag{5-49}$$

式（5-47）中，矩阵 $\boldsymbol{G}$ 前 n 行是 n 颗可见卫星构成的伪距观测方程，后 m 行是由 m 个 DME 导航台测量的斜距观测方程；$\boldsymbol{X}$ 包括飞机 3 轴方向上的位置变量 $(\Delta X, \Delta Y, \Delta Z)$、1 个钟差 δt_u 和一个 DME 接收机钟差 $\delta_{\text{DME}} t_u$；$\boldsymbol{y}$ 是由 n 颗可见卫星伪距观测信息与近似计算距离之间的差值和 m 个 DME 导航台测量的斜距与近似计算距离之间的差值。

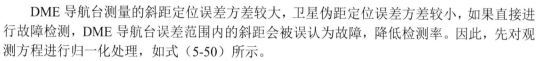

DME 导航台测量的斜距定位误差方差较大，卫星伪距定位误差方差较小，如果直接进行故障检测，DME 导航台误差范围内的斜距会被误认为故障，降低检测率。因此，先对观测方程进行归一化处理，如式（5-50）所示。

$$Dy = DGX + D\varepsilon \tag{5-50}$$

其中

$$D = \begin{bmatrix} \dfrac{1}{\sigma} & & & & \\ & \dfrac{1}{\sigma} & & & \\ & & \ddots & & \\ & & & \dfrac{1}{\sigma_{\mathrm{DME}}} & \\ & & & & \dfrac{1}{\sigma_{\mathrm{DME}}} \end{bmatrix} \tag{5-51}$$

式中，σ 为测量卫星伪距时的测量噪声标准差；σ_{DME} 为 DME 导航台测量斜距时的测量噪声标准差。归一化处理后 $D\varepsilon$ 满足均值为零且方差为 1 的高斯分布。对式（5-50）等号两边进行化简并构建奇偶矢量，得

$$p^* = Q_p D_p \varepsilon \tag{5-52}$$

令 $F_{\mathrm{S\_DME}} = p^{*\mathrm{T}} p^*$，由于 $D\varepsilon$ 服从零均值且方差为 σ^2 的高斯分布，当系统无故障时，变量 $F_{\mathrm{S\_DME}}$ 服从自由度为 $(m + n - 5)$ 的 χ^2 分布；当系统无故障的假设不成立时，$F_{\mathrm{S\_DME}}$ 服从自由度为 $(m + n - 5)$ 的非中心 χ^2 分布。

构造检验统计量 $r^* = \sqrt{F_{\mathrm{S\_DME}}}$，对阈值，$T_{\mathrm{D}}^*$ 可以根据系统的最大漏检率 P_{f}、测量噪声的标准差 σ、DME 导航台数量 m 与可见卫星数量 n 计算，即

$$T_{\mathrm{D}}^* = \sigma\sqrt{P^{-1}(P_{\mathrm{f}} \mid m + n - 5)} \tag{5-53}$$

式中，$P^{-1}(P_{\mathrm{f}} \mid m + n - 5)$ 为 $P(F_{\mathrm{sse}} / \sigma^2 > \alpha)$ 在自由度为 $m + n - 5$ 下的反概率密度函数，阈值 T_{D} 即自由度为 $(m + n - 5)$ 的 P_{f} 反概率密度函数值与测量噪声标准差 σ 的乘积。要进行故障检测，$m + n$ 的数量需要大于 5。

设置仿真时间为 30s，其间共 2 颗可见卫星，设置 DME 导航台的斜距测量数量 $m = 6$。根据卡方检验的原理，该检验统计量服从自由度为 3 的 χ^2 分布，设漏检率为 10^{-6}，卫星伪距测量噪声标准差为 $\sigma = 0.2$，DME 导航台测量噪声标准差为 $\sigma_{\mathrm{DME}} = 15$。对观测方程进行归一化处理，系统误差服从均值为 0、标准差为 1 的高斯分布。查表 5-2 可知，对应的阈值与测量噪声标准差之比为 5.78，因此阈值为 5.78。

设置 2 号可见卫星，在 8～18s 时注入偏差为 5m 的持续故障如图 5-14（a）所示。仿真时间为 30s，计算得到的阈值和检验统计量函数值对比如图 5-14（b）所示。

从图 5-14 可以看出，在 8s 时注入持续故障，基于冗余观测信息的奇偶矢量校验法的检验统计量函数值迅速增大并超过了阈值。从计算结果可知，基于冗余观测信息的累积奇偶矢量校验法的卫星导航系统完好性监控算法对持续故障能立刻检测出结果，检测效果较好。

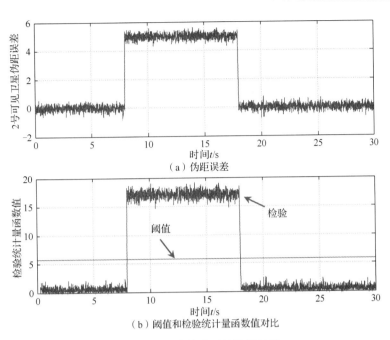

（a）伪距误差

（b）阈值和检验统计量函数值对比

图 5-14 持续故障下的检测效果

设置 2 号可见卫星在 8～18s 时注入偏差为 0～5m 的微小慢变故障如图 5-15（a）所示。仿真时间为 30s，计算得到的阈值和检验统计量函数值对比如图 5-15（b）所示。

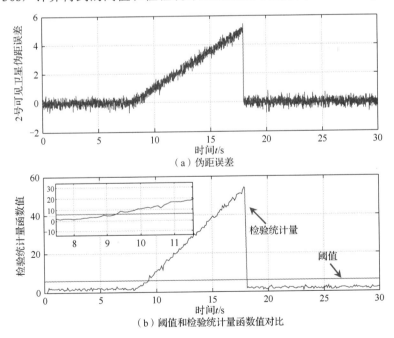

（a）伪距误差

（b）阈值和检验统计量函数值对比

图 5-15 微小慢变故障下的检测效果

从图 5-15 可以看出，基于冗余观测信息的累积奇偶矢量校验法的检验统计量函数值在 9.3s 时超过阈值。计算结果表明，基于冗余观测信息的累积奇偶矢量校验法的卫星导航系统完好性监控算法在微小慢变故障下仍能检测故障。

由图 5-14 和图 5-15 可知，当可见卫星只有两颗时，传统奇偶矢量校验法与多历元累积奇偶矢量校验法无法完成持续故障和微小慢变故障下的卫星故障检测。借助 DME 导航台的冗余观测信息构建观测方程，并针对因斜距的误差方差较大而导致的故障检测效率降低进行误差归一化处理，将总体系统误差处理为服从零均值且方差为 1 的高斯分布，据此设置阈值。仿真结果表明，系统在可见卫星数量较少时仍能进行故障检测。

本 章 小 结

本章对大型客机 CAT III A/B 着陆导航传感器管理策略进行研究，提出了基于测量一致性的完好性监控算法和基于奇偶矢量检验法的卫星导航系统完好性监控算法。针对传统奇偶矢量检验法对微小慢变故障不敏感与可见卫星数量必须超过 4 颗以上的限制条件，提出一种基于冗余观测信息的累积奇偶矢量校验法的卫星导航系统完好性监控算法。仿真结果表明，本书提出的完好性监控算法能够提高对卫星微小慢变故障的检测灵敏度以及在可见卫星数量较少时进行故障检测。

第6章 大型客机 CAT III A/B 着陆导航传感器信息融合仿真验证

6.1 概　　述

第4～5章对大型客机CAT III A/B着陆导航传感器信息融合系统各关键技术进行研究，包括数据预处理算法、信息融合算法和导航传感器管理策略，并通过仿真算例对各关键技术进行仿真验证。由于导航传感器信息融合系统属于大型客机 CAT III A/B 着陆系统的一个子系统，因此，在对其进行研究时，需要以完整系统（包括飞机对象、控制系统、通信系统等）为基础。本章将前文研究的关键技术作为整体，在借助 MATLAB/Simulink 数字仿真平台建立的民航客机模型、控制系统模型、引导系统模型的基础上，对飞机实际 CAT III 着陆动态过程进行模拟，进而对本书的信息融合系统的导航性能进行仿真验证。

6.2 大型客机 CAT III A/B 着陆导航传感器信息融合仿真验证系统架构及场景设置

本书在 MATLAB/Simulink 数字仿真平台的基础上，以某型民航客机数据为基础，建立控制系统、引导系统等仿真模型，并且设置进近着陆段的飞行计划，为本书的信息融合系统的仿真验证提供基础。本节对大型客机 CAT III A/B 着陆导航传感器信息融合仿真验证系统架构进行设计，同时设置具体仿真场景。

6.2.1 信息融合仿真验证系统架构

本书设计的大型客机 CAT III A/B 着陆导航传感器信息融合仿真验证系统架构如图 6-1 所示。

仿真步骤如下：

（1）根据 CAT III A/B 实际着陆情况，设置飞机初始位置的纬经高和初始航迹方位角，同时设置航向信标台和下滑信标台的位置，生成倾斜角为 3°的下滑道，以此作为飞机着陆的应飞航迹。

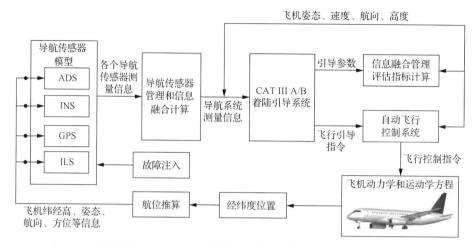

图 6-1　大型客机 CAT III A/B 着陆导航传感器信息融合仿真验证系统架构

（2）将飞机当前的经纬度位置信息通过航位推算，得到飞机纬经高、姿态、航向、方位等信息，由航位推算得到的信息被用当作基准信息；完成导航传感器的建模，得到各个导航传感器的测量信息。

（3）根据各个导航传感器的测量信息及注入的故障信息，进行导航传感器的完好性监控和信息融合计算。在保证导航传感器完好性的同时，得到飞机位置信息的最优估计值。

（4）将通过信息融合得到的位置信息，即当前导航传感器测量得到的飞机位置与应飞航迹的关系，在 CAT III A/B 着陆引导系统模块生成飞行引导指令。

（5）将飞行引导指令输入自动飞行控制系统，生成飞行控制指令，使飞机按照给定的应飞航迹继续飞行。同时，将引导参数与融合的信息输入信息融合管理评估指标计算模块，对信息融合的精度进行评估。

6.2.2　信息融合仿真验证场景设置

根据前文所述的仿真验证系统架构和仿真步骤，在 MATLAB/Simulink 中对某型民航客机及其控制系统和引导系统进行仿真设计。由于本书的核心在于信息融合技术的仿真，上述模型仅用于仿真验证，因此本书对其原理不再赘述，仅对其场景进行设置。该场景的仿真参数设置见表 6-1。

表 6-1　仿真参数设置

参数	经度/（°）	纬度/（°）	高度/m
理想着陆点	110	30.1492	0
跑道起点	110	30.1465	0
航向信标台（LOC）	110	30.1844	0
下滑信标台（GS）	110.0031	30.1492	0
飞机初始位置	110	30	500

根据某型民航客机的性能包线，其失速速度为 70m/s。根据国际民航组织要求，进近着陆段的飞机速度在 1.2～1.5 倍失速速度之间。因此本书设置飞机的速度为 90m/s，并在进近着陆段保持不变。

某型民航客机在控制律和引导律下跟踪截获进近着陆段水平航迹和垂直航迹分别如图 6-2 和图 6-3 所示。

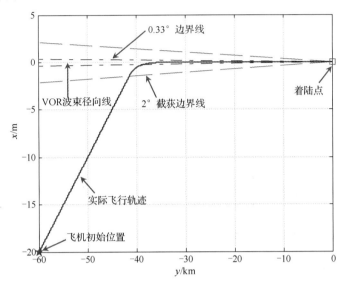

图 6-2　进近着陆段水平航迹

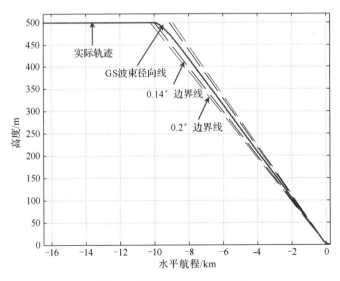

图 6-3　进近着陆段垂直航迹

由图 6-3 可知，某型民航客机模型与控制系统模型能够较好地模拟该飞机的实际情况。进近着陆段飞机的主要参数如图 6-4 所示。

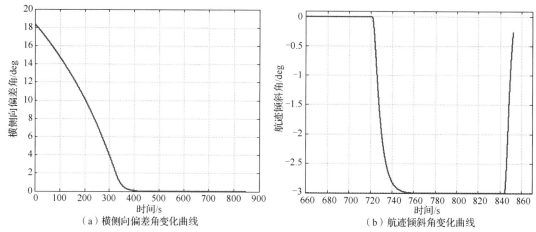

（a）横侧向偏差角变化曲线　　　　　　　　（b）航迹倾斜角变化曲线

图 6-4　进近着陆段飞机的主要参数

由图 6-4 可知，在横侧向，飞机截获下滑道后，在进近着陆段飞机能够沿着给定下滑道的航向飞行，横侧向与波束的偏差角基本为零；在纵向，飞机截获下滑道后在平飞之前，能够沿着 3°的下滑角下滑，航迹倾斜角基本保持 3°不变。由图 6-3 和图 6-4 可知，在仿真过程中，飞机跟踪精度高，控制稳定，具有很好的控制精度和稳定性。

选取飞机截获下滑道后到上升 15m 高度之前的一段航迹，对 CAT III A/B 着陆导航传感器信息融合的算法进行仿真验证。

6.3　信息融合管理评估指标

所需导航性能（RNP）是指，在一个指定空域运行的航空器在水平方向上（经纬度位置点）所必备的导航精度。可根据航空器至少 95%的飞行时间能够达到预计导航性能精度的数值确定 RNP 数值，即水平位置总系统误差中的位置估计误差要求 95%的飞行时间能够在规定的 RNP 数值范围内，RNP 数值范围以海里（n mile）计，不同的空域或航段对 RNP 的要求不尽相同。为了便于表示，通常以 RNP－x 表示指定空域的导航精度范围。其中，x 表示在 95%的飞行时间内航空器位置要处于以 x 为半径的圆内。RNP 的要求包含导航精度、完好性、可用性和连续性，本书研究重点在于导航传感器的信息融合。因此，将导航精度作为本书信息融合的评估指标，导航精度的优劣通过导航系统误差进行判断。

6.3.1　导航系统误差定义和要求

美国航空无线电技术委员会标准《最低航空系统性能标准：区域导航的所需性能》将导航系统运行时的系统总误差（Total System Error, TSE）由 3 种误差组成，如图 6-5 所示。其中，航迹定义误差（Path Defination Error, PDE），即期望航迹和飞行管理计算机计算飞行计划得到的航迹的差值；飞行技术误差（Flight Technical Error, FTE），即飞机的估计位置（由导航信息计算出的飞机位置）与飞机实际航迹（飞机应飞航线在地面上的投影）的差值；导航系统误差（Navigation System Error, NSE），即飞机实际位置和飞机估计位置的差值。航迹定义误差在实际指标计算时通常被忽略，仅对飞行技术误差与导航系统误差进行计算。

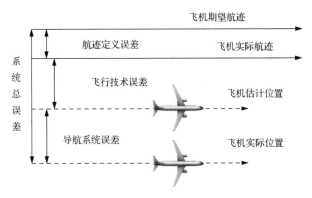

图 6-5　系统总误差组成

根据各航段或区域给出的具体性能指标 RNP − x，以及 RTCA DO-236C 给出的上述 3 种误差的分配方法：

$$\text{MAX}\{\sigma_{\text{NSE}}\} = 0.3(\text{RNP} - x) \tag{6-1}$$

忽略航迹定义误差，认为

$$\sigma_{\text{TSE}}^2 = \sigma_{\text{NSE}}^2 + \sigma_{\text{FTE}}^2 \tag{6-2}$$

因此

$$\sigma_{\text{FTE}} = 0.4(\text{RNP} - x) \tag{6-3}$$

需要注意的是，RNP − x 所表示的范围是 2σ 时的值，而上述计算得到的误差值是 1σ 的值。

6.3.2　大型客机 CAT III A/B 着陆导航性能指标要求

目前，并未有文献明确给出 CAT III A/B 着陆精度要求。本书根据美国联邦航空管理局咨询通告 FAA-AC-120-28D《起飞、着陆和滑跑阶段要求的 III 级天气最低标准》和技术标准文献中给出的不同级别，以及不同航段下的 RNP 要求见表 6-2。

表 6-2　不同航段下 RNP 要求

RNP 类型	适用航段（进近着陆段）	正常工作时范围（95%概率）	最大可控范围
RNP-1	起始段/中间段/复飞	±1 n mile	±2 n mile
RNP-0.5	起始段/中间段/复飞	±0.5 n mile	±1 n mile
RNP-0.3	起始段/中间段/复飞	±0.3 n mile	±0.6 n mile
RNP-0.03	支持 CAT I 进近最低标准(飞行高度为 200ft)	±0.03 n mile	±0.06 n mile
RNP-0.01	支持 CAT II 进近标准（飞行高度大于 100ft）	±0.03 n mile	±0.06 n mile
RNP-0.003/15	支持 CAT III 进近标准	±0.003 n mile/±15ft	±0.006 n mile/±15ft

根据 FAA-AC-120-29A《I/II 类天气进近最低标准的批准准则》给出的 RNP 标准和前文的导航性能要求，计算出的支持 CAT III 着陆导航性能要求见表 6-3。

表 6-3　CAT III 着陆导航性能要求

CAT III A/B 位置估计误差精要求	CAT III A/B 飞行技术误差精度要求
1.6668m	2.2222m

通过上述仿真验证系统进行指标计算，即可对比本书中的信息融合系统精度是否满足 CAT III A/B 着陆要求。

需要注意的是，在 FAA-AC-120-29A 标准中，RNP-0.003 值只适用于飞行高度为 100ft 以上的情况，当 100ft 以下时，RNP 的高度范围不再适用于 CAT III 着陆。本书结合国内外文献、相关实验测试结果，以及国外《航空器运营人全天候运行要求》（AC-91-FS-2012-16）、FAA-AC-120-28D 和 ICAO Annex 10 等技术文献给出的 CAT III 着陆飞行位置误差的精度要求，给出的垂直方向上更为精确的位置估计误差为 $\pm 0.54\mathrm{m}(2\sigma)$。按照前文误差分配的原理，如果给定位置估计误差，就可计算出飞行技术误差为 $\pm 0.72\mathrm{m}(2\sigma)$。

6.4　基于协方差矩阵的位置不确定度计算方法及其仿真验证

本书采用基于协方差矩阵的位置不确定度（Estimated Position Uncertainty, EPU）计算方法，对位置估计误差进行评估。

6.4.1　基于协方差矩阵的位置不确定度的计算方法

选择合理的评估方式对不同导航传感器信息融合结果进行评估，确保当前信息融合结果满足 CAT III A/B 着陆所需导航性能的要求，实现安全着陆引导。导航系统的实际导航性能（Actual Navigation Performance, ANP）以 95%概率下的飞机位置误差范围表示，通常用位置不确定度来描述。

本书中，采用基于协方差矩阵和误差的概率模型（假设为正态分布），计算出 95%概率下的位置不确定度。本书采用混合系统导航，即组合所有可用的导航传感器进行估计，包含动态连续的导航状态模型。导航状态模型的协方差矩阵表达了导航精度的估计，即卡尔曼滤波算法的协方差矩阵表达了导航系统的随机误差估计值。

通过分割卡尔曼滤波算法的协方差矩阵获取位置误差矩阵，求解实际导航性能的标准误差椭圆，利用二维正态分布概率特性，将误差椭圆转换为 95%概率误差圆，得到机载组合导航系统的实际导航性能。

通常，位置估计误差中的水平随机误差服从二元正态分布。导航系统的位置位置不确定度包括水平位置不确定度和垂直位置不确定度，本节主要研究水平位置不确定度。水平位置不确定度通过以下方式表示：以估计的位置为圆心，目标的实际位置至少以 95%的概率落在圆内，该圆的半径通过导航系统的随机误差确定。在实际应用中，飞机沿航迹的误差和侧向航迹误差不同，等概率误差曲线是椭圆，因此求解 EPU 时，需要将椭圆转化为圆。基于协方差矩阵计算位置不确定度的信息融合算法步骤如下：

1. 分割协方差矩阵

根据多元正态分布的特性，将组合导航系统卡尔曼滤波算法的协方差矩阵进行分割，获得组合导航系统的位置估计误差矩阵。从卡尔曼滤波算法中分割出来的位置估计误差矩阵和卡尔曼滤波算法的协方差矩阵分别如下：

$$\boldsymbol{E}_{\text{pos}} = \begin{bmatrix} L & \lambda \end{bmatrix} \tag{6-4}$$

$$\boldsymbol{P}_{\text{pos}} = \text{Cov}\begin{bmatrix} \boldsymbol{E}_{\text{pos}} \end{bmatrix} = \begin{bmatrix} \sigma_L^2 & \sigma_{L\lambda}^2 \\ \sigma_{L\lambda}^2 & \sigma_\lambda^2 \end{bmatrix} \tag{6-5}$$

将经纬度坐标转换为水平面直角坐标系中的坐标，转换方式如下：

$$\begin{aligned} \sigma_x &= \sigma_\lambda \cdot R \cos L \\ \sigma_y &= \sigma_\varphi \cdot R \end{aligned} \tag{6-6}$$

式中，σ_λ 为经度误差；σ_L 为纬度误差；R 为地球半径；λ 为飞机所在经度；L 为飞机所在纬度。

因此，位置估计误差矩阵和协方差矩阵可以转换为

$$\boldsymbol{E}_{\text{pos}} = \begin{bmatrix} x & y \end{bmatrix} \tag{6-7}$$

$$\boldsymbol{P}_{\text{pos}} = \text{Cov}\begin{bmatrix} \boldsymbol{E}_{\text{pos}} \end{bmatrix} = \begin{bmatrix} \sigma_x^2 & \sigma_{xy}^2 \\ \sigma_{xy}^2 & \sigma_y^2 \end{bmatrix} = R^2 \begin{bmatrix} \cos^2 \varphi \sigma_\lambda^2 & \cos \varphi \sigma_{L\lambda}^2 \\ \cos \varphi \sigma_{L\lambda}^2 & \sigma_L^2 \end{bmatrix} \tag{6-8}$$

式中，x，y 为经纬度误差转换到机体坐标系中的误差。

2. 椭圆长、短半轴的计算

通常位置估计误差中的水平随机误差服从二维正态分布，假设位置估计误差矩阵 $\boldsymbol{E}_{\text{pos}}$ 的二维正态分布概率密度函数可以写为

$$f(x, y) = \frac{1}{2\pi\sqrt{\det(\boldsymbol{P}_{\text{pos}})}} \exp\left[-1/2\left(\boldsymbol{E}_{\text{pos}}^{\mathrm{T}} \boldsymbol{P}_{\text{pos}}^{-1} \boldsymbol{E}_{\text{pos}}\right)\right] \tag{6-9}$$

由于飞机经纬度误差不同，位置估计误差在水平面内的二维正态分布等概率误差曲线是一个椭圆，通过坐标系旋转将协方差矩阵对角化，可以得到误差椭圆的长、短半轴。简化误差分布函数，使标准差 σ 对应椭圆的长、短半轴 σ_{minor} 和 σ_{major}。坐标系旋转原理如图 6-6 所示。

协方差矩阵的两个特征值对应误差椭圆长、短半轴的平方，协方差矩阵的两个特征值如下：

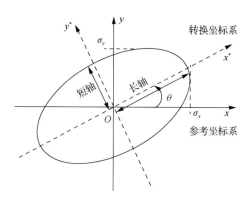

图 6-6 坐标系旋转原理

$$\lambda_{1,2} = \frac{\left(\sigma_{\text{major}}^2 + \sigma_{\text{minor}}^2\right) \pm \sqrt{\left(\sigma_{\text{major}}^2 - \sigma_{\text{minor}}^2\right)^2 + 4\sigma_{\text{major,minor}}^4}}{2} \tag{6-10}$$

式中，$\lambda_{1,2}$ 分别为 1σ 误差椭圆的长、短半轴，即

$$
\begin{aligned}
\text{"}1\sigma\text{"axis}_{\text{major}} &= \sigma_{\text{major}} = \max\left(+\sqrt{\lambda_1}, +\sqrt{\lambda_2}\right) \\
\text{"}1\sigma\text{"axis}_{\text{minor}} &= \sigma_{\text{minor}} = \min\left(+\sqrt{\lambda_1}, +\sqrt{\lambda_2}\right)
\end{aligned}
\tag{6-11}
$$

为了得到 95% 概率误差椭圆，调整 1σ 误差椭圆的长、短半轴，把长短半轴乘以系数 k，利用概率密度在由新的长、短半轴确定的椭圆上积分，计算期望概率 P，即

$$P = \iint\limits_{\left\{x,y: \frac{x^2}{\left(k\sigma_{\text{major}}\right)^2} + \frac{y^2}{\left(k\sigma_{\text{minor}}\right)^2} < 1\right\}} \frac{1}{2\pi\sigma_{\text{major}}\sigma_{\text{major}}} e^{-\left(\frac{x^2}{2\sigma_{\text{major}}^2} + \frac{y^2}{2\sigma_{\text{minor}}^2}\right)} \mathrm{d}x\mathrm{d}y \tag{6-12}$$

令 $u = \dfrac{x}{\sigma_{\text{major}}}$，$v = \dfrac{y}{\sigma_{\text{minor}}}$，式（6-12）可转换为

$$P = \iint\limits_{\left\{u,v: u^2 + v^2 < k^2\right\}} \frac{1}{2\pi} e^{-\left(\frac{u^2}{2} + \frac{v^2}{2}\right)} \mathrm{d}u\mathrm{d}v \tag{6-13}$$

令 $u = r\cos\theta$，$v = r\sin\theta$，则式（6-13）可转换为

$$P = \int_0^k \int_0^{2\pi} \frac{1}{2\pi} e^{\left(-\frac{1}{2}r^2\right)} r\mathrm{d}r\mathrm{d}\theta \tag{6-14}$$

将 $P = 95\%$ 代入上式可得到 $k = 2.4477$，因此将 $k = 2.4477$ 代入，即可将 1σ 误差椭圆转化为 95% 概率误差椭圆。

3. 利用 1σ 误差椭圆计算 95% 概率误差圆的半径

由于位置不确定度需要用 95% 概率误差圆的边界值，因此需要计算圆形区域的误差概率，将积分区间定义在一个圆形区域，半径为 $k\sigma_{\text{minor}}$。

已知

$$P = \iint\limits_{\left\{x, y:\frac{x^2}{\left(k\sigma_{\text{major}}\right)^2}+\frac{y^2}{\left(k\sigma_{\text{minor}}\right)^2}<1\right\}} \frac{1}{2\pi\sigma_{\text{major}}\sigma_{\text{major}}} e^{-\left(\frac{x^2}{2\sigma_{\text{major}}^2}+\frac{y^2}{2\sigma_{\text{minor}}^2}\right)} \mathrm{d}x\mathrm{d}y \tag{6-15}$$

将式（6-15）转换为

$$P = \iint\limits_{\left\{x, y:x^2+y^2<\left(k\sigma_y\right)^2\right\}} \frac{1}{2\pi\sigma_{\text{major}}\sigma_{\text{major}}} e^{-\left(\frac{x^2}{2\sigma_{\text{major}}^2}+\frac{y^2}{2\sigma_{\text{minor}}^2}\right)} \mathrm{d}x\mathrm{d}y \tag{6-16}$$

令 $u = r\cos\theta$，$v = r\sin\theta$，则式（6-16）可转换为

$$P = \int_0^{2\pi}\int_0^{k\sigma_{\text{minor}}} \frac{1}{2\pi\sigma_{\text{major}}\sigma_{\text{major}}} e^{e^{-\left(\frac{r^2\cos^2\theta}{2\sigma_{\text{major}}^2}+\frac{r^2\sin^2\theta}{2\sigma_{\text{minor}}^2}\right)}} r\mathrm{d}r\mathrm{d}\theta \tag{6-17}$$

可以看出，对于特定的概率要求，随着误差椭圆长、短半轴比率的不同，系数 k 的取值会发生变化。根据积分计算结果可知，随着误差椭圆长、短半轴比率的增加，系数 k 逐渐减小，最大值为 2.4477，最小值为 1.9625。其值可以近似由式（6-18）表示：

$$k = \frac{(2.4477-1.9625)}{\left(\sigma_{\text{major}}/\sigma_{\text{minor}}\right)^3} + 1.9625 \tag{6-18}$$

由此，95%概率误差圆的半径 $R = k\cdot\sigma_{\text{major}}$。

6.4.2　基于协方差矩阵的位置不确定度计算方法的仿真验证

本节对信息融合系统的位置估计误差进行仿真验证，在 6.2.2 节设置的仿真场景中，进行 500 次蒙特卡洛模型仿真，并按照前文的公式计算水平方向的位置不确定度，垂直方向的位置误差可直接由蒙特卡洛模型仿真结果统计得到。由于飞机航程较长，并且采样时间较小，仅为 0.2s，因此数据量巨大，较难反映出 CAT III 着陆的精度。为此，本书设置 4 组高度，分别为 400ft、200ft、100ft 和 50ft，在该 4 组高度下观察水平方向和垂直方向的位置估计误差并与精度指标对比。

下面对水平位置不确定度计算方法进行仿真验证，仿真验证的步骤如下：

（1）将信息融合得到的飞机经纬度方向的协方差矩阵按照 6.4.1 节步骤计算位置不确定度，得到飞机在东-北-天坐标系下的位置误差的 95%概率误差圆的范围，将每个高度下通过 500 次蒙特卡洛模型仿真得到的 95%概率误差圆的半径取均值，把均值作为当前高度下由蒙特卡洛模型仿真得到的 95%概率误差圆的半径。

（2）将信息融合得到的飞机经纬度方向的位置进行空间配准后，得到东向和北向的位置误差信息，将每个高度下的 500 次蒙特卡洛模型仿真结果与 95%概率误差圆的半径进行

比较，验证不确定度的计算结果。

（3）将95%概率误差圆的半径与按照误差分配计算得到的位置误差进行比较，验证大型客机 CAT III A/B 着陆导航传感器信息融合的精度。

不同高度下通过蒙特卡洛模型仿真的误差点分布情况，以及95%水平位置不确定度范围与通过 RNP 相关指标计算得到的水平方向导航误差范围的比较如图6-7～图6-10所示。

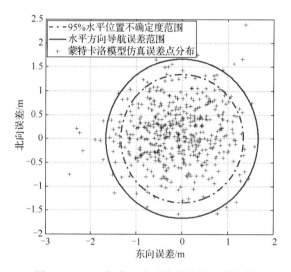

图 6-7　400ft 高度下水平位置估计误差比较

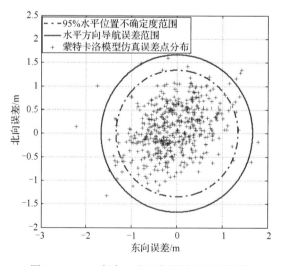

图 6-8　200ft 高度下水平位置估计误差比较

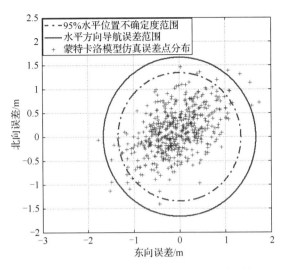

图 6-9　100ft 高度下水平位置估计误差比较

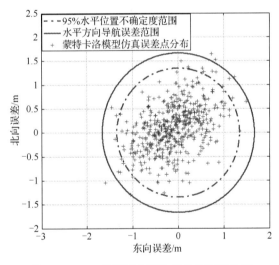

图 6-10　50ft 高度下水平位置估计误差比较

　　由图 6-7～图 6-10 所示的仿真结果可知，在 4 组不同的高度下计算得到的 95%水平位置不确定度范围，均满足 RNP 关于 CAT III 着陆的位置估计误差的要求，4 组高度下水平位置不确定度 95%概率误差圆的半径统计结果见表 6-4。

表 6-4　4 组高度下水平位置不确定度 95%概率误差圆的半径统计结果

高度/ft	1σ /m	2σ /m
400	0.6717	1.3434
200	0.6713	1.3426
100	0.6723	1.3446
50	0.6730	1.346

由表 6-4 可知，在 2σ 的情况下，4 组高度下的 95%概率误差圆的半径均小于通过 RNP 相关指标计算得到的结果。虽然 4 组高度下的统计结果能够满足要求，但是 95%概率误差圆的半径并不能体现数据的统计特性。因此，本书对 4 组高度下的东向和北向的位置估计误差进行统计，东向和北向位置估计误差统计特性分别见表 6-5 和表 6-6。

表 6-5　东向位置估计误差统计特性

高度/ft	均值/m	均方差/m	误差范围/m
400	-0.1266	0.7114	（-1.5500，1.2968）
200	-0.0675	0.5974	（-1.2623，1.1273）
100	-0.0620	0.5515	（-1.1650，1.0410）
50	-0.0917	0.5504	（-1.1925，1.0091）

表 6-6　北向位置估计误差统计特性

高度/ft	均值/m	均方差/m	误差范围/m
400	0.1136	0.6081	（-1.1026，1.3298）
200	0.1043	0.5205	（-0.9367，1.1453）
100	0.1264	0.4736	（-0.8208，1.0736）
50	0.1120	0.4963	（-0.8806，1.1046）

从图 6-7～图 6-10 和表 6-5～表 6-6 可知，随着高度的下降，蒙特卡洛模型仿真数据明显趋于集中，误差范围也逐渐减小。因此，高度逐渐降低，即飞机逐渐接近导航台时，信息融合系统的位置估计精度逐渐提高。

对垂直方向位置估计误差，也分 400ft、200ft、100ft 和 50ft 4 组高度，按照蒙特卡洛模型仿真的次数对垂直方向位置估计误差进行绘图，并与前文中给出的较为精确的位置估计误差范围对比。4 组高度上垂直方向位置估计误差比较如图 6-11～图 6-14 所示。

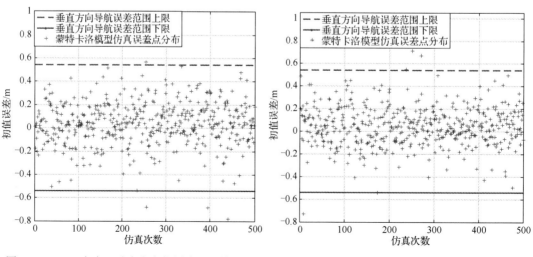

图 6-11　400ft 高度下垂直方向位置估计误差比较　　图 6-12　200ft 高度下垂直方向位置估计误差比较

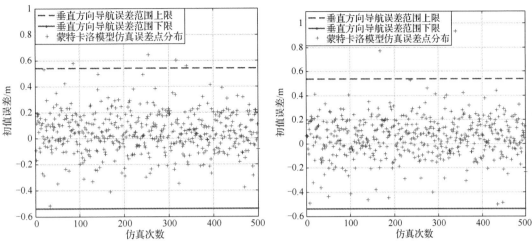

図 6-13　100ft 高度下垂直方向位置估计误差比较　　図 6-14　50ft 高度下垂直方向位置估计误差比较

由图 6-10～图 6-14 可知，本书信息融合系统得到的垂直方向位置估计误差能够满足国内外相关指标给出的较为精确的位置估计误差范围。不同高度下垂直方向位置估计误差统计特性见表 6-7。

表 6-7　不同高度下垂直方向位置估计误差统计特性

高度/ft	均值/m	均方差/m	误差范围/m
400	0.0415	0.1915	（−0.3415, 0.4245）
200	0.0487	0.1722	（−0.2957, 0.3931）
100	0.0469	0.1558	（−0.2647, 0.3585）
50	0.0555	0.1647	（−0.2739, 0.3849）

由表 6-7 可知，计算得到的垂直方向位置估计误差范围能够满足前文中给出的大型客机 CAT III A/B 着陆的精度指标。

6.5　飞行技术误差估计

飞行技术误差是指定义的航迹与飞机估计位置之间的距离误差，本书提出的飞行技术误差估计方法及其仿真验证如下。

6.5.1　飞行技术误差估计方法

飞行技术误差表征了自动飞行控制系统或飞行员操纵飞机跟踪航迹的能力，包括与应飞航迹的侧向偏离和垂直偏离控制能力。引起飞行技术误差的原因包括环境、航空器性能以及人为因素影响。本节以信息融合算法为基础对飞行技术误差进行估计，因此重点考虑导航传感器测量误差、导航传感器故障对飞行技术误差的影响。

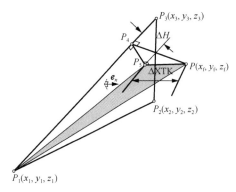

图 6-15　飞行技术误差计算原理示意

飞行技术误差计算原理示意如图 6-15 所示。根据导航传感器测量的飞机当前位置，与预定义的航迹位置进行比较，给出两者之间的位置差，包括侧偏距 ΔXTK 和高度偏差 ΔH。在图 6-15 中，P 点为导航传感器测得的飞机当前位置，P_1 点为基准航迹终点，P_3 点为基准航迹起点，P_2 点为 P_3 点在地平面上的投影，P_4 点为从飞机当前位置向期望基准航迹引出的垂线与基准航迹的交点，P 点在基准航迹所在铅垂面上的投影为 P_5 点，$\boldsymbol{e}_n$ 为由 P_1 P_2 P_3 组成的下滑道平面的法向量。

侧偏距 ΔXTE 和高度偏差 ΔH 可按照如下步骤进行计算：

1）侧偏距 ΔXTE

侧偏距 ΔXTE 表征飞机偏离下滑道所在平面的距离，也就是表征着陆横侧向误差，计算方法如下：

（1）求解出下滑道平面的法向量 $\boldsymbol{e}_n$。

$$\boldsymbol{e}_n = \frac{\boldsymbol{l}_{P_1P_2} \times \boldsymbol{l}_{P_1P_3}}{\left|\boldsymbol{l}_{P_1P_2}\right|\left|\boldsymbol{l}_{P_1P3}\right|} = (e_1, e_2, e_3) \tag{6-19}$$

其中，e_1, e_2, e_3 的表达式为

$$\begin{cases} e_1 = \dfrac{1}{\text{Den}}\left[(y_2 - y_1)(z_3 - z_1) - (y_3 - y_1)(z_2 - z_1)\right] \\[2mm] e_2 = \dfrac{1}{\text{Den}}\left[(x_3 - x_1)(z_2 - z_1) - (x_2 - x_1)(z_3 - z_1)\right] \\[2mm] e_3 = \dfrac{1}{\text{Den}}\left[(x_2 - x_1)(y_3 - y_1) - (x_3 - x_1)(y_2 - y_1)\right] \end{cases} \tag{6-20}$$

式中，$\text{Den} = \sqrt{(x_2 - x_1)^2 + (y_2 - y_1)^2 + (z_2 - z_1)^2}\sqrt{(x_3 - x_1)^2 + (y_3 - y_1)^2 + (z_3 - z_1)^2}$

（2）根据点到平面的距离公式求解 ΔXTE。

$$\Delta XTK = \frac{\boldsymbol{l}_{P_1P} \cdot \boldsymbol{e}_n}{\left|\boldsymbol{e}_n\right|} \tag{6-21}$$

2）高度偏差 ΔH

高度偏差 ΔH 表示飞机在下滑道所在垂面的投影点到下滑道的距离，也表征飞机着陆的纵向误差。在此引入飞机在下滑道所在垂面的投影点 P_5 作为辅助定位点，过 P_5 点作下滑道的垂线，交点为 P_4。此时的 P_4P_5 即飞机的高度偏差，同时 $P_4P_5 \perp PP_5$ 和 $P_1P_3 \perp PP_4$。

（1）求飞机到下滑道的距离 PP_4。

由于 $P_1P_3 \perp PP_4$，根据点到直线的距离，得

$$\left|PP_4\right| = \frac{\left|\boldsymbol{l}_{P_1P} \times \boldsymbol{l}_{P_1P_3}\right|}{\left|\boldsymbol{l}_{P_1P_3}\right|} \tag{6-22}$$

（2）根据直角三角形 $\triangle PP_5P_4$ 求解 ΔH。

$$\Delta H = \sqrt{PP_4^2 - PP_5^2} = \sqrt{PP_4^2 - \Delta XTK^2} \qquad (6\text{-}23)$$

根据上述步骤，可实现对飞行技术误差的实时估计。

6.5.2　飞行技术误差估计方法仿真验证

本节对信息融合系统的位置估计误差进行仿真验证，在 6.2.2 节设置的仿真场景中，进行 500 次蒙特卡洛模型仿真，与前文一样设置了 4 组高度，分别取飞机模型输出的实际高度的东-北-天坐标系下的位置误差进行统计分析。4 组高度分别为 400ft、200ft、100ft 和 50ft，对水平方向和垂直方向的飞行技术误差方法进行仿真验证。

水平方向飞行技术误差方法仿真验证结果如图 6-16～图 6-19 所示。

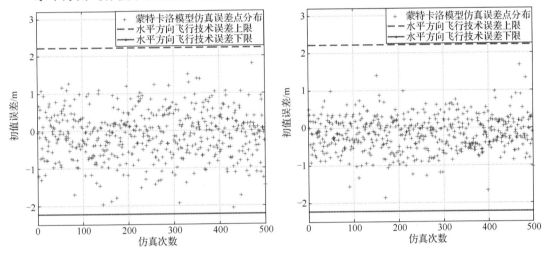

图 6-16　400ft 高度下水平方向飞行技术误差比较　　图 6-17　200ft 高度下水平方向飞行技术误差比较

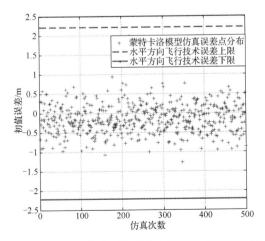
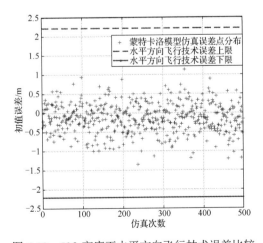

图 6-18　100ft 高度下水平方向飞行技术误差比较　　图 6-19　50ft 高度下水平方向飞行技术误差比较

由图 6-19 可知，水平方向飞行技术误差明显小于 RNP 给出的 CAT III A/B 着陆要求的精度。4 组高度下水平方向飞行技术误差统计特性见表 6-8。

表 6-8　4 组高度下水平方向飞行技术误差统计特性

高度/ft	均值/m	均方差/m	误差范围/m
400	−0.1006	0.6388	（−1.3782，1.1770）
200	−0.1523	0.4650	（−1.0823，0.7777）
100	−0.1427	0.3705	（−0.8837，0.5983）
50	−0.1332	0.3902	（−0.9136，0.6472）

由表 6-8 可知，通过本书信息融合算法得到的位置估计误差计算得到的飞行技术误差范围，能够满足由 CAT III A/B 着陆要求的 RNP 值计算得到的飞行技术误差范围。

4 组高度下垂直方向飞行技术误差仿真结果如图 6-20～图 6-23 所示。

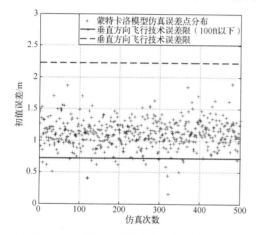

图 6-20　400ft 高度下垂直方向飞行技术误差比较

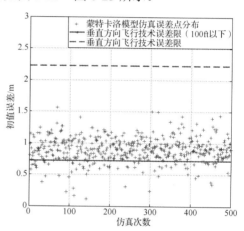

图 6-21　200ft 高度下垂直方向飞行技术误差比较

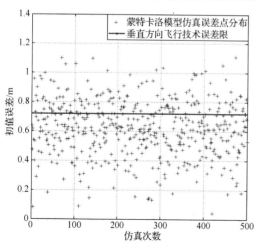

图 6-22　100ft 高度下垂直方向飞行技术误差比较

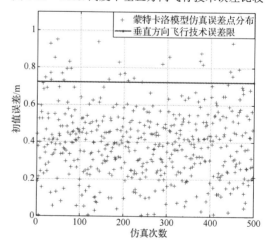

图 6-23　50ft 高度下垂直方向飞行技术误差比较

根据垂直方向飞行技术误差计算公式，可知垂直方向飞行技术误差为飞机距离航向的绝对值。由上述仿真结果可知，随着高度的下降，能够满足设定的较为精确的±0.72m 误差点逐渐增多。在高度为 100ft 以上时，计算得到的飞行技术误差虽然未能满足较为精确的误差范围，但是仍然小于通过 ICAO Annex 10 给出的 RNP 值计算的飞行技术误差值；在高度为 50ft 时，蒙特卡洛模型仿真结果基本能满足更为精确的误差范围。

本 章 小 结

本章在数字平台的基础上，搭建了 CAT III A/B 着陆导航传感器信息融合仿真验证系统架构，参考民航相关指标和规定，对 CAT III 着陆导航传感器信息融合评估指标进行了分配，并对 CAT III 着陆的两个重要指标（位置估计误差和飞行技术误差）进行了仿真验证。结果表明，第 4 章提出的信息融合算法的位置估计精度和飞行技术误差估计能够较好地满足 CAT III 着陆精度的要求。

第 7 章　符合 RNP AR 要求的垂直引导技术

7.1　概　　述

高精度的垂直引导是实现 RNP AR 进近的必然要求，在 RNP AR 进近引导过程中，要根据飞行状态和进近要求进行不同垂直引导模式的转换。

本章参考波音 B737 和空客 A320 等典型飞机的操纵逻辑研究垂直引导技术，在分析垂直引导模式各自的优缺点及适用的飞行场景的基础上，对各种垂直引导模式进行引导指令的计算和引导律的设计，并根据飞行阶段、空管和气象信息提出垂直引导模式转换逻辑。

7.2　RNP AR 对垂直引导的要求

在《实施要求授权的所需导航性能（RNP AR）飞行程序的适航和运行批准指南》中，要求进近段的垂直偏离必须保持在 75ft 之内，高于和低于下滑航迹的垂直偏离均应得到监视。同时 ICAO DOC 9905《要求授权的所需导航性能（RNP AR）程序设计手册》对各个飞行阶段的最大垂直航迹角和标准航迹角进行了限制。下降梯度限制见表 7-1，进近段最大垂直航迹角限制见表 7-2 所示。

表 7-1　下降梯度限制

航段	下降梯度	
	标准值	最大值
进近段	4%（2.4°）	8%（4.7°）
起始段	4%（2.4°）	8%（4.7°）
中间段	≤2.5%（1.4°）	等于最后航段梯度
最后航段	5.2%（3°）	见表 7-2

表 7-2　进近段最大垂直航迹角

航空器类型	垂直航迹角	梯度
A 类航空器（指示空速<150km/h）	6.4°	11.2%
（150km/h≤指示空速<167km/h）	5.7°	9.9%

续表

航空器类型	垂直航迹角	梯度
B 类航空器	4.2°	7.3%
C 类航空器	3.6°	6.3%
D 类航空器	3.1°	5.4%

相比于水平引导飞机的垂直引导更为复杂，需要飞机的俯仰通道和推力通道协调配合实现垂直引导，同时，根据不同的需求产生了多种垂直引导模式。下面分别介绍波音 B737 飞机和空客 A380 飞机较为重要的两种下降进近段所用的垂直引导模式。

1. 垂直速度模式

垂直速度模式是指固定垂直速度模式，即保持垂直速度的一种俯仰通道的单通道模式，又称为固定下降率引导，是波音 B737 飞机和空客 A380 飞机共有的模式。工作时保持模式控制面板（Mode Control Panel, MCP）所选定的垂直速度，自动油门模式一般为速度模式。以空客 A380 飞机为例，当飞机早于下降顶点（TOD）下降时，先转换到垂直速度模式，自动以-1000ft/min 的垂直速度下降，直到切入飞行管理系统（FMS）的期望垂直剖面。这种模式机动性最高，可以选择适当的下降率灵活控制下降剖面，也能及时满足管制高度快速改变的要求，缺点是要求机组熟悉不同高度和不同下降率对应的速度关系。当下降剖面明显偏高时，若使用不得当，则很容易出现超限事件（有些航路点对速度和高度有限制）。固定下滑角模式与固定垂直速度模式类似，也是单通道模式。

2. 波音 B737 飞机的 VNAV 模式和空客 A380 飞机的 DES 模式

波音 B737 飞机有一种双通道的垂直引导模式，即 VNAV 模式，该模式包含两种子模式，一种是 VNAV SPD 模式，即飞机俯仰通道保持飞行管理计算机（Flight Management Computer, FMC）中的指令空速，推力通道保持飞行管理系统中的参考推力，该子模式无法对垂直下降路径进行跟随；另一种是 VNAV PATH 模式，保持飞行管理计算机中的指令高度或垂直下降路径，跟随航路垂直剖面飞行，推力通道为速度模式，以保持模式控制面板中所选择的速度。

空客 A380 飞机的 DES 模式是指涵盖整个下降进近段的综合垂直引导模式。飞机下降阶段划分如图 7-1 所示，在慢车路径阶段（Idle Segment），飞机俯仰通道保持飞行管理计算机中的指令空速，推力通道保持飞行管理系统中的慢车推力，这一模式称为慢车下降模式。在几何路径阶段（Geometric Segment）飞机俯仰通道跟随航路垂直剖面飞行，推力通道为速度模式，这一模式称为飞行路径引导模式。

DES 模式具有很多优点。如果飞行管理计算机中的下降进近程序设置得合理并输入了适当的下降预报数据，那么在不繁忙的中小型机场，进近程序没有潜在较多直飞的情况下，机组只要设置模式控制面板所选定的高度就能顺利进近到五边（离场边、侧风边、下风边、底边和进场边）；高度自动化，会遵循飞行管理计算机中的速度及高度限制，充分利用飞机性能，以实现符合航空公司成本运行政策的下降，同时也能大幅降低机组在飞机下降时的工作负荷。然而，使用该模式需要机组充分理解其工作原理，在连续下降途中尽可能减少改平。若中途改平不能及时下降高度，则再次下降时飞行管理计算机会指令飞机以较大下降率下降，直至飞机切入计划的轨迹为止；航路发生偏置，但未输入结束点时五边的轨迹会有一定偏差。下降轨迹根据下降预报信息计算，下降预报信息与真实情况有偏差，实际运行时飞机会出现调速时机偏晚的情况，偏差较大时需要机组人为干预。

由于 RNP AR 要求飞机在进近过程中至少在 95% 的飞行时间内垂直偏差不得超过 75ft，即要求跟随垂直下降路径，因此在进近段主要使用飞行路径引导模式。

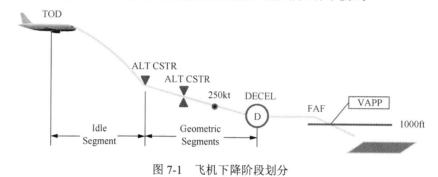

图 7-1 飞机下降阶段划分

7.3 符合 RNP AR 要求的垂直引导律设计

在符合 RNP AR 要求进近段，主要使用的垂直引导模式是飞行路径引导模式，但是固定下滑角引导、固定下降率引导、慢车下降都是重要的垂直引导模式，本节将研究这几种垂直引导模式的垂直引导参数计算和垂直引导控制律设计。

飞机垂直引导参数主要有航迹倾斜角 γ、垂直速度 $\dot{H}$、前向速度 u 和飞行高度 H。垂直引导控制律主要用于完成从计划航路垂直剖面信息到垂直引导指令的构建过程。一般情况下，计划航路垂直剖面信息主要包括高度偏差 ΔH、航路点之间的水平距离 D_{leg} 等。垂直引导控制律就是指这些垂直剖面信息的函数。

7.3.1 垂直引导参数计算

若已知两个航路点 P_1 和 P_2 的位置信息为 $P_1(L_1, \lambda_1, H_1)$ 或 $P_1(x_1, y_1, H_1)$、$P_2(L_2, \lambda_2, H_2)$ 或 $P_2(x_2, y_2, H_2)$，根据飞行动力学和运动学的知识，可得如下关系式。

$$\Delta H = H_2 - H_1 \tag{7-1}$$

$$D_{\text{leg}} = f_1\left(x_1, y_1, x_2, y_2, T_{\text{leg}}\right) \tag{7-2}$$

$$D_{\text{leg}} = f_2\left(L_1, \lambda_1, L_2, \lambda_2, T_{\text{leg}}\right) \tag{7-3}$$

其中，T_{leg} 表示航路点 P_1 和 P_2 所构成的航段类型，可分为直线航段和圆弧航段两种类型。

$$K_{\text{slope}} = \frac{\Delta H}{D_{\text{leg}}} \tag{7-4}$$

$$\gamma_{\text{g}} = \text{arc} \tan\left(\frac{\Delta H}{D_{\text{leg}}}\right) = \text{arc} \tan\left(K_{\text{slope}}\right) \tag{7-5}$$

$$\dot{H}_{\text{g}} = V_{\text{GND}} \tan \gamma_{\text{g}} = V_{\text{GND}}\left(\frac{\Delta H}{D_{\text{leg}}}\right) = V_{\text{GND}} K_{\text{slope}} \tag{7-6}$$

式中，γ_{g} 为期望航迹倾斜角；$\dot{H}_{\text{g}}$ 为期望垂直速度；V_{GND} 为飞机地速；K_{slope} 为航段梯度。

航段梯度是垂直引导指令计算过程中的关键参数，而确定航段梯度的关键在于计算航路点之间的水平距离 D_{leg}。此处，给出不同航段类型和坐标形式下 D_{leg} 的计算方法。

1）平面直角坐标系下航路点之间的水平距离计算

已知两个航路点 P_1 和 P_2 的位置信息为 $P_1(x_1, y_1, H_1)$、$P_2(x_2, y_2, H_2)$。

当 P_1 和 P_2 构成的航段为直线航段时，

$$D_{\text{leg}} = \sqrt{\left(x_1 - x_2\right)^2 + \left(y_1 - y_2\right)^2} \tag{7-7}$$

当 P_1 和 P_2 构成的航段为圆弧航段时，要计算这两个航路点之间的水平距离，还必须知道圆弧中心点坐标 $P_0(x_0, y_0)$。由此可得圆弧半径：

$$R_{\text{leg}} = \sqrt{\left(x_1 - x_0\right)^2 + \left(y_1 - y_0\right)^2} = \sqrt{\left(x_2 - x_0\right)^2 + \left(y_2 - y_0\right)^2} \tag{7-8}$$

若求得从圆弧中心点 P_0 到起点 P_1 连线的方位角 $\chi_{P_0 P_1}$ 和从 P_0 到终点 P_2 连线的方位角 $\chi_{P_0 P_2}$，则可得到航路点 P_1 和 P_2 之间的水平距离。

$$D_{\text{leg}} = R_{\text{leg}} \left| \chi_{P_0 P_2} - \chi_{P_0 P_1} \right| \tag{7-9}$$

2）经纬度坐标系下航路点之间的水平距离计算

已知两个航路点 P_1 和 P_2 的位置信息为 $P_1(L_1, \lambda_1, H_1)$、$P_2(L_2, \lambda_2, H_2)$，求这两个航路点之间的水平距离 D_{leg}。

当 P_1 和 P_2 构成的航段为直线航段时，可得

$$\begin{cases} a = \cos L_1 \cos \lambda_1 \cos L_2 \cos \lambda_2 \\ b = \cos L_1 \sin \lambda_1 \cos L_2 \sin \lambda_2 \\ c = \sin L_1 \sin L_2 \\ D_{\text{leg}} = \left(R_L + h\right) \text{arc} \cos\left(a + b + c\right) \end{cases} \tag{7-10}$$

对上式利用大圆航线反解算法求解。其中，R_L 为将地球看作正球体时的地球半径，其值为 6371393m。

当 P_1 和 P_2 构成的航段为圆弧航段时，还必须知道圆弧中心点坐标 $P_0(L_0, \lambda_0)$。显然，利用该圆弧中心点坐标和起点或终点坐标，利用大圆航线反解算法可求出该圆弧航段的半径 R_{leg}。

利用大圆航线反解算法，可以求得从圆弧中心点 P_0 到起点 P_1 连线的方位角 $\chi_{P_0 P_1}$ 和从 P_0 到终点 P_2 连线的方位角 $\chi_{P_0 P_2}$，利用式（7-9）可以求得由 P_1 和 P_2 构成的圆弧航段长度。

7.3.2 固定下滑角引导

固定下滑角引导（见图 7-2）就是指在引导飞机下降或进近的过程中控制飞机的航迹倾斜角 γ，使之保持不变。此时，将航迹倾斜角 γ 作为俯仰通道的外回路，实现固定下滑角的引导。

一般情况下，固定下滑角引导是在给定一个确定的期望航迹倾斜角 γ_g 的前提下，引导飞机下降到某一固定高度，然后保持该高度，直到到达下一个航路点为止。

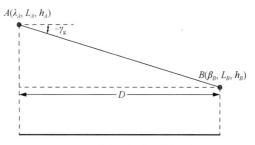

图 7-2 固定下滑角引导示意

已知，当前期望航迹倾斜角 γ_g，对期望垂直速度 $\dot{H}_g$，可以通过下式计算：

$$\dot{H}_g = \begin{cases} k_1 \cdot (\gamma - \gamma_g) + k_2 \cdot \int (\gamma - \gamma_g) \mathrm{d}t + k_3 \cdot \dot{\gamma} & |H - H_g| > H_D \\ k_H \cdot (H - H_g) & |H - H_g| \leq H \end{cases} \tag{7-11}$$

内回路控制律为

$$\begin{cases} \theta_g = k_H \cdot (\dot{H} - \dot{H}_g) + k_{Hd} \cdot \int (\dot{H} - \dot{H}_g) \mathrm{d}t \\ \delta_e = k_3 (\theta - \theta_g) + k_4 q \end{cases} \tag{7-12}$$

式中，θ 为飞机俯仰角；q 为俯仰角速度；θ_g 为期望俯仰角；δ_e 为升降舵偏转角。

固定下滑角引导模式转换逻辑：

（1）接通条件。当下一航段为下降航段且飞机到达截获区间时，固定下滑角引导模式接通。

（2）断开条件。飞机在下降航段中且飞机到达截获区间后，高度保持模式接通。

7.3.3 固定下降率引导

固定下降率引导是指在引导飞机下降或进近的过程中控制飞机的垂直速度 $\dot{H}$，使之保持不变。此时，将垂直速度 $\dot{H}$ 作为俯仰通道的外回路，实现固定下降率的引导。

采用固定下降率引导模式，可以引导飞机下降到某一高度确定的定位点（经度、纬度和高度确定），期望垂直速度 $\dot{H}_g$ 的计算公式为

$$\dot{H}_g = V_{\mathrm{GND}} \tan \gamma_g = V_{\mathrm{GND}} \left(\frac{\Delta H}{D_{\mathrm{leg}}} \right) = V_{\mathrm{GND}} K_{\mathrm{slope}} \tag{7-13}$$

采用固定下降率引导模式，还可以在给定一个确定的期望垂直速度 $\dot{H}_g$ 前提下，引导飞机下降到某一固定高度，然后保持该高度，直到到达下一个航路点为止。

7.3.4 飞行路径引导

飞行路径引导是指给定水平航迹和高度剖面后，引导飞机跟随航迹。根据水平航迹是直线航段还是圆弧航段，计算引导参数。

（1）当水平航迹为直线航段时，若已知当前航段梯度为 K_{slope}、从飞机当前位置到航段起点 P_1 的航程 D_{cur}（航程 D_{cur} 根据飞机当前位置、航段类型和起点坐标计算）、航段起点高度为 H_1，则由式（7-14）可知，飞机的当前期望高度为

$$H_g = H_1 + K_{slope}D_{cur} \tag{7-14}$$

在得到期望高度后，垂直引导控制就变成一个高度控制问题，高度控制律为

$$
\begin{cases}
\theta_g = k_1 \cdot (H - H_g) + k_2 \cdot \int (H - H_g)\mathrm{d}t + k_3 \cdot \dot{H} \\
\delta_e = k_3 (\theta - \theta_g) + k_4 q
\end{cases}
\tag{7-15}
$$

式中，H 为飞机当前高度；$\dot{H}$ 为飞机当前垂直速度；θ 为飞机俯仰角；q 为俯仰角速度；θ_g 为期望俯仰角；δ_e 为升降舵偏转角。

此外，还可以通过垂直速度控制高度，其控制律构型与式（7-13）一致。

为了消除高度的静差，在期望垂直速度中加入高度偏差。期望垂直速度为

$$\dot{H}_g = k_V \cdot V_{GND}K_{slope} + k_{\Delta H}(H - H_g) \tag{7-16}$$

（2）当水平航迹为圆弧航段时，已知圆弧航段的圆心角为 Q，飞机当前位置已经飞过的圆心角为 Q_p，起点和终点分别为 $A(\lambda_A, L_A, h_A)$ 与 $B(\lambda_B, L_B, h_B)$。根据大圆航线的反解算法，分别求解出圆心到起点和终点的航向角 φ_1 和 φ_2，圆心角可以通过下列方法计算：

当飞机向左转弯时，

$$
\begin{cases}
Q = \varphi_1 - \varphi_2 & \varphi_1 > \varphi_2 \\
Q = 2\pi + \varphi_1 - \varphi_2 & \varphi_1 \leqslant \varphi_2
\end{cases}
\tag{7-17}
$$

当飞机向右转弯时，

$$
\begin{cases}
Q = \varphi_2 - \varphi_1 & \varphi_1 < \varphi_2 \\
Q = 2\pi + \varphi_2 - \varphi_1 & \varphi_1 \geqslant \varphi_2
\end{cases}
\tag{7-18}
$$

梯度 K_{slope} 的计算公式为式（7-19），其中 R 为圆弧半径：

$$K_{slope} = \frac{h_B - h_A}{Q \cdot R} \tag{7-19}$$

飞机的当前期望高度计算公式为

$$H_g = h_A + K_{slope} \cdot Q_p R \tag{7-20}$$

7.3.5　慢车下降

飞机的下降一般分为两个阶段：第一阶段是慢车路径阶段，即从下降顶点一直到第一个高度限制点这一阶段；第二段是几何路径阶段。在慢车路径阶段，一般使用升降舵保持所管理的速度，而将发动机推力逐渐下降到慢车推力。在这种情况下，飞机的控制律为

$$\begin{cases} \theta_g = k_H \cdot (V - V_g) + k_{Hd} \cdot \int (V - V_g)\mathrm{d}t \\ \delta_e = k_3(\theta - \theta_g) + k_4 q \\ \delta_p = \mathrm{throttle}_{\min} \end{cases} \tag{7-21}$$

为了使飞机能够沿着预定的下降剖面飞行，期望速度 V_g 可以在所管理的速度上下 20kt（1kt=1.852km/h）范围内变化。当飞机飞行高度高于期望的下降剖面时，期望速度将增加并逼近速度范围的上限，当期望速度增加到上限时，发动机保持慢车推力，而速度不会进一步增加；当飞机低于期望的下降剖面时，期望速度将减少并逼近速度范围的下限。期望速度的计算方法如下：

$$V_g = V_{g,\mathrm{Last}} + K_{V_{\mathrm{Managed}}} \Delta K_{\mathrm{slope}}$$
$$\mathrm{if} \quad |V_g - V_{\mathrm{Managed}}| < 20\mathrm{kt}$$
$$V_g = V_g \tag{7-22}$$
$$\mathrm{else}$$
$$V_g = V_{\mathrm{Door}}$$

式中，$V_{g,\mathrm{Last}}$ 为上一拍期望速度；V_{Managed} 为所管理的速度；$K_{V_{\mathrm{Managed}}}$ 为一个与 V_{Managed} 相关的系数；$\Delta K_{\mathrm{slope}}$ 为实际航迹角与当前航迹倾斜角的偏差；V_{Door} 为所管理速度的阈值。

$$if \quad V_g > V_{\mathrm{Managed}} \; |V_g - V_{\mathrm{Managed}}| < 20\mathrm{kt}$$
$$V_{\mathrm{Door}} = V_{\mathrm{Managed}} + 20 \tag{7-23}$$
$$\mathrm{else}$$
$$V_{\mathrm{Door}} = V_{\mathrm{Managed}} - 20$$

7.4　垂直航段过渡及捕获方法

当出现垂直航段过渡时，相对于所需路径的飞机飞行高度应如图 7-3 所示。其中，D_1 表示从过渡开始点到航路点的水平距离，D_0 表示从过渡开始点到过渡结束点的水平距离，ΔH_1 表示垂直过渡路径低于航路点的高度，ΔH_0 表示过渡结束时低于初始垂直路径的高度。垂直路径性能限制不适用于垂直航段过渡。

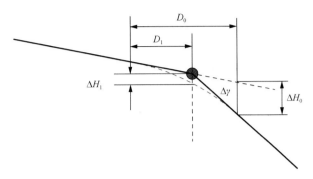

图 7-3　垂直航段过渡示意

生成的过渡路径取决于过渡过程中飞机的地速 V_{GND}、航迹倾斜角的变化量 $\Delta\gamma$ 和升力减少量 kg（表示为垂直加速度）。

表 7-3 是垂直航段过渡过程中典型的高度损失。其中，航迹倾斜角的变化量 $\Delta\gamma = 3°$，垂直加速度 $kg = 0.03g$。

表 7-3　垂直航段过渡过程中典型的高度损失

V_{GND} /kt	D_1 /nm	ΔH_1 /ft	ΔH_0 /ft	$\Delta\dot{H}$ /（ft/min）
150	0.29	23	91	797
200	0.51	40	162	1063
250	0.80	63	253	1329
300	1.15	91	364	1594
350	1.56	124	496	1860
400	2.04	162	648	2126
450	2.58	205	820	2391
500	3.19	253	1012	2657
550	3.86	306	1225	2923

当在同一固定点发生横向和纵向过渡时，应在横向平分线处施加垂直约束。航迹倾斜角的变化量 $\Delta\gamma$ 和垂直加速度 kg 可以根据需要进行更改，得到新的高度损失。

垂直加速度的变化被设为重力加速度的倍数：

$$\Delta\ddot{H} = kg \tag{7-24}$$

垂直速度的变化量为

$$\Delta\dot{H} = kgt \tag{7-25}$$

式中，t 为开始过渡到当前时间点的时间。

水平方向速度设为 V，即

$$\Delta\dot{D} = V \tag{7-26}$$

式中，D 为开始过渡到当前位置的水平距离。

在机动结束后，航迹倾斜角的变化量 $\Delta\gamma$ 计算公式为

$$\tan(\Delta\gamma) = \frac{\Delta\dot{H}}{\dot{D}} \qquad (7\text{-}27)$$

则过渡所需的总时间 t_o 按下式计算：

$$t_o = \frac{V}{kg}\tan(\Delta\gamma) \qquad (7\text{-}28)$$

过渡结束后所经过的水平距离 D_o 按下式计算：

$$D_o = \frac{V^2}{kg}\tan(\Delta\gamma) \qquad (7\text{-}29)$$

过渡结束后所经过的垂直距离 H_o 按下式计算：

$$H_o = \frac{V^2}{2kg}\tan^2(\Delta\gamma) \qquad (7\text{-}30)$$

可认为垂直航路点位于初始垂直路径和最终垂直路径的交叉点，过渡到该点的时间为 $t_o/2$，在通过垂直航路点时，水平距离为 $D_o/2$，垂直距离为 $H_o/4$。

7.5 垂直引导模式转换逻辑

在实际民航客机飞行时，由于空域的拥挤、天气情况的变化等情况，飞机常常不在下降顶点下降，可能根据空中交通管制（ATC）指令提前或延迟下降。慢车下降模式下的提前或延迟下降如图 7-4 所示。

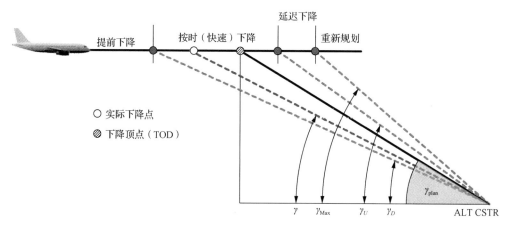

图 7-4 慢车下降模式下的提前或延迟下降

图 7-4 中，ALT CSTR 是下降顶点之后的第一个高度限制点，γ_{plan} 为从下降顶点下降的梯度，γ 为实际下降点的下降坡度。

如果 $\gamma < \gamma_D$，那么飞机提前下降，此时需要缓慢下降。首先使用等下降率的方式以 $\dot{H}_{\text{Des}}$ 的垂直速度下降，如果其间垂直偏差超过门限值 $\text{VDEV}_{\text{Door}}$，就必须以更平缓的下降率下降。

为了不超过最大垂直偏差 $VDEV_{Max}$，直到飞机重新截获期望下降剖面后才使用慢车下降模式下降；如果 $\gamma_D \leqslant \gamma \leqslant \gamma_U$，那么飞机按慢车下降模式下降（包含从下降顶点下降）。如果 $\gamma_U < \gamma \leqslant \gamma_{Max}$，那么飞机延迟下降，飞机应该向绿点速度 V_{Green} 减速（绿点速度就是飞机的最大升阻比速度，也是飞机可以以最小功率保持平飞的速度，需要从飞机性能数据库中获得其值），随后在获得下降指令后按慢车下降模式下降，直到切入期望下降剖面；如果 $\gamma > \gamma_{Max}$，就需要重新规划，即飞机在剩余航程内以 γ 下降已经无法实现，可能需要进入等待 HX 航段盘旋下降。其中，γ_D、γ_U 分别表示，在慢车下降时，以飞机当前状态，在垂直偏差不超过一个阈值（空客 A380 飞机的垂直偏差阈值为 450ft）时的最小和最大下降航迹角，它们的值由飞机性能数据规定，同时需要多次测试进行判断。

垂直引导模式包括固定下降率/下滑角模式、慢车下降模式、飞行路径引导模式，下面参考波音 B737 飞机的飞行管理系统，设计如图 7-5 所示的垂直引导模式转换逻辑。

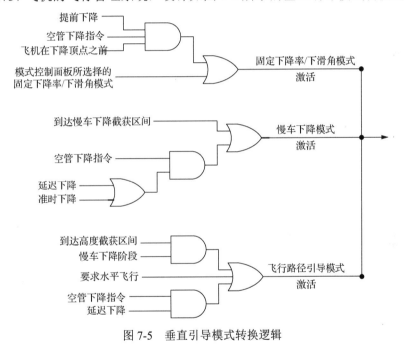

图 7-5　垂直引导模式转换逻辑

7.6　模式转换时的瞬态抑制方法

在模式转换时，由于引导律构型不同或模式转换前后由两种模式的引导律计算出的控制量不同，舵面或油门开度会出现短时剧烈变化，使飞机的其他飞行参数如垂直速度、俯仰角等存在超出标准的瞬态值，降低飞行品质。因此，在进行模式转换时，必须进行瞬态抑制。本书提供两种瞬态抑制方法：一种是加入饱和环节和惯性环节的瞬态抑制方法，另一种是增加淡化环节的瞬态抑制方法。

7.6.1　加入饱和环节和惯性环节的瞬态抑制方法

在引导律中加入饱和环节和惯性环节是常用的瞬态抑制方法。以图 7-6 所示的慢车下降模式的俯仰通道引导律为例，在输入期望速度信号后加入饱和环节，可以有效限制该输入信号的上下限，在引导律的输出信号后加入饱和环节，可以防止模式转换时因期望速度与实际速度相差过大而导致控制量突变。最后加入的惯性环节则起到延缓控制量瞬时变化的作用，瞬态输出信号以指数规律变化。

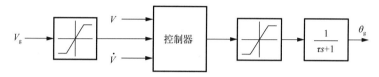

图 7-6　慢车下降模式的俯仰通道引导律

7.6.2　增加淡化环节的瞬态抑制方法

同步跟踪转换淡化器的工作原理如图 7-7 所示。当模式 A 工作时，模式 B 的控制律和滤波器已被初始化。利用模式转换开关，可以随时投入使用模式 B 在接通时刻已经完成的滤波器的初值，从而使转换时刻的瞬态影响得到抑制。

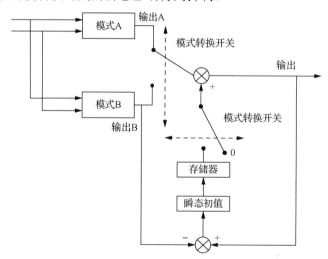

图 7-7　同步跟踪转换淡化器的工作原理

这种淡化器工作时，在由模式 A 转换到模式 B 的初始时刻，模式 B 的控制指令（输出 B）的初值与转换前的控制指令是一致的，而模式 A 与模式 B 的控制指令之间的差值在转换过程中的每一时刻，均作为瞬态初值保存在存储器内。可以根据需要，经过规定的时间（一般为几秒）剔除瞬态值，这一规定时间通常称为淡化时间。也就是说，在经过淡化时间后，才算最终完成由模式 A 向模式 B 的控制转换。

在转换过程中，这种淡化方法不改变模式增益，不需要附加任何抑制瞬态衰减的动态环节。

同步跟踪转换淡化器淡化过程示意如图 7-8 所示，其中 δ 为 A 和 B 其两种模式的控制指令输出信号的差值，t_0 为淡化起始时间（模式转换初始时间）。图 7-8（a）为指数衰减淡化过程，图 7-8（b）为线性衰减淡化过程。

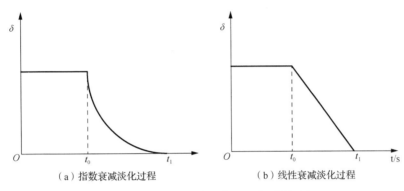

（a）指数衰减淡化过程　　　　　　（b）线性衰减淡化过程

图 7-8　同步跟踪转换淡化器淡化过程示意

指数衰减淡化过程的输出信号表达式为

$$f(t)=\begin{cases} A(t) & t \leqslant t_0 \\ A(t)\mathrm{e}^{-a(t-t_0)}+B(t)[1-\mathrm{e}^{-a(t-t_0)}] & t_0 < t \leqslant t_1 \\ B(t) & t > t_1 \end{cases} \tag{7-31}$$

式中，$f(t)$ 为最终输出的控制指令信号；$A(t)$ 为模式 A 输出的控制指令信号；$B(t)$ 为模式 B 输出的控制指令信号；t_0 为淡化起始时间（模式转换初始时间）；t_1 为淡化结束时间（完成模式转化时间）。

线性衰减淡化过程的输出信号表达式为

$$f(t)=\begin{cases} A(t) & t \leqslant t_0 \\ A(t)-(t-t_0)\dfrac{A(t)-B(t)}{T} & t_0 < t \leqslant (t_0+T) \\ B(t) & t > (t_0+T) \end{cases} \tag{7-32}$$

式中，T 为预先设置的淡化时间。

为验证同步跟踪转换淡化器在模式转换过程中抑制瞬态突变的作用，下面以从垂直速度预选模式转换到高度保持模式为例，设计同步跟踪转换淡化器。由于垂直速度预选模式和高度保持模式均属于高度控制模式，其执行机构为升降舵。基于同步跟踪转换淡化器的控制模式转换原理示意如图 7-9 所示。

同步跟踪转换淡化器由条件触发单元、记忆存储单元（存储器）和信号淡化单元组成。其工作原理如下：在给定高度指令和垂直速度指令时，由飞行员选定垂直速度预选模式，根据飞机当前飞行状态产生升降舵偏转指令，驱使飞机调整俯仰姿态，实现爬升或下降；

当飞行高度与给定高度指令的差值小于设定的高度截获阈值时，条件触发单元被触发，同步跟踪转换淡化器开始工作，升降舵偏转角 α 和 β 的差值作为瞬态初值保存在记忆存储单元中，由信号淡化单元对升降舵偏转角信号进行软化，实现从垂直速度预选模式到高度保持模式的平稳转换。

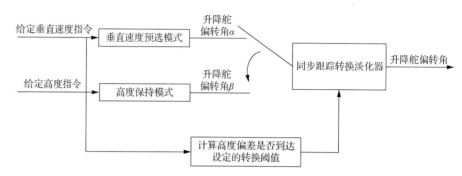

图 7-9　基于同步跟踪转换淡化器的控制模式转换原理示意

选取以下飞行状态进行仿真：飞机质量为 54 吨，飞行速度为 80m/s，飞行高度为 500m；给定的预选高度为 1000m，预选垂直速度为 5m/s，高度截获阈值为 50m。从垂直速度预选模式转换到高度保持模式仿真过程的升降舵偏转角变化曲线如图 7-10 所示。

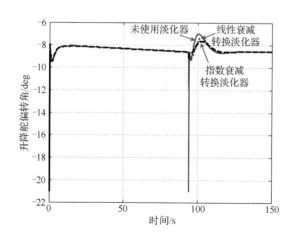

图 7-10　从垂直速度预选模式转换到高度保持模式仿真过程的升降舵偏转角变化曲线

由图 7-10 可以看出，在同步跟踪转换淡化器的作用下，从垂直速度预选模式转换到高度保持模式瞬间的升降舵偏转角被大幅度抑制，并且转换过程中的升降舵偏转角变化更加平稳。

从垂直速度预选模式转换到高度保持模式，涉及的状态变量包括高度、垂直速度、俯仰角和法向过载。这 4 个状态变量的变化曲线如图 7-11 所示。

从图 7-11 可以看出，飞机在从垂直速度预选模式转换到高度保持模式的过程中，同步跟踪转换淡化器在转换瞬间对各个状态变量的突变或超调进行明显的抑制,各个状态变量的变化平稳,没有短时间的大幅度变化,实现了从垂直速度预选模式到高度保持模式的平稳转换。同时也可以看出,指数衰减转换淡化器比线性衰减转换淡化器有更好的效果,但前者需要更长的淡化时间。

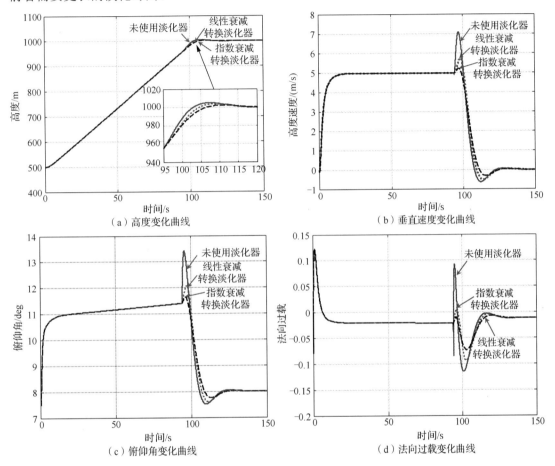

图 7-11 从垂直速度预选模式转换到高度保持模式仿真过程的高度、
垂直速度、俯仰角和法向过载变化曲线

7.7 垂直引导律动态参数调整

垂直引导律动态参数调整的目的是整定引导律参数,使飞机能够按预定垂直航迹或给定的控制指令飞行。对垂直引导律进行动态参数调整时,需要针对不同垂直引导模式的控制要求,选取评价指标函数,在此基础上采用优化算法在可行域内进行搜索,得到合理的引导律参数。基于优化算法的垂直引导律动态参数调整流程如图 7-12 所示。

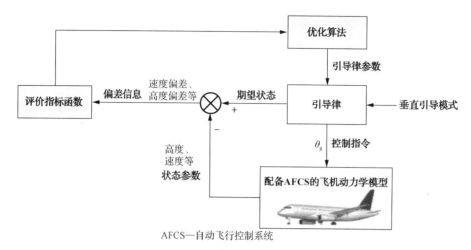

AFCS—自动飞行控制系统

图 7-12　基于优化算法的垂直引导律动态参数调整流程

7.7.1　用于垂直引导律动态参数调整的算法

用于垂直引导律动态参数调整的优化算法非常多，如粒子群算法、遗传算法、蚁群算法等。优化算法只是本书用于动态参数调整的工具，因此不对其算法原理进行介绍，仅给出 4 种常用算法的参数说明，具体包括粒子群算法、遗传算法、旋转方向法和单纯型调优法。

1. 粒子群算法

基于粒子群算法进行垂直引导律动态参数调整时的参数设置见表 7-4。

表 7-4　基于粒子群算法进行垂直引导律动态参数调整时的参数设置

设置信息	含义	备注
种群粒子数	参与算法计算的粒子个数	粒子数越多，算法运行时间越长
粒子空间维数	参与算法计算的粒子的维度	空间维数等于待优化参数的个数，每个参数都对应位置和速度两种属性，位置代表参数值，速度代表参数变化方向和大小
最大迭代数	算法循环的次数	—
误差容限	前后两次循环的参数之间的误差限	用于判断前后两次循环的参数之差是否较小，是否提前结束算法
惯性权重	当前代对上一代信息保留的百分比	取值区间为[0,1]。该参数越大，算法的全局搜索能力越强；参数越小，算法的局部搜索能力越强
自我学习因子	表征粒子从自身历史最优值的继承能力，反应粒子对自身经验的认可	—
群体学习因子	表征粒子从群体历史最优值的继承能力，反应粒子之间的协调合作	—
粒子位置范围	粒子位置的取值区间	引导律参数的变化范围
粒子速度范围	粒子速度的取值区间	允许参数单次变化的上下限
适应度函数	基于粒子当前值计算粒子适应度的函数	评价粒子当前值的好坏

202

2. 遗传算法

基于遗传算法进行垂直引导律动态参数调整时的参数设置见表 7-5。

表 7-5　基于遗传算法进行垂直引导律动态参数调整时的参数设置

设置信息	含义	备注
种群规模	参与算法计算的个体个数	种群规模越大，算法运行时间越长
最大迭代数	算法循环的次数	—
误差容限	前后两次循环的参数之间的误差限	用于判断前后两次循环的参数之差是否较小，是否提前结束算法
编码方式	将粒子信息以编码的形式表示	通常采用二进制编码，方便进行编码、解码、交叉和变异
适应度函数	基于粒子当前值计算粒子适应度的函数	评价粒子的好坏
选择函数	对当前种群衍生的新个体进行筛选	包括轮盘赌选择、随机竞争选择、确定式选择等
交叉率	两个父代个体的部分结构加以替换重组而生成新个体的概率	提高遗传算法的搜索能力
变异率	群体中个体串的某些基因座上的基因值作变动的概率	使遗传算法具有局部的随机搜索能力

3. 旋转方向法

基于旋转方向法进行垂直引导律动态参数调整时的参数设置见表 7-6。

表 7-6　基于旋转方向法进行垂直引导律动态参数调整时的参数设置

设置信息	含义	备注
初始参数	参数的初值向量	该向量长度等于待优化参数个数
初始化正交向量组	参数值变化方向上的向量组	可取为坐标轴方向上的向量组，该向量组中各个向量长度等于待优化参数个数。例如，三参数引导律正交向量组为[1,0,0]、[0,1,0]、[0,0,1]
初始步长向量	参数值每一步变化长度的向量	初始步长向量长度等于待优化参数个数。例如，三参数引导律步长向量为[s_1, s_2, s_3]，s_i 为每个参数变化的大小
步长加倍系数	增大参数步长的值	该系数值大于 1，当前步长乘以该系数后变大
步长缩减系数	减小参数步长的值	该系数值区间为[-1,0]，当前步长乘以该系数后反向变小
误差容限	步长缩小的下限	用于判断步长是否太小，是否提前结束算法

4. 单纯型调优法

基于单纯型调优法进行垂直引导律动态参数调整时的参数设置见表 7-7。

表7-7 基于单纯型调优法进行垂直引导律动态参数调整时的参数设置

设置信息	含义	备注
初始参数	参数的初值向量	该向量长度等于待优化参数个数
扩张系数	将参数向量扩增的系数	该系数值大于1，与当前参数向量相乘，用于将当前单纯型形变量进行扩增
收缩系数	将参数向量收缩的系数	该系数值区间为[0,1]，与当前参数向量相乘，用于将当前单纯形变量进行收缩
误差容限	当前单纯形变量与上一代单纯形变量的误差下限	当两代单纯形变量的误差小于误差容限时，结束优化过程

7.7.2 垂直引导律动态参数调整的评价指标函数

由于优化算法都需要适应度作为判断参数优化好坏的指标，因此，在选择优化算法后还要选择评价指标函数为优化算法提供优化过程中每一拍的适应度。目前，常用的评价指标函数见表7-8。

表7-8 常用的评价指标函数

指标类型	形式	含义	备注
ITAE	$\int_0^T t|e(t)|\mathrm{d}t$	绝对误差的一阶矩形积分	按此准则设计的控制系统的瞬态响应振荡性小，对参数具有良好的选择性
ISE	$\int_0^T e(t)*e(t)\mathrm{d}t$	绝对误差平方的积分	按此准则设计的控制系统具有较快的响应速度和较大的振荡性
IAE	$\int_0^T |e(t)|\mathrm{d}t$	绝对误差绝对值的积分	按此准则设计的控制系统具有适当的阻尼和良好的瞬态响应

7.7.3 垂直引导律设计及偏差指标的选取

从表7-8可以看出，评价指标函数的设计都与期望值和实际值的偏差有关。因此，需要对不同控制模式设计引导律，具体如下。

1. 垂直速度引导律（垂直速度预选模式）

垂直速度控制器作为航迹控制器比作为姿态控制器的效果好，保持垂直速度 $\dot{H}$ 近似不变，垂直速度控制器甚至能补偿风和紊流的影响。此外，垂直速度也可以作为高度控制的底层控制器。在控制飞机高度过程中，先采用垂直速度的控制方式，使飞机平稳上升，当接近预置高度时，高度被截获，然后飞机平滑进入所预置的高度层。

垂直速度控制律如图7-13所示，以俯仰姿态控制器为内回路。

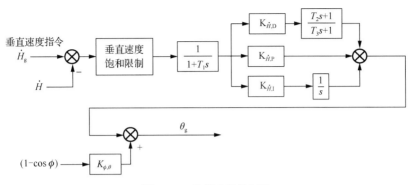

图 7-13　垂直速度控制律

由垂直速度控制律计算得到俯仰角指令为

$$\theta_{\mathrm{g}} = \frac{1}{1+T_1 s}\left[K_{\dot{H},\mathrm{P}} + \frac{K_{\dot{H},\mathrm{I}}}{s} + K_{\dot{H},\mathrm{D}} \frac{T_2 s+1}{T_3 s+1} \right]\Delta\dot{H} + K_{\phi,\theta}\left(1-\cos\phi\right)$$

$$\Delta\dot{H} = \begin{cases} \dot{H}_{\mathrm{g}} - \dot{H} & |\dot{H}_{\mathrm{g}} - \dot{H}| < \dot{H}_{\max} \\ \dot{H}_{\max} & |\dot{H}_{\mathrm{g}} - \dot{H}| \geqslant \dot{H}_{\max} \end{cases}$$

$$(7\text{-}33)$$

式中，$\dot{H}$ 为飞机当前垂直速度；$\dot{H}_{\mathrm{g}}$ 为给定垂直速度指令；$\dot{H}_{\max}$ 为垂直速度限制值；ϕ 为滚转角；T_1 为垂直速度指令软化环节时间常数；$K_{\dot{H},\mathrm{P}}$ 为垂直速度差比例信号；$K_{\dot{H},\mathrm{I}}$ 为垂直速度差积分信号传动比；$K_{\dot{H},\mathrm{D}}$ 为超前校正环节增益；T_2 和 T_3 为超前校正环节时间常数。其中，$K_{\phi,\theta}(1-\cos\phi)$ 起的作用是将滚转角引到俯仰通道，可以补偿因飞机滚转引起的垂直速度变化。

该控制律的控制逻辑如下：用期望垂直速度 $\dot{H}_{\mathrm{g}}$ 和实际垂直速度 $\dot{H}$ 作差得到垂直速度偏差 $\Delta\dot{H}$，将其作为垂直速度控制回路的输入信号；垂直速度偏差信号先经过一个低通指令滤波器，保证输入信号平稳变化，同时滤除输入信号中的高频干扰信号；然后输入信号经过一个 PID 控制器，把其中的微分环节用一个超前校正环节代替，使 PID 控制器既具备微分环节抑制振荡的能力又不会引入高频干扰信号。经 PID 控制器计算出俯仰角指令，然后经过俯仰角姿态控制计算出期望升降舵偏转指令，控制升降舵偏转，以实现垂直速度控制。

2. ALT 引导律（高度预选/保持模式）

高度控制在航迹控制中比较普遍，在飞机的巡航、下降、爬升过程中都要进行高度控制。高度控制模式包括高度保持模式、高度选择模式和高度层改变模式。飞行高度的稳定与控制在巡航、着陆等过程中具有十分重要的作用。

高度控制就是通过高度传感器测量飞行高度与目标高度的偏差，改变飞机俯仰角，增减升力，实现高度层的改变和捕获。当飞机机身出现倾斜时，铅锤面内的升力分量减小，导致飞行高度下降。要克服倾斜角变化引起的高度扰动，需在高度控制律中引入倾斜角反馈信号，使之产生相应的俯仰姿态变化，以稳定高度。

高度预选/保持控制律原理如图 7-14 所示，它以图 7-13 所示的垂直速度控制律作为内回路。图 7-14 中，高度控制律表达为 $\dot{H}_g = K_H (H_g - H)$，通过这一表达式将高度偏差 $\Delta H = H_g - H$ 转化为垂直速度指令。其中 H_g 为高度指令，H 为飞机当前高度，K_H 为高度偏差增益。

图 7-14　高度预选/保持控制律原理

3. VNAV 引导律（垂直导航模式）

垂直导航是自动飞行控制系统的一个主要功能，通过垂直导航系统，飞机能够进行垂直剖面内航迹偏差和垂直速度的控制，实现飞机按照预定航迹爬升或下降。其主要工作模式包括引导飞机爬升或下降到给定的目标点或目标区域、定高巡航、垂直速度控制以及飞机的返航/进近等的下滑控制等。

垂直导航控制律原理如图 7-15 所示。垂直导航控制律以高度控制律为内回路，根据飞行计划给出的当前航段起点/终点信息、航段类型（TypeLeg）等计算出垂直导航参数。然后根据这些导航参数计算得到飞机当前期望高度和期望垂直速度，把这些计算结果输入高度控制律中产生垂直航迹控制指令。

$$H_g = H_1 + \frac{D_{cur}}{D_{leg}} (H_2 - H_1) \tag{7-34}$$

式中，D_{cur} 为飞机当前位置到当前航段起点 P_1 的航程；D_{leg} 为根据航段类型计算的航段长度；H_1 为当前航段起点的高度；H_2 为当前航段终点的高度。D_{leg} 的计算方法已经在 7.3.1 节给出。

在得到期望高度后，垂直导航控制就转换成高度控制问题。利用图 7-14 所示的高度控制律，可以将飞机控制在期望航迹上。

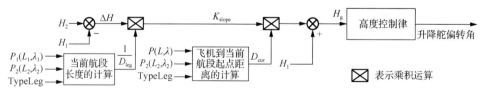

图 7-15　垂直导航控制律原理

根据引导律类型和引导效果要求选取的偏差指标见表 7-9。

表 7-9 针对不同引导律选取的偏差指标

引导律类型	所选偏差指标	偏差形式
垂直速度引导律	垂直速度偏差	$e(t) = \dot{H} - \dot{H}_g$
ALT 引导律	高度偏差	$e(t) = H - H_g$
VNAV 引导律	高度偏差	$e(t) = H - H_g$

7.8 符合 RNP AR 要求的垂直引导模式及其转换仿真算例

7.8.1 4 种垂直引导模式仿真算例

1. 固定下滑角引导模式仿真算例

设飞机期望航迹倾斜角 $\gamma_g = -3°$，初始飞行速度为 80m/s，飞行高度为 2000m。飞机先保持高度不变，飞过一段直线航段和一段圆弧航段，然后开始下降。固定下滑角引导模式仿真算例中的各个航段信息见表 7-10。

表 7-10 固定下滑角引导模式仿真算例中的各个航段信息

航段编号	航段类型	起点经度/(°)	起点纬度/(°)	终点经度/(°)	终点纬度/(°)	期望高度/m
1	直线航段	108.9240	34.1865	108.9342	34.2302	2000
2	圆弧航段	108.9342	34.2302	108.9910	34.2574	2000
3	直线航段	108.9910	34.2574	109.1143	34.2224	1500

固定下滑角引导模式下的飞机航迹垂直剖面如图 7-16 所示。

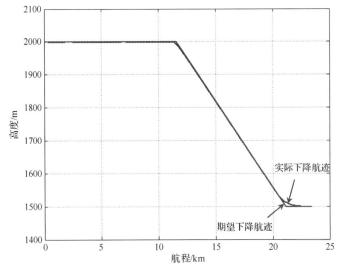

图 7-16 固定下滑角引导模式下的飞机航迹垂直剖面

固定下滑角引导模式下的飞机航迹倾斜角、俯仰角、飞行速度和垂直速度变化曲线如图 7-17 所示。

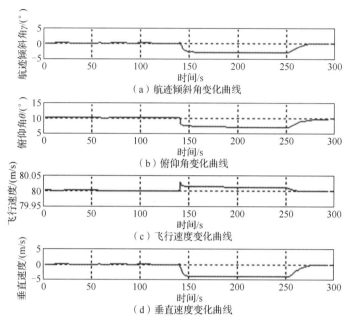

（a）航迹倾斜角变化曲线

（b）俯仰角变化曲线

（c）飞行速度变化曲线

（d）垂直速度变化曲线

图 7-17　固定下滑角引导模式下的飞机航迹倾斜角、
俯仰角、飞行速度和垂直速度变化曲线

2. 固定下降率引导模式仿真算例

设飞机的期望垂直速度 $H_g = -4\text{m/s}$，初始飞行速度为 80m/s，飞行高度为 2000m。飞机先保持高度不变，飞过一段直线航段和一段圆弧航段，然后开始下降。固定下降率引导模式仿真算例中的各个航段信息见表 7-11。

表 7-11　固定下降率引导模式仿真算例中的各个航段信息

航段编号	航段类型	起点经度/（°）	起点纬度/（°）	终点经度/（°）	终点纬度/（°）	期望高度/m
1	直线航段	108.9240	34.1865	108.9342	34.2302	2000
2	圆弧航段	108.9342	34.2302	108.9910	34.2574	2000
3	直线航段	108.9910	34.2574	109.1143	34.2224	1500

固定下降率引导模式下的飞机航迹垂直剖面如图 7-18 所示。固定下降率引导模式下的飞机航迹倾斜角、俯仰角、飞行速度和垂直速度变化曲线如图 7-19 所示。

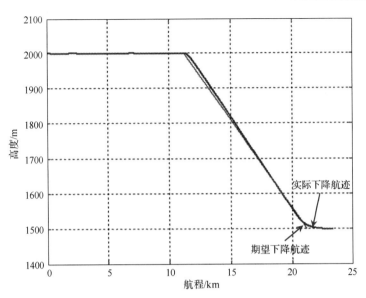

图 7-18　固定下降率引导模式下的飞机垂直剖面

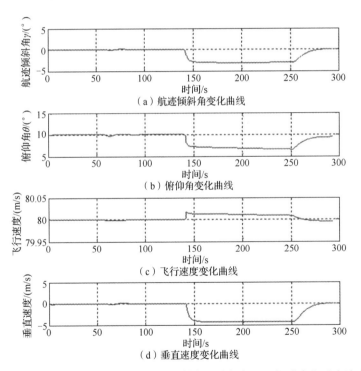

图 7-19　固定下降率引导模式下的飞机航迹倾斜角、俯仰角、飞行速度和垂直速度变化曲线

3. 飞行路径引导模式仿真算例

为验证飞行路径引导模式，设计了以下两个仿真算例。

1）飞机下降时水平航迹为直线路径的垂直引导模式仿真算例

设初始飞行速度为 80m/s，飞行高度为 2000m。飞机先保持高度不变，飞过一段直线航段和一段圆弧航段，随后开始下降。各个航段信息见表 7-12。

表 7-12 飞机下降时水平航迹为直线路径的垂直引导模式仿真算例中的各个航段信息

航段编号	航段类型	起点经度/(°)	起点纬度/(°)	终点经度/(°)	终点纬度/(°)	期望高度/m
1	直线航段	108.9240	34.1865	108.9342	34.2302	2000
2	圆弧航段	108.9342	34.2302	108.9910	34.2574	2000
3	直线航段	108.9910	34.2574	109.1143	34.2224	1500

下降时水平航迹为直线路径的垂直引导模式下的飞机航迹垂直剖面如图 7-20 所示。

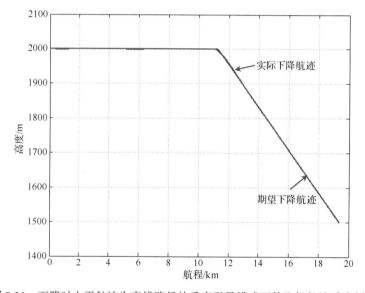

图 7-20 下降时水平航迹为直线路径的垂直引导模式下的飞机航迹垂直剖面

下降时水平航迹为直线路径的垂直引导模式下的飞机航迹倾斜角、俯仰角和飞行速度变化曲线如图 7-21 所示。

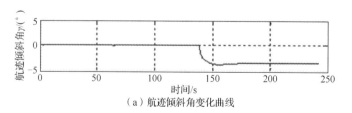

（a）航迹倾斜角变化曲线

图 7-21 下降时水平航迹为直线路径的垂直引导模式下的
飞机航迹倾斜角、俯仰角和飞行速度变化曲线

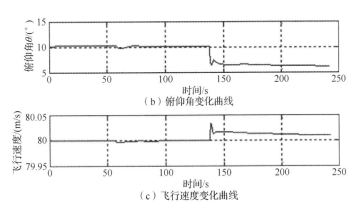

（b）俯仰角变化曲线

（c）飞行速度变化曲线

图 7-21　下降时水平航迹为直线路径的垂直引导模式下的
飞机航迹倾斜角、俯仰角和飞行速度变化曲线（续）

下降时水平航迹为直线路径的垂直引导模式下的飞机垂直速度、高度偏差和法向过载变化曲线如图 7-22 所示。

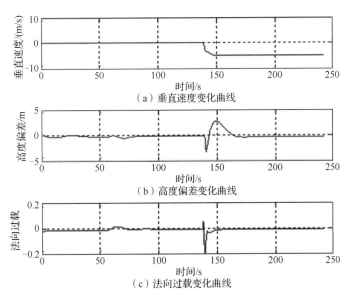

（a）垂直速度变化曲线

（b）高度偏差变化曲线

（c）法向过载变化曲线

图 7-22　下降时水平航迹为直线路径的垂直引导模式下的
飞机垂直速度、高度偏差和法向过载变化曲线

2）飞机下降时水平航迹为圆弧路径的垂直引导模式仿真算例

设初始飞行速度为 80m/s，飞行高度为 2000m。飞机先保持高度不变，飞过一段直线航段和一段圆弧航段，随后开始下降。下降时水平航迹为圆弧路径的垂直引导模式仿真算例中的各个航段信息见表 7-13。

表 7-13　下降时水平航迹为圆弧路径的垂直引导模式仿真算例中的各个航段信息

航段编号	航段类型	起点经度/（°）	起点纬度/（°）	终点经度/（°）	终点纬度/（°）	期望高度/m
1	直线航迹	108.9240	34.1865	108.9342	34.2302	2000
2	圆弧航迹	108.9342	34.2302	108.9910	34.2574	1700
3	直线航迹	108.9910	34.2574	109.1143	34.2224	1700

下降时水平航迹为圆弧路径的垂直引导模式下的飞机航迹垂直剖面如图 7-23 所示。

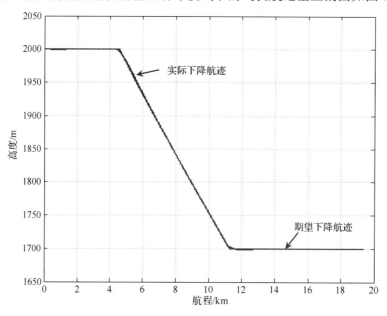

图 7-23　下降时水平航迹为圆弧路径的垂直引导模式下的飞机航迹垂直剖面

下降时水平航迹为圆弧路径的垂直引导模式下的飞机航迹倾斜角、俯仰角和飞行速度变化曲线如图 7-24 所示。

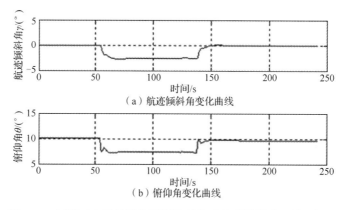

图 7-24　下降时水平航迹为圆弧路径的垂直引导模式下的飞机
航迹倾斜角、俯仰角和飞行速度变化曲线

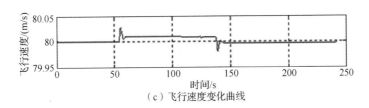

（c）飞行速度变化曲线

图 7-24　下降时水平航迹为圆弧路径的垂直引导模式下的飞机
航迹倾斜角、俯仰角和飞行速度变化曲线（续）

下降时水平航迹为圆弧路径的垂直引导模式下的飞机垂直速度、高度偏差和法向过载变化曲线如图 7-25 所示。

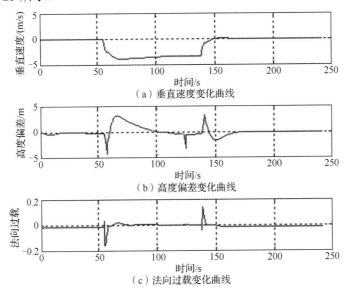

（a）垂直速度变化曲线

（b）高度偏差变化曲线

（c）法向过载变化曲线

图 7-25　下降时水平航迹为圆弧路径的垂直引导模式下的
飞机垂直速度、高度偏差和法向过载变化曲线

4. 慢车下降模式仿真算例

1）使用升降舵控制航迹的慢车下降模式仿真算例

设下降慢车模式下飞机油门开度为 0.2，下降时使用升降舵控制航迹；初始飞行速度为 80m/s，飞行高度为 2000m。飞机先保持高度不变，飞过一段直线航段和一段圆弧航段，随后开始下降。使用升降舵控制航迹的慢车下降模式仿真算例中的各个航段信息见表 7-14。

表 7-14　使用升降舵控制航迹的慢车下降模式仿真算例中的各个航段信息

航段编号	航段类型	起点经度/（°）	起点纬度/（°）	终点经度/（°）	终点纬度/（°）	期望高度/m
1	直线航迹	108.9240	34.1865	108.9342	34.2302	2000
2	圆弧航迹	108.9342	34.2302	108.9910	34.2574	2000
3	直线航迹	108.9910	34.2574	109.1143	34.2224	1500

使用升降舵控制航迹的慢车下降模式下的飞机航迹垂直剖面如图 7-26 所示。

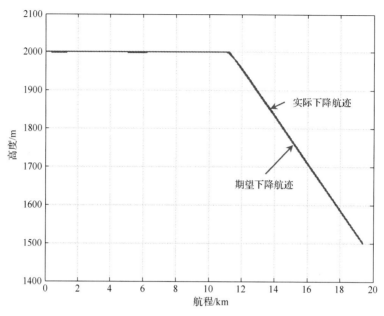

图 7-26　使用升降舵控制航迹的慢车下降模式下的飞机航迹垂直剖面

使用升降舵控制航迹的慢车下降模式下的飞机航迹倾斜角、俯仰角和飞行速度变化曲线如图 7-27 所示。

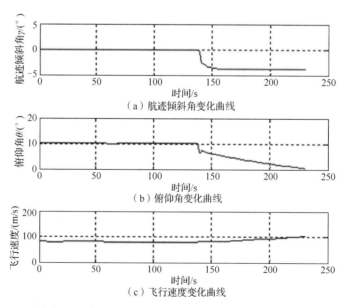

图 7-27　使用升降舵控制航迹的慢车下降模式下的
飞机航迹倾斜角、俯仰角和飞行速度变化曲线

使用升降舵控制航迹的慢车下降模式下的飞机垂直速度、油门开度和法向过载变化曲线如图 7-28 所示。

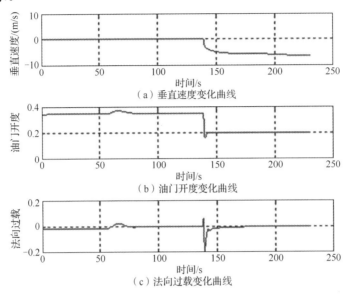

图 7-28　使用升降舵控制航迹的慢车下降模式下的飞机垂直速度、
油门开度和法向过载变化曲线

采用慢车下降模式时，若使用升降舵控制航迹，则无法控制飞行速度。在下降过程中飞行速度增大，可能造成飞机失控。

2）使用升降舵控制飞行速度的慢车下降模式仿真算例

设下降慢车模式下飞机油门开度为 0.2，下降时使用升降舵控制飞行速度；初始飞行速度为 80m/s，飞行高度为 2000m。飞机先保持高度不变，飞过一段直线航段和一段圆弧航段，随后开始下降。使用升降舵控制飞行速度的慢车下降模式仿真算例中的各个航段信息见表 7-15。

表 7-15　使用升降舵控制飞行速度的慢车下降模式仿真算例中的各个航段信息

航段编号	航段类型	起点经度/（°）	起点纬度/（°）	终点经度/（°）	终点纬度/（°）	期望高度/m
1	直线航段	108.9240	34.1865	108.9342	34.2302	2000
2	圆弧航段	108.9342	34.2302	108.9910	34.2574	2000
3	直线航段	108.9910	34.2574	109.1143	34.2224	1500

使用升降舵控制飞行速度的慢车下降模式下的飞机航迹垂直剖面如图 7-29 所示。使用升降舵控制飞行速度的慢车下降模式下的飞机航迹倾斜角、俯仰角和飞行速度变化曲线如图 7-30 所示。使用升降舵控制飞行速度的慢车下降模式下的飞机垂直速度、油门开度和法向过载变化曲线如图 7-31 所示。

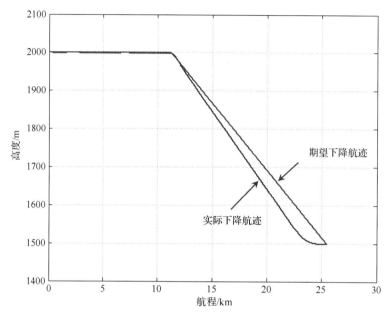

图 7-29　使用升降舵控制飞行速度的慢车下降模式下的飞机航迹垂直剖面

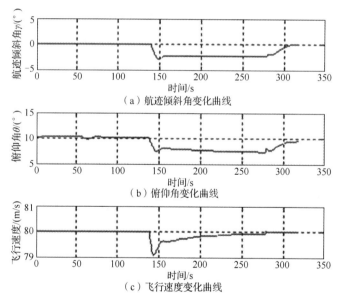

图 7-30　使用升降舵控制飞行速度的慢车下降模式下的飞机航迹倾斜角、俯仰角和飞行速度变化曲线

采用慢车下降模式时，若使用升降舵控制飞行速度，则无法控制飞机航迹。飞机以某一固定的垂直速度下降，但不一定与通过航迹计算得到的下降率相同，可能无法按照预定航迹下降。

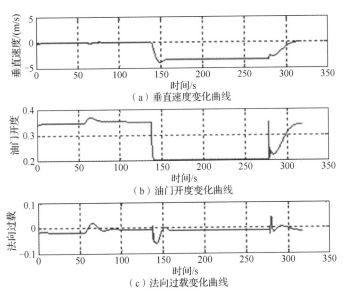

图 7-31　使用升降舵控制飞行速度的慢车下降模式下的飞机垂直速度、油门开度和法向过载变化曲线

7.8.2　慢车路径阶段垂直引导模式转换仿真算例

设置的仿真条件见表 7-16 和表 7-17，以此验证 7.5 节中的垂直引导模式转换逻辑。

表 7-16　航路点经纬度

航路点名称	A	TOD	DSNEE	MCKYE
经纬度	N341004	N340317	N338182	N337638
	W1165037	W1167365	W1174472	W1176255

表 7-17　航段信息

初始位置：A，下降顶点：TOD，第一个高度限制点：DSNEE

初始飞行速度：240kt，起始高度：20000ft

$\dot{H}_{Des} = -1000 \text{ ft/min}$，$\left|\text{VDEV}_{Max}\right| = 500 \text{ ft}$，$\left|\text{VDEV}_{Door}\right| = 350 \text{ ft}$

编号	起点	终点	终点高度/ft	高度约束	期望速度/kt	速度约束
1	A	TOD	20000	AT	240	—
2	TOD	DSNEE	10000	AT	240	—
3	DSNEE	MCKYE	8000	A	220	A

1. 提前下降仿真算例一

此算例中，飞机提前下降，先以-1000ft/min 的固定下降率下降，其间并未触及高度偏差 450ft，当被期望下降剖面截获后开始慢车下降，在第一个高度限制点前被截获，随后保持平飞。提前下降仿真算例一的飞机航迹垂直剖面如图 7-32 所示。

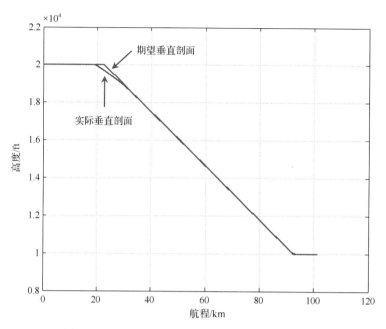

图 7-32 提前下降仿真算例一的飞机航迹垂直剖面

提前下降仿真算例一的其他 6 个参数的变化曲线如图 7-33 和图 7-34 所示。

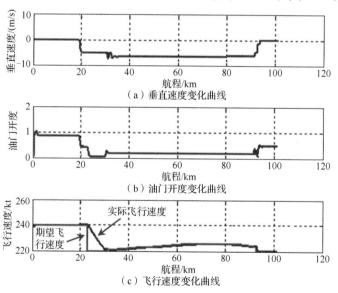

（a）垂直速度变化曲线

（b）油门开度变化曲线

（c）飞行速度变化曲线

图 7-33 提前下降仿真算例一的飞机垂直速度、油门开度和飞行速度变化曲线

2. 提前下降仿真算例二

在算例二中，飞机提前下降，先以-1000ft/min 的固定下降率下降，其间垂直偏差达到 350ft；把下降率改为-600ft/min，当被期望下降剖面截获后飞机开始慢车下降，在第一个

高度限制点前被截获，随后保持平飞。提前下降仿真算例二中的飞机航迹垂直剖面如图 7-35 所示。

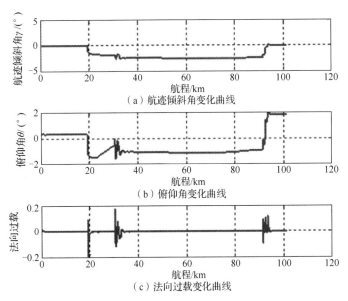

图 7-34　提前下降仿真算例一的飞机航迹倾斜角、俯仰角和法向过载变化曲线

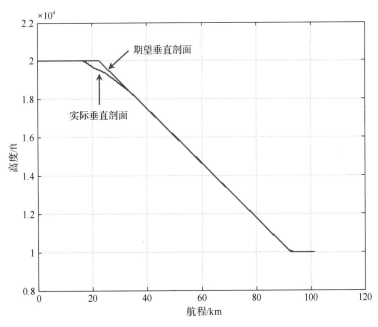

图 7-35　提前下降仿真算例二中的飞机航迹垂直剖面

提前下降仿真算例二中的其他 6 个参数变化曲线如图 7-36 和图 7-37 所示。

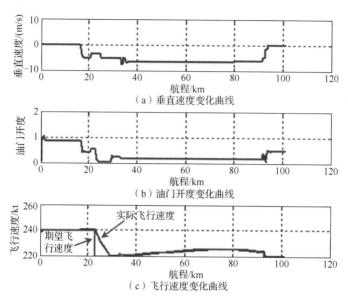

图 7-36　提前下降仿真算例二中的飞机垂直速度、油门开度和飞行速度变化曲线

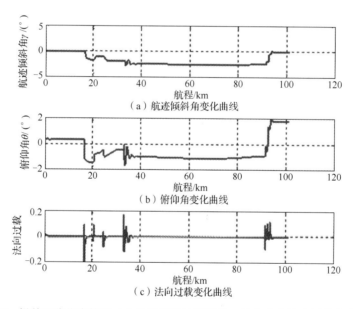

图 7-37　提前下降仿真算例二中的飞机航迹倾斜角、俯仰角和法向过载变化曲线

3. 推迟下降仿真算例

在此算例中，飞机推迟下降，先向绿点速度 220kt 减速；当得到下降指令后，使用慢车下降模式下降，跟随期望垂直剖面，在第一个高度限制点前被截获，随后保持平飞。推迟下降仿真算例中的飞机航迹垂直剖面如图 7-38 所示。

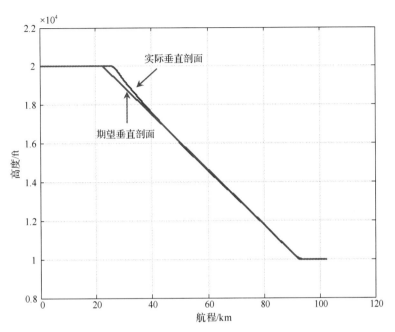

图 7-38　推迟下降仿真算例中的飞机航迹垂直剖面

其他 6 个参数变化曲线如图 7-39 和图 7-40 所示。

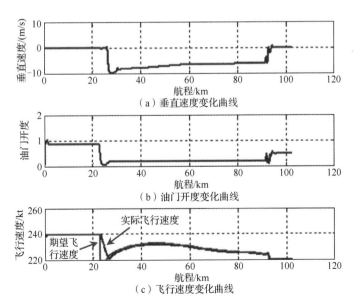

（a）垂直速度变化曲线

（b）油门开度变化曲线

（c）飞行速度变化曲线

图 7-39　推迟下降仿真算例中的飞机垂直速度、油门开度和飞行速度变化曲线

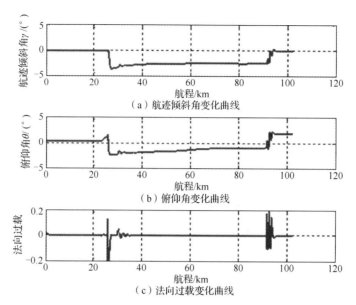

（a）航迹倾斜角变化曲线

（b）俯仰角变化曲线

（c）法向过载变化曲线

图 7-40　推迟下降仿真算例中的飞机航迹倾斜角、俯仰角和法向过载变化曲线

本 章 小 结

　　本章参考波音 B737 和空客 A320 等典型机型的操纵逻辑研究垂直引导技术，在分析垂直引导模式各自优缺点及适用的飞行场景的基础上，对各种垂直引导模式进行引导指令的计算和引导律的设计，给出了垂直航段过渡及捕获方法、不同模式转换时的瞬态抑制方法、基于优化算法的垂直引导律动态参数调整方法，并根据飞行阶段、空管和气象信息提出垂直引导模式转换逻辑。

第8章 GLS 虚拟波束的生成和
引导指令的计算

8.1 概 述

卫星导航着陆系统（GLS）虚拟波束生成、飞机相对于 GLS 虚拟波束的偏差计算和引导指令计算是 GLS 进近引导技术的核心算法。在飞机满足 GLS 进近引导的条件下，如何根据导航数据库信息构建期望进近航迹、如何根据飞机相对于期望进近航迹的位置关系计算偏差信息，以及如何根据偏差信息计算飞机下滑进近的引导指令是实现飞机安全进近着陆的关键。本章对 GLS 虚拟波束生成、飞机实时位置相对于 GLS 虚拟波束的偏差（简称 GLS 波束偏差）计算和用于 GLS 进近引导的引导指令计算进行研究。

8.2 GLS 进近引导过程

参考德国航空太空中心在 2017 年申请的专利 WO2017080763《一种为飞机提供基于卫星导航的自动着陆数据的方法和装置》（*Method and device for providing automatic landing data based on satellite navigation for aircraft*），整理 GLS 进近引导过程，如图 8-1 所示。

德国航空太空中心提出的 GLS 进近引导主要基于地基增强系统（GBAS）和飞行管理系统（FMS）。其中，地基增强系统为 GLS 进近引导提供伪距差分定位误差分析与卫星导航系统完好性监控；飞行管理系统根据导航数据库信息生成 GLS 虚拟波束，并且据此计算飞机实时位置相对于 GLS 虚拟波束的水平偏差和垂直偏差。

地基增强系统通过统计卫星导航过程中的误差源并估计伪距差分定位中的误差，分析飞机定位的精度与准确性。当卫星发生故障并造成所测量的卫星与飞机之间的距离不准确时，飞机定位就会出现较大的误差。

飞行管理系统根据导航数据库信息生成 GLS 虚拟波束，并利用卫星导航得到的飞机实时位置信息，计算其与 GLS 虚拟波束的相对位置偏差，从而得到水平偏差和垂直偏差信息。这些偏差信息输入飞行控制计算机就能得到对应的控制指令。

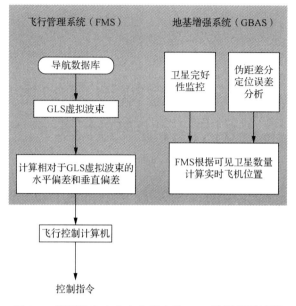

图 8-1　德国航空太空中心提出的 GLS 进近引导过程

8.2.1　基于 GLS 的连续下降进近功能架构

根据 GLS 进近引导过程与连续下降进近功能，本书提出如图 8-2 所示的基于 GLS 的连续下降进近功能架构。基于 GLS 的连续下降进近过程涉及飞行管理系统、地基增强系统、空中交通管制系统和机载引导显示系统 4 个系统。实施基于 GLS 的连续下降进近时，这 4 个系统信息交互如下。

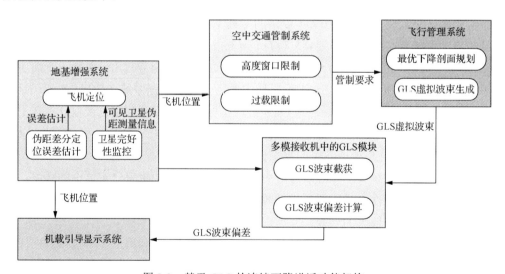

图 8-2　基于 GLS 的连续下降进近功能架构

地基增强系统通过卫星导航系统完好性监控剔除故障卫星，根据 4 颗以上可见卫星的星历信息实施伪距差分定位算法，完成飞机定位并进行位置误差估计。在整个下降过程中，地基增强系统确保更新飞机实时位置信息。

空中交通管制系统提供连续下降进近的限制。在整个下降过程中，飞机始终受到空中交通管制系统的限制，包括连续下降进近过程中的高度窗口限制、满足飞机乘客舒适度的过载限制，以及在下降过程中不与其他飞机发生路径冲突。

飞行管理系统根据飞机下降性能数据库和环境约束，并且结合燃油消耗量最小这一指标，规划飞机最优下降剖面，根据导航数据库、机场环境信息生成 GLS 虚拟波束；该波束被传输给多模接收机（Multi-Mode Receiver, MMR）中的 GLS 模块，根据飞机当前位置信息判断是否被 GLS 波束截获，计算相对于 GLS 虚拟波束的水平偏差和垂直偏差信息。

机载引导显示系统根据多模接收机提供的 GLS 波束偏差信息和地基增强系统提供的飞机位置，显示整个飞机进近着陆过程。

8.2.2　基于 GLS 的连续下降进近实施过程

基于 GLS 的连续下降进近实施过程如下：基于飞机下降性能数据库的最优下降剖面规划、飞机伪距差分定位及其误差估计与卫星导航系统完好性监控、GLS 虚拟波束生成和 GLS 波束偏差计算，如图 8-3 所示。

基于 GLS 的连续下降进近实施过程简述如下。

1.　基于飞机下降性能数据库的最优下降剖面规划

飞机下降性能数据库是规划最优下降剖面的基础。首先，根据飞机六自由度非线性模型，基于飞机不同的起始质量、起始高度和终点高度、速度和下降率等飞机初始状态信息，以不同方式下降，计算燃油消耗量、下降飞行时间以及下降水平距离等飞机下降性能。其次，以最小燃油消耗量为指标，统计不同初始状态下飞机以不同下降方式下降时的最优下降速度、下降顶点的位置和最优下滑角等参数，建立飞机下降性能数据库。

以飞机下降性能数据库为基础，考虑环境限制并规划飞机下降剖面。环境限制包括满足飞机乘客舒适度的过载限制及连续下降进近过程中的高度窗口限制。通过粒子群算法，规划出最小燃油消耗量这一指标下的最优下降剖面。

2.　飞机定位与卫星导航系统完好性监控

飞机定位是引导飞机进近着陆的前提，为此，需要建立空间卫星模型和 GPS 卫星接收机模型。空间卫星模型提供卫星的在轨位置；GPS 卫星接收机模型首先判断卫星的可见性，其次根据可见卫星测量的卫星到飞机之间的距离，使用伪距差分定位算法对飞机进行定位。

为验证所计算的飞机位置的准确性，需要建立地面增强系统模型，统计卫星导航过程中的误差源并进行误差分析。当卫星发生故障，造成所测量的卫星到飞机之间的距离精度下降时，飞机定位会出现较大的误差。本书基于奇偶矢量校验法的卫星导航系统完好性监

大型客机连续下降运行和自动着陆控制技术

控算法对卫星进行故障检测，剔除故障卫星，确保卫星伪距差分定位算法的准确性，提升 GLS 的完好性、可用性和连续性。

传统的基于奇偶矢量校验法的卫星导航系统完好性监控算法对卫星的微小慢变故障不敏感，并且要求可见卫星数量必须超过 4 颗。为了克服这些限制，本书借助 DME 导航台提供的冗余观测信息完成观测矩阵的构建，在可见卫星数量较少时进行故障检测，累积多个历元统计量，用于提高基于奇偶矢量校验法的卫星导航系统完好性监控算法对卫星微小慢变故障的灵敏度。

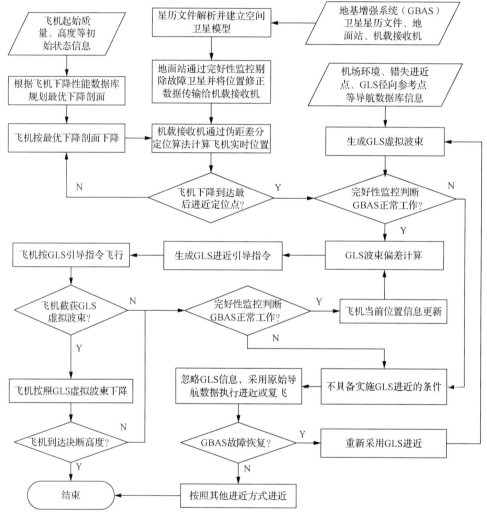

图 8-3　基于 GLS 的连续下降进近实施过程

3. GLS 虚拟波束生成

飞机的多模接收机 MMR 配备了 GLS 功能，飞行管理计算机可根据机场环境和导航数据库信息，生成 GLS 虚拟波束。

4. GLS 波束偏差和引导指令计算

当飞行管理系统（FMS）生成 GLS 虚拟波束后，结合飞机当前位置信息，可计算出飞机相对于 GLS 虚拟波束的水平偏差和垂直偏差。将偏差信息传输到自动飞行系统，引导飞机进近着陆。

在飞机下降过程中，当完好性监控算法检测到地基增强系统出现异常而不能正常工作时，飞机不具备实施 GLS 进近引导条件。此时，应忽略 GLS 信息，按照导航设备原始数据执行进近或复飞。若在此过程中，完好性监控算法判断 GLS 故障恢复，应重新采用 GLS 进近方式引导飞机下降着陆，否则，飞机采用其他进近方式进近。

8.2.3 基于 GLS 的连续下降进近所需的数据库信息

基于 GLS 的连续下降进近所需的数据库信息包括飞机下降性能数据库信息和导航数据库信息。

按照 GLS 进近着陆时，需要根据表 8-1 中的导航数据库信息完成以下操作：

（1）通过导航数据库中的机场环境信息，如最后进近定位点、错失进近点的位置以及 GLS 虚拟波束下滑角，确定 GLS 虚拟波束。

（2）根据飞机位置信息与 GLS 虚拟波束信息，计算飞机相对于 GLS 虚拟波束的水平偏差和垂直偏差。

表 8-1 基于 GLS 的连续下降进近所需导航数据库信息

序号	中文含义	英文全称
1	跑道磁方位	Runway Magnetic Orientation
2	机场标高	Airport Elevation
3	决断高度/决断高	Decision Altitude/Height
4	最后进近定位点（FAF）	Final Approach Fix
5	GLS 虚拟波束截获点（GPIP）	Glide-Path Intercept Point
6	错失进近点（MAPt）	Missed Approach Point
7	穿越跑道入口高（TCH）	Threshold Crossing Height
8	GLS 虚拟波束下滑角（GPA）	Glide Path Angle
9	跑道入口点（LTP）	Landing Threshold Point
10	假想入口点（FTP）	Fictitious Threshold Point
11	飞行航迹对正点（FPAP）	Flight Path Alignment Point
12	GLS 航向参考点（GARP）	GLS Alignment Reference Point
13	GLS 高度参考点（GERP）	GLS Elevation Reference Point
14	跑道入口处的航道宽度（CRS WIDTH）	Course Width at Threshold

对表 8-1 中涉及的导航数据库信息说明如下：

（1）跑道磁方位一般以跑道磁方位角度表示，以磁北向为基准，顺时针为正。飞机处于最后进近航段时，必须先确保机头对准跑道磁方位，根据跑道磁方位与机头所指方向的偏差调整飞机航向。

（2）机场标高是指机场跑道着陆区内最高点到平均海平面的垂直距离，用于计算决断高。

（3）决断高度以平均海平面为基准，决断高以机场标高为基准。当飞机处于仪表着陆系统或 GLS 精密进近中且到达决断高度时，如果机组不能正常执行进近操作，应立即进近复飞；当飞机处于非精密进近中且到达决断高度时，需要转换为手动操作并由飞行员进行进近复飞判断。

（4）最后进近定位点（FAF）是仪表进近程序的最终进近航线上的定位点或航路点，是最后进近段的起点（见图 8-4）。

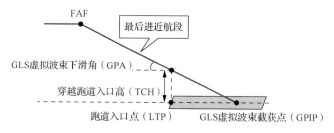

图 8-4　FAF、LTP 和 GPIP 位置示意

（5）GLS 虚拟波束截获点（GPIP），即 GLS 虚拟波束与机场跑道相交的截获点（见图 8-4），在本章中也称为下滑道截获地面点。

（6）错失进近点（MAPt）是指复飞程序起点的航路点。

（7）穿越跑道入口高（TCH）是指定入口穿越高度（见图 8-4）。

（8）GLS 虚拟波束下滑角（GPA）在本章中也称为下滑道倾斜角，飞机处于最后进近航段时按照此下滑角下降。

（9）跑道入口点（LTP）是指沿下滑道按规定的基准高飞越的点（见图 8-4），通常为跑道中线与跑道入口的交点。该点通过 WGS-84 坐标系下的经纬度和椭球体高度进行定位。

（10）假想入口点（FTP）是指最后进近航迹到达以参考原点为基准的一个指定高度的点，该点采用 WGS-84 坐标系下的经纬度和椭球体高度进行定位。当最后进近航迹与跑道中线延长线不在一条直线上时，或者跑道入口内移时，用假想入口点代替跑道入口点。此时，假想入口的标高等于实际跑道入口的标高。本书将 FTP 与 LTP 视为同一点，称为着陆入口点。

（11）飞行航迹对正点（FPAP）与 LTP/FTP 同处一个平面，该点用于确定最后进近航迹对正位置，一般位于跑道末端（见图 8-5）。

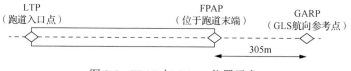

图 8-5　FPAP 与 GARP 位置示意

（12）GLS 航向参考点（GARP）是 FPAP 沿跑道中心线反向延伸 305m 的一个定位点（见图 8-5），该点用于计算相对于 GLS 虚拟波束的水平航向距离偏差和水平角度偏差。

（13）GLS 高度参考点（GERP）是 GPIP 沿跑道中心线垂直方向延伸 150m 处的点，作为 GLS 进近引导的高度参考点。GERP 也用于计算相对于 GLS 虚拟波束的垂直航向距离和垂直角度偏差。根据美国航空无线电技术委员会发布标准 RTCA DO-253《机载 GPS 局域增强系统的最低运行性能标准》（*Minimum Operational Performance Standards for GPS Local Area Augmentation System Airborn*）中关于 GERP 的描述，GERP 位置示意如图 8-6 所示。

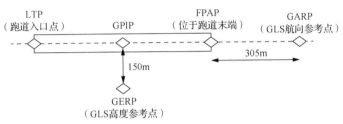

图 8-6　GERP 位置示意

（14）跑道入口处的航道宽度（CRS WIDTH）与 GARP 一起定义了整个进近过程中水平偏差的灵敏度。

8.2.4　基于 GLS 的连续下降进近关键技术

基于 GLS 的连续下降进近关键技术包括基于飞机下降性能数据库的最优下降剖面规划、基于地基增强系统的伪距差分定位误差分析、基于冗余观测信息的累积奇偶矢量校验法的卫星导航系统完好性监控、基于导航数据库信息的 GLS 虚拟波束生成和基于空间几何关系的 GLS 波束偏差计算。

8.3　基于导航数据库信息生成 GLS 虚拟波束

GLS 进近引导路径是指构建从最后进近定位点到 GLS 虚拟波束截获点（GPIP）之间的路径。在构建 GLS 进近引导路径时，需满足 GLS 精密进近区域定位服务信息的作用范围和信号最大作用距离。最后进近定位点、GLS 虚拟波束截获点和机场跑道信息都存储在导航数据库中，因此，采用基于导航数据库信息解析的方法，解决 GLS 进近引导路径构建和 GLS 虚拟波束生成问题。

8.3.1　GLS 精密进近区域

根据 GLS 原理，飞机处于最后进近航段时，机载系统通过信号接收机接收地面站发送的最后进近航段（Final Approach Segment，FAS）数据块，以此形成一个虚拟的下滑引导航迹。而最后进近航段中包含 GLS 精密进近区域定位服务信息的作用范围和信号最大作用距离，只有当飞机进入 GLS 精密进近区域时，才能实施 GLS 进近着陆。

满足大型客机 CAT II 着陆引导精度的、生成 GLS 虚拟波束所需导航数据库信息见表 8-2。

表 8-2 GLS 虚拟波束生成所需导航数据库信息

导航数据库信息参数	含义
LTP/FTP	着陆入口点
FPAP	飞行航迹对正点
GAPR	GLS 航向参考点
GRP	飞机基准点
GPIP	下滑道截获地面点
GPA	下滑道倾斜角
TCH	跑道入口飞越高度
TCP	跑道入口飞越点

在中国民用航空局标准《卫星导航着陆系统（GLS）运行批准指南》中，对满足大型客机 CAT II 着陆引导精度的 GLS 提供着陆引导的跑道、定位信息的服务范围和信号最大作用距离的规定如下：

（1）水平方向的作用范围。以离着陆入口点（LTP/FTP）两侧各 135m（450ft）宽为起点，按±35°沿最后进近航迹相反方向扩展至 28km 形成的区域与按±10°扩展至 37km 形成的区域总和，如图 8-7 所示。

（2）垂直方向的作用范围。在横向区域，以下滑道截获地面点（GPIP）为起点，以 7°或 1.75 倍下滑道倾斜角（GPA）中的较大值剖面扩展至 3000m（10000ft）形成的区域与以 0.45 倍下滑道倾斜角（最低可为 0.3 倍）扩展至 30m 形成的区域总和，如图 8-8 所示。

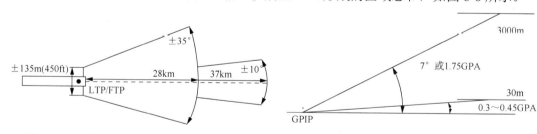

图 8-7 GLS 定位信息在水平方向的服务范围　　　图 8-8 GLS 定位信息在垂直方向的服务范围

8.3.2 GLS 虚拟波束的生成

根据 8.3.1 节介绍的 GLS 精密进近区域定位信息服务范围与信号最大作用距离，GLS 进近引导下滑航迹必须处于该精密进近区域，如图 8-9 所示。

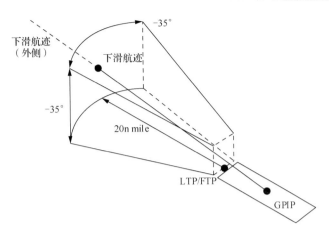

图 8-9　GLS 进近引导下滑航迹所在区域示意

GLS 进近引导下滑航迹是指从 GPIP 开始，按照设定的下滑道倾斜角形成的直线，整条直线处于垂直于机场跑道中心线的平面内。此时的 GLS 虚拟波束为位于下滑道倾斜角线 ±0.2°处的虚线，如图 8-10 所示。

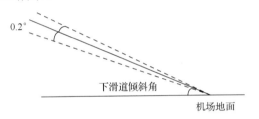

图 8-10　GLS 进近引导下滑航迹和 GLS 虚拟波束

8.4　基于空间几何关系的 GLS 波束偏差计算

准确的偏差信息是进行 GLS 进近引导的关键，飞机相对于 GLS 虚拟波束的偏差（简称 GLS 波束偏差）包括水平距离偏差、水平角度偏差、垂直距离偏差和垂直角度偏差。因为基于仪表着陆系统（ILS）的进近引导指令是基于调制深度差（DDM）计算的，考虑到 GLS 与 ILS 的兼容，需要将 GLS 波束偏差转换为水平 DDM 和垂直 DDM。

8.4.1　用来描述 GLS 虚拟波束的坐标系定义

定义用于描述 GLS 虚拟波束的坐标系是基于空间几何关系计算飞机相对于 GLS 虚拟波束的偏差信息的关键。由 GLS 虚拟波束生成原理可知，GLS 虚拟波束实质是从 GPIP 指向 FAF 的直线。

根据美国航空无线电技术委员会标准 RTCA DO-253《GPS 局域增强系统的最低运行性能标准》（*Minimum Operational Performance Standards for GPS Local Area Augmentation*

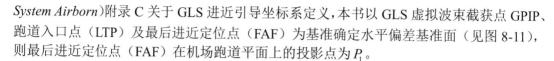

System Airborn）附录 C 关于 GLS 进近引导坐标系定义，本书以 GLS 虚拟波束截获点 GPIP、跑道入口点（LTP）及最后进近定位点（FAF）为基准确定水平偏差基准面（见图 8-11），则最后进近定位点（FAF）在机场跑道平面上的投影点为 P_1。

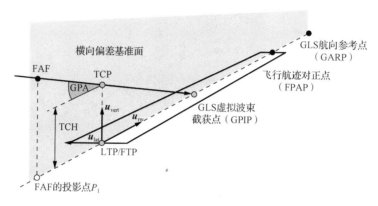

图 8-11　用于描述 GLS 虚拟波束的坐标系

假设地理坐标系中的 P 点经度为 λ，纬度为 L，高度为 H，则该点在地心地固坐标系中的坐标为

$$\begin{cases} x = (R_N + H)\cos L \cos \lambda \\ y = (R_N + H)\cos L \sin \lambda \\ z = \left[R_N (1-e)^2 + H \right] \sin L \end{cases} \tag{8-1}$$

式中，R_N 为地球卯酉圈曲率半径。其计算公式为

$$R_N = R_e \left(1 + e \sin^2 L \right) \tag{8-2}$$

式中，e 为 WGS-84 坐标系中的地球扁率，其值为 1/298.257。

则由地心指向 P 点的矢量可表示为

$$\boldsymbol{r}_P^{ECEF} = \begin{bmatrix} (R_N + H)\cos L \cos \lambda \\ (R_N + H)\cos L \sin \lambda \\ [R_N(1-e)^2 + H] \sin L \end{bmatrix} \tag{8-3}$$

由地心指向地理坐标系中任一点的矢量计算公式与 $\boldsymbol{r}_P^{ECEF}$ 一致。

在图 8-11 中，用于描述 GLS 虚拟波束的坐标系三轴为三个互相垂直的单位矢量 $\boldsymbol{u}_{rw}$、$\boldsymbol{u}_{vert}$ 和 $\boldsymbol{u}_{lat}$。定义 $\boldsymbol{r}_{LTP/FTP}^{ECEF}$ 为从地心指向 LTP/FTP 的矢量，$\boldsymbol{r}_{TCP}^{ECEF}$ 为从地心指向跑道入口飞越点（Threshold Crossing Point, TCP）点的矢量，$\boldsymbol{u}_{vert}$ 为经过跑道入口点、跑道入口飞越点的单位矢量，该矢量的计算公式如下：

$$\boldsymbol{u}_{vert} = \frac{\boldsymbol{r}_{LTP/FTP}^{ECEF} - \boldsymbol{r}_{TCP}^{ECEF}}{TCH} \tag{8-4}$$

式中，TCH 为穿越跑道入口高；$\boldsymbol{r}_{FPAP}^{ECEF}$ 为从地心指向 FPAP 的矢量。

从 LTP 指向 FPAP 的单位矢量定义为

$$u_{\text{FPA}}^{\text{ECEF}} = \frac{\left(r_{\text{FPAP}}^{\text{ECEF}} - r_{\text{LTP/FTP}}^{\text{ECEF}} \right)}{\left\| r_{\text{FPAP}}^{\text{ECEF}} - r_{\text{LTP/FTP}}^{\text{ECEF}} \right\|} \qquad (8\text{-}5)$$

垂直于跑道方向的单位矢量由矢量叉乘计算得到，即

$$u_{\text{lat}} = \frac{u_{\text{vert}} \times u_{\text{FPA}}}{\left\| u_{\text{vert}} \times u_{\text{FPA}} \right\|} \qquad (8\text{-}6)$$

沿跑道方向的单位矢量定义为

$$u_{\text{rw}} = u_{\text{lat}} \times u_{\text{vert}} \qquad (8\text{-}7)$$

则跑道所在水平面就是由矢量 u_{rw} 和 u_{lat} 定义的平面，由矢量 u_{rw} 和 u_{vert} 定义的平面就是水平偏差基准面。

8.4.2　GLS 虚拟波束水平偏差计算

飞机相对于 GLS 虚拟波束的水平偏差包括水平距离偏差和水平角度偏差。水平距离偏差即飞机基准点（GRP）到水平偏差基准面的距离，水平角度偏差即飞机基准点相对于 GLS 航向参考点的角位移，如图 8-12 所示。

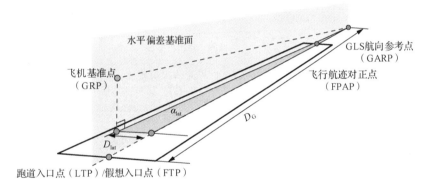

图 8-12　GLS 虚拟波束水平偏差

定义 $r_{\text{GARP}}^{\text{ECEF}}$ 为从地心指向 GLS 航向参考点（GARP）的矢量，$r_{\text{GRP}}^{\text{ECEF}}$ 为从地心指向飞机基准点的矢量，则水平距离偏差计算公式为

$$D_{\text{lat}} = u_{\text{lat}} \cdot \left(r_{\text{GRP}}^{\text{ECEF}} - r_{\text{GARP}}^{\text{ECEF}} \right) \qquad (8\text{-}8)$$

水平角度偏差计算公式为

$$\alpha_{\text{lat}} = \arctan\left(\frac{D_{\text{Lat}}}{\left| u_{\text{rw}} \cdot \left(r_{\text{GRP}}^{\text{ECEF}} - r_{\text{GARP}}^{\text{ECEF}} \right) \right|} \right) \qquad (8\text{-}9)$$

为与 ILS 兼容，将上述水平偏差转换为水平 DDM。水平 DDM 计算公式为

$$\text{DDM}_{\text{lat}} = \frac{0.155}{\arctan\left(\dfrac{\text{CourseWidth}}{D_{\text{G}}} \right)} \alpha_{\text{Lat}} \qquad (8\text{-}10)$$

式中，D_G 为跑道入口点（LTP）到 GLS 航向参考点（GARP）的距离；CourseWidth 为跑道入口处的航道宽度，由导航数据库提供。

8.4.3　GLS 虚拟波束垂直偏差计算

飞机相对于 GLS 虚拟波束的垂直偏差包括垂直距离偏差和垂直角度偏差。要计算垂直偏差，首先需要确定垂直偏差基准面。RTCA DO-253 标准规定，垂直偏差基准面为垂直定向圆锥体。该圆锥体的顶点位于 GLS 高度参考点（GERP），GLS 高度参考点在机场跑道上的投影点为 GPIP，横向距离为 150m，如图 8-13 所示；该圆锥体的圆锥角为 GLS 虚拟波束下滑角（GPA）。

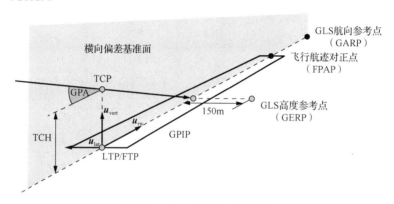

图 8-13　GLS 高度参考点示意

在图 8-13 中，定义 r_{GERP}^{ECEF} 为从地心指向 GERP 的矢量，则其计算公式为

$$r_{GERP}^{ECEF} = r_{LTP/FTP}^{ECEF} + \frac{TCH}{\tan(GPA)} u_{rw} + D_{GERP} u_{lat} \tag{8-11}$$

式中，TCH 为穿越跑道入口高；D_{GERP} 为 GLS 高度参考点（GERP）与机场跑道处的投影点（GPIP）之间的距离，其值为 150m。

GLS 虚拟波束垂直偏差如图 8-14 所示，垂直角度偏差 α_{vert} 的计算公式为

$$\alpha_{vert} = \arctan\left\{\frac{u_{vert} \cdot \left(r_{GRP}^{ECEF} - r_{GERP}^{ECEF}\right)}{\sqrt{\left[u_{lat} \cdot \left(r_{GRP}^{ECEF} - r_{GERP}^{ECEF}\right)\right]^2 + \left[u_{rw} \cdot \left(r_{GRP}^{ECEF} - r_{GERP}^{ECEF}\right)\right]^2}}\right\} - GPA \tag{8-12}$$

飞机基准点（GRP）到 GLS 航向参考点（GARP）的垂直距离 D_V 为矢量 r_{GERP}^{ECEF} 与 r_{GPR}^{ECEF} 之差的模，即

$$D_V = \left\|r_{GRP}^{ECEF} - r_{GERP}^{ECEF}\right\| \tag{8-13}$$

垂直距离偏差指飞机基准点（GRP）到垂直偏差基准面最近点的距离 D_{vert}，其计算公式为

$$D_{vert} = \sin(\alpha_{vert}) \cdot D_V \tag{8-14}$$

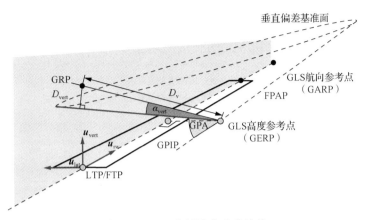

图 8-14　GLS 虚拟波束垂直偏差

垂直 DDM 的计算公式为

$$\text{DDM}_{\text{ver}} = \frac{0.175 \cdot \alpha_{\text{vert}}}{0.25 \cdot \text{GPA}} \tag{8-15}$$

8.5　GLS 进近引导指令的计算

为确保飞机飞行导航的精确性，需要高精度的引导指令使飞机完成对预定航迹的跟踪。GLS 进近引导律包括飞机被 GLS 虚拟波束截获前的引导律和飞机被 GLS 虚拟波束截获后的引导律。截获前，根据飞行管理系统中的航段信息（航段类型、航段长度、航段方位、航段起点/终点高度等）进近引导；截获后，根据飞机相对于 GLS 波束偏差进行飞行引导。

考虑与仪表着陆系统的兼容性，以期望滚转角与期望垂直速度作为引导指令信号，实现飞机对预定航迹的跟踪。

8.5.1　水平引导指令的计算

飞机被 GLS 虚拟波束截获可分为水平截获和垂直截获。GLS 进近水平截获即航向道截获，其过程如图 8-15 所示。当飞机相对于水平偏差基准面的水平角度偏差 α_{lat} 小于阈值 ε_{lat} 时，飞机被 GLS 虚拟波束水平截获。

1）飞机被 GLS 虚拟波束截获前的引导指令计算

飞机被 GLS 虚拟波束水平截获前的航迹由给定航段信息（航段类型、航段长度、航段方位），以及飞行管理系统（FMS）计算出的航段终点位置和转弯中心点等组成，可以按照直线航段和圆弧航段定义各个航段。因此，在飞机被 GLS 虚拟波束水平截获前的引导指令计算可以按照直线航段和圆弧航段分开计算，该引导律结构如图 8-16 所示。

直线航段的引导律表达式为

$$\phi_{\text{g}} = k_1 \cdot \Delta D + k_2 \cdot (\chi_{\text{leg}} - \chi) \cdot V_{\text{GND}} \tag{8-16}$$

式中，k_1 为侧偏距系数；k_2 为航迹方位角偏差系数；ΔD 为飞机相对于期望航迹的侧偏距；χ_{leg} 为航段方位角；χ 为飞机当前航迹方位角；V_{GND} 为飞机地速；ϕ_{g} 为期望滚转角。

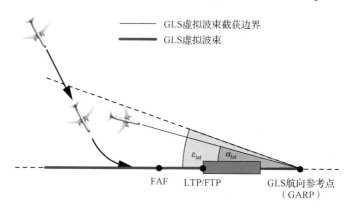

图 8-15　GLS 进近水平截获过程

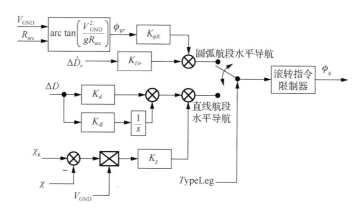

图 8-16　飞机被 GLS 虚拟波束水平截获前的引导律结构

圆弧航段的引导律表达式为

$$\begin{cases} \phi_{\text{g1}} = \arctan\left(\dfrac{V^2}{gR_{\text{arc}}}\right) \\ \phi_{\text{g}} = k_3 \cdot \phi_{\text{g1}} + k_4 \cdot \Delta\dot{D} \end{cases} \tag{8-17}$$

式中，k_3 为滚转角比例系数；k_4 为侧偏距微分比例系数；g 为重力加速度；V 为飞机当前真空速；R_{arc} 为圆弧航段转弯半径。

在图 8-16 中，TypeLeg 为航段类型标志位，用于控制律转换判断。当 TypeLeg 的值为 0 时，表示当前航段为直线航段，采用式（8-16）所示的引导律；当 TypeLeg 的值为 1 时，表示当前航段为圆弧航段，采用式（8-17）所示的引导律。

2）飞机被 GLS 虚拟波束水平截获后的引导指令计算

飞机被 GLS 虚拟波束水平截获后的引导律结构如图 8-17 所示。

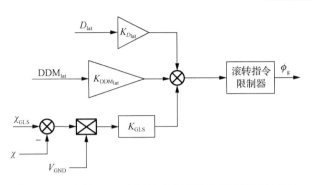

图 8-17　飞机被 GLS 虚拟波束水平截获后的引导律结构

该引导律表达式为

$$\phi_g = K_{GLS} \cdot V_{GND} \cdot (\chi_{GLS} - \chi) + K_{D_{lat}} D_{lat} + K_{DDM_{lat}} DDM_{lat} \qquad (8\text{-}18)$$

式中，χ_{GLS} 为 GLS 虚拟波束航向；K_{GLS} 为飞机航迹方位角和 GLS 波束偏差比例系数；$K_{D_{lat}}$ 为水平距离偏差比例系数；$K_{DDM_{lat}}$ 为水平 DDM 比例系数。

起主要控制作用的是水平距离偏差 D_{lat}，以飞机地速和航迹偏差角的乘积 $V_{GND} \cdot (\chi_{GLS} - \chi)$ 作为水平距离偏差的阻尼项。为与仪表着陆系统兼容，引入水平偏差 DDM，作为角度偏差修正项。

8.5.2　垂直引导指令的计算

飞机在按 GLS 进近时，垂直引导也可以分为飞机被 GLS 虚拟波束垂直截获前的引导和飞机被 GLS 虚拟波束垂直截获后的引导。

飞机被 GLS 虚拟波束垂直截获过程如图 8-18 所示，当飞机相对于 GLS 虚拟波束的垂直角度偏差 α_{vert} 小于垂直截获阈值 η_{vert} 时，飞机被 GLS 虚拟波束垂直截获。

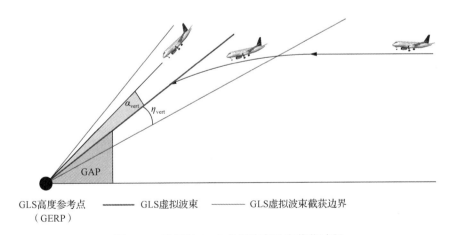

图 8-18　飞机被 GLS 虚拟波束垂直截获过程

1）飞机被 GLS 虚拟波束垂直截获前的引导指令计算

飞机被 GLS 虚拟波束截获前，垂直引导指令是由导航性能数据库中前后航段的高度偏差经过引导律计算出引导指令。飞机被 GLS 虚拟波束截获前，引导指令可以按照式（8-19）计算：

$$\begin{cases} K_H = \dfrac{H_{start} - H_{end}}{D_L} \\ \dot{H}_g = V_{GND} \cdot K_H \end{cases} \qquad (8\text{-}19)$$

式中，K_H 为航段高度斜率值；H_{start} 为航段起点高度；H_{end} 为航段终点高度；D_L 为航段长度；$\dot{H}_g$ 为期望垂直速度。

2）飞机被 GLS 虚拟波束垂直截获后的引导指令计算

飞机被 GLS 虚拟波束垂直截获后的引导律结构如图 8-19 所示。

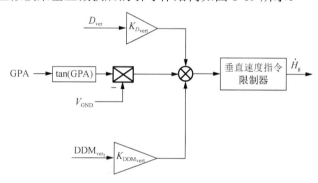

图 8-19　飞机被 GLS 虚拟波束垂直截获后的引导律结构

该引导律表达式为

$$\dot{H}_g = -V_{GND} \cdot \tan(GPA) + K_{D_{vert}} D_{vert} + K_{DDM_{vert}} DDM_{vert} \qquad (8\text{-}20)$$

式中，V_{GND} 为飞机地速；$\tan(GAP)$ 为按照下滑道倾斜角计算的垂直速度；D_{vert} 为飞机当前位置与下滑航迹的垂直距离；$K_{D_{vert}}$ 为 D_{vert} 的比例系数；DDM_{vert} 为飞机的垂直 DDM 值；$K_{DDM_{vert}}$ 为 DDM_{vert} 的比例系数。

8.6　GLS 的仿真验证

本节进行 GLS 的仿真验证。首先，根据中国民用航空局和国际民航组织的标准，总结归纳出 GLS 进近引导指标；其次，在此基础上给出仿真场景并设定对应的参数；最后，给出仿真验证结果并根据 GLS 进近引导指标进行分析评价。

8.6.1　GLS 进近引导效果评估指标

GLS 进近引导是现代大型客机机载航电系统配备的一种进近引导方式。根据美国航空无线电技术委员会标准 RTCA DO-245A《局域增强系统的最低运行性能标准》(*Minimum Aviation System Performance Standards For The Local Area Augmentation System*)中关于 GLS 的着陆引导精度的定义及描述,GLS 能够满足大型客机 CAT II 着陆引导精度,见表 8-3。同时,本书通过查阅中华人民共和国军用标准 GJB 2191—1994《有人驾驶飞机飞行控制系统通用规范》、中华人民共和国民用航空行业标准《航空无线电导航设备》、美国联邦航空管理局咨询通告 FAA-AC-120-28D《起飞、着陆和滑跑阶段要求的 III 级天气最低标准》和国际民航组织标准 ICAO Annex 10 等有关文献,将 GLS 进近引导效果评估指标归纳为偏差指标和飞机性能参数指标。

表 8-3　GLS 的着陆引导精度范围

着陆等级	水平精度/(m, 2σ)	垂直精度/(m, 2σ)	决断高度/m
CAT I	17.09	4.14	60.9
CAT II	5.15	1.73	30.5

GJB 2191—1994 中要求,当应用 CAT II 仪表着陆系统地面设施时,在高于跑道 90m 的进近航迹上,飞机的 2σ 位置应当保持在航向信标波束的 ±0.47° 范围内;在高于跑道 30~90m 决断高度的进近航迹上,飞机的 2σ 位置应当保持在航向信标波束的 ±0.33° 范围内。在下滑信标发射台基准以上 30~210m 的高度上,飞机的 2σ 位置应当保持在下滑信标波束中心的 ±0.16° 范围内或波束中心的 ±3.7m 范围内。

中华人民共和国民用航空行业标准《航空无线电导航设备》第 1 部分(仪表着陆系统技术要求)中指出,仪表着陆系统信号的角度偏差与 DDM 呈线性关系,并且满足 2° 的航向偏差角对应水平 DDM 的满偏值 0.155;0.7° 的下滑道偏差角对应垂直 DDM 的满偏值 0.175。由此可知,对 DDM 的要求为水平 DDM 不超过 0.0256,垂直 DDM 不超过 0.04。

用于评估 GLS 进近引导效果的偏差指标要求见表 8-4。

表 8-4　用于评估 GLS 进近引导效果的偏差指标要求

偏差信息	符号表示	指标要求
水平距离偏差	D_{lat}	水平距离偏差小于 4.4448m
水平角度偏差	α_{lat}	水平角度偏差应保持在 ±0.33° 范围内
水平 DDM	DDM_{lat}	水平 DDM 应保持在 ±0.0256 范围内
垂直距离偏差	D_{vert}	垂直距离偏差应保持在 ±3.7m 范围内
垂直角度偏差	α_{vert}	垂直角度偏差应保持在 ±0.16° 范围内
垂直 DDM	DDM_{vert}	垂直 DDM 应保持在 ±0.04 范围内

本书研究对象为大型客机,但大型客机的机动性能较弱,因此参考 GJB 185—1986《有人驾驶飞机(固定翼)飞行品质》和 GJB 2191—1994《有人驾驶飞机飞行控制系统通用规范》中对"轰运"类飞机提出的性能要求,归纳用于评估 GLS 进近引导效果的飞机参数指标要求,见表 8-5。

表 8-5　用于评估 GLS 进近引导效果的飞机参数指标要求

飞机参数	指标要求
滚转角	滚转角最大不超过±30°
滚转角速度	滚转角速度最大不超过 10°/s
侧向过载	侧向过载不大于±0.1
法向过载	法向过载不大于±0.2

8.6.2　GLS 进近引导仿真场景及参数设置

GLS 进近引导仿真场景主要包括机场跑道的几何位置和关键定位点信息。几何位置信息包括机场跑道长度/宽度、机场标高及跑道方位；关键定位点信息由导航数据库提供，包括错失进近点（MAPt）、最后进近定位点（FAF）、飞机航迹对正点（FPAP）、GLS 航向参考点（GARP）、GLS 高度参考点（GERP）等。参考机场航图以及中国民用航空局标准 AC-97-FS-2011-01《民用航空机场最低运行标准制定与实施准则》，本书建立的机场环境模型如图 8-20 所示，机场环境模型参数见表 8-6。

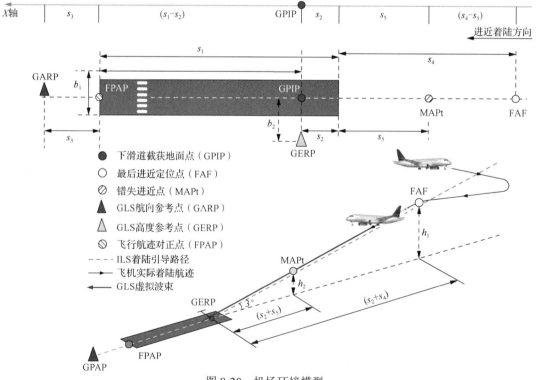

图 8-20　机场环境模型

表 8-6　机场环境模型参数

序号	机场环境模型信息	参数说明
1	跑道	长度为 s_1 m，宽度为 b_1 m
2	飞行航迹对正点（FPAP）	位于跑道中线末尾
3	GLS 高度参考点（GERP）	靠近跑道入口，距离跑道入口 s_2 m，距离跑道中线 b_2 m
4	GLS 航向参考点（GARP）	位于跑道中线延长线上，距离跑道终点 s_3 m
5	下滑道截获地面点（GPIP）	GERP 在跑道中线上的投影点，即下滑道与跑道平面的交点
6	最后进近定位点（FAF）	位于仪表着陆系统（ILS）产生的倾斜角为 3° 的引导航迹上，距离跑道平面 h_1 m，距离理想着陆点 $(s_2 + s_4)$ m
7	错失进近点（MAPt）	位于 GLS 产生的倾斜角为 3° 的引导航迹上，距离跑道平面 h_2 m，距离理想着陆点 $(s_2 + s_5)$ m

图 8-20 中 GLS 进近引导仿真过程中具体参数值设置见表 8-7。

表 8-7　GLS 进近引导仿真过程中具体参数值设置

序号	数据信息	具体参数
1	初始进近定位点（IAF）位置	（108.3000°,34.3000°,500m）
2	最后进近定位点（FAF）位置	（108.8600°,34.4000°,500m）
3	错失进近点（MAPt）位置	（108.9430°,34.3000°,100m）
4	跑道入口点（LTP）位置	（108.9640°,34.4000°,0m）
5	下滑道截获点（GPIP）位置	（108.9670°,34.4000°,0m）
6	GLS 高度参考点（GERP）位置	（108.9670°,34.3986°,50m）
7	飞行航迹对正点（FPAP）位置	（108.9970°,34.4000°,0m）
8	GLS 航向参考点（GARP）位置	（109.0000°,34.4000°,0m）
9	跑道方位	90°
10	跑道长度	3000m
11	跑道入口穿越高（TCH）	50m
12	下滑道倾斜角（GPA）	3°

说明：关键定位点采用 WGS-84 坐标系下的纬经高描述。设置飞机初始位置为 IAF，飞行航向为 45°

8.6.3　GLS 进近引导综合仿真验证

GLS 进近引导综合仿真验证是根据 8.6.2 节的仿真场景及关键定位点参数进行的。设飞机初始位置为 IAF，飞机先以 45° 截获角飞行。在飞机被 GLS 虚拟波束水平截获后，转换为水平截获后的引导律，引导飞机航向与 GLS 虚拟波束一致；在飞机被 GLS 虚拟波束垂直截获后，按照下滑道倾斜角（GPA）引导飞机下滑进近。

图 8-21 所示为 GLS 进近引导过程中飞机的位置变化曲线，飞机从初始位置到未被 GLS 虚拟波束水平截获前，以 45° 的航向角飞行；在飞机被 GLS 虚拟波束水平截获以后，飞机

按照 GLS 虚拟波束航向角与当前航迹偏差角的差值、水平侧偏距与水平 DDM 计算引导指令，引导飞机沿 GLS 虚拟波束飞往 GPIP。

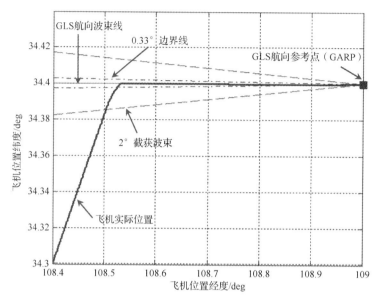

图 8-21　GLS 进近引导过程中飞机的位置变化曲线

图 8-22 所示为 GLS 进近引导过程中飞机参数指标的变化曲线。由该曲线可以看出，在 190s 之前，飞机保持平飞，滚转角保持在配平滚转角处；在 190～260s 之间出现了较大的滚转变化，飞机此时被 GLS 虚拟波束水平截获，需要调整飞机航迹方位角至该波束航向角。在 GLS 进近引导过程中，滚转角最大值为 17°，滚转角速度最大值为 8°/s，满足 8.6.1 节中对 GLS 进近引导过程中的滚转角最大不超过 30°、滚转角速度最大不超过 10°/s 的限制。法向过载绝对值在 GLS 进近引导过程中的最大值为 0.07，侧向过载绝对值的最大值为 0.055，满足表 8-5 中飞机参数指标要求：法向过载不超过±0.2、侧向过载不超过±0.1。

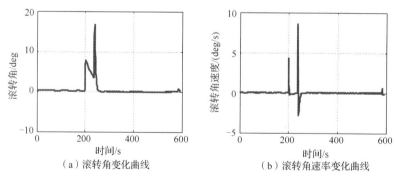

（a）滚转角变化曲线　　　　　　　（b）滚转角速率变化曲线

图 8-22　GLS 进近引导过程中飞机参数指标的变化曲线

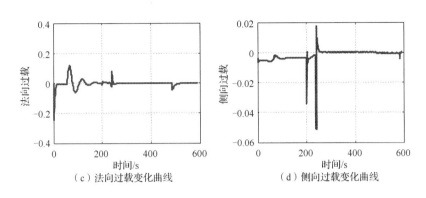

（c）法向过载变化曲线　　　　　　　　（d）侧向过载变化曲线

图 8-22　GLS 进近引导过程中飞机参数指标的变化曲线（续）

图 8-23 所示为 GLS 进近引导过程中的垂直剖面。飞机在未被 GLS 虚拟波束垂直截获前，将飞行高度下降为 FAF 对应的高度后保持该高度不变；飞机被 GLS 虚拟波束垂直截获后，调整飞机的垂直速度与地速的比率，使之与下滑道倾斜角的正切值相等，飞机按照当前垂直速度、垂直距离偏差和垂直 DDM 计算引导指令，引导飞机沿 GLS 虚拟波束飞往GPIP。

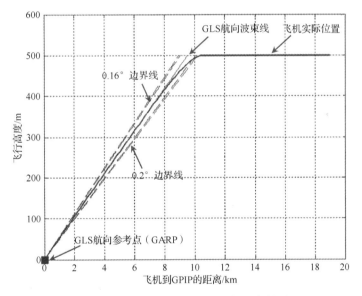

图 8-23　GLS 进近引导过程中的垂直剖面

在 GLS 进近引导过程中，飞机相对于 GLS 虚拟波束的偏差——水平偏差与垂直偏差变化曲线分别如图 8-24 和图 8-25 所示。

图 8-24 和图 8-25 所示的仿真结果表明，按照本书提出的 GLS 虚拟波束生成和引导指令计算公式，在被 GLS 波束截获后，飞机能够按照既定的下滑道进近着陆。控制效果能够满足 GJB 2191—1994 中对进近引导的要求：飞机应保持在航向信标波束中心的±0.33°范围

内，保持在下滑波束中心的±0.16°范围内；能够满足《航空无线电导航设备》第1部分（仪表着陆系统技术要求）中的要求：水平DDM应保持在±0.0256范围内，垂直DDM应保持在±0.04范围内。

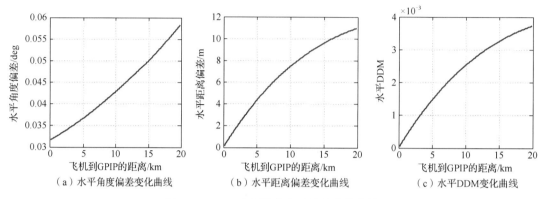

（a）水平角度偏差变化曲线　　（b）水平距离偏差变化曲线　　（c）水平DDM变化曲线

图 8-24　GLS 虚拟波束水平偏差变化曲线

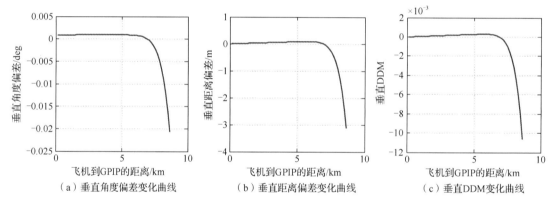

（a）垂直角度偏差变化曲线　　（b）垂直距离偏差变化曲线　　（c）垂直DDM变化曲线

图 8-25　GLS 虚拟波束垂直偏差变化曲线

本 章 小 结

　　首先，本章在分析 GLS 进近引导过程的基础上，对 GLS 虚拟波束生成、飞机相对于 GLS 虚拟波束的偏差计算和 GLS 进近引导指令计算三个问题进行研究。其次，提出了基于导航数据库信息的 GLS 虚拟波束生成算法和基于空间几何关系的 GLS 波束偏差和引导指令算法；利用计算得到的偏差信息，引入角度偏差和距离偏差设计引导律。最后，进行 GLS 的仿真验证；仿真结果表明，本书提出的 GLS 虚拟波束生成和引导指令算法能够使飞机满足精密进近要求，使飞机按照既定的下滑道进近着陆。

第9章　基于自抗扰控制法的自动
着陆控制律设计

9.1　概　　述

自动着陆控制律是自动着陆系统的基本功能，是保证飞机能够进近着陆的基础。由于飞机在进近着陆过程中，受到外界大气扰动、地面效应以及导航传感器误差影响，因此飞机的飞行状态会产生较大波动。为保证飞机进近着陆时能精确且稳定地跟踪下滑航迹，并且飞机各项性能指标均能满足系统要求，要求自动着陆控制律必须具有较强的鲁棒性和跟踪性能。自抗扰控制法是一种不依赖外界扰动模型，能实时估计系统扰动并进行自动补偿的一种控制方法，具有鲁棒性强、控制精度高等优点。本章在分析自抗扰控制原理的基础上，采用自抗扰控制法设计飞机着陆的姿态控制律和自动油门控制律，并以由自抗扰控制法设计的姿态控制律为内回路，设计外回路的垂直速度控制律、高度控制律、航向保持控制律等，为后续飞机自动进近着陆的引导控制奠定基础。

9.2　自抗扰控制原理

自抗扰控制法是由中国科学院韩京清研究员提出并发展的，目前已广泛应用于工业控制。自抗扰控制法的基本思想是，由控制器本身主动处理系统的总和扰动，通过状态观测器等信息获取设备提前估计出系统的扰动量，在扰动量还未对系统产生作用之前，在控制器输入量中将扰动量进行补偿。自抗扰控制法是在经典 PID 控制法的基础上发展演变而来的，它充分吸收了 PID 控制法"基于误差消除误差"的控制精髓理念，并对 PID 控制法存在的问题进行改进，最终发展成了自抗扰控制法。自抗扰控制法不需要精确的数学模型，它能将系统不确定建模部分、系统耦合、外界扰动等总和扰动进行估计并补偿。

具有"扰动主动估计补偿"能力的自抗扰控制器主要包括跟踪微分器（TD）、扩张状态观测器（ESO）、非线性状态误差反馈和输入补偿等部分。其原理示意如图 9-1 所示。

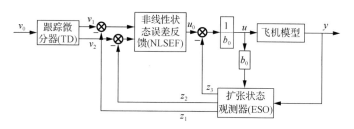

图 9-1　自抗扰控制器原理示意

在图 9-1 中，v_0 是自抗扰控制器的输入量，v_1 和 v_2 是跟踪微分器的输出量，z_1、z_2 和 z_3 是扩张状态观测器的输出量，u_0 是经非线性组合后产生的初始控制输入量，u 是扰动补偿后被控对象（飞机模型）的输入量，y 是被控对象的输出量。

9.2.1　跟踪微分器

自抗扰控制法是改进型 PID 控制法，传统的 PID 控制法在获取误差信号时，直接将期望输入指令与系统当前状态变量相减，这会使误差信号变化速度过快，导致瞬时输入指令过大，造成超调量现象的出现。因为系统状态是连续缓慢变化的，而期望输入指令是可以突变的，甚至是不连续的，用一个连续变化的量跟踪可以突变的指令信号，显然是不合理的。使用跟踪微分器，可以很好地解决 PID 控制中快速性和超调这一矛盾。

跟踪微分器（TD）为输入指令提供了一个过渡过程，将可以突变的输入指令信号解析转化为一个快速平滑变化的连续信号，从而解决超调问题。传统的微分器是利用有延迟跟踪指令信号的惯性环节获取微分信号的，即

$$y = h(s) \cdot v = \frac{s}{Ts+1} \cdot v = \frac{1}{T}\left(v - \frac{1}{Ts+1} \cdot v\right) \tag{9-1}$$

对于给定的指令信号，希望以最快的速度跟踪该指令信号并通过其动态环节获取微分信号。跟踪微分器利用最优控制思想对传统的微分器进行改进。以如下典型的二阶系统为例：

$$\begin{cases} \dot{x}_1 = x_2 \\ \dot{x}_2 = u \quad |u| \leqslant r \end{cases} \tag{9-2}$$

使状态最终回归到原点的最优控制函数为

$$u(x_1, x_2) = -r \cdot \text{sign}\left(x_1 + \frac{x_2|x_2|}{2r}\right) \tag{9-3}$$

联立式（9-2）和式（9-3），当有期望输入指令 $v_0(t)$ 时，令 $x_1 = x_1 - v_0(t)$，则

$$\begin{cases} u(x_1, x_2) = -r \cdot \text{sign}\left(x_1 - v_0(t) + \frac{x_2|x_2|}{2r}\right) \\ \dot{x}_1 = x_2 \\ \dot{x}_2 = -r \cdot \text{sign}\left(x_1 - v_0(t) + \frac{x_2|x_2|}{2r}\right) \end{cases} \tag{9-4}$$

将式（9-4）进行离散化，就可以得到跟踪微分器的离散化公式，利用该公式可以直接进行数值计算。但是在进入稳态时，会产生高频振荡现象，这是因为最速控制函数 $u(x_1, x_2)$ 是式（9-2）所示二阶系统的最速控制函数，却不是其对应离散系统的最速控制函数。韩京清研究员对此进行改进，提出如下能广泛用于自抗扰控制器中的最速控制综合函数 $u = \text{fhan}(x_1, x_2, r, h)$，其具体算法可表示如下：

$$
\begin{cases}
d = rh \\
d_0 = hd \\
y = x_1 + hx_2 \\
a_0 = \sqrt{d^2 + 8r|y|} \\
a = \begin{cases}
x_2 + \dfrac{(a_0 - d)}{2}\text{sign}(y) & |y| > d_0 \\
x_2 + \dfrac{y}{h} & |y| \leqslant d_0
\end{cases} \\
\text{fhan} = -\begin{cases}
r\,\text{sign}(a) & |a| > d \\
r\dfrac{a}{d} & |a| \leqslant d
\end{cases}
\end{cases}
\tag{9-5}
$$

式中，$\text{sign}(x)$ 表示符号函数，其具体表达式如式（9-6）所示。

$$
\text{sign}(x) = \begin{cases}
1 & x > 0 \\
0 & x = 0 \\
-1 & x < 0
\end{cases}
\tag{9-6}
$$

在式（9-5）中，r 是速度因子，决定跟踪指令的快慢；h 表示积分步长，积分步长越小，对噪声的抑制能力越强，一般其值为定值。在实际应用中，常将 $\text{fhan}(x_1, x_2, r, h)$ 中的 h 取为适当大于采样时间步长的新变量 h_0，有利于消除输出响应中的超调现象，抑制微分信号中的噪声。

　　如图 9-1 中的跟踪微分器，期望的输入指令为 v_0，希望通过跟踪微分器计算出输出量 v_1 和 v_2。其中，v_1 跟踪输入指令信号 v_0，v_2 是 v_1 的指令信号，计算过程可用如下离散化算法描述：

$$
\begin{cases}
u = \text{fhan}(v_1(k) - v_0(k), v_2(k), r, h_0) \\
v_1(k+1) = v_1(k) + hv_2(k) \\
v_2(k+1) = v_2(k) + h \cdot u
\end{cases}
\tag{9-7}
$$

9.2.2　扩张状态观测器

　　扩张状态观测器将系统未建模部分、耦合作用的内部扰动和外界干扰看成系统的总和扰动，将其扩增为一个新的状态变量，通过状态观测器算法对扰动量实时估计，以便进行补偿与控制。对于如下的一个二阶系统：

$$\begin{cases} \dot{x}_1 = x_2 \\ \dot{x}_2 = f(x_1, x_2) + bu \\ y = x_1 \end{cases} \tag{9-8}$$

当该二阶系统中的函数 $f(x_1, x_2)$ 和参数 b 已知时，根据系统的输入/输出量，使用扩张状态观测器可以估计出状态变量 x_1、x_2。当 $f(x_1, x_2)$ 和 b 未知时，便无法直接用它们的信息估计状态变量 x_1、x_2，此时丢弃它们，建立扩张状态观测器，而使用非线性状态误差反馈估计状态变量 x_1、x_2，实践证明该种方法是有效的。

对于式（9-8），$f(x_1, x_2)$ 作为实时扰动加速度量始终作用于系统，希望将其大小估计出来，以便补偿其对系统产生的额外影响。可将其扩张成一个新的状态变量 x_3，即 $x_3 = f(x_1, x_2)$，并假设 $\dot{x}_3 = \dot{f}(x_1, x_2) = w$，其中 w 未知，此时，原系统可扩张成如下新系统：

$$\begin{cases} \dot{x}_1 = x_2 \\ \dot{x}_2 = x_3 + bu \\ \dot{x}_3 = w(t) \\ y = x_1 \end{cases} \tag{9-9}$$

对于式（9-9）所示的系统，选择合适的状态观测器参数和非线性函数，便能准确地估计出状态参数。假设 z_1、z_2 是状态变量 x_1、x_2 的估计值，z_3 是系统实时扰动加速度量 x_3 的估计值，误差变量为 $e(t) = z_1(t) - y(t)$。扩张状态观测器通过离散化算法实现，具体算法如下：

$$\begin{cases} e(k) = z_1(k) - y(k) \\ z_1(k+1) = z_1(k) + h(z_2(k) - \beta_{01} \cdot e(k)) \\ z_2(k+1) = z_2(k) + h(z_3(k) - \beta_{02} \cdot fe + b_0 u) \\ z_3(k+1) = z_3(k) + h(-\beta_{03} \cdot fe_1) \end{cases} \tag{9-10}$$

在式（9-10）中，$fe = \mathrm{fal}(e(k), a_1, \delta)$，$fe_1 = \mathrm{fal}(e(k), a_2, \delta)$，$\mathrm{fal}(e, a, \delta)$ 是典型的非线性函数，其公式如式（9-11）所示，而 β_{01}、β_{02}、β_{03} 是非线性函数 fal 函数的系数。

$$\mathrm{fal}(e, a, \delta) = \begin{cases} |e|^a \, \mathrm{sign}(e) & |e| > \delta \\ \dfrac{e}{\delta^{(1-a)}} & |e| \leqslant \delta \end{cases} \tag{9-11}$$

当通过扩张状态观测器估计出实时扰动加速度量 z_3 之后，在控制器输入量（简称控制量）中将该扰动量补偿，最终将非线性系统转化为积分串联型系统，使输出量只与输入量有关。扰动补偿后的控制量为

$$u = \frac{u_0 - z_3}{b} \tag{9-12}$$

式中，u_0 为经非线性状态误差反馈得到的控制量；u 为经误差补偿后得到的控制量。

9.2.3 非线性状态误差反馈

在传统的 PID 控制法中，控制器输入量是误差信号 e、误差微分信号 $\dot{e}$ 和误差积分信

号 $\int edt$ 的线性组合。虽然这种组合方式简单高效，但是对于非线性系统来说，不一定是最佳的组合。大量实践证明，通过合适的非线性函数，将误差的比例、积分、微分信号进行非线性组合得到控制量，其控制效果远比线性组合好。

自抗扰控制器中常用以下的非线性组合得到控制量，即

$$\begin{cases} u_0 = \beta_1 e_1 + \beta_2 e_2 & ① \\ u_0 = \beta_1 \text{fal}(e_1, a_1, \delta) + \beta_2 \text{fal}(e_2, a_2, \delta) & ② \\ u_0 = \beta_1 e_1 - \text{fhan}(e_1, e_2, r, h_1) & ③ \end{cases} \quad (9\text{-}13)$$

式中，$e_1 = v_1 - z_1, e_2 = v_2 - z_2$，使用上述 3 种非线性组合均能达到不错的控制效果。在本书中，采用式（9-13）中③的组合方式。

9.2.4　非线性函数 fal 函数的改进

在扩张状态观测器和非线性状态误差反馈中，不可避免地都用到了非线性函数 $\text{fal}(e, a, \delta)$。它是一种特殊的非线性结构，是对"大误差，小增益，小误差，大增益"这一控制经验的数学拟合。在扩张状态观测器中，利用 fal 函数可以估计出系统状态变量。在非线性状态误差反馈中，使用非线性组合可以得到更加高效的输入指令。此外，fal 函数还能抑制噪声干扰，具有滤波功能。可以说 fal 函数是自抗扰控制器的核心单元，其表达式如式（9-11）所示。可以看出，fal 函数是分段函数，连续却不可导。当 $a = 0.25$，$\delta = 0.1$ 时，该函数值随误差信号 e 变化的曲线如图 9-2 所示。

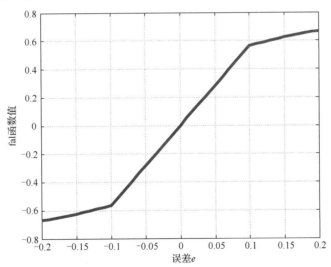

图 9-2　fal 函数随误差信号 e 变化的曲线

当误差信号在线性段内 $(\pm\delta)$ 变化时，可以有效地解决自抗扰控制中的高频振荡问题。但是有的系统在调节时，需要将 δ 调节得很小，fal 函数导数的突变可能会使系统性能变得更差，产生更大的震荡。

为了解决上述问题，在此对 fal 函数进行改进。改进后，该函数成为在整个定义域内

连续光滑的函数，以提高自抗扰控制器性能。

1. 连续光滑 Ifal 函数的构造

将 fal 函数改造成连续光滑函数的关键是将 $\pm\delta$ 内的线性段改成连续光滑的。在此将改进后的函数称为 Ifal(e,a,δ)。在 $|e| > \delta$ 时，Ifal(e,a,δ) 函数与原函数保持一致，即

$$\text{Ifal}(e,a,\delta) = |e|^a \, \text{sign}(e) \qquad |e| > \delta \tag{9-14}$$

在 $|e| \leqslant \delta$ 时，为保证函数值在原点的取值为 0 且连续可导，假设 Ifal 函数为

$$\text{Ifal}(e,a,\delta) = pe^3 + qe^2 + re \tag{9-15}$$

由上式可知，构造 Ifal 函数的关键在于求解 p、q、r 三个参数的值。在此采用反推的方法进行求解。假设 Ifal 函数是连续可导的，则 Ifal 函数在分段点($e = \pm\delta$)应该满足：

$$\begin{cases} \text{Ifal}(e,a,\delta) = \text{Ifal}(e,a,\delta) = \text{Ifal}(e,a,\delta) \\ {}_{e\to-\delta^-} \qquad {}_{e\to-\delta^+} \qquad {}_{e=-\delta} \\ \text{Ifal}(e,a,\delta) = \text{Ifal}(e,a,\delta) = \text{Ifal}(e,a,\delta) \\ {}_{e\to\delta^-} \qquad {}_{e\to\delta^+} \qquad {}_{e=\delta} \\ \text{Ifal}'(e,a,\delta) = \text{Ifal}'(e,a,\delta) = \text{Ifal}'(e,a,\delta) \\ {}_{e\to-\delta^-} \qquad {}_{e\to-\delta^+} \qquad {}_{e=-\delta} \\ \text{Ifal}'(e,a,\delta) = \text{Ifal}'(e,a,\delta) = \text{Ifal}'(e,a,\delta) \\ {}_{e\to\delta^-} \qquad {}_{e\to\delta^+} \qquad {}_{e=\delta} \end{cases} \tag{9-16}$$

此外，Ifal 函数还需要满足在原点可导，而该点的导数可通过分段点的函数值求解：

$$\text{Ifal}'_{e=o} = \frac{|\delta|^a \, \text{sign}(\delta) - |-\delta|^a \, \text{sign}(-\delta)}{2\delta} = \delta^{a-1} \tag{9-17}$$

联立上述 5 个连续可导的必要条件，可以得到

$$\begin{cases} \text{Ifal}_{e=\delta} = \delta^a = p\delta^3 + q\delta^2 + r\delta \\ \text{Ifal}_{e=-\delta} = -\delta^a = -p\delta^3 q\delta^2 - r\delta \\ \text{Ifal}'_{e=\delta} = a\delta^{a-1} = 3p\delta^2 + 2q\delta + r \\ \text{Ifal}'_{e=-\delta} = a\delta^{a-1} = 3p\delta^2 - 2q\delta + r \\ \text{Ifal}'_{e=0} - \delta^{a-1} = r \end{cases} \tag{9-18}$$

对式（9-18）进行求解，可以得到系数 p、q、r 的值，即

$$\begin{cases} p = (a-1)\delta^{a-3} \\ q = -(a-1)\delta^{a-2} \qquad 0 \leqslant e \leqslant \delta \\ q = (a-1)\delta^{a-2} \qquad -\delta \leqslant e \leqslant \delta \\ r = \delta^{a-1} \end{cases} \tag{9-19}$$

那么改进后的 Ifal(e,a,δ) 函数的完整表达式为

$$\text{Ifal} = \begin{cases} (a-1)\delta^{a-3} \cdot e^3 - (a-1)\delta^{a-2} \cdot e^2 \text{sign}(e) + \delta^{a-1}e & |e| \leqslant \delta \\ |e|^a \, \text{sign}(e) & |e| > \delta \end{cases} \tag{9-20}$$

当 $a = 0.25$，$\delta = 0.1$ 时，fal 函数和 Ifal 函数随误差信号 e 变化的曲线如图 9-3 所示。从

该图可以看出，在分段点，Ifal 函数曲线是以非常光滑平稳的趋势进行过渡的，这样便能有效地解决因分段点导数突变而导致的高频振荡问题。

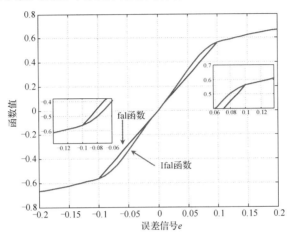

图 9-3　fal 函数和 Ifal 函数随误差信号 e 变化的曲线

2. Ifal 函数的连续可导性证明

按 9.2.4 节所述方法构造出的函数是连续光滑的，此处对其连续可导性进行数学证明。由于各分段函数本身是连续可导的，在此主要证明分段点是否连续可导。

（1）连续性证明。在分段点 $e=\delta$ 处，

$$\begin{cases} \text{Ifal}(\delta^+)=\mid\delta\mid^a\text{sign}(\delta)=\delta^a & e=\delta^+ \\ \text{Ifal}(\delta)=(a-1)\delta^{a-3}\cdot e^3-(a-1)\delta^{a-2}\cdot e^2\text{sign}(e)+\delta^{a-1}e=\delta^a & e=\delta \end{cases} \tag{9-21}$$

由上式可以得到 $\text{Ifal}(e=\delta)=\text{Ifal}(e=\delta^+)$，这说明 Ifal 函数在分段点 $e=\delta$ 处连续。同理，可证明该函数在分段点 $e=-\delta$ 处也连续。

（2）可导性证明。在分段点 $e=\delta$ 处，当 $e=\delta^+$ 时，

$$\text{Ifal}'(\delta^+)=a\mid e\mid^{a-1}\text{sign}(e)+\mid e\mid^a(\text{sign}(e))' \tag{9-22}$$

由于当 $e>0$ 时，$\text{sign}(e)'=0$，因此 $\text{Ifal}'(\delta^+)=a\delta^{a-1}$。

当 $e=\delta$ 时，

$$\begin{aligned} \text{Ifal}'(\delta)&=3(a-1)\delta^{a-3}\cdot e^2-2(a-1)\delta^{a-2}e\text{sign}(e)-(a-1)\delta^{a-2}e^2(\text{sign}(e))'+\delta^{a-1} \\ &=a\delta^{a-1} \end{aligned} \tag{9-23}$$

因此 $\text{Ifal}'(e=\delta)=\text{Ifal}'(e=\delta^+)$，由此证明该函数在分段点 $e=\delta$ 处可导。同理，可证明该函数在分段点 $e=-\delta$ 也可导。

综上所述，Ifal 函数是连续可导的。

3. 改进效果仿真验证

本节以式（9-24）所示系统为例进行仿真，以验证改进后的 Ifal 函数对系统性能的提升。

$$\begin{cases} \dot{x}_1 = x_2 \\ \dot{x}_2 = f(t) + 3\cos(t/2) \\ f(t) = \text{sign}(\sin(t)) \\ y = x_1 \end{cases} \tag{9-24}$$

将上式中的 $3\cos(t/2)$ 作为已知输入量，将 $f(t)$ 作为系统的干扰量。在此，将 $f(t)$ 作为扩张状态变量 x_3，分别使用带有 fal 函数和 lfal 函数的扩张状态观测器算法对 x_3 进行估计。设置扩张状态观测器参数如下： $h = 0.02$，$\delta = 0.01$，$\beta_{01} = 100$，$\beta_{02} = 300$，$\beta_{03} = 800$，得到的 x_3 估计值如图 9-4 所示。

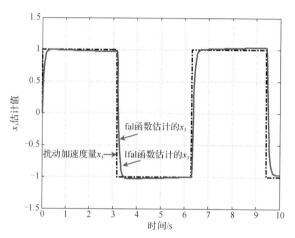

图 9-4　当 $\delta = 0.01$ 时，$\text{sign}(\sin(t))$ 对 x_3 的实时估计值

在该组参数下，使用 fal 函数和 lfal 函数得到的 x_3 估计值几乎一样。但是，将 δ 从 0.01 减小到 0.004 时，使用 lfal 函数得到的 x_3 估计值几乎与图 9-4 中的估计值一致，而使用 fal 函数得到的 x_3 估计值发生了震荡，如图 9-5 所示。

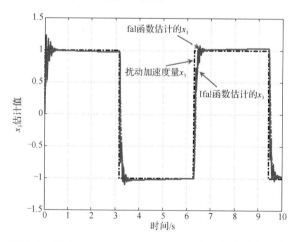

图 9-5　当 $\delta = 0.004$ 时，$\text{sign}(\sin(t))$ 对 x_3 的实时估计值

对比仿真曲线，可以得出改进后的 Ifal 函数确实能抑制高频震荡。因为 Ifal 函数对参数 δ 的变化不敏感，δ 可以在极大范围内变化而不影响状态估计的效果，所以在进行参数调整时，可以将 δ 设为某个固定值，从而减小自抗扰控制器需要调整的参数个数，降低参数调整难度。综上可知，改进后的 Ifal 函数在性能上确实优于 fal 函数。

9.3　基于自抗扰控制法的自动着陆基本控制律结构

大型客机的自动着陆系统是一个复杂的多输入/多输出系统，它的俯仰通道、滚转通道及速度通道之间存在着耦合作用，同时受到外界大气扰动及飞机自身的气动参数变化带来的不利影响。依照自抗扰控制思想，将上述各个通道之间的耦合作用、外界大气扰动、气动参数变化等作为整个系统总和扰动进行实时估计。在此，对俯仰、滚转姿态控制，设计二阶自抗扰控制器（ADRC）；对速度控制，设计一阶自抗扰控制器，其控制律结构如图 9-6 所示。

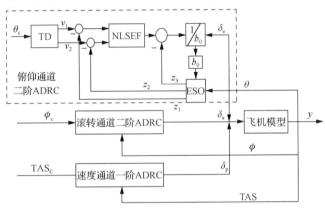

图 9-6　基于自抗扰控制法的自动着陆控制律结构

在设计姿态保持、速度控制等基本控制律时，必须保证其满足 GJB 2191—1994《有人驾驶飞机飞行控制系统通用规范》中的基本性能要求。

9.4　俯仰角自抗扰控制器设计及其仿真结果分析

俯仰姿态控制是最基本的俯仰操纵控制，是垂直速度预选、自动进近等纵向操纵任务中的内回路和执行层。它的作用是根据飞机当前状态产生俯仰操纵输出量，跟踪各种俯仰方式所产生的俯仰指令。因此，俯仰姿态控制的稳定性与鲁棒性将直接影响飞机纵向控制的稳定性与鲁棒性。

9.4.1　俯仰角自抗扰控制器设计

在设计俯仰角自抗扰控制器时，设置飞机的初始状态为定常直线平飞状态，不考虑横侧向运动,方向舵偏转角、副翼偏转角和油门开度保持初始配平值不变。根据飞机模型(数学模型),可得到飞机俯仰运动的非线性运动方程,即

$$\dot{\theta} = q\cos\phi - r\sin\phi \qquad (9\text{-}25)$$

对式(9-25)进行微分运算可以得到

$$\ddot{\theta} = \dot{q}\cos\phi - q\dot{\phi}\sin\phi - \dot{r}\sin\phi - r\dot{\phi}\cos\phi \qquad (9\text{-}26)$$

式中,θ 为俯仰角;ϕ 为滚转角;q 为俯仰角速度;r 为偏航角速度。可见,升降舵偏转角直接影响 $\dot{q}$,方向舵偏转角和副翼偏转角直接影响 $\dot{r}$,其他量不受舵面的直接影响。此处的直接影响指飞机的上述 3 种舵面偏转角发生变化,能迅速改变状态变量值的大小,而不是通过其他量间接地改变状态变量的值。

在俯仰角自抗扰控制器设计过程中,将横侧向对俯仰运动的耦合视为扰动,认为俯仰姿态的变化只受升降舵偏转角 δ_e 的影响。升降舵偏转角 δ_e 对俯仰姿态的影响通过俯仰角速度 q 体现,$\dot{q}$ 的表达式为

$$\dot{q} = \frac{(I_z - I_x)pr}{I_y} - \frac{I_{xz}}{I_y}(p^2 - r^2) + \frac{1}{I_y}M$$
$$M = \frac{1}{2}\rho V S_w^2 c_A (C_{m,\alpha=0} + C_{m\alpha}\alpha + C_{m\bar{q}}\bar{q} + C_{m\bar{\alpha}}\bar{\alpha} + C_{m\delta_e}\delta_e) \qquad (9\text{-}27)$$

式中,I_x、I_y、I_z、I_{xz} 为飞机的转动惯量和惯性积;p 为滚转角速度;M 为气动俯仰力矩;ρ 为大气密度;V 为空速;S_w 为机翼的参考面积;c_A 为机翼平均几何弦长;α 为迎角;C_{m0} 为零升力矩系数;$C_{m\alpha}$ 为静稳定力矩系数的导数;$C_{m\alpha}$ 为纵向阻尼导数;$C_{m\bar{\alpha}}$ 为洗流时差导数;δ_e 为升降舵偏转角;$C_{m\delta_e}$ 为操纵力矩系数的导数。

将式(9-27)代入式(9-26)并整理,得

$$\ddot{\theta} = \frac{0.5\rho V^2 S c_A C_{m\delta_e}\delta_e}{I_y}\cos\phi + f_\theta \approx \frac{0.5\rho V^2 S c_A C_{m\delta_e}\delta_e}{I_y} + f_\theta \qquad (9\text{-}28)$$

其中,

$$f_\theta = \dot{q}\cos\phi - q\dot{\phi}\sin\phi - \dot{r}\sin\phi - r\dot{\phi}\cos\phi - (0.5\rho V^2 S c_A C_{m\delta_e}\delta_e)/I_y \qquad (9\text{-}29)$$

式(9-28)中,f_θ 表示不与升降舵偏转角直接相关的影响量,它通过系统之间的耦合作用对俯仰姿态产生影响。按照自抗扰控制思想,认为俯仰姿态的变化只与升降舵偏转角有关,将其他量视为系统的扰动。因此,f_θ 表示系统的扰动加速度量。此外,在进行俯仰姿态控制时,滚转角 ϕ 保持初始配平值不变。因为 ϕ 值极小,所以 $\cos\phi \approx 1$。

令 $x_1(t) = \theta(t)$,$x_2(t) = \dot{\theta}(t)$,$b = (0.5\rho V^2 S c_A C_{m\delta_e}\delta_e)/I_y$,依据扩张状态观测器原理,将作用于系统的实时扰动加速度量 f_θ 扩张为一个新的状态变量 $x_3(t)$,即 $x_3(t) = f_\theta$,并且令 $\dot{x}_3(t) = w(t)$,由于 f_θ 表示总和扰动加速度量,包括内扰和外扰,是不确定的量,故 $w(t)$ 是未知量。这样便可以将式(9-29)改写成如下状态方程形式:

$$f_\theta = \dot{q}\cos\phi - q\dot{\phi}\sin\phi - \dot{r}\sin\phi - r\dot{\phi}\cos\phi - (0.5\rho V^2 S c_A C_{m\delta_e}\delta_e)/I_y \qquad (9\text{-}30)$$

利用扩张状态观测器算法，选用合适的非线性函数 fal 函数参数，可估计出状态参数：

$$f_\theta = \dot{q}\cos\phi - q\dot{\phi}\sin\phi - \dot{r}\sin\phi - r\dot{\phi}\cos\phi - (0.5\rho V^2 Sc_A C_{m\delta_e}\delta_e)/I_y \tag{9-31}$$

在实际应用时，常通过离散化算法估计出状态变量 x_1、x_2、x_3。将式（9-31）进行离散化可以得到

$$\begin{cases} e(k) = z_1(k) - y(k) \\ z_1(k+1) = z_1(k) + h(z_2(k) - \beta_{01}e(k)) \\ z_2(k+1) = z_2(k) + h(z_3(k) - \beta_{02}\mathrm{fal}(e, a_{01}, \delta) + b\delta_e) \\ z_3(k+1) = z_3(k) + h(-\beta_{03}\mathrm{fal}(e, a_{02}, \delta)) \end{cases} \tag{9-32}$$

在式（9-31）和式（9-32）中，β_{01}、β_{02}、β_{03}、a_{01}、a_{02} 为俯仰角自抗扰控制器的参数；h 为积分步长；z_1 为输出状态变量 θ 的估计值；z_2 为状态 $\dot{\theta}$ 的估计值；z_3 为实时扰动加速度量 f_θ 的估计值。

将跟踪微分器的输出量 v_1、v_2 与扩张状态观测器的输出量 z_1、z_2 分别作差，可以得到系统的误差信号 e 和误差的微分信号 $\dot{e}$，将 e、$\dot{e}$ 通过非线性组合得到系统的控制量 u_0。然后通过自抗扰控制器中的误差补偿模块，得到最终的升降舵偏转指令 u，即

$$u = \delta_e = \frac{u_0 - z_3}{b} \tag{9-33}$$

9.4.2　参数选取原则

自抗扰控制器的性能与各模块中的参数密切相关。随着系统阶数的增加，自抗扰控制器需要调整的参数就越多，调整难度也就越大。本节中的俯仰角控制系统为二阶系统，需要调整的控制参数共 14 个，包括跟踪微分器（TD）参数：r、h_0；扩张状态观测器（ESO）参数：β_{01}、β_{02}、β_{03}、a_{01}、a_{02}、δ；非线性状态误差反馈（NLSEF）参数：β_1、β_2、a_1、a_2、δ；扰动误差补偿模块参数：b_0。以上参数定义及其取值范围见表 9-1 所示。

表 9-1　自抗扰控制器参数定义及其取值范围

模块	参数	参数说明	取值范围
跟踪微分器（TD）	r	速度因子	$r > 0$
	h_0	滤波因子	$h_0 > h$，h 是采样步长
扩张状态观测器（ESO）	β_{01}	fal 函数系数	$\beta_{01} > 0$
	β_{02}	fal 函数系数	$\beta_{02} > 0$
	β_{03}	fal 函数系数	$\beta_{03} > 0$
	a_{01}	fal 函数内部参数	$0 < a_{01} < 1$
	a_{02}	fal 函数内部参数	$0 < a_{02} < 1$
	δ	fal 函数内部参数	$5h < \delta < 10h$
非线性状态误差反馈（NLSEF）	β_1	fal 函数系数	$\beta_1 > 0$
	β_2	fal 函数系数	$\beta_2 > 0$
	a_1	fal 函数内部参数	$0 < a_1 < 1$
	a_2	fal 函数内部参数	$a_2 > 1$
	δ	fal 函数内部参数	$5h < \delta < 10h$
扰动误差补偿模块	b_0	控制量比例系数	$b_0 \neq 0$

本书中俯仰角自抗扰控制器的参数调整采用先分离再整合的调整方法，即先把跟踪微分器、扩张状态观测器、非线性状态误差反馈作为独立的模块进行设计，调整参数。然后在各模块单独调整效果较好的条件下，将模块整合到一起进行联调。

跟踪微分器中的参数 r 称为速度因子，它决定了跟踪速度。r 越小，跟踪微分器对输入指令的跟踪越平滑，但达到稳态的时间越长；r 越大，越快达到稳定值，但在 r 大于某一上限值后，跟踪速度也不会在增快。

h_0 是独立于积分步长的变量，称为跟踪微分器的滤波因子。当 h_0 较小时，系统虽响应很快，但是速度曲线会出现超调现象，此时对噪声抑制能力较弱；增大 h_0，能有效遏制超调现象，滤波效果也更好，但是响应时间变缓。通常来说，宜把 h_0 设为 $5h - 20h$。h 为积分步长，本书设定积分步长与模型运行步长一致，为 0.02s。

扩张状态观测器的参数 β_{01}、β_{02}、β_{03}、δ、a_{01}、a_{02} 可以根据系统的阶数直接给定，对于二阶的俯仰角控制器，选取 $a_{01} = 0.5$，$a_{02} = 0.25$。为了保证估计精度，对 β_{01}、β_{02}、β_{03} 的值要选取较大值，所谓的"高增益状态观测器"形式，可以通过 β_{01}、β_{02}、β_{03} 与时间步长 h、h^2、h^3 成反比来确定。此外，扩张状态观测器需要用到扰动误差补偿模块参数 b_0。关于 b_0 的选取，可以在初始条件下，根据 b_0 的表达式计算出初始估计值。若 b_0 的表达式难以得出，则可以根据初始配平得到 b_0 的初始估计值，然后在此基础上进行微调，可以加快参数调整过程。

a_1、a_2、δ 是非线性函数 fal 函数的内部参数，决定了非线性能力范围，也决定其系数 β_1、β_2 的可调边界。在调整非线性状态误差反馈参数时，先在 a_1、a_2、δ 参数范围内给定一组初始值，然后调节 β_1、β_2。β_1、β_2 类似 PID 控制中的比例、微分系数，因此先调节 β_1，若系统响应很慢，则适当调大 β_1 的值；若系统响应产生超调现象，则适当减小 β_1；当系统出现震荡时，则调节 β_2，直到寻到一组满足要求的参数为止。若不行，则重新设置参数 a_1、a_2、δ，按上述过程调节其余参数。

9.4.3 仿真结果分析

对上述俯仰角自抗扰控制器调整参数，具体如下。跟踪微分器参数设置：$h = 0.02$，$r = 10$，$h_0 = 0.3$；扩张状态观测器参数设置：$\beta_{01} = 50$，$\beta_{02} = 80$，$\beta_{03} = 150$，$\delta = 0.1$，$a_1 = 0.5$，$a_2 = 0.25$，$b_0 = -2.3690$；非线性状态误差反馈参数设置：$\beta_1 = 50$，$\beta_2 = 10$，$a_1 = 0.3$，$a_2 = 1.2$，$\delta = 0.5$。仿真条件设置和仿真结果如下。

1. 俯仰角的方波响应跟踪仿真验证

仿真条件：飞机初始状态为定常直线平飞状态，飞机配平高度为 1000m，配平速度为 100m/s，配平的初始俯仰角为 3.05°，指令信号为 10° 和 0° 的方波信号，由此仿真得到俯仰角的方波响应曲线，如图 9-7 所示。

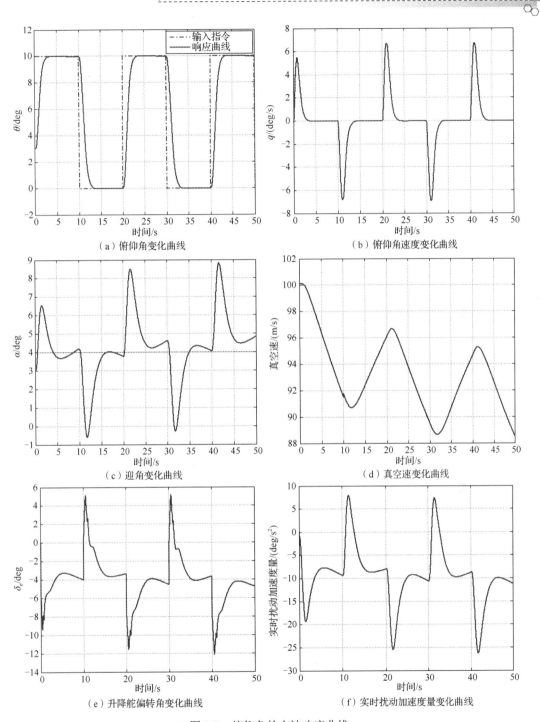

图 9-7　俯仰角的方波响应曲线

　　由图 9-7 可知，当给定 10° 和 0° 的方波信号时，俯仰角能快速响应并很好地跟踪指令信号，进入稳态的时间约为 2.7s，超调量几乎为 0，系统无静差。升降舵偏转角最大变化值为 12°，在升降舵偏转±30°角度内，满足系统要求。单独控制俯仰角而不控制速度通道时，俯仰角的变化会引起速度的变化，若对速度进行控制，可保持速度不变。

2. 俯仰角的方波响应鲁棒性仿真验证

为验证俯仰角自抗扰控制器的鲁棒性，在影响纵向运动的关键参数摄动下进行蒙特卡洛模型仿真，仿真次数为 100 次，发生摄动的参数及其变化范围见表 9-2。指令信号仍旧为 10° 和 0° 的方波信号，由此仿真得到参数摄动下俯仰角的方波响应曲线，如图 9-8 所示。

表 9-2　发生摄动的参数及其变化范围

发生摄动的参数	变化范围
C_{La}	±50%
$C_{m\delta_z}$	±50%
$C_{m\dot{\alpha}}$	±50%

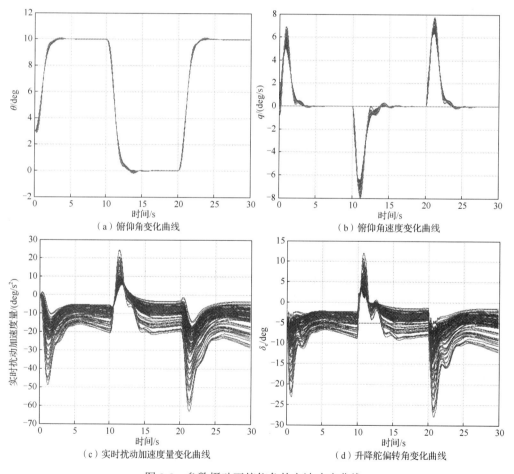

（a）俯仰角变化曲线　　（b）俯仰角速度变化曲线

（c）实时扰动加速度量变化曲线　　（d）升降舵偏转角变化曲线

图 9-8　参数摄动下俯仰角的方波响应曲线

在图 9-8 中，当 $C_{L\alpha}$、$C_{m\delta_e}$、$C_{m\dot\alpha}$ 三个参数在变化范围内同时随机发生摄动时，俯仰角的响应依旧能够快速跟踪指令信号，在响应时间为 2.7s 左右有小幅度波动；进入稳态时有一点超调，超调量不超过千分之五。可见，基于自抗扰控制的俯仰角控制律对参数摄动不敏感，具有很强的鲁棒性。实时扰动加速度量和升降舵偏转角变化比较剧烈，这是因为参数随机发生摄动，所以每次仿真时的实时扰动加速度量大小不一样，扰动补偿后升降舵偏转角的变化也剧烈。

9.5　滚转角自抗扰控制器设计及其仿真结果分析

9.5.1　滚转角自抗扰控制器设计

在进行滚转角自抗扰控制器设计时，设置飞机的初始状态为定常直线平飞状态，不考虑纵向运动对横侧向的耦合作用，认为 θ、q 保持配平初始值不变。根据飞机模型，可得到飞机滚转运动时的非线性运动方程，即

$$\dot\phi = p + (r\cos\phi + q\sin\phi)\tan\theta \tag{9-34}$$

根据飞行动力学知识，飞机的横侧向运动和纵向运动相互独立，在已知 θ、q 固定的情况下，对式（9-34）进行微分运算，可得

$$\ddot\phi = \dot p + (\dot r\cos\phi - r\dot\phi\sin\phi + q\dot\phi\cos\phi)\tan\theta \tag{9-35}$$

式（9-35）中相关参数的表达式如下。

$$\begin{cases} \dot p = (c_1 r + c_2 p)q + c_3\bar L + c_4 N \\ \bar L = \dfrac{1}{2}\rho V^2 S_w b(C_{l\beta}\beta + C_{l\delta_a}\delta_a + C_{l\delta_r}\delta_r + C_{l\bar p}\bar p + C_{l\bar r}\bar r) \\ N = \dfrac{1}{2}\rho V^2 S_w b(C_{n\beta}\beta + C_{n\delta_a}\delta_a + C_{n\delta_r}\delta_r + C_{n\bar p}\bar p + C_{n\bar r}\bar r) \\ \Sigma = I_x I_z - I_{xz}^2, c_1 = \dfrac{(I_y - I_z)I_z - I_{xz}^2}{\Sigma}, c_2 = \dfrac{(I_x - I_y + I_z)I_{xz}}{\Sigma}, c_3 = \dfrac{I_z}{\Sigma}, c_4 = \dfrac{I_{xz}}{\Sigma} \end{cases} \tag{9-36}$$

式中，ϕ 为滚转角；p 为滚转角速度；r 为偏航角速度；$\bar L$ 为气动滚转力矩；S_w 为机翼参考面积；b 为机翼展长；N 为气动偏航力矩；β 为侧滑角；$C_{l\beta}$ 为滚转静稳性导数；δ_a 为副翼偏转角；$C_{l\delta_a}$ 为副翼对滚转力矩的舵效；δ_r 为方向舵偏转角；$C_{l\delta_r}$ 为方向舵对滚转力矩的舵效；$\bar p$ 为归一化的滚转角速度；$C_{l\bar p}$ 为滚转阻尼导数；$C_{l\bar r}$ 为交叉动导数。

由式（9-35）可以看出，$\ddot\phi$ 的变化受到了 $\dot p$ 的直接作用，$\dot p$ 受到滚转力矩 $\bar L$ 和气动偏航力矩 N 的作用，$\bar L$ 和 N 都受副翼偏转角 δ_a 和方向舵偏转角 δ_r 的直接影响。可见，偏航通道和滚转通道之间存在明显的耦合作用。根据自抗扰控制理论，滚转角变化可被认为只受到副翼作用，将其余的作用量当成系统的内部扰动量。因此，式（9-35）可以变形为

$$\begin{cases} \ddot{\phi} = \dfrac{I_z \cdot 0.5\rho V^2 S_{\mathrm{w}} b C_{l\delta_{\mathrm{a}}}\delta_{\mathrm{a}}}{I_x I_z - I_{xz}^2} + f_\phi \\ f_\phi = \dot{p} + (\dot{r}\cos\phi - r\dot{\phi}\sin\phi + q\dot{\phi}\cos\phi)\tan\theta - \dfrac{I_z \cdot 0.5\rho V^2 S_{\mathrm{w}} b C_{l\delta_{\mathrm{a}}}\delta_{\mathrm{a}}}{I_x I_z - I_{xz}^2} \end{cases} \quad (9\text{-}37)$$

式中，f_ϕ 为系统的实时扰动加速度量。

令 $x_1(t)=\phi(t)$，$x_2(t)=\dot{\phi}(t)$，$b_0 = 0.5I_z\rho V^2 S_{\mathrm{w}} b C_{l\delta_{\mathrm{a}}}/(I_x I_z - I_{xz}^2)$，根据扩张状态观测器原理，将作用于系统的实时扰动加速度量 f_ϕ 扩张为一个新的状态变量 $x_3(t)$，即 $x_3(t)=f_\phi$，并令 $\dot{x}_3(t)=w(t)$。由于 f_ϕ 表示总和扰动加速度量，包括内扰和外扰，是不确定的量，故 $w(t)$ 是未知量。因此，可以将式（9-35）改写成如下的状态方程：

$$\begin{cases} \dot{x}_1(t)=x_2(t) \\ \dot{x}_2(t)=f_\phi(t)+b_0\delta_{\mathrm{a}} \\ \dot{x}_3(t)=w(t) \\ y(t)=x_1(t) \end{cases} \quad (9\text{-}38)$$

利用扩张状态观测器算法，选用合适的非线性函数 fal 函数，可估计出状态参数，即

$$\begin{cases} e=z_1(t)-y(t) \\ \dot{z}_1(t)=z_2(t)-\beta_{01}e \\ \dot{z}_2(t)=z_3(t)+\beta_{02}\mathrm{fal}(e,a_{01},\delta)+b_0\delta_a \\ \dot{z}_3(t)=-\beta_{03}\mathrm{fal}(e,a_{02},\delta) \end{cases} \quad (9\text{-}39)$$

在实际应用时，常通过离散化算法估计状态变量 x_1、x_2、x_3，将式（9-39）进行离散化，得

$$\begin{cases} e(k)=z_1(k)-y(k) \\ z_1(k+1)=z_1(k)+h(z_2(k)-\beta_{01}e(k)) \\ z_2(k+1)=z_2(k)+h(z_3(k)-\beta_{02}\mathrm{fal}(e,a_{01},\delta)+b_0\delta_a) \\ z_3(k+1)=z_3(k)+h(-\beta_{03}\mathrm{fal}(e,a_{02},\delta)) \end{cases} \quad (9\text{-}40)$$

在式（9-39）和式（9-40）中，β_{01}、β_{02}、β_{03}、a_{01}、a_{02} 为滚转角自抗扰控制器的参数；h 为积分步长；z_1 为输出状态变量 ϕ 的估计值；z_2 为状态变量 $\dot{\phi}$ 的估计值；z_3 为扰动加速度量 f_ϕ 的估计值。

将跟踪微分器的输出信号 v_1、v_2 与扩张状态观测器的输出信号 z_1、z_2 分别作差，可以得到系统的误差信号 e 和误差的微分信号 $\dot{e}$，将 e、$\dot{e}$ 通过非线性组合得到系统的控制量 u_0。然后通过自抗扰控制器中的扰动误差补偿模块，得到最终的副翼偏转指令 u，即

$$u = \delta_{\mathrm{a}} = (u_0 - z_3)/b_0 \quad (9\text{-}41)$$

9.5.2　仿真结果分析

对上述滚转角自抗扰控制器调整参数，具体如下。跟踪微分器参数设置：$h=0.02$，

$r=10$，$h_0=0.3$；扩张状态观测器参数设置：$\beta_{01}=30$，$\beta_{02}=80$，$\beta_{03}=200$，$\delta=0.1$，$a_1=0.5$，$a_2=0.25$，$b_0=-2.2680$；非线性状态误差反馈参数设置：$\beta_1=50$，$\beta_2=8$，$a_1=0.3$，$a_2=1.2$，$\delta=0.6$。仿真条件设置和仿真结果如下。

1. 滚转角的方波响应跟踪仿真验证

仿真条件：飞机初始状态为定常直线平飞状态，飞机配平高度为1000m，速度为100m/s，初始滚转角为0°，信号指令为5°和-5°的方波信号，仿真由此得到滚转角的方波响应曲线，如图9-9所示。

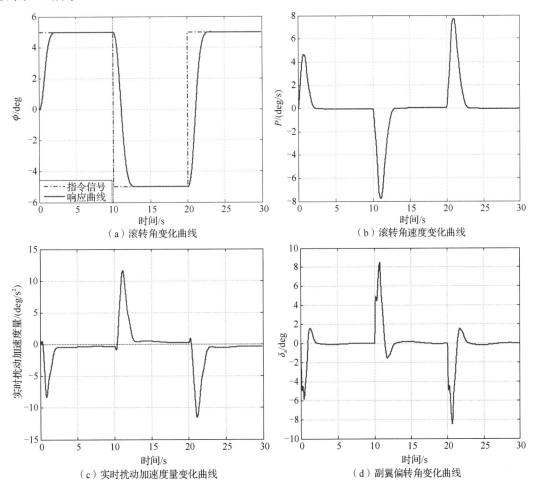

图9-9　滚转角的方波响应曲线

由图 9-9 可知，当给定 5°和-5°的指令信号时，滚转角能快速响应并很好地跟踪指令信号；进入稳态的时间约为 2s，无超调现象，系统无静差；副翼偏转角最大变化值为12°，在副翼的±30°偏转角范围内，满足系统要求。可见，飞机滚转时刻受到扰动量的不利作用。因此，使用扩张状态观测器进行估计和扰动补偿是完全正确的。

2. 滚转角的方波响应鲁棒性仿真验证

为验证滚转角自抗扰控制器的鲁棒性，在影响横侧向运动的关键参数摄动下进行蒙特卡洛模型仿真，仿真次数为 100 次。发生摄动的参数及其变化范围见表 9-3。信号指令仍为 5° 和 -5° 的方波信号，由此仿真得到的参数摄动下滚转角的方波响应曲线如图 9-10 所示。

表 9-3　发生摄动的参数及其变化范围

发生摄动的参数	变化范围
$C_{l\delta_a}$	±50%
C_{lp}	±50%
$C_{l\beta}$	±50%

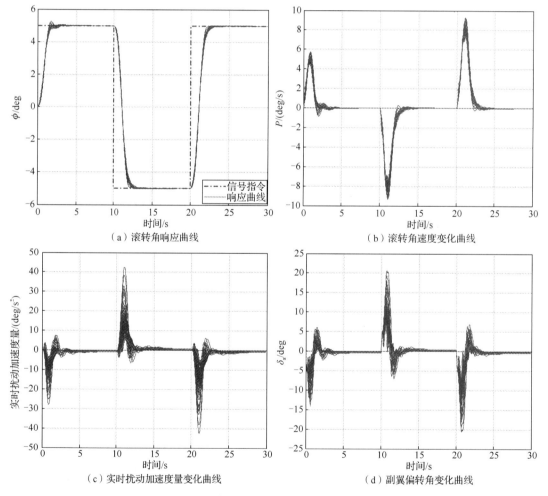

（a）滚转角响应曲线　　　　　　（b）滚转角速度变化曲线

（c）实时扰动加速度量变化曲线　　　　　　（d）副翼偏转角变化曲线

图 9-10　参数摄动下滚转角的方波响应曲线

在图 9-10 中，当 $C_{l\delta_a}$、C_{lp}、$C_{l\beta}$ 三个参数在变化范围内同时随机发生摄动时，滚转角在 $\pm5°$ 指令信号下能迅速响应并到达稳态值，响应时间为 2.5s 左右；虽然有一点超调，但超调量较小，不超过 3%。可见，基于自抗扰控制的滚转角控制律对参数摄动不敏感，具有抵御扰动的能力。实时扰动加速度量和副翼偏转角变化比较剧烈，这是因为参数随机摄动，故每次仿真的实时扰动加速度量大小不一样，扰动补偿后副翼偏转角变化也剧烈。

9.6 自动油门自抗扰控制器设计及其仿真结果分析

目前，飞行速度控制有两种方式：升降舵控制和自动油门控制。升降舵控制是指通过改变俯仰角大小实现速度的改变，自动油门控制是指根据飞机传感器的输出信号计算发动机推力或油门开度，起到速度控制或高度层改变过程中的动力补偿作用。本书中采用自动油门自抗扰控制器实现速度的控制。

9.6.1 自动油门控制律设计

根据飞行动力学，得到的飞行速度微分方程如下：

$$\dot{V} = \frac{T\cos\alpha\cos\beta}{m} - \frac{D}{m} + \frac{G_{xa}}{m} \tag{9-42}$$

式中，T 为发动机推力，在实际飞行中发动机推力为高度 h、速度 V 和油门开度 δ_p 的非线性函数，通过插值计算得到；D 为空气阻力；m 为飞机质量；G_{xa} 为飞机重力在机体坐标系 x 轴的分量；α 为迎角；β 为侧滑角。

在设计自动油门自抗扰控制器时，认为飞行速度只受油门开度 δ_p 的影响，将其他因素对飞行速度的作用都视为系统扰动。由于无法直接得出飞行速度与油门开度的显式函数关系，采用隐式函数表达，即

$$\dot{V} = f_v(t) + b_0\delta_p \tag{9-43}$$

式中，$f_v(t)$ 为包括俯仰通道、滚转通道和速度通道之间的耦合，以及外部大气干扰等总和扰动。因为式（9-43）的相对阶次为 1，故对自动油门设计一阶自抗扰控制器。

设 $x_1(t) = V$，将系统的总和扰动 $f_v(t)$ 扩张成新的状态变量 $x_2(t)$，即 $x_2(t) = f_v(t)$，并令 $\dot{f}_v(t) = w(t)$，则可将式（9-43）改写成如下状态方程形式：

$$\begin{cases} \dot{x}_1(t) = x_2(t) + b_0 u \\ \dot{x}_2(t) = w(t) \end{cases} \tag{9-44}$$

利用扩张状态观测器算法，选用合适的非线性函数 fal 函数，可估计出状态参数，即

$$\begin{cases} e = z_1(t) - y(t) \\ \dot{z}_1(t) = z_2(t) - \beta_{01}e + b_0 u \\ \dot{z}_2(t) = -\beta_{02}\mathrm{fal}(e, a, \delta) \end{cases} \tag{9-45}$$

在实际应用时，常通过离散化算法估计出状态变量 x_1、x_2。将式（9-45）离散化，可得

$$\begin{cases} e(k) = z_1(k) - y(k) \\ z_1(k+1) = z_1(k) + h(z_2(k) - \beta_{01}e(k) + b_0\delta_p) \\ z_2(k+1) = z_2(k) + h(-\beta_{02}\mathrm{fal}(e, a, \delta)) \end{cases} \tag{9-46}$$

式中，z_1 为状态变量 V 的估计值；z_2 为实时扰动加速度量的估计值。

在此，未通过扩张状态观测器估算出 V 的微分信号 $\dot{V}$；但是在非线性状态误差组合模块中需要用到 $\dot{V}$。因此，将估计值 z_1 进行微分运算得到 z_3，以 z_3 表示 $\dot{V}$。将跟踪微分器的输出信号 v_1、v_2 与扩张状态观测器的输出信号 z_1、z_3 分别作差，可以得到系统的误差信号 e 和误差的微分信号 $\dot{e}$，将 e、$\dot{e}$ 通过非线性组合得到系统的控制量 u_0。然后通过自抗扰控制器中的扰动误差补偿模块，得到最终的油门开度指令 u，即

$$u = \delta_p = \frac{u_0 - z_2}{b} \tag{9-47}$$

在自抗扰控制器中，b_0 是对系统影响很大的参数。在设计俯仰角自抗扰控制器和滚转角自抗扰控制器时，可根据 b_0 的计算公式在初始条件下计算出一个初始估计值，降低参数调整难度，而在自动油门自抗扰控制器设计过程中，无法推导出 b_0 的公式。因此，采取配平方式直观地得到飞行速度与油门开度之间的关系。选取初始配平状态 $h=1000\mathrm{m}$ 和 $V=100\mathrm{m/s}$ 进行配平，线性化得到式（9-48）所示的纵向运动的 $\boldsymbol{A}$、$\boldsymbol{B}$、$\boldsymbol{C}$ 矩阵，其中 $x = [V \quad \alpha \quad q \quad \theta]^{\mathrm{T}}$。

$$\boldsymbol{A} = \begin{bmatrix} -0.0112 & 8.4686 & 0 & -9.8 \\ -0.0015 & -0.8517 & 1.0000 & 0 \\ 0.0010 & -2.5656 & -0.7882 & 0 \\ 0 & 0 & 1.0000 & 0 \end{bmatrix}$$

$$\boldsymbol{B} = \begin{bmatrix} 0 & 2.1938 \\ -0.0529 & -0.0000 \\ -2.2596 & -0.0241 \\ 0 & 0 \end{bmatrix} \tag{9-48}$$

$$\boldsymbol{C} = \begin{bmatrix} 1 & 0 & 0 & 0 \\ 0 & 1 & 0 & 0 \\ 0 & 0 & 1 & 0 \\ 0 & 0 & 0 & 1 \end{bmatrix}$$

由此解得

$$\dot{V} = -0.0112V + 8.4686\alpha - 9.8\theta + 2.1938\delta_p \tag{9-49}$$

由式（9-49）可得知 b_0 的初始估计值为 2.1938。在该值的基础上进行微调或固定此值以调整其他参数，都是可行的。

9.6.2　仿真结果分析

对上述自动油门自抗扰控制器调整参数,具体如下。跟踪微分器参数设置:$h = 0.02$,$r = 1$,$h_0 = 0.2$;扩张状态观测器参数设置:$\beta_{01} = 50$,$\beta_{02} = 100$,$\delta = 0.05$,$a_1 = 0.5$,$b_0 = 2.1938$;非线性状态误差反馈参数设置:$\beta_1 = 1$,$\beta_2 = 0.1$,$a_1 = 0.3$,$a_2 = 1.2$,$\delta = 0.3$;飞机初始配平速度为 100m/s,给定速度为 120m/s 的阶跃指令,仿真曲线如图 9-11 所示。

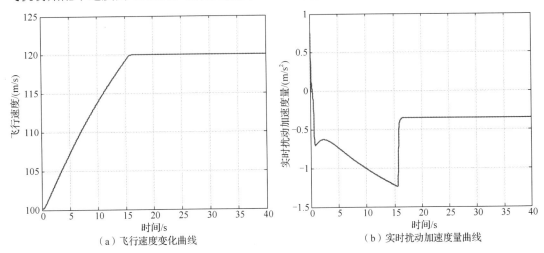

（a）飞行速度变化曲线　　　　　　（b）实时扰动加速度量曲线

图 9-11　自动油门自抗扰控制器仿真曲线

在图 9-11 中,当给定 120m/s 的阶跃指令信号时,飞行速度响应很快,能快速平稳地达到稳态值 120m/s,响应时间约为 16s,无超调现象,无静差,控制效果满足系统要求。

9.7　基于自抗扰控制法的外回路控制律设计

飞机的自动着陆系统包括众多的控制模态,俯仰姿态控制律、滚转姿态控制律和自动油门控制律只是整个自动着陆系统的基本控制律。飞机仅依靠基本控制律是无法完成飞行的,还需要外回路的垂直速度、高度控制/保持、航向保持等控制律的配合。外回路控制律是指根据期望指令信号计算出俯仰角指令或滚转角指令,进而操控舵面对俯仰角或滚转角进行跟踪,同时加以速度控制。因此,本节在以自抗扰控制法设计的俯仰姿态控制律、滚转姿态控制律和自动油门控制律的基础上设计外回路控制律。

9.7.1　垂直速度控制律

在爬升/下降、改变飞行高度以及进近着陆等情况下,飞机较长时间处在等边界条件下的上升或下降飞行阶段,需要通过垂直速度的控制保持飞行方式。

以垂直速度控制律作为航迹控制器的效果比以姿态控制律作为航迹控制器的效果好,保持 H 近似不变,垂直速度控制器甚至能补偿风和紊流的影响。此外,垂直速度也可以作为高度控制的底层控制器。

垂直速度控制律的设计与 7.7.3 节一致，不同的是此处以俯仰角自抗扰控制器为内回路。

仿真算例： 对垂直速度控制律调整参数，在初始配平条件下通过自动油门系统保持飞行速度 100m/s 不变，方向舵偏转角和副翼偏转角保持初始配平值不变，给定 8m/s 的垂直速度控制指令，得到的垂直速度控制律仿真结果如图 9-12 所示。

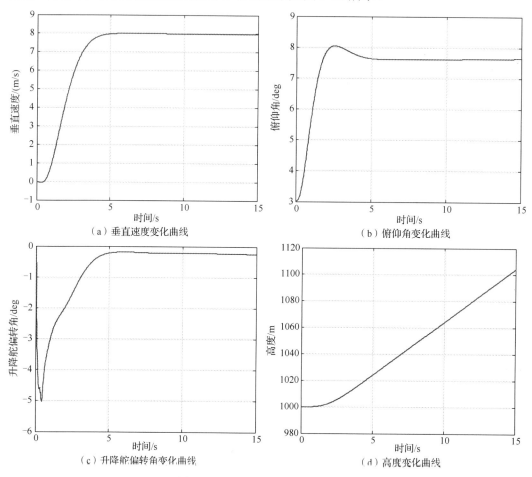

（a）垂直速度变化曲线　　　　　　　　（b）俯仰角变化曲线

（c）升降舵偏转角变化曲线　　　　　　（d）高度变化曲线

图 9-12　垂直速度控制律仿真结果

由图 9-12 看出，垂直速度控制律效果很好，垂直速度能平稳无超调的跟踪垂直速度期望指令。由于垂直速度控制是俯仰角控制的外回路，属于较慢变量，故垂直速度变化时间不会很快。俯仰角和升降舵偏转角均在限制范围内，当垂直速度达到稳态时，高度平稳匀速上升。因此，在需要改变高度层时，可采用垂直速度控制律。

9.7.2　高度控制/保持控制律

高度控制/保持控制律参考 7.7.3 节，此处不再赘述。

仿真算例： 对高度控制/保持控制律调整参数：在初始配平条件下通过自动油门系统保

持飞行速度 100m/s 不变，方向舵偏转角和副翼偏转角保持初始配平值不变，给定高度为 1200m 的阶跃指令，使飞机从 1000m 爬升到 1200m，得到的高度控制/保持控制律仿真结果如图 9-13 所示。

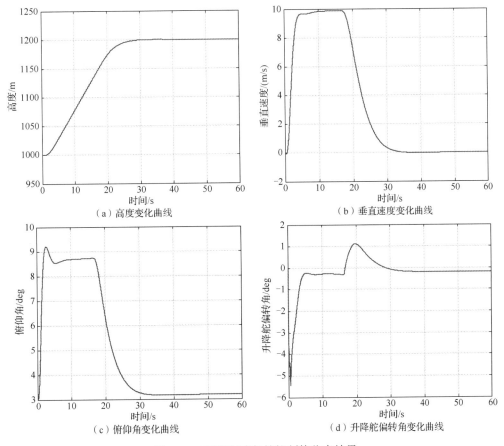

图 9-13　高度控制/保持控制律仿真结果

　　由图 9-13 可以看出，在垂直速度控制律的基础上控制高度，控制精度很高。当给定 200m 的高度偏差指令时，飞机能平滑且无超调地跟踪输入指令，稳态误差为 0，而且垂直速度的变化值在限制范围内，升降舵偏转角的变化幅度不大，不会让乘客觉得飞机颠簸。

9.7.3　航向保持控制律

　　航向保持控制律是实现飞机跟踪预定航向，进行水平方向转弯、航向预选动作的基础，在飞机进近着陆过程中，利用航向预选，将飞机航向控制到某一角度，以便进行航向信标台（LOC）截获。在进行航向控制时，不采用操纵方向舵改变航向，因为采用操纵方向舵会产生较大的侧滑，给飞行带来不利影响。本书中航向保持控制律以滚转姿态自抗扰控制回路为内回路，以偏航角反馈构成外回路实现对航向的控制。同时，在方向舵通道引入偏航角速度和滚转角信号，用于消除侧滑。航向保持控制律结构如图 9-14 所示，该控制律表达式为

$$\phi_{\mathrm{g}} = \frac{1}{Ts+1}\left(\psi_{\mathrm{g}} - \psi\right)\left(K_{\psi\mathrm{P}} + \frac{K_{\psi\mathrm{I}}}{s}\right) \tag{9-50}$$

式中，ψ_{g} 为期望航向；ψ 为当前航向；T 为软化环节时间常数；$K_{\psi\mathrm{P}}$ 为航向偏差比例信号；$K_{\psi\mathrm{I}}$ 为航向偏差积分信号。

该控制律的基本思想是将偏航角偏差先经过软化环节，变成平稳变化的信号，再经过 PI 控制转化为期望滚转角指令，以滚转控制模态为内回路控制飞机的倾斜角，以改变偏航角，同时利用航向通道消除侧滑。

图 9-14　航向保持控制律结构

仿真算例：对上述航向保持控制律调整参数，给定偏航角为 $20°$ 的阶跃响应信号，得到的航向保持控制律仿真结果如图 9-15 所示。

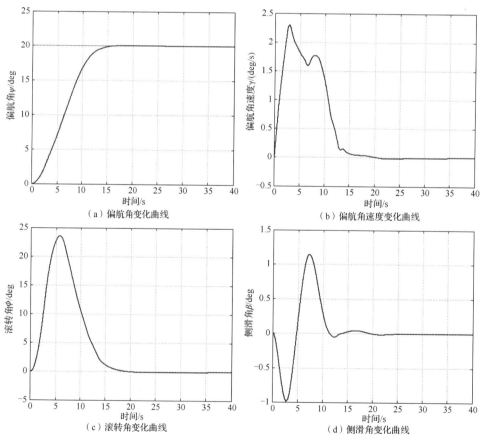

图 9-15　航向保持控制律仿真结果

由图 9-15 可以看出，当给定偏航角为 20° 的控制指令时，仿真曲线的动态响应时间约为 15s，没有超调，稳态误差为 0，控制效果较好；偏航角速度变化较小，不会引起侧向过载变大；在航向调整过程中，会产生侧滑，但侧滑角很小，而且最终能减小并稳定到 0。由于航向保持是通过操纵副翼偏转角控制飞机滚转，使飞机倾斜从而改变偏航角的，因此为了能快速跟踪偏航角指令，会导致飞机的滚转角较大。

本 章 小 结

为提高自动着陆控制律的鲁棒性，本章将自抗扰控制法用于自动着陆控制律的设计。本章首先分析了自抗扰控制法的基本原理，并对其关键模块：跟踪微分器、扩张状态观测器和非线性状态误差反馈进行理论推导；针对自抗扰控制中的非线性函数 fal 函数，本书对其进行改进使其连续光滑，以提高自抗扰控制器的控制性能。其次，根据姿态（俯仰、滚转）和速度的微分方程，分别设计了二阶和一阶的自抗扰控制器，介绍其参数调整原则；仿真结果表明，采用自抗扰控制法设计的姿态控制律和自动油门控制律具有很好的控制效果，同时具有很强的鲁棒性。最后，基于姿态控制律设计外环回路的垂直速度控制律、高度控制/保持控制律和航向保持控制律，为后续飞机的着陆引导控制奠定基础。

第 10 章　自动着陆引导策略

10.1　概　　述

自动着陆引导策略是满足 CAT III A/B 自动着陆控制技术的核心功能，是实现精确、全天候条件、全自动化着陆的关键技术。本章首先对飞机进近着陆过程进行描述并分析其特点；在提炼满足 CAT III A/B 自动着陆性能指标的基础上，设计了自动进近的纵向和横侧向的引导控制律；采取关键定位点描述下滑道，根据飞机与下滑道的位置关系精确计算引导指令，进行着陆引导仿真验证。其次，针对飞机遭遇大侧风情况，本章采取侧滑法和偏航法两种抗侧风策略并设计控制律；针对飞机遭遇风切变情况，本章引入风切变危险因子作为安全性指标，适时地进行自动改出。最后，参照有人飞机进行复飞判断指标的提炼，开展复飞决策，确定是否进入复飞操纵程序。

10.2　自动进近着陆过程描述

飞机自动进近着陆过程一般包括 5 个航段（以下简称段）：自动进场段、起始进近段、中间进近段、最后进近段和复飞段。其中，最后进近段是进近着陆过程中最关键航段，其细分为 4 个航段：下滑段、拉平段、飘落段和滑跑段，如图 10-1 所示。

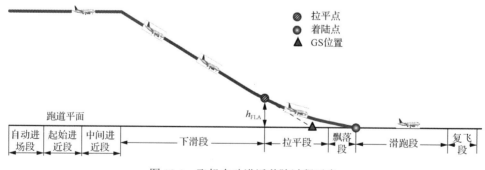

图 10-1　飞机自动进近着陆过程示意

1. 下滑段

当飞机截获下滑信标台（Glide Slope, GS）发出的下滑波束引导信号之后，飞机在纵向断开垂直导航模式，转换至下滑航迹跟踪模式。利用下滑波束偏差信号，自动着陆系统通过纵向控制通道控制飞机沿着-2.5°～-3°的下滑航迹飞行。在这一航段，需要控制飞行速度和飞机姿态的稳定，在遭遇外界大气扰动时，要进行相应的抗偏流机动或复飞决策。此外，受接地垂直速度限制，在接地之前，要将机头拉起，增大航迹倾斜角，使飞机沿曲线飞行。

2. 拉平段

在飞机达到拉平高度后，纵向通道通过升降舵将机头缓慢拉起，让其以接近指数轨迹的方式降落到跑道上。这样做的目的是减小速度，让飞机尽量跟踪高度剖面，将飞机在接地时的姿态、速度、位置控制在一个合理安全的范围。在这一航段飞机在横侧向采用水平航迹跟踪控制，进一步对准跑道，在纵向采用控制垂直速度的方式。但是，由于该航段的飞行速度较小，飞行时间较短，很难精确地控制飞机跟踪高度剖面，控制系统只能保证飞机有沿指数轨迹下滑的趋势，从而可以相对精确地控制着陆点的范围。

3. 飘落段

在结束拉平后，飞机垂直速度降到1m/s以下，离地高度为0.5～0.8m。此时，飞行速度减小，升力降低，应适当增大迎角使升力近似等于重力，使飞机缓慢下沉。当离地高度为0.15～0.2m时，将飞机拉至接地迎角状态，让主轮轻轻触地。

4. 滑跑段

当主轮触地后，飞机保持较大迎角进行两轮滑跑，依靠较大的气动阻力减速。2～3s后，控制升降舵正偏产生低头力矩，压下机头使前轮接地，进行三轮滑跑。此时，使用扰流板、减速伞、反推、制动等增大阻力，使飞机尽快减速至速度为 0。同时，利用联合纠偏控制律将飞机稳定在跑道中心线上，避免因外界扰动使飞机冲出跑道。

10.2.1　飞机自动进近着陆过程描述所需坐标系

在进近着陆过程中，若要描述飞机与机场跑道的空间位置关系，需要选择合适的坐标系，以便清楚地表示飞机相对于跑道的位置坐标。此外，着陆过程中飞机的运动参数、风扰动信息、导航传感器测量输出等是在不同坐标下定义的，因此需要通过坐标系变换的方式，解决仿真模型中各个子模型的数据交互问题。各个子模型之间的数据信息流传递示意如图 10-2 所示，相关坐标系定义和空间位置关系示意如图 10-3 所示。

（1）地球空间直角坐标系 $S_e(O_eX_eY_eZ_e)$。该坐标系简称地球坐标系。地球质心 O_e 是地球坐标系的原点，O_eX_e 轴位于赤道平面内且穿越本初子午线，O_eZ_e 轴指向地理北极，O_eY_e 轴位于赤道平面且穿越东经 90°经线，即 90°E。

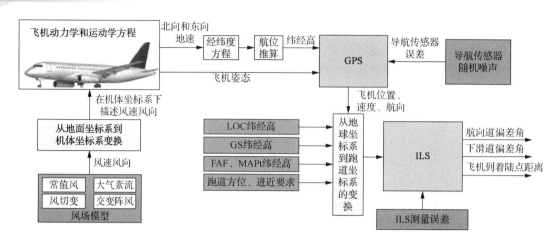

图 10-2　各个子模型之间的数据信息流传递示意

（2）地理坐标系 $S_n(O_nS_nY_nZ_n)$。地理坐标系与惯性导航系统中的导航坐标系相同，即东-北-天坐标系。其原点 O_n 位于地球表面任一点，O_nX_n 轴沿地理纬线指向正东方向，O_nY_n 轴沿地理经线指向正北方向，O_nZ_n 轴垂直 $O_nX_nY_n$ 平面指向上方，构成右手坐标系。

（3）跑道坐标系 $S_p(O_pX_pY_pZ_p)$。为了更好地描述飞机与理想着陆点的空间位置，在此定义跑道坐标系。定义该坐标系原点 O_p 位于理想着陆点，O_pY_p 轴位于跑道平面内且指向跑道中心线，O_pY_p 轴位于跑道平面铅垂面内指向上方，O_pY_p 轴垂直于 $O_pX_pZ_p$ 平面，方向符合右手定则。

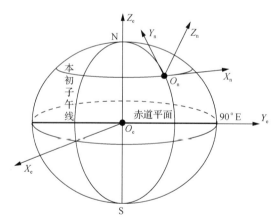

图 10-3　相关坐标系定义和空间位置关系示意

（4）稳定坐标系 $S_s(O_sX_sY_sZ_s)$。当飞机在地面滑跑时，飞机受到的纵向摩擦力是沿机轮前进方向且平行于地面的。为便于描述摩擦力，定义稳定坐标系。该坐标系原点 O_s 位于飞机的质心；O_sX_s 轴方向与速度在对称平面上的投影方向相同；OZ_s 轴位于对称平面内且指向下方，垂直于 O_sX_s 轴；O_sY_s 轴与 $O_sX_sY_s$ 平面垂直，符合右手定则。

10.2.2　飞机六自由度模型的建立

飞机是自动着陆系统的控制对象，是本书开展自动着陆控制律研究，以及设计风干扰及导航传感器误差扰动下引导律的基础。因此，需要建立飞机六自由度模型，描述飞机位置在气动力、气动力矩、风扰动、导航传感器误差等因素作用下的变化情况。

首先，以某大型客机为对象，根据飞机的动力学和运动学原理，建立非线性的飞机六自由度模型；以升降舵偏转角 δ_e、方向舵偏转角 δ_r、副翼偏转角 δ_a、襟翼偏转角 δ_f 和油门开度角 δ_p 作为输入量，根据空气动力学相关原理，计算当前状态下的飞机受到的力和力矩。然后，通过飞机运动学方程及动力学方程，计算飞机的状态导数，状态导数经过积分后就可得到更新的飞机状态。飞机六自由度模型的输出量为 12 个状态变量，其原理示意如图 10-4 所示。

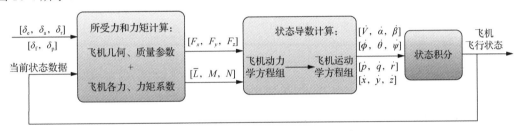

图 10-4　飞机六自由度模型原理示意

飞机的运动学和动力学方程如下：

（1）力方程组。

$$\begin{cases} \dot{u} = vr - wq - g\sin\theta + \dfrac{F_x}{m} \\[2mm] \dot{v} = -ur + wp + g\cos\theta\sin\phi + \dfrac{F_y}{m} \\[2mm] \dot{w} = uq - vp + g\cos\theta\cos\phi + \dfrac{F_z}{m} \end{cases} \tag{10-1}$$

（2）力矩方程组。

$$\begin{cases} L = \dot{p}I_x - \dot{r}I_{xz} + qr\left(I_z - I_y\right) - pqI_{xz} \\[1mm] M = \dot{q}I_y + pr\left(I_x - I_z\right) + \left(p^2 - r^2\right)I_{xz} \\[1mm] N = \dot{r}I_z - \dot{p}I_{xz} + pq\left(I_y - I_x\right) + qrI_{xz} \end{cases} \tag{10-2}$$

（3）运动方程组。

$$\begin{cases} \dot{\phi} = p + (r\cos\phi + q\sin\phi)\tan\theta \\[1mm] \dot{\theta} = q\cos\phi - r\sin\phi \\[1mm] \dot{\psi} = \dfrac{1}{\cos\theta}(r\cos\phi + q\sin\phi) \end{cases} \tag{10-3}$$

（4）导航方程组。

$$\begin{cases} \dot{x}_g = u\cos\theta\cos\psi + v(\sin\phi\sin\theta\cos\psi - \cos\phi\sin\psi) + w(\sin\phi\sin\psi + \cos\phi\sin\theta\cos\psi) \\ \dot{y}_g = u\cos\theta\sin\psi + v(\sin\phi\sin\theta\sin\psi + \cos\phi\cos\psi) + w(-\sin\phi\cos\psi + \cos\phi\sin\theta\sin\psi) \\ -\dot{h} = u\sin\theta - v\sin\phi\cos\theta - w\cos\phi\cos\theta \end{cases} \quad (10\text{-}4)$$

以上式中，m 为飞机质量；g 为重力加速度；F_x、F_y、F_z 为飞机所受合外力在飞机机体坐标系下的表示方式；$\bar{L}$、M、N 为飞机所受合外力的力矩在飞机机体坐标系下的表示方式；I_x、I_y、I_z、I_{xz} 为飞机对应机体坐标系三轴和坐标平面的转动惯量。

10.2.3 风场模型的建立

风扰动是飞机进近着陆段的主要扰动源，对飞机着陆轨迹的精确跟踪带来不利影响，会降低飞机的飞行品质，甚至危及飞行安全。风扰动对飞行的影响就是改变了飞机机身上的相对气流，从而改变飞机受到的气动力。这种附加气动力的影响可以通过状态变量 V、α、β 的等价改变来表示，即

$$\begin{cases} \Delta V_w = -u_w \\ \Delta \beta_w = -v_w / V \\ \Delta \alpha_w = -w_w / V \end{cases} \quad (10\text{-}5)$$

式中，V 为飞机未受风扰动之前的飞行速度（空速）；u_w、v_w、w_w 是风速沿机体坐标系三轴的速度；ΔV_w、$\Delta \alpha_w$、$\Delta \beta_w$ 为风速引起飞机状态的附加变化，相当于在飞机的运动方程组中加入了 ΔV_w、$\Delta \alpha_w$、$\Delta \beta_w$ 的干扰作用。

在建立考虑了风扰动的飞机动力学模型时，应先将空速和风速按矢量关系在机体坐标系下进行叠加，然后计算此时的空速 V、迎角 α 和侧滑角 β，如式（10-6）所示。

$$\begin{cases} u_T = u - u_w \\ v_T = v - v_w \\ w_T = w - w_w \end{cases} \quad (10\text{-}6)$$

式中，u、v、w 为飞机未受风扰动时空速沿机体坐标系三轴的速度分量；u_T、v_T、w_T 为叠加后的速度。

此时，可根据式（10-7）计算 V、α、β。

$$\begin{cases} V = \sqrt{u_T^2 + v_T^2 + w_T^2} \\ \alpha = a\tan(w_T / u_T) \\ \beta = a\sin(v_T / V) \end{cases} \quad (10\text{-}7)$$

计算出的 V、α、β 包含风扰动信息，而气动力的计算与 V、α、β 息息相关，由此可建立起风扰动与气动力之间的关系。

真实的风场与空间位置有关，不同纬经高下的风速风向不同。因此，需要以飞机的实时位置（纬经高）作为风场的激励信号，以便在不同的空间位置得到不同的风速信息。在

着陆阶段，飞机经常遭遇的风扰动主要包括常值风、大气紊流、阵风、风切变，以下分别对它们进行建模。

1. 常值风模型的建立

常值风是指在某个时间段和在某个空间范围内，风速矢量不发生变化的风，它具有与时间和空间无关的特性。其数学模型如下：

$$V_w = \text{const}$$
$$\dot{u}_w = \dot{v}_w = \dot{w}_w = 0 \tag{10-8}$$

式中，V_w 为风速矢量，参考坐标系为地面坐标系；$\dot{u}_w$ 为沿 x 轴速度分量的变化率；$\dot{v}_w$ 为沿 y 轴速度分量的变化率；$\dot{w}_w$ 为沿 z 轴速度分量的变化率。

2. 大气紊流模型的建立

大气紊流是飞机进近着陆过程中遇到的主要扰动源，其基本特征是风速风向在时间和空间上的变化不规律，是风的随机连续变化。在风速廓线中，大气紊流表现为在平均风（常值风）的基础叠加连续的随机脉冲。一般认为，大气紊流是一种均匀、平稳、各向同性的随机过程，其统计特性不随时间的变化而发生改变。

在实际工程中，研究大气紊流所用的模型主要有德莱顿（Dryden）模型和冯·卡门（Von Karman）模型。冯·卡门模型是基于大量实测数据而建立起的能量频谱函数，因此，其频谱的分布规律更加贴近大气紊流的实际情况，模型也更加准确。用这种模型在频域内研究飞机遭遇大气紊流时的频谱响应是很实用的，但是该模型的频谱在时域内不容易实现，而德莱顿模型在时域内很好实现。德莱顿模型是冯·卡门模型的一个近似，本书采用德莱顿模型，将带限的白噪声通过成型滤波器得到的有色噪声信号作为大气紊流模型。

德莱顿提出的大气紊流的速度自功率谱可表示如下：

$$\text{水平前向风：} \quad \phi_u(\Omega) = 2\sigma_u^2 \frac{L_u}{\pi} \frac{1}{1+(L_u\Omega)^2}$$

$$\text{侧向风：} \quad \phi_v(\Omega) = 2\sigma_v^2 \frac{L_v}{\pi} \frac{1+12(L_v\Omega)^2}{\left[1+4(L_v\Omega)^2\right]^2} \tag{10-9}$$

$$\text{垂直风：} \quad \phi_w(\Omega) = 2\sigma_w^2 \frac{L_w}{\pi} \frac{1+12(L_w\Omega)^2}{\left[1+4(L_w\Omega)^2\right]^2}$$

式中，Ω 为空间频率，单位是 rad/m，功率单位是 $(\text{m/s})^2/(\text{rad/m})$；$L_u$、$L_v$、$L_w$ 为大气紊流尺度，单位是 m；σ_u、σ_v、σ_w 为风速的均方值，表示湍流强度，单位是 m/s。

为便于通过 MATLAB 仿真的方式研究飞机穿过大气紊流时的动态特性，需要将空间功率谱 ϕ_Ω 转化为时间功率谱 ϕ_w。经转化得到的时间功率谱 ϕ_w 可表示为

$$\phi_u(w) = \frac{2\sigma_u^2 L_u}{\pi V} \cdot \frac{1}{1+\left(L_u\dfrac{w}{V}\right)^2}$$

$$\phi_v(w) = \frac{2\sigma_v^2 L_v}{\pi V} \cdot \frac{1+12\left(L_v\dfrac{w}{V}\right)^2}{\left[1+4\left(L_v\dfrac{w}{V}\right)^2\right]^2} \qquad (10\text{-}10)$$

$$\phi_w(w) = \frac{2\sigma_w^2 L_w}{\pi V} \cdot \frac{1+12\left(L_w\dfrac{w}{V}\right)^2}{\left[1+4\left(L_w\dfrac{w}{V}\right)^2\right]^2}$$

根据得到的时间功率谱 ϕ_w 求取对应的成型滤波器，再利用单位功率带限白噪声经成型滤波器获得所需时间序列，即所需的大气紊流模型。德莱顿模型的成型滤波器传递函数如下：

$$H_u(s) = \sigma_u\sqrt{\frac{2L_u}{\pi V}} \cdot \frac{1}{1+\dfrac{L_u}{V}s}$$

$$H_v(s) = \sigma_v\sqrt{\frac{2L_v}{\pi V}} \cdot \frac{1+\dfrac{2\sqrt{3}L_v}{V}s}{\left(1+\dfrac{2L_v}{V}s\right)^2} \qquad (10\text{-}11)$$

$$H_w(s) = \sigma_w\sqrt{\frac{2L_v}{\pi V}} \cdot \frac{1+\dfrac{2\sqrt{3}L_w}{V}s}{\left(1+\dfrac{2L_w}{V}s\right)^2}$$

式中，V 为飞机的飞行速度。

德莱顿模型一般在飞行速度 V 恒定的情况下使用，在美国军用规范 MIL-F-8785C《美国空军有人驾驶飞机飞行品质规范》中对德莱顿模型的参数做了相关定义。其中，适用于中低海拔及轻度/中度干扰的德莱顿模型参数见表 10-1。

表 10-1　适用于中低海拔及轻度/中度干扰的德莱顿模型参数

紊流程度描述	高度/m	$L_u = L_v$ /m	L_w /m	$\sigma_u = \sigma_v$ /(m/s)	σ_w /(m/s)
低高度、轻度干扰	50	200	50	1.06	0.7
低高度、中等干扰	50	200	50	2.12	1.4
中等高度、轻度干扰	600	533	533	1.5	1.5
中等高度、中等干扰	600	533	533	3.0	3.0

在 MATLAB/Simulink 中利用上述滤波器仿真风场时域信号，仿真条件：有限带宽白噪声的随机种子分别为 56789、36521、96358，噪声功率谱密度幅值为 1W/Hz，采用定步

长仿真，步长为 0.02s，计算方法为 ode1（Euler）法；对德莱顿模型参数，选择中等高度、中等干扰下的参数；惯性坐标系下沿三轴的常值风为[0,0,0]（m/s），此时飞机的滚转角和偏航角都为 0°，俯仰角为 2°，空速为 80m/s，则沿机体坐标系三轴风速随时间变化的曲线如图 10-5、图 10-6 和图 10-7 所示。

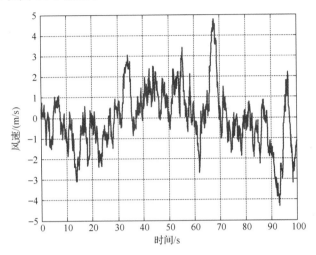

图 10-5　沿机体坐标系 x 轴的风速随时间变化的曲线

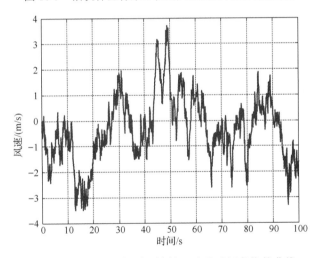

图 10-6　沿机体坐标系 y 轴的风速随时间变化的曲线

3. 阵风模型的建立

在某个短暂的时间窗口，风速呈现出时大时小变化的风称为阵风，也称为突风。阵风的特征是风速变化规律一定，表示水平方向上及垂直方向上的风速梯度剧烈变化。阵风一般出现在山脉、悬崖、风暴区域及温度变化较大的地区，在下降的冷空气和上升的暖气流交汇时容易导致风速的急剧变化，产生阵风。阵风可以分成水平阵风和垂直阵风，虽然两者的出现会对飞机的过载、飞行姿态产生影响，但是水平阵风的风速相对于飞机的飞行速度小得多。因此，水平阵风引起的过载变化相对较小。而垂直阵风使飞机相对速度的方向和大小发生较大变化，会相应产生迎角增量 $\Delta\alpha$ 和升力增量 ΔL，从而使过载增大。垂直阵风一般有两种类型：一种是常值阵风，如图 10-8（a）所示；另一种是交变阵风，如图 10-8（b）所示，交变阵风呈周期性变化，其变化频率为

$$f = 2\pi \frac{V_0}{L_0} \tag{10-12}$$

式中，L_0 为一个周期内的距离，单位为 m；V_0 为最大风速大小，单位为 m/s。

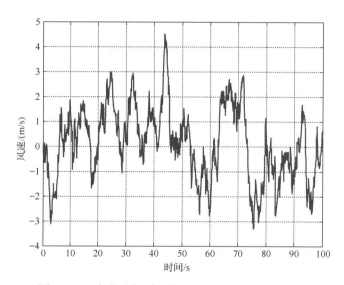

图 10-7 沿机体坐标系 z 轴的风速随时间变化的曲线

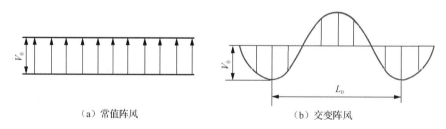

（a）常值阵风　　　　　　　　　　　　（b）交变阵风

图 10-8 垂直阵风类型

在进行飞控品质评定和飞行控制系统设计时，广泛使用（I-cos）模型作为阵风模型，（I-cos）模型又有两种结构：半波长离散阵风模型和全波长离散阵风模型。在 20 世纪 80 年代前，常使用全波长离散阵风模型；在 20 世纪 80 年代后，常使用半波长离散阵风模型。

全波长离散阵风模型如下：

$$V_w = \begin{cases} 0 & x < 0 \\ \dfrac{v_{wm}}{2}\left(1 - \cos\dfrac{\pi x}{d_m}\right) & 0 \leqslant x \leqslant 2d_m \\ 0 & x > 2d_m \end{cases} \quad （10\text{-}13）$$

式中，V_w 为离散阵风速度；d_m 为阵风尺度，也表示阵风的影响范围；v_{wm} 为阵风的强度；x 为阵风空间变量。

根据美国军用规范 MIL-F-8785B《有人驾驶飞机的飞行品质》中的规定，离散阵风模型中阵风大小所用的尺度和强度应与在德莱顿模型中所使用的相同。

半波长离散阵风模型如下：

$$V_w = \begin{cases} 0 & x < 0 \\ \dfrac{v_{wm}}{2}\left(1 - \cos\dfrac{\pi x}{d_m}\right) & 0 \leqslant x \leqslant d_m \\ v_{wm} & x > d_m \end{cases} \quad （10\text{-}14）$$

若飞机在空域沿某一方向飞行，则上述模型可以转换到时间域，转换形式如下：

$$\begin{cases} x = Vt \\ d_m = Vt_m \end{cases} \quad （10\text{-}15）$$

式中，V 为飞机的飞行速度；t_m 表示飞机穿越阵风影响范围的最大时间。

在此，选取 $d_m = 200m$，$v_{wm} = 10m/s$，全波长和半波长离散阵风模型的仿真结果如图 10-9 所示。

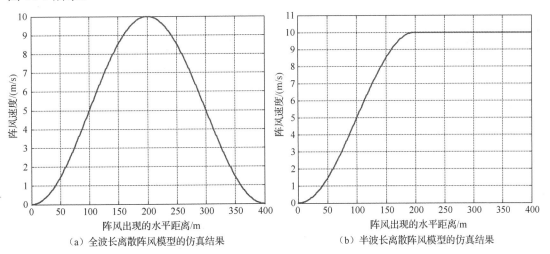

（a）全波长离散阵风模型的仿真结果　　　　（b）半波长离散阵风模型的仿真结果

图 10-9　全波长和半波长离散阵风模型的仿真结果

4. 风切变模型的建立

风切变是影响飞机着陆安全的最重要因素，是大部分着陆事故的主要原因。当飞机靠近地平面时，由于空气黏性的作用风速分布不均匀，而后形成一个随高度变化的风剖面。在不同的高度上风速的方向和大小不相同，这就是风切变。实践证明，风切变对飞机进近着陆段的飞行有很大影响，当飞机的迎头风速减小时，飞行速度发生变化，同时发动机的推力减小。此时飞机会产生较大的下降速度，使飞机偏离到参考下滑道以下，这在进近着陆段是非常危险的。此外，飞机着陆时飞行速度接近失速速度，飞行速度的突然降低很有可能导致飞机失速，这是相当危险的。因此自动着陆系统需要有一定的抗风切变能力。

本书采用美国军用规范 MIL-F-8785C 定义的对数型风切变模型，即

$$w(H) = w_{20} \frac{\ln(H / z_0)}{\ln(20 / z_0)} \tag{10-16}$$

式中，$z_0 = 0.0612\text{m}$，w_{20} 表示高度为 20ft（6m）时的平均风速。

若设定 6m 高度的风速为 6m/s，则风速随高度变化的曲线如图 10-10 所示。

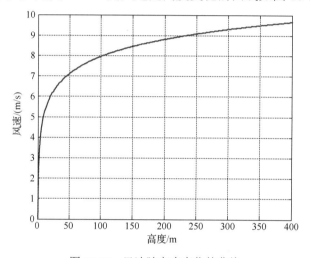

图 10-10　风速随高度变化的曲线

由图 10-10 可以看出，风速高度变化的趋势：离地面越低，风速越小；尤其在 100m 高度以下，风速递减得比较快，这对飞机着陆是非常不利的。

10.2.4　着陆机场环境模型的建立

着陆机场环境模型主要包括待降落跑道的几何信息（跑道长度/宽度、机场标高）及跑道方位信息，以及关键点位置坐标：航向信标台（LOC）纬经高、下滑信标台（GS）纬经高、最后进近定位点（FAF）纬经高、错失进近点（MAPt）纬经高坐标。跑道几何信息主要为飞机提供侧偏限制和滑跑距离限制，跑道方位信息和关键点位置坐标为飞机着陆提供位置基准，起到定位作用。

参考国内机场条件配置情况，本书建立的着陆机场环境模型如图 10-11 所示。不失一般性，设定跑道长度为 L_1m，宽度为 b_1m；仪表着陆系统的地面设备包括航向信标台（LOC）、下滑信标台（GS）和指点信标台（Marker Beacon, MB）三部分，根据其常规的安装位置，

LOC 位于距离跑道终点延长线 L_2 m 的位置上，GS 靠近跑道入口端，距离跑道入口端 L_3 m，距离跑道中心线 b_2 m；信标台有 3 个，即内标台、中标台和外标台，分别在距离跑道入口端约 L_5 m、L_6 m 和 L_7 m 的位置上。假设飞机的理想着陆点为 GS 在跑道中心线上的投影点，也就是 ILS 着陆引导路径与地平面的交点。FAF 为最后进近定位点，飞机飞过该点后进入最后进近段，需要进行下滑航迹对正，FAF 位于 ILS 着陆引导路径上，距离地面的高度为 h_1 m。根据三角函数关系可计算出 FAF 到理想着陆点的距离为 $h_1 / \tan 3°$ m，即图 10-11 中的 $(L_3 + L_9)$ m；MAPt 是错失进近点，若飞机达到复飞高度还未建立稳定进近，则执行复飞，错失进近点同样位于 ILS 着陆引导路径上，距离地面的高度为 h_2 m，根据三角函数关系可计算出 MAPt 到理想着陆点的距离为 $(h_2 / \tan 3°)$ m，即图 10-11 中的 $(L_3 + L_8)$ m。为便于后续计算引导指令，需要在跑道坐标系中表示上述位置关系。

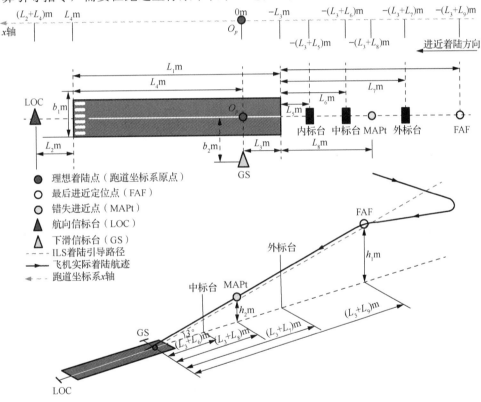

图 10-11　着陆机场环境模型

上述的关键点位置坐标是基于理想着陆点 O_p（跑道坐标系原点）给出的，但是在实际着陆过程中，这些关键点位置坐标是以纬经高提前给出的。因此，需要将这些关键点位置坐标转换成纬经高坐标。以 O_p 点的纬经高为基准，根据其他定位点在跑道坐标系中的坐标，采用坐标正解方法即可求出其他定位点的纬经高坐标。求解方法如下：假设理想着陆点 O_p 的纬经高坐标为 (L_0, λ_0, h_0)，某一定位点 X_1 在跑道坐标系中的坐标为 (x_1, y_1, h_1)，将 O_p 点的

纬经高转换到地心地固坐标系中，转换公式为

$$\begin{cases} x_p = (R_N + h_0)\cos L_0 \cos \lambda_0 \\ y_p = (R_N + h_0)\cos L_0 \sin \lambda_0 \\ h_p = [R_N(1 - f^2) + h_0]\sin L_0 \end{cases} \qquad (10\text{-}17)$$

式中，f 为扁率，其值为 1/298.257；R_N 为地球卯酉圈曲率半径，其计算公式为

$$R_N = R_e[1 - (2 - f)f \sin^2 L]^{-\frac{1}{2}} \qquad (10\text{-}18)$$

式中，R_e 为地球长半轴，在 WGS-84 坐标中的大小为 6378137m。

若跑道坐标系与机场所在地的地理坐标系的夹角为 ς，则将 X_1 点的坐标转换到以 O_p 点为起点的东-北-天坐标系中得到 (x_1', y_1', h_1')，即

$$\begin{bmatrix} x_1' \\ y_1' \\ z_1' \end{bmatrix} = \begin{bmatrix} \cos\varsigma & \sin\varsigma & 0 \\ -\sin\varsigma & \cos\varsigma & 0 \\ 0 & 0 & 1 \end{bmatrix} \begin{bmatrix} x_1 \\ y_1 \\ z_1 \end{bmatrix} \qquad (10\text{-}19)$$

此时可计算出 X_1 点在地心地固坐标系中的位置，即

$$\begin{cases} x_1'' = x_p + x_1' \\ y_1'' = y_p + y_1' \\ h_1'' = h_p + h_1' \end{cases} \qquad (10\text{-}19)$$

利用地心地固坐标系和地理坐标系经纬度的反向迭代计算公式，可以计算出 X_1 点的纬经高坐标。经纬度的反向迭代计算公式为

$$\begin{cases} \lambda_1 = \arctan\left(\dfrac{y_1''}{x_1''}\right) \\ L_1 = \arctan\left[\dfrac{1}{(1-f)^2} \cdot \dfrac{h_1''}{\sqrt{(x_1'')^2 + (y_1'')^2}}\right] \end{cases} \qquad (10\text{-}21)$$

通过上式的计算，即可得到定位点的经纬度。

本节设定跑道长度为 3000m，宽度为 45.7m；LOC 位于距离跑道终点延长线 400m 处；GS 距离跑道入口端 300m，距离跑道中心线 120m；FAF 的高度为 500m，距离理想着陆点 9540.6m；MAPt 的高度为 300ft（91.44m），距离理想着陆点 1744.8m；理想着陆点 O_p 纬经高坐标为（110°，30.1492°，0m），跑道的航迹方位角为 0°（与地理坐标系的夹角为 90°）。根据式（10-17）～式（10-21），可求解出其他关键参考点的纬经高坐标。机场环境模型各个关键点位置坐标见表 10-2。

表 10-2　机场环境模型各个关键点位置坐标

参数	在 S_p 中的坐标	纬经高坐标
理想着陆点	(0, 0, 0) m	(110°, 30.1492°, 0m)
跑道起点	(−300, 0, 0) m	(110°, 30.1465°, 0m)

续表

参数	在 S_p 中的坐标	纬经高坐标
LOC	（3100，0，0）m	（110°，30.1772°，0m）
GS	（0，300，0）m	（110.0031°，30.1492°，0m）
MAPt	（-1744.8，0，91.44）m	（110°，30.1335°，91.44m）
FAF	（-9540.6，0，500）m	（110°，30.0631°，500m）

表 10-2 中，S_p 表示跑道坐标系。

10.3　CAT Ⅲ 着陆的适航要求和性能指标

理想的自动着陆应该满足：

（1）地速的方向与跑道中心线一致，即航迹方位角 $\chi=0°$。

（2）飞机的机体轴线与跑道中心线对齐，即偏航角 $\psi=0°$。

（3）飞机姿态保持水平，即滚转角 $\phi=0°$。

（4）飞机落地后沿跑道中心线滑跑，即侧偏距 $\Delta\text{XTE}=0$。

参考美国联邦航空管理局（FAA）制定的 CAT Ⅲ 运行适航标准 FAA-AC-120-28D《起飞、着陆和滑跑阶段要求的 Ⅲ 级天气最低标准》，总结了 CAT Ⅲ 着陆的适航要求和相关性能指标。自动着陆系统能够投入使用之前，必须满足以下的性能指标和相关要求。

（1）自动着陆系统应该能保持不变的航向（相对跑道的角度为 45°），直到飞机飞至航向波束中心线 ±150μA（2°）的范围内，于此位置上飞机进行航向截获。为了平稳地进行过渡，需要对滚转角和滚转角速度进行限制。

（2）在航向初始截获中，要保证飞机在无风条件下以不超过 0.025DDM（24μA）的超调量进入 LOC 波束中心线。在高出跑道 90m 时，要保证飞机的 2σ 位置在 ±24μA（±0.32°）的范围内；在低于 90m 的高度上，要保证飞机的 2σ 位置在 ±20μA（±0.267°）范围内。

（3）在进入下滑航迹的过程中，飞机的滚转角 ϕ 和滚转角速度应该满足以下限制条件：$\phi<|F(H)|$，滚转角速度 $|p|\leqslant 6°/s$，超调量不大于 $0.1|F(H)|$。其中

$$F(H)=\begin{cases} 2° & H=0\text{m} \\ 2°\pm0.1H & H\leqslant 280\text{m} \\ 30° & H\geqslant 280\text{m} \end{cases} \tag{10-22}$$

（4）自动着陆系统的纵向引导模式能引导飞机飞至 GS 波束中心线 ±50μA（±0.23°）的范围内并进行下滑航迹截获，截获时的超调量和截获后的跟踪偏离不应超出 ±30μA（±0.14°）的边界线。至少在 $H\geqslant 200\text{m}$ 的高度上截获下滑航迹。

上述性能指标应该在下列条件下得到保证：

① 逆风风速为 15kt、顺风风速为 10kt、侧风风速为 15kt 以内的各类型风的组合下。

② 5～150m 高度范围的任何区域的风切变不超过 4kts/100ft。

（5）除短时阵风外，自动油门控制系统需要把着陆速度控制在 ±2.52m/s 的范围内。

（6）接地时的垂直速度要求：为保证接地时的安全性，参考软着陆和硬着陆的相关要求，接地时的垂直速度可接受范围为-2～0m/s，最佳垂直速度为-1.2～0m/s。

（7）滚转角要求：从安全性和舒适性考虑，接地时的滚转角的理想范围为[-3°,3°]，可接受的偏航角范围为[-5°,5°]。

（8）偏航角要求：飞机在接地时应及时将偏航角纠正到一定范围内，否则，飞机会发生偏离，有冲出跑道的危险。参考《波音747飞行手册》，接地时的理想偏航角范围为[-5°,5°]，可接受的偏航角范围为[-10°,10°]。

（9）侧滑角要求：接地时侧滑角不应超过±8°。

（10）接地性能要求（假设跑道宽度为45.7m）。FAA-AC-120-18D规定接地时需满足以下条件：

① 纵向接地点在跑道入口60m内的概率要小于1×10^{-6}。

② 纵向接地点超过跑道入口900m外的概率要小于1×10^{-6}。

③ 横向接地时飞机起落架与跑道中心线的距离超过21.3m的概率要小于1×10^{-6}。

根据FAA-AC-120-18D规定的跑道入口的接地范围为[60m,900m]，本书中自动着陆接地点范围如图10-12所示。其中，灰色区域为理想着陆区域，虚线框内为接地点不可超出的区域。相对于跑道起点，理想着陆区域为[226m,686m]。在本书定义的跑道坐标系中，理想着陆区域为[-74m,386m]，理想着陆区域的宽度为16m。

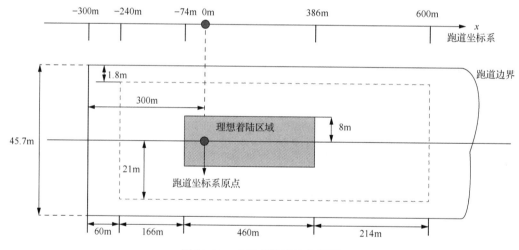

图 10-12　自动着陆接地点范围

10.4　自动进近着陆引导律设计

飞机的自动进近着陆必须依赖于引导信息。仪表着陆系统（ILS）就是广泛使用的精密进近着陆的引导系统，它能在恶劣环境中为飞机提供航向波束偏差信号和下滑波束偏差信号，也就是进近着陆引导指令。这些引导指令经引导律计算生成俯仰横滚操纵指令，控制飞机跟踪航向波束中心线，实现精密着陆。由于 ILS 的作用范围和精度有限，在初始下降进近阶段，飞机因距离目标机场较远而无法接收 ILS 引导指令。此时飞机的位置信息由 GPS、INS 等导航设备提供，采用垂直导航和航向预选保持模式飞行；当飞机进入进近航段时，飞机接收到 ILS 引导指令，需要从空中导航模式转换到 ILS 精密引导模式，从而保证飞机着陆的精确性。

10.4.1　自动进近横侧向引导律

在基于 ILS 引导指令自动着陆时，飞机需要先截获航向信标台（LOC）发射的波束引导信号（简称 LOC 截获），然后根据航向偏差的大小，自动引导飞机对准 LOC 波束中心线。LOC 截获是飞机进近着陆的重要过程，飞机着陆水平航迹的控制精度很大程度上取决于该过程的引导和控制。

在 LOC 截获过程中，当飞机距离跑道较远且不在 LOC 波束中心线范围内时，自动着陆系统接通航向预选保持模式，将飞机航向调整到相对于 LOC 波束中心线的某一角度上（一般为 45°），该角度称为截获角。飞机应保持该角度飞向 LOC 波束中心线，直到到达截获边界为止。

当飞机上的 LOC 接收机接收到的波束偏差信号 $|\mu|$ 小于某一阈值（一般为 2°，对应的 DDM = 0.155），表明飞机到达截获边界，进行 LOC 截获。此时，断开航向预选保持模式，自动飞行系统在波束偏差信号和航向偏差信号的作用下，控制飞机滚转，从而进入并稳定在跑道中心线和跑道航向上。此后飞机一直在波束偏差信号 μ 的作用下精确跟踪水平航迹直到接地。LOC 引导飞机进近过程示意如图 10-13 所示。

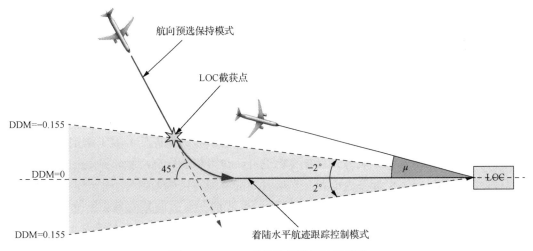

图 10-13　LOC 引导飞机进近过程示意

由 LOC 截获过程可知，飞机自动着陆的横侧向控制可以分成两个部分：LOC 截获之前的航向预选保持模式和 LOC 截获之后的飞机着陆水平航迹跟踪控制模式，都是以滚转角自抗扰控制律为内回路的，该控制律结构如图 10-14 所示。

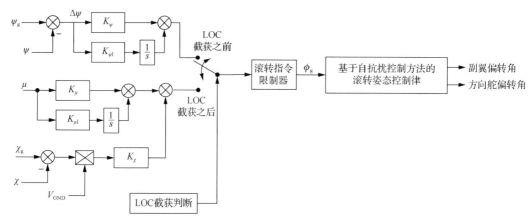

图 10-14　飞行自动着陆的横侧向控制律结构

该控制律表达式如下：

$$\phi_{\mathrm{g}} = \begin{cases} \left(K_{\psi} + \dfrac{K_{\psi\mathrm{I}}}{s}\right)\left(\psi_{\mathrm{g}} - \psi\right) & \text{LOCACQ} = 0 \\[4mm] \left(K_{\mu} + \dfrac{K_{\mu\mathrm{I}}}{s}\right)\mu + K_{\chi}\left(\chi_{\mathrm{g}} - \chi\right)\cdot V_{\mathrm{GND}} & \text{LOCACQ} = 1 \end{cases} \tag{10-23}$$

式中，LOCACQ 为 LOC 截获判断标志，以波束偏差 μ，也就是航道偏差角为判断依据；ψ_{g} 为期望航向；ψ 为飞机当前航向；χ_{g} 为跑道方位角；χ 为飞机当前方位角；V_{GND} 为地速。

10.4.2　自动进近纵向引导律

自动着陆纵向引导过程与横侧向 LOC 引导过程类似，飞机依靠 ILS 自动着陆，飞机在截获航向 LOC 信号之后，需要截获 GS 发射的下滑波束信号，并且依靠 GS 提供的飞机相对于下滑波束中心线的角度偏差，自动引导飞机精确地跟踪下滑航迹。

飞机上装备 GS 信号接收机，当飞机接收到的下滑波束偏差信号大于给定阈值时，自动飞行系统按照高空垂直导航方式引导飞机进近，也可将飞行高度稳定到某一高度进行定高飞行，为后续进行 GS 截获做准备。当接收到的下滑波束偏差信号小于给定阈值时，飞机进行下滑道截获，此时利用下滑波束偏差，也就是下滑道偏差信号和基准下降速度作为引导控制信号，引导飞机跟踪 3° 下滑航迹下滑。GS 引导飞机进近过程示意如图 10-15所示。

由图 10-15 可知，飞机着陆的纵向控制可以分成两个部分：GS 截获之前的空中导航控制模式和 GS 截获之后的下滑航迹跟踪控制模式，两个控制模式都是以垂直速度预选控制律作为内回路控制律的，其控制律结构如图 10-16 所示。

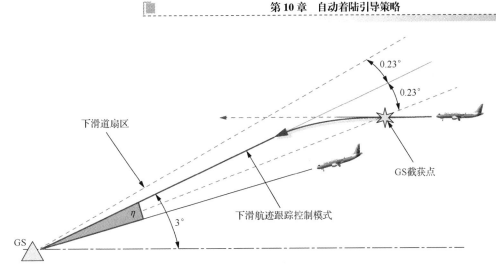

图 10-15 GS 引导飞机进近过程示意

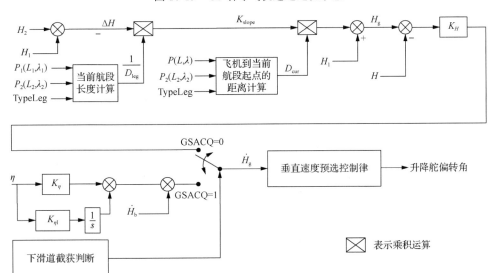

图 10-16 自动着陆的纵向控制律结构

该控制律表达式为

$$\dot{H}_g = \begin{cases} K_H\left(H_1 + \dfrac{D_{cur}}{D_{leg}}(H_2 - H_1) - H\right) & GSACQ = 0 \\[4mm] \left(K_\eta + \dfrac{K_{\eta I}}{s}\right)\cdot\mu + \dot{H}_b & GSACQ = 1 \end{cases}$$

（10-24）

式中，K_H 为垂直导航控制律的比例系数；H 为飞机的当前高度；H_1 为航段起点高度；H_2 为航段终点高度；D_{leg} 为航段长度；D_{cur} 为飞机距离当前航段起点的距离；K_η、$K_{\eta I}$ 为下滑航迹控制律的比例积分系数；$\dot{H}_b$ 为基准下降速度，其大小为 $V_{GND}\cdot\sin 3°$，V_{GND} 为地速；$\dot{H}_g$

为计算出的垂直速度信号；GSACQ 为下滑道截获判断标志，未截获之前其值为 0，截获之后其值为 1；η 为下滑道偏差角，当 $|\eta|$ 小于所设定的阈值时，表明下滑道截获。

10.4.3 自动进近引导参数计算

1. GS 下滑道的数学描述

飞机的下滑道是由 LOC 和 GS 发射的航向面和下滑面在空中相交形成的一条下滑波束，用于引导飞机自动着陆的期望航迹。根据飞机相对于下滑道的位置，可以计算出着陆下降过程中飞机的引导指令。

在自动着陆仿真计算过程中，为了便于计算飞机相对于下滑道的位置偏差，需要给出GS 下滑道的数学描述，即采用关键点定义的方式在三维空间内定义下滑道。下滑道示意如图 10-17 所示，确定下滑道的 3 个要素：下滑道上的一点和由该点引出的矢量射线以及下滑道所在的与地平面垂直的垂面，定义下滑道就是获取这 3 个要素的过程。下面在跑道坐标系下，以理想着陆点为参考点建立下滑道的数学描述方式。

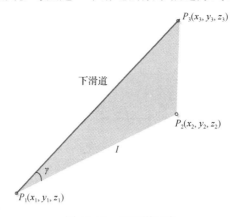

图 10-17 下滑道示意

（1）第一定位点。由于跑道坐标系的原点为理想着陆点，也就是真实的 ILS 引导信号与跑道平面的交点，因此选择跑道坐标系原点为第一定位点，其在跑道坐标系中的坐标为 $P_1(0,0,0)$。

（2）第二定位点。由于理想着陆轨迹位于跑道中垂面内且与跑道平面呈固定夹角（一般为 3°），它在地平面上的投影与跑道坐标系的 x 轴重合，因此把第二定位点选择在跑道坐标系 x 轴负半轴上任一点即可。假设最后进近定位点（FAF）与理想着陆点的距离为 I，则第二定位点坐标为 $P_2(-I,0,0)$。

（3）第三定位点。将该点定义为跑道中垂面上任一点，要保证它与第一定位点的连线和跑道平面之间的夹角为期望下滑角 γ（3°），因此第三定位点可以选择在最后进近定位点（FAF）上方的一点，其坐标为 $P_3(-I,0,-I\cdot\tan\gamma)$。

（4）下滑道矢量。第一定位点和第二定位点形成的矢量即下滑道矢量，其坐标为 $\boldsymbol{M}_{P_1P_3}(-I,0,-I\cdot\tan\gamma)$。

2. 飞机位置在跑道坐标系中的表示

最后进近着陆段的引导指令计算依赖于飞机的实时位置和下滑道信息。下滑道是在跑道坐标系下描述的，而飞机的位置常用纬经高坐标 (L,λ,H) 表示，两者不在一个坐标系中，无法直接根据输出信息计算指令，因此需要将飞机位置坐标转换到跑道坐标系中。转换过程如下：首先将飞机的纬经高坐标转换到地心地固坐标系中，然后转换到当地的地理坐标系中，最后根据跑道坐标系的定义转换到跑道坐标系中。

对于地球坐标系下地球表面一点，可以分别使用直角坐标系 (x,y,z) 和纬经高 (L,λ,h) 坐标唯一表示，两种坐标可通过式（8-1）进行转换。

从地心地固坐标系转换到地理坐标系的转换矩阵可用 $\boldsymbol{C}_{\mathrm{e}}^{\mathrm{g}}$ 表示：

$$\boldsymbol{C}_{\mathrm{e}}^{\mathrm{g}}=\begin{bmatrix} -\sin\lambda & \cos\lambda & 0 \\ -\sin L\cos\lambda & -\sin L\sin\lambda & \cos L \\ \cos L\cos\lambda & \cos L\sin\lambda & \sin L \end{bmatrix} \tag{10-25}$$

若跑道方位与当地的地理坐标系之间的夹角为 ς，定义从地理坐标系转换到跑道坐标系的转换矩阵为 $\boldsymbol{C}_{\mathrm{g}}^{\mathrm{p}}$，则

$$\boldsymbol{C}_{\mathrm{g}}^{\mathrm{p}}=\begin{bmatrix} \cos\varsigma & \sin\varsigma & 0 \\ -\sin\varsigma & \cos\varsigma & 0 \\ 0 & 0 & 1 \end{bmatrix} \tag{10-26}$$

若飞机当前的纬经高坐标为 (L,λ,h)，转换到地心地固坐标系后的坐标为 $X(x,y,h)$；跑道坐标系的原点坐标为 $\left(L_1,\lambda_1,h_1\right)$，转换到地心地固坐标系后的坐标为 $X_1(x_1,y_1,h_1)$，则飞机在以跑道起点为原点的跑道坐标系中的坐标 X_p 为

$$\begin{aligned} X_2 &= X - X_1 \\ X_\mathrm{p} &= \boldsymbol{C}_{\mathrm{g}}^{\mathrm{p}}\boldsymbol{C}_{\mathrm{e}}^{\mathrm{g}}X_2 \end{aligned} \tag{10-27}$$

3. 自动进近引导参数计算原理

以下滑道和统一坐标系框架为基础，在得到飞机相对于理想着陆点的位置关系后，即可计算最后进近着陆段的引导参数，以保证飞机沿期望下滑航迹飞行。由于飞机和下滑道在跑道坐标系空间平面的位置已知，故采用空间解析的方法计算引导指令。这样可以保证计算的精确性，保证引导指令的准确性，从而提高引导精度。最后进近着陆段的引导参数为横侧向偏差角和纵向偏差角，但是它们的计算依赖于高度偏差和侧偏距，高度偏差和侧偏距是判断飞机着陆精度的关键参数。因此，需要计算的引导参数有 4 个：侧偏距 $\Delta\mathrm{XTK}$、高度偏差 ΔH、横侧向偏差角 μ 和纵向偏差角 η。侧偏距 $\Delta\mathrm{XTK}$ 和高度偏差 ΔH 的计算方法已经在 6.5.1 节给出，包含横侧向偏差角 μ 和纵向偏差角 η 在内的自动进近引导参数计算原理示意如图 10-18 所示。

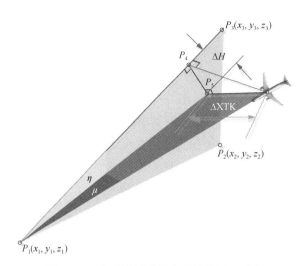

图 10-18　自动进近引导参数计算原理示意

1）纵向偏差角 η

纵向偏差角 η 是下滑波束偏差信号的等效信号，是在最后进近着陆段引导飞机跟踪下滑航迹的关键引导信号。它是指由高度偏差和飞机到理想着陆点距离所确定的角度，表征飞机偏离下滑道的程度。纵向偏差角 η 不仅作为下滑引导信号，还作为飞机复飞判断的重要条件，同时作为下滑道截获的判断依据。

（1）根据图 10-18 中的直角三角形 $\triangle P_1P_4P_5$ 计算纵向偏差角 η。

$$\eta = \arcsin\left(\frac{|P_4P_5|}{|P_1P_5|}\right) = \arcsin\left(\frac{\Delta H}{|P_1P_5|}\right) \qquad （10\text{-}28）$$

（2）求辅助点 P_5 点的坐标。

计算纵向偏差角 η 时，需要知道 P_5 点的坐标，该点坐标计算公式如下：

$$\begin{cases} x_5 = x + k \cdot A \\ y_5 = y + k \cdot B \\ z_5 = z + k \cdot C \\ k = -\dfrac{A \cdot x + B \cdot y + C \cdot z + D}{A^2 + B^2 + C^2} \end{cases} \qquad （10\text{-}29）$$

式中，A、B、C、D 为平面方程的系数。平面的一般方程为

$$Ax + By + Cz + D = 0 \qquad （10\text{-}30）$$

假设平面的法向量为 $\boldsymbol{e}_n = (x_n, y_n, z_n)$，平面上的一点坐标为 (x_1, y_1, z_1)，根据点法式方程得

$$\begin{cases} A = x_n \\ B = y_n \\ C = z_n \\ D = -x_n \cdot x_1 - y_n \cdot y_1 - z_n \cdot z_1 \end{cases} \qquad （10\text{-}31）$$

将式（10-31）代入式（10-29），即可求出 P_5 点的坐标。此时 P_1P_5 的距离为

$$|P_1P_5| = \sqrt{(x_5 - x_1)^2 + (y_5 - y_1)^2 + (z_5 - z_1)^2}$$ （10-32）

2）横侧向偏差角 μ

横侧向偏差角 μ 是航向引导波束偏差的等效信号，是在最后进近着陆段引导飞机跟踪跑道中心线的关键信号。它是指由侧偏距 ΔXTE 和飞机到理想着陆点的距离所确定的角度，表征飞机偏离 LOC 波束中心线的程度，同时也是飞机进行航向道截获的判断依据。在此，根据图 10-18 中的直角三角形 $\triangle PP_1P_5$ 求解横侧向偏差角 μ。

$$\mu = \arctan\left(\frac{|PP_5|}{|P_1P_5|}\right) = \arctan\left(\frac{\Delta\text{XTK}}{|P_1P_5|}\right)$$ （10-33）

10.4.4 拉平段控制

仅依靠自动进近引导控制是无法完成飞机自动着陆的，因为在着陆速度限制内，如果继续沿 3° 下滑角下滑，那么飞机接地时的垂直速度将为-4.5～-3.5m/s，超出允许接地时的垂直速度要求，所以不允许直接沿 3° 下滑角接地。对有人驾驶飞机，一般在飞机离地某一个高度时，由飞行员操纵飞机使机头拉起，转为平飘。飞行员对飞机进行拉平控制，适宜的拉平高度一般为 15～20m。

目前，常用的拉平段控制方式有 3 种：

（1）下降垂直速度是时间的函数。此控制方式要求飞机在特定高度时才能使用，并且在拉平时需要将垂直速度或地速调整到一定大小。因此，该控制方式不够灵活，并且控制精度较差。

（2）下降垂直速度是高度的函数。垂直速度随高度的降低而变小，在任何时刻垂直速度与当前高度成一定比例。此控制方式实现容易，并且控制精度较高。

（3）拉平高度是沿跑道距离的函数。此控制方式的拉平航迹固定，拉平航迹上的每个点相对于着陆点都有确切的位置，这对导航设备的精度要求很高。

本书采用下降垂直速度是高度的函数进行拉平段控制，根据下降速度随高度下降而减小的规律，可得

$$\dot{H}(t) = -\frac{1}{T}H(t)$$ （10-34）

对式（10-34）积分，得

$$H(t) = H_0 e^{-\frac{t}{T}}$$ （10-35）

式中，H_0 为初始拉平高度；T 为拉平时间常数。

在拉平段，飞行速度变化不大，将其近似为常值，可得到高度随距离的关系式，即

$$H(l) = H_0 e^{-\frac{l}{L}}$$ （10-36）

式中，$l = Vt$，表示拉平段的实际距离；$L = VT$，表示拉平航迹常数。

拉平航迹的设计如图 10-19 所示，拉平起始点（$l = 0$）的切线方程为

$$\dot{H}(l) = \frac{\partial H}{\partial l} = H_0 \cdot \left(-\frac{1}{L} \right) \cdot e^{-\frac{l}{L}} \tag{10-37}$$

GS 下滑道的斜率 $k = \tan(-3°) = -0.0524$，如果能保证 $-H_0/L = k$，即 $L = -H_0/k$，就能保证在拉平点指数轨迹的斜率与下滑航迹重合。设定拉平起始高度 $H_0 = 20\text{m}$，着陆速度为 $V = 80\text{m/s}$，则 $T = L/V = -H_0/(V \cdot k) = 4.7710\text{s}$。

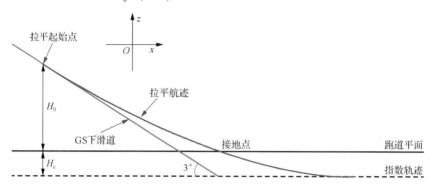

图 10-19　拉平航迹的设计

若使飞机跟踪上述的指数轨迹，则飞机的期望高度为 $H_0 e^{-t/T}$。但是由上式可以看出，当且仅当 $t \to \infty$ 时，飞行高度才降为 0。此时的跑道长度将无限长，这显然是不合理的。因此，假设跑道平面与拉平航迹的距离为 H_c，此时，

$$\dot{H}_g = -\frac{H}{T} = -\frac{1}{T}(H + H_c) = -\frac{H}{T} + \dot{H}_{end} \tag{10-38}$$

式中，$\dot{H}_{end} = -H_c/T$ 为飞机接地垂直速度；T 为时间常数。

给定接地垂直速度和时间常数，即可确定 H_c 的值。设定 $\dot{H}_{end} = -0.6\text{m/s}$，则 $H_c = -T \cdot \dot{H}_{end} = 2.863\text{m}$。

对式（10-38）等号两端积分，可得到拉平航迹方程，即

$$h(t) = (H_0 + H_c)e^{-\frac{1}{T}(t-t_0)} - H_c \tag{10-39}$$

式中，t_0 为拉平段开始时的时间。

式（10-39）即拉平段的控制律，通过该式计算出拉平过程中的期望垂直速度指令，把它输入垂直速度控制器，即可实现对拉平航迹的跟踪。

10.4.5　仿真算例

仿真算例 1：机场环境模型如 10.2.4 节所述，设飞机初始的纬经高坐标为（109.5367°，29.7458°，500m），初始航迹方位角为 45°。飞机先以 45° 截获角飞行，飞机截获航向后，在横侧向偏差角的引导下对准航道；飞机截获下滑道后，在纵向偏差角的引导下沿 3° 下滑航迹飞行。当飞机到达拉平高度时，采用拉平段控制律引导飞机着陆。LOC 截获过程仿真结果如图 10-20 所示。

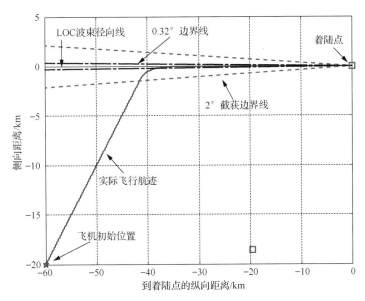

图 10-20　LOC 截获过程仿真结果

图 10-21 为飞机进近着陆过程中的横侧向引导着陆仿真结果，飞机初始位置转换到跑道坐标系后的坐标为（-60000m,-20000m）。飞机一开始保持 45°截获角飞向跑道中心线，当横侧向偏差角等于 2°时进行 LOC 截获，此时自动飞行在横侧向偏差角信号下控制飞机向左滚转，出现负的滚转角；由于空速相对于机体轴先向左转动，因此又出现负的侧滑角。飞机在引导律的作用下能快速无超调地稳定在跑道中心线上，波束偏差角逐渐减小到 0°并保持在 0°，一直处于 0.267°的边界范围内，飞机的航迹方位角与跑道方位角保持一致。在整个过程中，最大滚转角约为 13.5°，滚转角速度不大于 6°/s；接地时侧滑角为 0°，侧向偏差为 0m。由此可知，上述方法控制精度高，能满足 CAT III A/B 着陆的要求。

为直观地观察下滑航迹跟踪仿真过程，在纵向上只选取最后下降航向截获过程，即仿真时间从 660s 到结束这一过程，截获边界为 3°±0.2°。自动进近垂直剖面仿真结果如图 10-22 所示，下滑航迹跟踪仿真结果如图 10-23 所示。

由图 10-22（a）可以看出，在飞机截获航向道之后，保持在 500m 高度飞行，在距离期望着陆点-10008m 的位置，下滑波束偏差信号小于 0.2°，飞机到达截获边界，进行下滑道 GS 截获。此时，飞机控制律从垂直导航模式转换到下滑航迹跟踪控制模式，在纵向偏差角信号的作用下，飞机下压机头快速进入±0.14°(30μA)边界内。然后快速跟踪 3°下滑航迹，与下滑航迹的垂直偏差始终小于 0.2m，整个过程无超调无振荡。

由图 10-23 可以看出，在飞机稳定到下滑道上时，航迹倾斜角为-3°，垂直速度约为-4.2m/s，与速度在垂直方向上的大小相吻合。飞机在大约 845s 时进入拉平高度，即 20m 高度，此时飞机控制律转换到拉平段的控制模式，机头被缓慢拉起，迎角增大，阻力增加，使垂直速度逐渐降低。再经过 7s 左右，飞机机轮触地，此时垂直速度降到-0.35m/s，满足

CAT III 着陆要求。拉平飘落结束后，飞机离跑道坐标系原点约 215m，落在理想着陆区域内。在上述仿真过程中，飞机跟踪精度高，控制稳定。

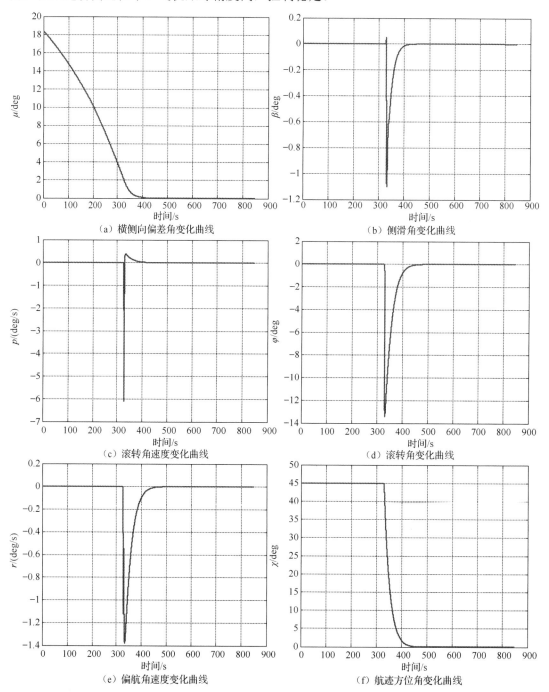

图 10-21　飞机进近着陆过程中的横侧向引导着陆仿真结果

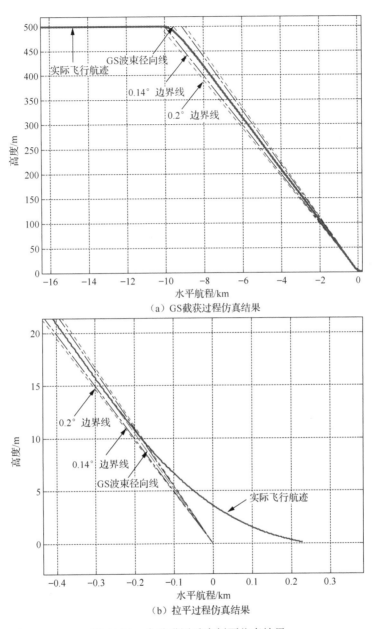

（a）GS截获过程仿真结果

（b）拉平过程仿真结果

图 10-22 自动进近垂直剖面仿真结果

根据FAA-AC-120-28D中的适航标准,满足CAT III标准的自动着陆系统应能克服25kts（12.86m/s）逆风和10kts（5.144m/s）顺风的影响。因此在飞机下滑道截获之前,加入13m/s逆风和6m/s顺风的情况,该情况下的下滑航迹跟踪仿真结果如图10-24所示。

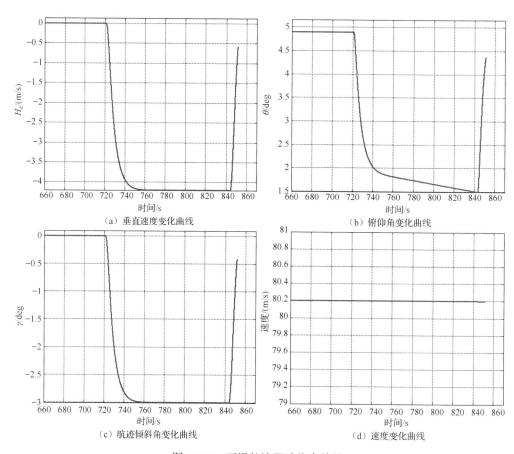

图 10-23 下滑航迹跟踪仿真结果

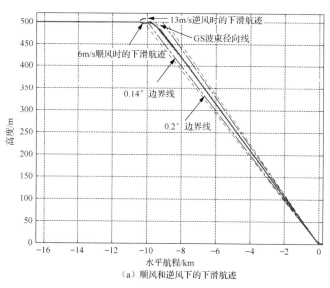

（a）顺风和逆风下的下滑航迹

图 10-24 顺风和逆风下的下滑航迹跟踪仿真结果

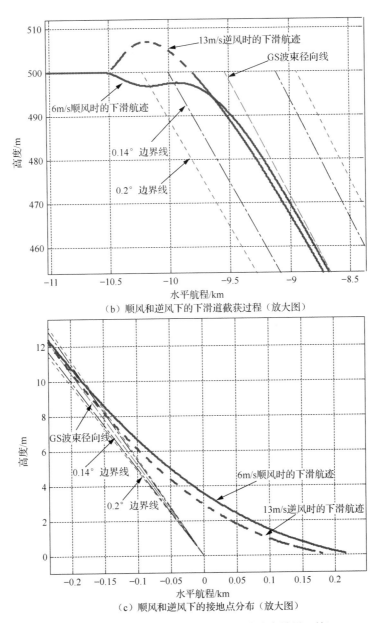

（b）顺风和逆风下的下滑道截获过程（放大图）

（c）顺风和逆风下的接地点分布（放大图）

图 10-24 顺风和逆风下的下滑航迹跟踪仿真结果（续）

"1" />

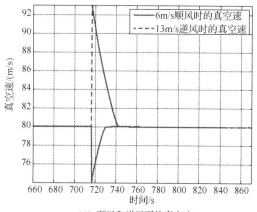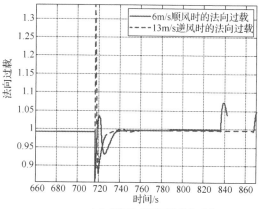

（d）顺风和逆风下的真空速　　　　　　　（e）顺风和逆风下的法向过载

图 10-24　顺风和逆风下的下滑航迹跟踪仿真结果（续）

由图 10-24（d）可以看出，当飞机受到 13m/s 逆风作用时，飞机真空速瞬间增大，升力增大，飞机会升高；当受 6m/s 顺风作用时，飞机真空速瞬间减小，升力减小，飞机的高度就会往下掉。但在下滑引导律的控制下，飞机能很快跟踪下滑航迹并始终处于 ±0.14° 边界内。由图 10-24（c）接地点分布可以看出，顺风会增加水平航程，但会减小降落时间（地速变大）；逆风会减小水平航程，增大降落时间。不管是顺风还是逆风，接地点都分布在理想着陆区域内，说明自动着陆控制律能克服规定的顺风和逆风影响。

仿真算例 2： 为验证所设计的自动着陆控制律具有抵御大气紊流扰动的能力，在此加入 10.2.3 节介绍的大气紊流模型。针对德莱顿模型中沿机体坐标系三轴的风干扰强度 σ_u、σ_v、σ_w，设定 $\sigma_w = 5\text{m/s}$，$\sigma_u = \sigma_v = 8\text{m/s}$，以此模拟强度较大的大气紊流模型，该过程暂不考虑航向截获过程。假设飞机初始航向与跑道中心线对准，起始高度为 500m，定高飞行，飞机初始纬经高坐标为（110°,30°,500m）。大气紊流扰动下的着陆响应曲线如图 10-25 所示。

由图 10-25 可以看出，在没有大气紊流扰动的情况下，飞机着陆控制效果很好，飞机实际的着陆飞行航迹几乎与计划着陆航迹重合；飞机与期望着陆航迹的侧偏距始终控制在 -1～1m 内，控制精度很高；在平飞段和沿 3° 下滑航迹下降的过程中，飞机与期望着陆航迹的高度偏差控制在 -0.5～0.5m 内，只是在下滑道截获的时候，引导律构型和参数发生变化，使得高度偏差突然变大，但能很快地稳定在 -0.5～0.5m 内。

大气紊流会对飞机着陆产生严重的不利影响，由图 10-25 可知，当加入强度较大的大气紊流扰动后，飞机的飞行姿态、高度偏差和侧偏距都会产生明显的振荡。这是由于大气紊流的风速风向在时刻变化，作用在飞机上的力和力矩也在时刻变化，飞机无法保持姿态稳定，从而影响了着陆航迹跟踪的稳定性。同时，内回路自抗扰控制器估计的实时扰动加速度不同，经扰动补偿后导致升降舵和副翼偏转较为剧烈。尽管大气紊流强度很大，飞机的俯仰姿态、滚转姿态在时刻振荡。除了飞机截获下滑道后切换至 3° 下滑航迹下滑的这一

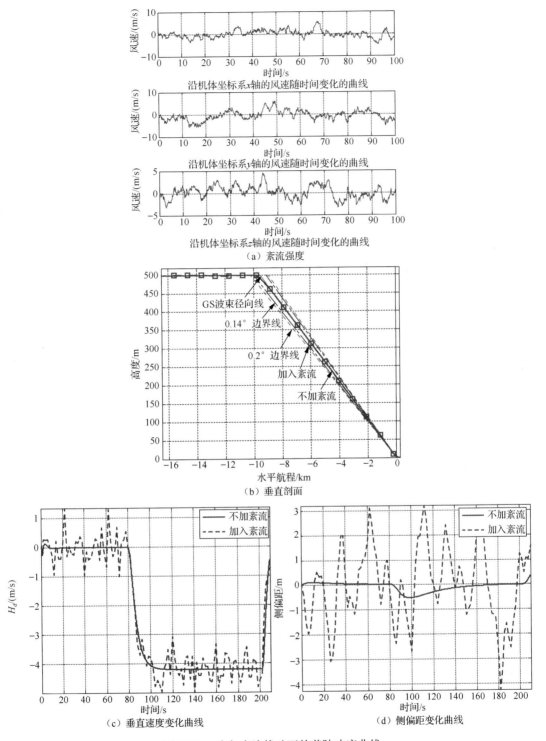

（a）紊流强度

（b）垂直剖面

（c）垂直速度变化曲线

（d）侧偏距变化曲线

图 10-25　大气紊流扰动下的着陆响应曲线

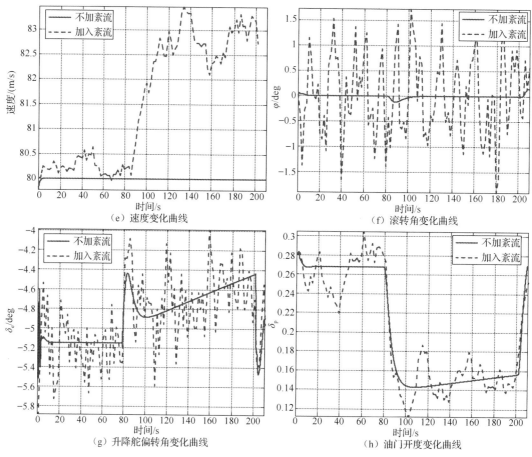

图 10-25　大气紊流扰动下的着陆响应曲线（续）

过程，所设计的自动着陆控制律能将飞机的高度偏差控制在±3m 范围内，将侧向偏差控制在±5m 范围内，飞机仍然能够进近着陆，并且着陆点位于理想着陆区域内，说明自动着控制律能有效地抑制强度较大的大气紊流干扰，既兼顾了系统的动态特性又具有较强的鲁棒性。

10.5　抗侧风策略

　　侧风会对飞机的着陆产生很大的影响，当侧风过大时，飞机是无法进近着陆的。在天气的突变、微下冲气流的侵袭等复杂条件下进近着陆时，飞机都有可能遭遇侧风。在侧风中飞行，飞机将会朝着侧风一侧偏移，产生偏流；侧风越大，产生的偏流量、侧移量就越大。此时，若不及时进行修正，则飞机机头很难对准机场跑道。当侧风过大时，飞机很有可能落在跑道之外。此外，在侧风很大时，如果飞行员不向侧风方向压住操纵杆，飞机有可能被侧风掀翻。因此，在飞机着陆过程中遭遇大侧风时，对其影响加以修正是必要的。目前，常用的侧风修正方式有偏航法和侧滑法。

10.5.1　偏航法

偏航法是指飞机在侧风作用下但没有发生侧滑的抗侧风着陆方法。当有侧风作用时，操纵机身向侧风方向转动一个偏航角 $\Delta\psi=\beta_w$，抵消侧风产生的等效侧滑角，以保证地速方向与机场跑道方向在同一方向上。在使用偏航法修正侧风扰动时，飞机不带侧滑和滚转。偏航法示意如图 10-26 所示，其中 V_a、V_w、V_{GND} 分别表示飞机的空速、风速和地速。偏航法优点是，在侧风条件下飞机仍然保持平飞状态，副翼和方向舵不需要一直处于出舵状态，就可以消除侧风的影响，比较适合翼展较大的飞机。但是采用这种方式进近着陆时，由于飞机的机头方向与自身地速方向之间有一定的夹角，飞机会产生使机头对准跑道的恢复力矩，着陆时将对起落架产生较大的侧力冲击，容易造成接地瞬间侧翻事故。因此，在接地之前要对飞机进行反偏航机动，使飞机的机头和起落架对准跑道中心线。

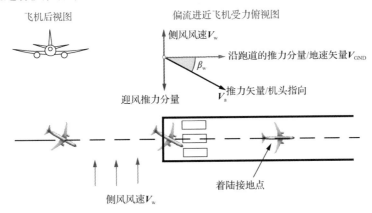

图 10-26　偏航法示意

根据侧风风速 V_w、空速 V_a、地速 V_{GND} 构成的矢量三角形，由三角函数关系可以求出侧风产生的等效侧滑角 β_w。

$$h(t) = (H_0 + H_c)\mathrm{e}^{-\frac{1}{T}(t-t_0)} - H_c \tag{10-40}$$

采用偏航法控制律时，要求稳态输出量为 $\Delta\psi=\beta_w$，而 β、ψ 在稳定时两者的值应均为 0，此时偏航法控制律结构如图 10-27 所示。

该控制律表达式为

$$
\begin{aligned}
\phi_g &= \left(K_\mu + \frac{K_{\mu I}}{s}\right)\mu + K_{\mu d}\dot{\mu} \\
\delta_r &= \left(K_\psi + \frac{K_{\psi I}}{s}\right)(\psi_g - \psi) + K_r r + K_\beta \beta
\end{aligned}
\tag{10-41}
$$

根据 FAA-AC-120-28D 中的适航标准，满足 CAT III 要求的自动着陆系统应能克服 15kts（7.7167m/s）侧风作用。因此，在仿真时间 30s 时沿飞机前进方向加入 8m/s 正侧风。偏航法控制律仿真结果如图 10-28 所示。

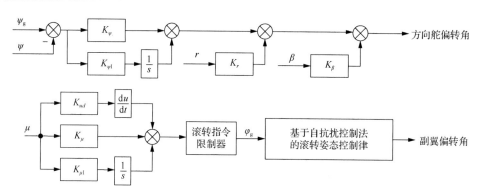

图 10-27　偏航法控制律结构

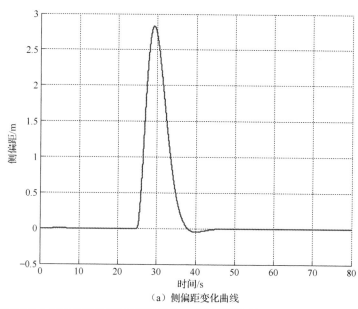

（a）侧偏距变化曲线

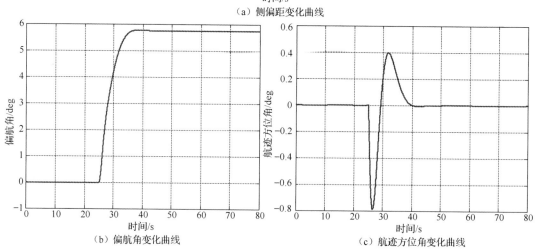

（b）偏航角变化曲线　　　　　（c）航迹方位角变化曲线

图 10-28　偏航法控制律仿真结果

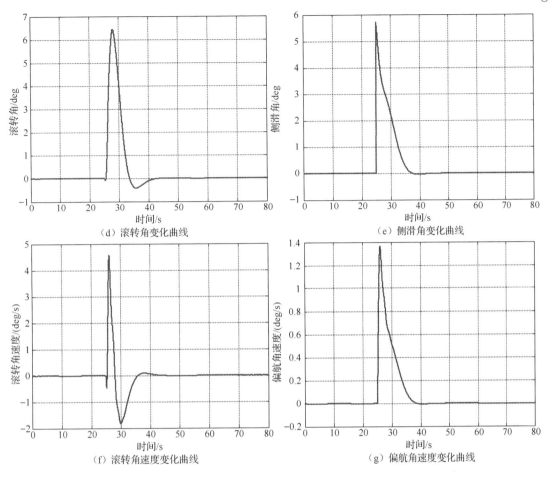

图 10-28 偏航法控制律仿真结果（续）

由图 10-28 可知，在 25s 时加入 8m/s 侧风，飞机会偏离跑道中心线，最大侧偏距仅为 2.8m。之后，在偏航法控制律的作用下机头方向被纠正到与跑道中心线对齐。稳定之后的侧偏距为 0，整个过程无超调无振荡。由偏航角和航迹方位角变化曲线看出，在采用偏航法控制律时，飞机偏航角迎风偏转 5.74°，其大小等于等效侧滑角（$\beta_w = 5.74°$），飞机航迹方位角在受到侧风的瞬间有极小波动，之后稳定在 0°，即地速矢量方向与跑道中心线对齐。在受扰动瞬间，飞机需要通过一定角度的滚转调节飞机的偏航角，稳定后不再出舵，侧滑角最后也稳定在 0°。由此可知，仿真结果符合偏航法控制律。总的来看，所设计的偏航法控制律效果明显，能够克服上述适航标准中的 15kts 侧风。

10.5.2 侧滑法

侧滑法是指在侧风作用下飞机按一定侧滑角飞行着陆。其原理如下：当飞机受到大侧风作用时，飞机逆着侧风方向滚转一定的角度 ϕ_w，以抵消侧风产生的等效侧滑角 β_w 产生的

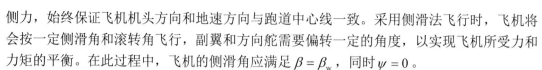

侧力,始终保证飞机机头方向和地速方向与跑道中心线一致。采用侧滑法飞行时,飞机将会按一定侧滑角和滚转角飞行,副翼和方向舵需要偏转一定的角度,以实现飞机所受力和力矩的平衡。在此过程中,飞机的侧滑角应满足 $\beta = \beta_w$,同时 $\psi = 0$。

侧滑法比较适用于翼展较小的飞机,它的优点是,在整个着陆过程中飞机机头方向与跑道中心线对齐。在接地时由于航向偏差为 0,不会给起落架带来较大的侧向过载。但不足之处是,飞机按一定的滚转角着陆,在接地时存在翼尖触地的危险。侧滑法示意如图 10-29 所示。

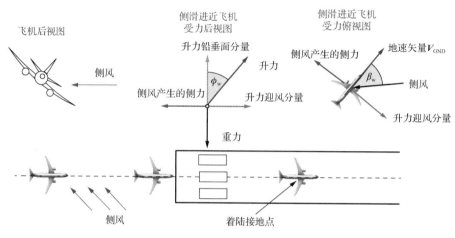

图 10-29　侧滑法示意

采用侧滑法控制律时,要求稳态输出量 $\beta = \beta_w, \psi = 0$。而飞机飞行时有一定的滚转角,因此提出如图 10-30 所示的侧滑法控制律结构。

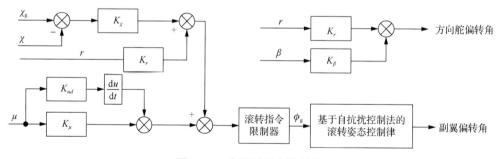

图 10-30　侧滑法控制律结构

该控制律表达式为

$$\phi_g = K_\mu \mu + K_{ud} \dot{\mu} + K_\chi (\chi_g - \chi) + K_r r$$
$$\delta_r = K_r r + K_\beta \beta$$

（10-42）

在沿飞机前进方向加入 8m/s 正侧风进行仿真,侧滑法控制律仿真结果如图 10-31 所示。

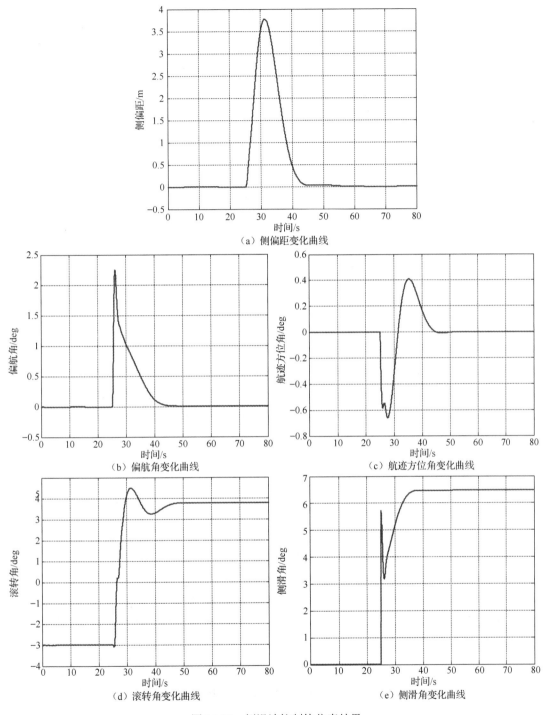

（a）侧偏距变化曲线

（b）偏航角变化曲线

（c）航迹方位角变化曲线

（d）滚转角变化曲线

（e）侧滑角变化曲线

图 10-31　侧滑法控制律仿真结果

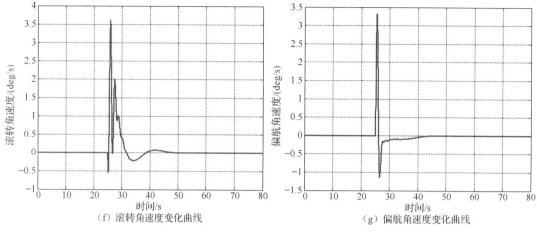

图 10-31　侧滑法控制律仿真结果（续）

由图 10-31 可以看出，在仿真时间 25s 时飞机受到 8m/s 侧风作用，飞机受扰动后偏离跑道中心线，最大侧偏距为 3.9m。然后，飞机在侧滑法控制律的作用下进行航向纠正，随后侧偏距减小，最终减为 0。由偏航角和航迹方位角变化曲线可知，飞机在侧滑法控制律下，机头和地速矢量能对正跑道中心线，但是飞机始终保持滚转姿态，滚转角约为 3.8°，同时飞机侧滑飞行。按照计算结果，在 80m/s 的飞行速度下，飞机的等效侧滑角约为 5.74°，但是仿真结果是其最终稳定在 6.5° 左右。这是由于飞机滚转会产生额外侧滑角，因此侧滑角偏大。总的来看，所设计的侧滑法控制律控制效果明显，能够克服上述适航标准中的 15kts 侧风。

10.5.3　结合法

偏航法和侧滑法都是飞机抗大侧风着陆的有效方式，但是各有优缺点。从飞行员视角看，侧滑法的操纵比偏航法容易，而且更容易对准着陆航迹。但是从乘客角度看，偏航法操纵方式更具有舒适性。此外，偏航法较之侧滑法能够抵御更大的侧风。

将偏航法和侧滑法相结合是飞机抗大侧风着陆的有效组合方式。在飞机遭遇大侧风时，自动着陆系统先操纵飞机迎风偏转 β_w 的角度，采用偏航法进近。当飞机到达一定高度（决断高度）时，转换操纵控制律，按照侧滑法进近直至接地。在接地后，操纵副翼和前轮，使飞机机翼保持水平且保持航向。采用结合法，能有效降低操纵飞机的复杂性，同时能保证着陆航迹跟踪的精确性，还兼顾了舒适性。

10.6　风切变改出策略

低空风切变是发生在近地面的一种大气扰动。当飞机在进近着陆段遭遇强度较小的风切变时，在自动着陆系统的控制下飞机依然能够进近着陆，但是，当飞机遭遇强度较大的风切变时，飞行安全将受到严重威胁。因此，操纵飞机逃离风切变区域，选择飞至等待航线或重新进近是非常有必要的。此外，大量实践证明，不是所有风切变改出都能成功。因此，提前探测风切变并选择规避绕飞仍然是第一选择。

10.6.1　风切变下飞机安全性评价指标

本书采用能量高度 H_E 和风切变危险因子（也称 F 因子）作为衡量飞机穿越风切变区域时的危险程度，以及作为是否进行风切变改出的评价指标。

1. 能量高度

忽略飞机转动运动时产生的能量，在气流坐标系下，定义飞机飞行过程中动能和势能之和为飞机的总能量 E 并按下式计算。

$$E = mgH + \frac{1}{2}mV^2 \tag{10-43}$$

在式（10-43）等号两边同时除以 mg ，得到能量高度，即

$$H_E = \frac{E}{mg} = H + \frac{V^2}{2g} \tag{10-44}$$

能量高度表征当单位质量飞机动能全部转化为位能时的高度，代表飞机的能量水平。

2. 风切变危险因子

对式（10-44）求导，得到能量高度变化率，即

$$\frac{\mathrm{d}H_E}{\mathrm{d}t} = \frac{\mathrm{d}H}{\mathrm{d}t} + \frac{V}{g}\frac{\mathrm{d}V}{\mathrm{d}t} \tag{10-45}$$

在气流坐标系下，考虑风切变风速的飞机质心运动方程为

$$m(\dot{V} + \dot{W}_x\cos\gamma\cos\chi + \dot{W}_y\cos\gamma\sin\chi + \dot{W}_z\sin\gamma) = -D - mg\sin\gamma + T\cos\alpha\cos\beta \tag{10-46}$$

又因为

$$\dot{h} = V\sin\gamma + W_z \tag{10-47}$$

将式（10-47）和式（10-46）代入式（10-45），可得

$$\frac{\mathrm{d}H_E}{\mathrm{d}t} = \left[\frac{T\cos\alpha\cos\beta - D}{mg} - \left(\frac{\dot{W}_x\cos\gamma\cos\chi + \dot{W}_y\cos\gamma\sin\chi + \dot{W}_z\sin\gamma}{g} - \frac{W_z}{V}\right)\right] \cdot V \tag{10-48}$$

式中，T 为发动机推力；D 为阻力；γ 为航迹倾斜角；χ 为航迹方位角；$\dot{W}_x$、$\dot{W}_y$、$\dot{W}_z$ 为风切变中前向、侧向和垂直风速变化率；W_z 为垂直风速。

令 $F = (\dot{W}_x\cos\gamma\cos\chi + \dot{W}_y\cos\gamma\sin\chi + \dot{W}_z\sin\gamma)/g - W_z/V$ ，则式（10-48）可以简化为

$$\frac{\mathrm{d}H_E}{\mathrm{d}t} = \left[\frac{T\cos\alpha\cos\beta - D}{mg} - F\right] \cdot V \tag{10-49}$$

在式（10-49）中，$(T\cos\alpha\cos\beta - D)V/(mg)$ 表示单位飞机质量的剩余功率，表征飞机抵

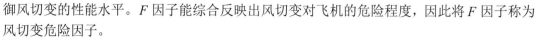

御风切变的性能水平。F 因子能综合反映出风切变对飞机的危险程度，因此将 F 因子称为风切变危险因子。

在飞机着陆阶段，航迹倾斜角较小（3°），根据美国联邦航空管理局的统计数据，一般情况下垂直风的加速度 $\dot{W}_z$ 比水平风的加速度 $\dot{W}_x$ 小很多，此外，横侧向风速对飞机的威胁远比纵向的小。当考虑纵向运动时，假设 $\chi=0$，此时 $\cos\gamma\approx1,\sin\gamma\approx0,\sin\chi\approx0$，则 F 因子可以简化为

$$F=\frac{\dot{W}_x}{g}-\frac{W_z}{V} \tag{10-50}$$

对于 F 阈值的大小，以 $|0.122|$ 作为阈值（风切变告警系统的临界值）。

10.6.2 飞机遭遇风切变时的响应

根据 FAA-AC-120-28D 中的适航标准，满足 CAT III 要求的自动着陆控制律必须能够克服 500ft 以下至少 4kts/100ft 的风切变作用（水平方向）。在此以 10.2.3 节中建立的风切变模型进行仿真，风切变作用区域从飞机距地面 200m 开始，把该模型中的 w_{20}（20ft 处的平均风速）值设为 7m/s，以满足 4kts/100ft 的速度变化要求。飞机遭遇风切变时还会受到下沉气流的作用，因此在上述模型中加入垂直切变作用（由于垂直风相对较小，故把 w_{20} 值设为 3m/s）。风切变区域顺风切变与下沉气流作用下的飞行高度与飞行速度关系曲线如图 10-32 所示，风切变下的飞机状态变量曲线如图 10-33 所示。

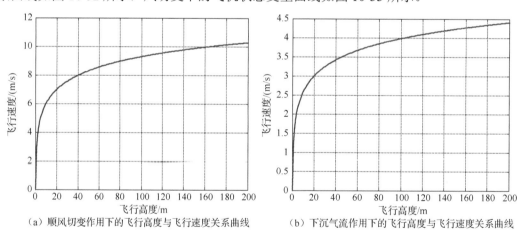

（a）顺风切变作用下的飞行高度与飞行速度关系曲线　　（b）下沉气流作用下的飞行高度与飞行速度关系曲线

图 10-32　风切变区域顺风切变与下沉气流作用下的飞行高度与飞行速度关系曲线

由图 10-33 可以看出，当飞机下降到 200m 高度时遭遇顺风切变，飞机的飞行速度迅速变小，升力减小，飞行高度掉到了基准下滑线以下，但是在自动着陆控制律作用下，飞机在风切变区域的状态变量并未超过限制值，能很快地回到下滑航迹上。说明自动着陆控制律的鲁棒性强，能够满足上述适航标准中的相关要求。整个过程中，风切变危险因子最大值为-0.1，该值在风切变告警临界值内。但是从状态变量曲线可以看出，飞机在遭遇风

切变时，飞机状态会发生急剧变化，不仅乘坐的舒适性降低，还存在安全隐患，尤其是飞行高度降低，性能变差，存在飞行速度失速的危险。因此，最好的策略就是风切变改出。

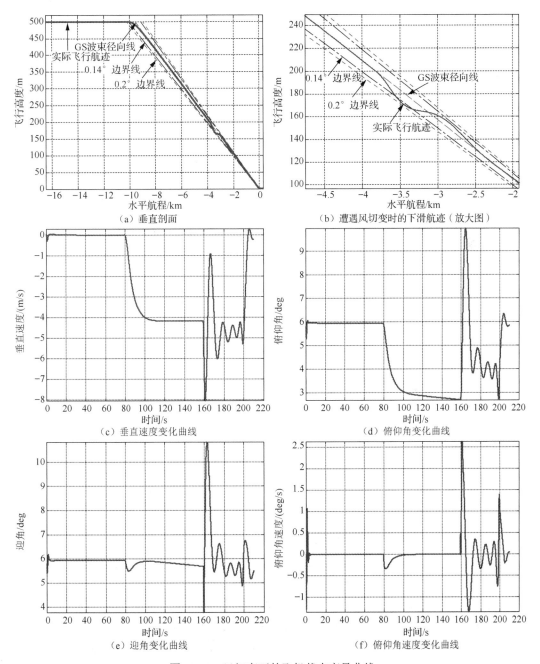

图 10-33　风切变下的飞机状态变量曲线

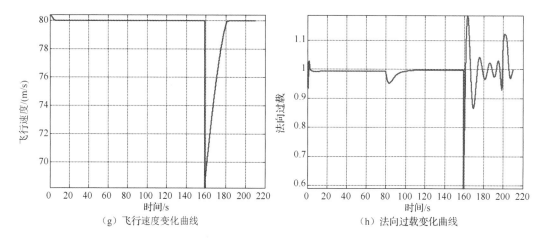

（g）飞行速度变化曲线　　　　　　　　　（h）法向过载变化曲线

图 10-33　风切变下的飞机状态变量曲线（续）

10.6.3　风切变区域纵向改出策略

　　航空界普遍赞成，在飞机遭遇风切变时，应该选择规避风切变区域以确保飞行安全，而且规避的时间越早越好。但是，当飞机无法避免而必须穿越风切变区域时，美国联邦航空管理局（FAA）建议采用飞机的能量高度 H_E 和 F 因子作为风切变区域改出策略的评价指标，并推荐了 3 种纵向改出策略：俯仰引导（Pitch_Guidance）、高度引导（Altitude_Guidance）和俯冲引导（Dive_Guidance）。

　　（1）俯仰引导。该策略要求飞机在遭遇风切变时，首先控制飞机飞到某一指定高度 h_c 并保持该高度，紧接着以目标 15° 的俯仰角从高度 h_c 爬升到风切变区域之外。只要飞机迎角没有达到临界迎角，就可以直接采用以 15° 的俯仰角飞离风切变区域。该策略是 FAA 推荐采用的优先策略。

　　（2）高度引导。该策略以能量高度变化率或 F 因子作为判断条件，先把飞机引导到指定高度 h_c。当能量高度变化率大于参考值时，飞机保持高度 h_c 不变；当能量高度变化率低于参考值时，飞机以 15° 的俯仰角飞离风切变区域。

　　（3）俯冲引导。该策略采用跳跃式改出，要求飞机在遭遇风切变时，先保持 0° 的俯仰角飞行。当高度低于目标高度 h_c 时，飞机保持 15° 的俯仰角飞离风切变区域。采用该策略时飞机不容易失速，该策略是 FAA 推荐的候选策略之一。

　　以上 3 种策略均能有效地实现飞机在风切变区域的纵向改出，其前提条件是保证飞机的横侧向稳定，即保证滚转角和侧滑角在较小范围内。本书选择上述第一种改出策略对本书风切变模型进行仿真验证，不断逼近模型抗风切变的极限，得出以下结论：在 200m 高度处，当水平风切变模型的 w_{20}（20ft 处的平均风速）达到 10m/s、垂直风风速为 5m/s 时，自动着陆控制律将不能抵御风切变的影响。此时，F 因子已经超过了 0.122，飞机会直接撞地，宜使用俯仰引导策略保持 15° 俯仰角进行纵向改出。风切变区域纵向改出策略仿真结果如图 10-34 所示。

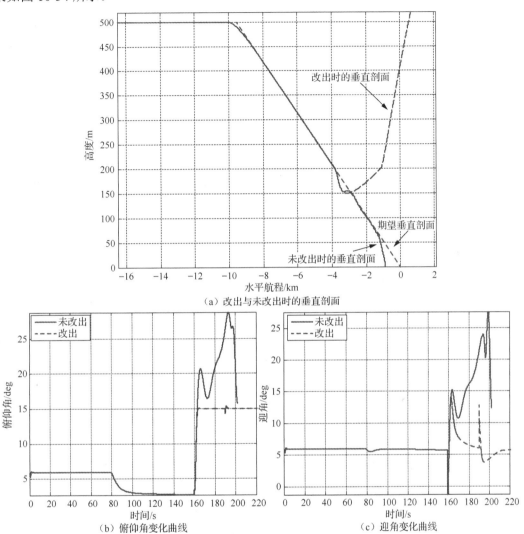

（a）改出与未改出时的垂直剖面

（b）俯仰角变化曲线

（c）迎角变化曲线

图 10-34 风切变区域纵向改出策略仿真结果

由图 10-34 可知，当飞机遭遇风切变时，采用俯仰引导策略能使飞机安全地离开风切变区域。此时，飞机始终保持 15° 的俯仰角，迎角在包线范围内，纵向改出策略有效。

10.7 复飞决策

安全性是飞机首要考虑的指标，复飞（Go Around, GA）是飞机在进近着陆过程中保证安全的一种措施。当飞机在下滑着陆过程中出现速度过大、到达决断高度时未建立稳定进近状态、遭遇强烈风切变等情况时，在不具备安全着陆的条件下必须选择复飞。此时飞机的复飞决策系统应及时给出复飞指令，进行复飞操纵，控制飞机重新进近或飞至指定的等待航线。

复飞决策的关键在于提炼复飞判断的条件和准则，当飞机状态超出边界条件时，复飞决策系统发出复飞指令，执行复飞操纵。复飞条件是用于判断飞机是继续着陆还是进入复飞的准则，对于有人驾驶飞机，一般需要飞行员观察外界环境状况（雾、冰雪雷暴、风切变等）和监视飞机的航向、姿态、速度、位置偏差等，当飞行员发现不具备安全着陆条件或没有把握进近着陆时，将中断进近实施复飞。尽管每个飞行员的决策能力受其经验、知识等条件制约，但是他们普遍关注的因素及其指标能成为我们设计复飞判断准则的依据。此外，各大航空公司都制定了相应的复飞标准。当飞机到达指定高度还未满足着陆条件时，航空公司要求飞行员实施复飞，以确保飞行安全。一般来说，当飞机在 1000ft 的高度时还未建立稳定进近状态，航空公司就建议飞机复飞。国际航空运输协会的一项调查研究显示，各航空公司采用 8 个参数描述稳定进近。但是更值得关注的是其中 5 个参数，分别是稳定高度、航向偏差、下滑道偏差、参考速度偏差和下降率。

表 10-3 中列出了稳定进近的相关参数定义，其中稳定高度、航向偏差、下滑道偏差、参考速度偏差和下降率指标作为复飞判断的重要指标。在有人驾驶飞机中，当飞行员在飞机到达 1000ft 高度时，若还未建立起稳定进近状态，则建议复飞。该复飞准则同样适用于自动复飞。

表 10-3　稳定进近的相关参数定义

序号	参数	阈值
1	稳定高度	1000ft
2	航向偏差	±1 个点，即 ±1°
3	下滑道偏差	±1 个点，即 ±0.35°
4	参考速度偏差	$[V_{\text{ref}}-5, V_{\text{ref}}+15]$ kts
5	下降率	1000ft/min
6	带功率进近	慢车推力，合适的空速
7	飞机的构型	襟翼处于着陆姿态，起落架被放下，完成着陆姿态
8	倾斜角	在 300～500ft 高度处的倾斜角小于 25°

飞机在 1000ft 高度受到瞬时扰动时，某项指标可能瞬间超出表中的稳定进近参数范围，但是此时飞机离地面高度较高，在强鲁棒性自动着陆控制律的作用下，飞机完全有可能调整自身状态，在接地之前重新进入稳定进近状态，使飞机接地的各项性能指标均满足着陆要求。此时，若仅用 1000ft 高度下的各项指标进行衡量，则会造成不必要的复飞。因此，复飞的另一个关键指标在于复飞高度的确定。飞行安全基金会（Flight Safety Foundation，FSF）在 2017 年发布的一份报告中指出，现在的稳定进近标准相对操作环境而言过于复杂和严格，建议将复飞的决策高度降低到 500ft，甚至降低到 300ft。

本 章 小 结

　　首先，本章在分析飞机进近着陆过程的基础上，提炼了满足 CAT III A/B 着陆的性能指标，设计了纵向和横侧向的引导控制律，进行高精度引导指令计算，设计了拉平段指数轨迹，其次，进行着陆引导仿真验证；仿真结果表明，所设计的引导控制律能满足 CAT III A/B 指标要求。针对遭遇大侧风情况，本书采取侧滑法和偏航法两种抗侧风策略并设计其控制律结构；结果表明，所设计的控制律能够克服适航标准的抗侧风要求。本章引入风切变危险因子作为安全性指标，采取俯仰引导（Pitch_Guidance）策略进行风切变区域纵向改出；结果表明，此改出策略有效。最后，梳理了稳定进近的相关标准，把它们作为复飞决策的判断条件。

第 11 章　着陆滑跑段地面综合控制技术

11.1　概　　述

在主轮接地之后，飞机进入着陆滑跑段。滑跑是飞机着陆过程的最后航段，也是受力最为复杂的航段。在着陆滑跑段，由于飞机可能受到外界侧风扰动、机场跑道不光滑以及飞机接地时未对准跑道中心线等众多因素影响，因此，飞机在制动减速过程中不可避免地会偏离跑道中心线，偏离航向。若不对此进行纠偏控制，飞机很容易冲出跑道，引发事故。为此，需要对着陆滑跑段进行地面综合控制。地面综合控制是指把前轮偏转、防滑制动和方向舵控制功能综合在一起由计算机协调控制，根据飞机与跑道的偏离信号生成相应的地面操纵指令，控制飞机对准跑道，保证飞机在恶劣条件下着陆滑跑的安全性。

模型是进行地面综合控制的基础。本章先对地面综合控制仿真框架进行分析，建立飞机地面运动的动力学模型和地面操纵模型。然后，在此基础上设计飞机着陆滑跑时的防滑制动控制律和综合纠偏控制律，保证飞机地面运动的安全。

11.2　着陆滑跑段地面综合控制仿真框架

地面综合控制仿真框架如图 11-1 所示，从该图可以看出，着陆滑跑段地面综合控制仿真框架以地面综合控制系统为核心，该系统根据飞机的运动状态和机场跑道的相关信息，发出制动指令、转弯指令、舵面偏转指令、发动机控制指令等，控制飞机在跑道上安全平稳地减速滑跑。该框架还包括力和力矩计算模块、飞机地面运动六自由度模型、地面操纵模型、机场跑道模型和气动力模型。其中，力和力矩计算模块分成两部分：一是地面力和力矩部分，二是与气动力模型受力相同的部分。地面力和力矩包括支持力、纵向摩擦力和侧向摩擦力，这些力和力矩的计算与机轮参数、飞行状态相关。气动力模型主要用于计算气动系数、气动力及其力矩；发动机推力计算模型用于根据油门开度、速度等插值计算推力及其力矩；质量模型根据飞机燃油消耗量，更新飞机质量，插值计算转动惯量，计算重力及其力矩；干扰模型主要用于根据风和地面效应对飞机滑跑的影响，对气动参数进行修正，同时计算干扰因素产生的附加力及其力矩。

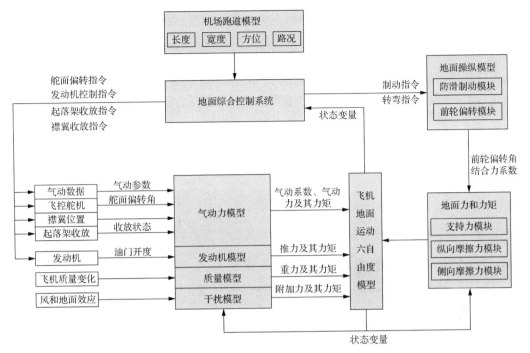

图 11-1 地面综合控制仿真框架

飞机地面运动六自由度模型是地面综合控制的对象，在此，采用飞机运动学和动力学方程建立该模型。它需要把飞机状态信息时刻反馈给地面综合控制系统，然后根据综合控制系统发出的指令，实现自身状态的更新。

地面操纵模型包括防滑制动模块和前轮偏转模块，这两个都是民航客机不可缺少的地面设备。防滑制动模块接收地面综合控制系统发出的制动指令，输出制动压力，增大地面与飞机的摩擦力，实现飞机快速制动；同时，通过差动制动进行纠偏控制。前轮偏转模块接收转弯指令后，偏转一定角度，直接改变航向。

机场跑道模型主要提供跑道的长度、宽度、方位和路况信息，为飞机着陆滑跑、纠偏提供基准参考信息和限制信息。

地面综合控制系统是整个地面综合控制的核心，它根据飞机状态信息和机场跑道信息，计算出制动指令和纠偏控制指令。然后把这些指令传输给相应的地面操纵机构和舵面操纵机构，从而改变飞机的状态，引导飞机沿着跑道中心线减速滑跑。

11.3 飞机着陆滑跑动力学模型的建立

建立飞机着陆滑跑动力学模型的关键在于计算飞机受到的力和力矩，然后通过运动学和动力学方程计算飞机的状态导数，经积分后就可以得到飞机着陆滑跑的状态变量。本节首先对飞机在地面运动时的受力进行分析，在此基础上推导力和力矩相关公式并建立飞机地面运动的动力学方程。飞机着陆滑跑过程分为两轮滑跑过程和三轮滑跑过程，以前轮是否触地作为判断飞机是以两轮滑跑还是以三轮滑跑的依据。在两轮滑跑过程中，前轮未触地，因此它不受到地面支持力和摩擦力的作用，而三轮滑跑的受力情况有所不同，需要单独考虑。

飞机在地面运动时，除了受到空气动力、推力、重力的作用，还受到地面支持力、纵向摩擦力和侧向摩擦力作用。飞机着陆滑跑受力正视图和受力俯视图分别如图 11-2 与图 11-3 所示，对图中涉及的变量和参数，在下文推导力和力矩时进行详细解释。

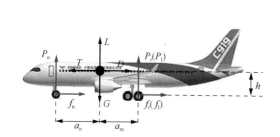

图 11-2　飞机着陆滑跑受力正视图　　　　图 11-3　飞机着陆滑跑受力俯视图

11.3.1　飞机受到的力和力矩

1. 重力及其力矩

在地面坐标系 O_g 下，飞机受到的重力为

$$\boldsymbol{G} = \begin{bmatrix} 0 & 0 & mg \end{bmatrix}^{\mathrm{T}} \tag{11-1}$$

由于飞机所受重力经过飞机重心，故产生的力矩为 0。在式（11-1）中，m 是飞机的质量，g 是飞机重心高度处的重力加速度。

2. 发动机推力及其力矩

当不存在发动机安装角时，发动机推力（以下简称推力）方向是沿机体轴线的，当存在发动机安装角时，可将推力分解到机体坐标系的 x 轴和 z 轴上。设发动机的推力轴线到飞机重心的距离为 h_t，则推力及其力矩可以表示为

$$\boldsymbol{T} = \begin{bmatrix} F_{Tx} \\ F_{Ty} \\ F_{Ty} \end{bmatrix} = \begin{bmatrix} T\cos\varphi \\ 0 \\ -T\sin\varphi \end{bmatrix}$$

$$\boldsymbol{M}_T = \begin{bmatrix} M_{Tx} \\ M_{Ty} \\ M_{Tz} \end{bmatrix} = \begin{bmatrix} 0 \\ -Th_t \\ 0 \end{bmatrix} \tag{11-2}$$

式中，T 为推力；F_{Tx}、F_{Ty}、F_{Tz} 为推力沿机体坐标系三轴的推力分量；φ 为发动机安装角；M_T 为推力力矩；M_{Tx}、M_{Ty}、M_{Tz} 为推力沿机体坐标系三轴的力矩。在飞机着陆滑跑时，飞机开启反推功能以增大阻力，此时推力应取负值，即推力沿机体坐标系 x 轴负半轴。

3. 空气动力及其力矩

飞机在着陆滑跑时，也会受到空气对飞机的作用力，即升力 L（见图 11-2）、阻力 D（见图 11-2）和侧力 Y（见图 11-3）以及对应的气动力矩。在本书研究的飞机对象中，升力和阻力在气流坐标系下定义，而侧力是在机体坐标系下定义的。升力、阻力和侧力的计算公式如下：

$$\begin{cases} D = C_D Q S_w \\ Y = C_Y Q S_w \\ L = C_L Q S_w \end{cases} \tag{11-3}$$

式中，$Q = \rho V^2 / 2$ 表示动压；ρ 为大气密度；V 为空速；S_w 为机翼参考面积；C_D、C_Y、C_L 分别为阻力系数、侧力系数和升力系数。

飞机受到的滚转力矩 $\bar{L}$、俯仰力矩 M、偏航力矩 N，在机体坐标系下写成由三轴分量表示的 $\boldsymbol{M}_R = [\bar{L} \quad M \quad N]^T$。$\bar{L}$、$M$、$N$ 的计算公式如下：

$$\begin{cases} \bar{L} = C_{\bar{L}} Q S_w b \\ M = C_M Q S_w c \\ N = C_N Q S_w b \end{cases} \tag{11-4}$$

式中，b 为机翼展长；c 为机翼弦长；$C_{\bar{L}}$、C_M、C_N 分别为滚转力矩系数、俯仰力矩系数和偏航力矩系数。

上述气动力系数和升力系数的计算是关键，其基本计算公式如下：

$$\begin{cases} C_D = C_{D0} + C_D^\alpha \alpha + C_D^{\delta_e} \delta_e + C_D^\beta \beta + C_D^{\delta_r} \delta_r \\ C_Y = C_Y^\beta \beta + C_Y^{\delta_r} \delta_r \\ C_L = C_{L0} + C_L^\alpha \alpha + C_L^{\delta_e} \delta_e \\ C_{\bar{L}} = C_{\bar{L}\beta} \beta + C_{\bar{L}\delta_a} \delta_a + C_{\bar{L}\delta_r} \delta_r + (C_{\bar{L}\bar{p}} p + C_{\bar{L}\bar{r}} r) b / (2V) \\ C_M = C_{M,\alpha=0} + C_{M\delta} \alpha + C_{M\delta_e} \delta_e + (C_{M\bar{q}} q + C_{M\bar{\alpha}} \dot{\alpha}) c / (2V) \\ C_N = C_{N\beta} \beta + C_{N\delta_a} \delta_a + C_{N\delta_r} \delta_r + (C_{N\bar{p}} p + C_{N\bar{r}} r) b / (2V) \end{cases} \tag{11-5}$$

式中，α 为迎角；β 为侧滑角；δ_a 为副翼偏转角；δ_r 为方向舵偏转角；δ_e 为升降舵偏转角。

4. 摩擦力及其力矩

飞机在着陆滑跑时，机轮轮胎与跑道表面相互作用。由于跑道表面不光滑，故飞机会受到阻碍其运动的摩擦力作用。当飞机沿跑道中心线滑跑，不受外界扰动而发生侧向偏离时，可认为飞机仅受纵向摩擦力的作用，其方向与机轮前进方向相反。当飞机发生侧向偏离时，或者受到侧风扰动时，机轮还受到侧向摩擦力作用，其方向与机轮前进方向垂直。侧向摩擦力在一定程度上既能阻止飞机的偏离运动，还能在滑跑纠偏控制过程中，为飞机提供侧力和侧向力矩作用。

大型客机一般都有前轮偏转操纵系统，用于转弯操纵或滑跑纠偏控制。当飞机前轮偏转时，会影响纵向摩擦力和侧向摩擦力的大小与方向。因此，在进行摩擦力分析和建模时，必须考虑飞机前轮偏转情况。前轮偏转情况下的三轮滑跑时的摩擦力分析如图 11-4 所示。此时飞机前轮向右偏转的角度为 θ_r，定义飞机前轮向右偏转为正。两轮滑跑时的摩擦力分析如图 11-5 所示。

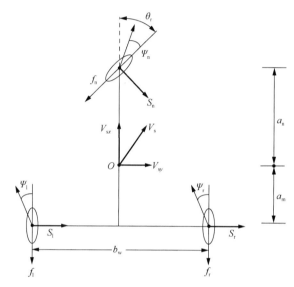

图 11-4　三轮滑跑时的摩擦力分析

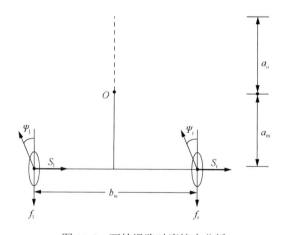

图 11-5　两轮滑跑时摩擦力分析

其中，f_n、f_l、f_r 为飞机前轮和左右主轮受到的纵向摩擦力，单位是 N；S_n、S_l、S_r 为飞机前轮和左右主轮受到的侧向摩擦力，单位是 N。Ψ_n、Ψ_l、Ψ_r 为飞机前轮和左右主轮发生的侧偏角；V_s 为地速在稳定坐标系下的表示；V_{sx}、V_{sy} 为 V_s 沿稳定坐标系 x 轴和 y 轴的分量；O 点为飞机重心。

1）纵向摩擦力及其力矩

根据摩擦力计算原理，摩擦力等于正压力与摩擦系数的乘积。在着陆滑跑段，近似认为飞机在纵向上处于平衡状态，即飞机对地面的压力等于地面对飞机的支持力。地面与飞机之间的摩擦系数称为结合力系数，该系数与路况、轮胎磨损程度、轮胎滑移率等因素有关。因此，计算纵向摩擦力及其力矩的关键是计算支持力和结合力矩系数。支持力的计算详见 11.3.3 节，结合力系数的计算详见 11.5.3 节。对结合力系数也可采用经验估计值，在制动情况下其值一般为 0.4～0.8。

假设飞机前轮、左右主轮受到的支持力为 P_n、P_l、P_r，对应的结合力系数分别为 μ_n、μ_l、μ_r，则飞机受到的纵向摩擦力为

$$\begin{cases} f_n = \mu_n \cdot P_n \\ f_l = \mu_l \cdot P_l \\ f_r = \mu_r \cdot P_r \end{cases} \tag{11-6}$$

在飞机刚接地时的两轮滑跑过程中，飞机前轮未触地。因此，其所受纵向摩擦力为 0，即 $f_n = 0$。

由于纵向摩擦力与飞机轮胎前进方向相反，因此选用稳定坐标系描述纵向摩擦力是比较合适的，而将力矩放在机体坐标系中描述。将其受到的力和力矩写成三轴坐标形式，表达式如下。

在稳定坐标系中：
$$\boldsymbol{f} = \begin{bmatrix} -f_n \cdot \cos\theta_r - f_l - f_r \\ -f_n \cdot \sin\theta_r \\ 0 \end{bmatrix} \tag{11-7}$$

在机体坐标系中：
$$\boldsymbol{M}_f = \begin{bmatrix} h_1 \cdot f_n \cdot \sin\theta_r \\ -h_1 \cdot f_n \cdot \cos\theta_r - h_2 \cdot (f_l + f_r) \\ -a_n \cdot f_n \cdot \sin\theta_r + (f_r - f_l) \cdot b_w/2 \end{bmatrix}$$

式中，θ_r 为前轮向右偏转角度；h_1 为飞机前轮的轮心到飞机重心所在基准线的高度；h_2 为飞机主轮的轮心到飞机重心所在基准线的高度；a_n 为飞机前轮到飞机重心的水平距离；a_m 为飞机主轮到飞机重心的水平距离；b_w 为左右主轮之间的距离。

2）侧向摩擦力及其力矩

在受到外界侧力的扰动时，飞机会产生侧向的滑动，使机轮产生侧向摩擦力，以抵御外界侧力的扰动。例如，在飞机速度较小时，气动力较弱，当飞机受到较小的侧风作用时，侧向摩擦力足以抵御侧风引起的侧力和偏航力矩的影响；在飞机速度较大时，气动力增大，侧风引起的侧力和偏航力矩较大，侧向摩擦力不足以维持横侧向的力及其力矩平衡，飞机

会发生偏航，偏离跑道中心线。

侧向摩擦力总是垂直于机轮表面的。在侧向摩擦力的作用下，飞机的机轮速度与轮胎表面之间有一个偏角 Ψ，称为侧偏角，可参考图 11-5。一般定义当机轮速度方向位于轮胎平面右边时的侧偏角为正。侧向摩擦力的影响因素较多，计算过程复杂，但是在侧偏角 Ψ 较小时（5° 以下时），侧向摩擦力与侧偏角 Ψ 呈线性关系，可近似等于侧偏刚度和侧偏角 Ψ 的乘积，可表示如下：

$$\begin{cases} S_{\mathrm{n}} = K_{\Psi} \cdot \Psi_{\mathrm{n}} \\ S_{\mathrm{l}} = K_{\Psi} \cdot \Psi_{\mathrm{l}} \\ S_{\mathrm{r}} = K_{\Psi} \cdot \Psi_{\mathrm{r}} \end{cases} \tag{11-8}$$

式中，K_{Ψ} 为侧偏航度，单位是 N/rad；Ψ_{n}、Ψ_{l}、Ψ_{r} 是前轮、左右主轮的侧偏角，单位是 rad。当飞机处于两轮滑跑时，前轮未触地，侧向摩擦力 $S_{\mathrm{n}} = 0$。

计算侧向摩擦力的关键是计算各轮的侧偏角，可用速度矢量关系进行求解。首先将地速矢量 V_{d} 转换到稳定坐标系 O_{s} 中，转换关系如下：

$$\begin{bmatrix} V_{sx} & V_{sy} & V_{sz} \end{bmatrix} = \boldsymbol{C}_{\mathrm{g}}^{\mathrm{s}} \cdot \begin{bmatrix} V_{dx} & V_{dy} & V_{dz} \end{bmatrix} \tag{11-9}$$

式中，V_{dx}、V_{dy}、V_{dz} 为地速沿三轴的分量；V_{sx}、V_{sy}、V_{sz} 为地速沿稳定坐标系 O_{s} 三轴的分量；$\boldsymbol{C}_{\mathrm{g}}^{\mathrm{s}}$ 为地面坐标系 O_{g} 到稳定坐标系 O_{s} 的转换矩阵。

此时，机轮的速度矢量为地速在稳定坐标系中的速度与飞机偏转速度的矢量和，由速度矢量关系可以计算出左右主轮的侧偏角，即

$$\begin{cases} \Psi_{\mathrm{l}} = a\tan\left(\dfrac{V_{sy} - r \cdot a_{\mathrm{m}}}{V_{sx} + r \cdot b_{\mathrm{w}} / 2} \right) \\[3mm] \Psi_{\mathrm{r}} = a\tan\left(\dfrac{V_{sy} - r \cdot a_{\mathrm{m}}}{V_{sx} - r \cdot b_{\mathrm{w}} / 2} \right) \end{cases} \tag{11-10}$$

对于前轮的侧向摩擦力，当前轮偏转 θ_{r} 时为

$$\Psi_{\mathrm{n}} = -\theta_{r} + a\tan\left(\frac{V_{sy} + r \cdot a_{\mathrm{n}}}{V_{sx}} \right) \tag{11-11}$$

为便于后续建立动力学模型，将侧向摩擦力及其力矩写成三轴分量，具体如下：

在稳定坐标系中：$\boldsymbol{S} = \begin{bmatrix} -S_{\mathrm{n}} \cdot \sin\theta_{r} \\ S_{\mathrm{n}} \cdot \cos\theta_{r} + S_{\mathrm{l}} + S_{\mathrm{r}} \\ 0 \end{bmatrix}$ （11-12）

在机体坐标系中：$\boldsymbol{M}_{S} = \begin{bmatrix} -h_{1} \cdot S_{\mathrm{n}} \cdot \cos\theta_{r} - h_{2} \cdot (S_{\mathrm{l}} + S_{\mathrm{r}}) \\ -S_{\mathrm{n}} \cdot \sin\theta_{r} \cdot h_{1} \\ S_{\mathrm{n}} \cdot \cos\theta_{r} \cdot a_{\mathrm{n}} - (S_{\mathrm{l}} + S_{\mathrm{r}}) \cdot a_{\mathrm{m}} \end{bmatrix}$

5. 支持力及其力矩

起落架是飞机在地面运动时的主要承重机构。在飞机着陆滑跑时，地面对起落架有向

上的支持力作用。目前，起落架支持力的求解方式有两种：一是根据飞机的机械特性求解，即根据机轮的压缩量和压缩速度进行计算；二是将飞机起落架视为刚体模型，根据力和力矩平衡条件计算支持力。

本书采取第二种方式求解支持力，具体求解过程见 11.3.3 节。假设飞机前轮、左右主轮的支持力分别为 P_n、P_l、P_r，则其力和力矩可表示为

$$\boldsymbol{P} = \begin{bmatrix} 0 \\ 0 \\ -(P_n + P_l + P_r) \end{bmatrix} \quad \boldsymbol{M}_P = \begin{bmatrix} (P_l - P_r) \cdot b_w / 2 \\ P_n \cdot a_n - (P_l + P_r) \cdot a_m \\ 0 \end{bmatrix} \quad (11\text{-}13)$$

当飞机处于两轮滑跑过程时，前轮未触地，此时前轮支持力 $P_n = 0$。

11.3.2　飞机地面运动的动力学方程

在着陆滑跑时，飞机处于跑道上，因此，将力统一到地面坐标系中进行描述是合适的，而将力矩放在机体坐标系中描述，则

$$\sum \boldsymbol{F} = \begin{bmatrix} \sum F_x \\ \sum F_y \\ \sum F_z \end{bmatrix} = \boldsymbol{G} + \boldsymbol{C}_a^g \begin{bmatrix} -D \\ 0 \\ -L \end{bmatrix} + \boldsymbol{C}_b^g \begin{bmatrix} 0 \\ Y \\ 0 \end{bmatrix} + \boldsymbol{C}_b^g \boldsymbol{T} + \boldsymbol{P} + \boldsymbol{C}_s^g \boldsymbol{f} + \boldsymbol{C}_s^g \boldsymbol{S} \quad (11\text{-}14)$$

$$\sum \boldsymbol{M} = \begin{bmatrix} \sum M_x \\ \sum M_y \\ \sum M_z \end{bmatrix} = \boldsymbol{M}_R + \boldsymbol{M}_T + \boldsymbol{M}_P + \boldsymbol{M}_f + \boldsymbol{M}_S \quad (11\text{-}15)$$

式中，$\boldsymbol{C}_a^g$ 为从气流坐标系 O_a 转换到地面坐标系 O_g 的转换矩阵；$\boldsymbol{C}_b^g$ 为从机体坐标系 O_b 转换到地面坐标系 O_g 的转换矩阵；$\boldsymbol{C}_s^g$ 为从稳定坐标系 O_s 转换到地面坐标系 O_g 的转换矩阵。

在飞机三轮滑跑过程中，高度保持变化，则 $V_z = 0$，$h = 0$；飞机无滚转，则 $\phi = 0$，$p = 0$；飞机俯仰角等于停机角，则 $q = 0$。在上述约束条件下，可得到三轮滑跑时的动力学模型：力方程组如式（11-16）所示，力矩方程组如式（11-17）所示，运动方程组如式（11-18）所示，导航方程组如式（11-19）所示。式（11-18）中 θ 的初始值为停机角 θ_s。

$$\begin{cases} \dot{V}_x = \sum F_x / m \\ \dot{V}_y = \sum F_y / m \\ \dot{V}_z = 0 \end{cases} \quad (11\text{-}16)$$

$$\begin{cases} \dot{p} = 0 \\ \dot{q} = 0 \\ \dot{r} = (I_{zx} \cdot \sum M_x + I_x \cdot \sum M_z) / (I_x I_z - I_{zx}^2) \end{cases} \quad (11\text{-}17)$$

$$\begin{cases} \dot{\phi} = 0 \\ \dot{\theta} = 0 \\ \dot{\psi} = r / \cos \theta_s \end{cases} \quad (11\text{-}18)$$

$$\begin{cases} \dot{x} = V_x \\ \dot{y} = V_y \\ \dot{z} = 0 \end{cases} \quad (11\text{-}19)$$

在两轮滑跑过程中，飞机刚接地时迎角较大，这样可以利用较大的阻力使飞机减速；当飞机速度减小到一定值时，通过推杆压下机头，使飞机前轮接地。此过程中俯仰角 θ 和俯仰角速度 q 都是变化的，飞机在纵向上的受力不平衡，因此两轮滑跑时的动力学模型和三轮滑跑时的动力学有所不同：力方程组如（11-20）所示，力矩方程组如式（11-21）所示，运动方程组如式（11-22）所示，导航方程组如式（11-23）所示。

$$\begin{cases} \dot{V}_x = \sum F_x / m \\ \dot{V}_y = \sum F_y / m \\ \dot{V}_z = \sum F_z / m \end{cases} \quad (11\text{-}20)$$

$$\begin{cases} \dot{p} = 0 \\ \dot{q} = (I_{xz} r^2 + \sum M_y)/(I_y) \\ \dot{r} = (I_{zx} \cdot \sum M_x + I_x \cdot \sum M_z - r \cdot q \cdot (I_x - I_y + I_z))/(I_x I_z - I_{zx}^2) \end{cases} \quad (11\text{-}21)$$

$$\begin{cases} \dot{\phi} = 0 \\ \dot{\theta} = q \\ \dot{\psi} = r / \cos\theta \end{cases} \quad (11\text{-}22)$$

$$\begin{cases} \dot{x} = V_x \\ \dot{y} = V_y \\ \dot{z} = V_z \end{cases} \quad (11\text{-}23)$$

11.3.3　支持力的求解

1. 三轮滑跑时的支持力求解

参照 11.3.2 节中三轮滑跑时的动力学模型，飞机重心高度不变，不发生滚转和俯仰，因此，$\dot{V}_{dz} = 0$，$\dot{p} = 0$，$\dot{q} = 0$，根据这 3 个条件可以计算 P_n、P_l、P_r。

$$\begin{cases} \dot{V}_{dz} = \sum F_z / m = 0 \\ \dot{p} = (I_z \cdot \sum M_x + I_{zx} \cdot \sum M_z)/(I_x I_z - I_{zx}^2) = 0 \\ \dot{q} = (\sum M_y + I_{zx} r^2)/I_y = 0 \end{cases} \quad (11\text{-}24)$$

式中，F_z 为地面坐标系中飞机在纵轴上受到的力；M_x 为机体坐标系 x 轴上的力矩；M_y 为机体坐标系 y 轴上的力矩；M_z 为机体坐标系 z 轴上的力矩。$\sum F_z$、$\sum M_x$、$\sum M_y$、$\sum M_z$ 的表达式如下：

$$
\begin{cases}
\sum F_z = -m_{31} \cdot D - m_{33} \cdot L + Y \cdot \cos\theta \cdot \sin\phi + m \cdot g - T \cdot \sin\theta - (P_n + P_1 + P_r) \\
\sum M_x = \overline{L}_A + h_1 \cdot \mu_n \cdot P_n \cdot \sin\theta_r + \\
\qquad \left[-h_1 \cdot S_n \cdot \cos\theta_r - h_2 \cdot (S_1 + S_r) \right] + \left[(P_1 - P_r) \cdot b_w / 2 \right] \\
\sum M_y = M_A - Th_T + \left[-h_1 \cdot \mu_n \cdot P_n \cdot \cos\theta_r - h_2 \cdot (\mu_1 \cdot P_1 + \mu_r \cdot P_r) \right] + \\
\qquad (-S_n \cdot \sin\theta_r \cdot h_1) + \left[P_n \cdot a_n - (P_1 + P_r) \cdot a_m \right] \\
\sum M_z = N_A + (-a_n \cdot \mu_n \cdot P_n \cdot \sin\theta_r + (\mu_r \cdot P_r - \mu_1 \cdot P_1) \cdot b_w / 2) + \\
\qquad \left[S_n \cdot \cos\theta_r \cdot a_n - (S_1 + S_r) \cdot a_m \right]
\end{cases}
\tag{11-25}
$$

式中，m_{31} 和 m_{33} 为从气流坐标系转换到地面坐标系的转换矩阵 $\boldsymbol{C}_a^g$ 中的元素，$\boldsymbol{C}_a^g$ 的定义如下：

$$
\boldsymbol{C}_a^g = \boldsymbol{C}_b^g \cdot \boldsymbol{C}_a^b =
\begin{bmatrix}
m_{11} & m_{12} & m_{13} \\
m_{21} & m_{22} & m_{23} \\
m_{31} & m_{32} & m_{33}
\end{bmatrix}
\tag{11-26}
$$

$\boldsymbol{C}_a^g$ 中各元素的具体表达式为（认为滚转角 $\phi = 0$）

$$
\begin{cases}
m_{11} = \cos\psi \cos\theta \cos\alpha \cos\beta - \sin\psi \sin\beta + \cos\psi \sin\theta \sin\alpha \cos\beta \\
m_{12} = -\cos\psi \cos\theta \cos\alpha \sin\beta - \sin\psi \cos\beta - \cos\psi \sin\theta \sin\alpha \sin\beta \\
m_{13} = -\cos\psi \cos\theta \sin\alpha + \cos\psi \sin\theta \cos\alpha \\
m_{21} = \sin\psi \cos\theta \cos\alpha \cos\beta + \cos\psi \sin\beta + \sin\psi \sin\theta \sin\alpha \cos\beta \\
m_{22} = -\sin\psi \cos\theta \cos\alpha \sin\beta + \cos\psi \cos\beta - \sin\psi \sin\theta \sin\alpha \sin\beta \\
m_{23} = -\sin\psi \cos\theta \sin\alpha + \sin\psi \sin\theta \cos\alpha \\
m_{31} = -\cos\beta \sin\theta \cos\alpha + \cos\beta \cos\theta \sin\alpha \\
m_{32} = \sin\beta \sin\theta \cos\alpha - \sin\beta \cos\theta \sin\alpha \\
m_{33} = \sin\theta \sin\alpha + \cos\theta \cos\alpha
\end{cases}
\tag{11-27}
$$

将式（11-25）代入式（11-24）进行整理，将包含支持力 P_n、P_1、P_r 的项移到等号左边，得

$$
\begin{cases}
P_1 + P_r + P_n \\
= -m_{31} \cdot D - m_{33} \cdot L + Y \cdot \cos\theta \cdot \sin\phi + m \cdot g - T \cdot \sin\theta \\
\\
P_1 (I_{zx} \cdot \mu_1 - I_z) \cdot \dfrac{b_w}{2} + P_r (I_z - I_{zx} \cdot \mu_r) \cdot \dfrac{b_w}{2} + P_n \cdot \mu_n \cdot \sin\theta_r (I_{zx} \cdot a_n - I_z \cdot h_1) \\
= I_z \cdot \left\{ \overline{L}_A + \left[-h_1 \cdot S_n \cdot \cos\theta_r - h_2 \cdot (S_1 + S_r) \right] \right\} + \\
\quad I_{zx} \left\{ N_A + \left[S_n \cdot \cos\theta_r \cdot a_n - (S_1 + S_r) \cdot a_m \right] \right\} \\
\\
P_1 (h_2 \cdot \mu_1 + a_m) + P_r (h_2 \cdot \mu_r + a_m) + P_n (h_1 \cdot \mu_n \cdot \cos\theta_r - a_n) \\
= M_A - S_n \cdot \sin\theta_r \cdot h_1 - T \cdot h_T + I_{zx} \cdot r^2
\end{cases}
\tag{11-28}
$$

为直观表达式（11-28），在此引入变量 a_{11}、a_{21}、a_{22}、a_{23}、a_{24}、a_{31}、a_{32}、a_{33}、a_{34}，把它们作为辅助变量表示各项系数。各项系数含义如下：

$$\begin{cases} a_{11} = -m_{31} \cdot D - m_{33} \cdot L + Y \cdot \cos\theta \cdot \sin\phi + m \cdot g - T \cdot \sin\theta \\ a_{21} = (\mu_l I_{zx} - I_z) \cdot b_w / 2 \\ a_{22} = (I_z - \mu_r I_{zx}) b_w / 2 \\ a_{23} = \mu_n \sin\theta_r (I_{zx} a_n - I_z h_1) \\ a_{24} = I_z \left[\overline{L}_A - S_n \cos\theta_r h_1 - (S_1 + S_r) h_2 \right] + I_{zx} \left[N_A - (S_1 + S_r) a_m + S_n \cos\theta_r a_n \right] \\ a_{31} = a_m + \mu_l h_2 \\ a_{32} = a_m + \mu_r h_2 \\ a_{33} = -a_n + \mu_n \cos\theta_r h_1 \\ a_{34} = M_A - S_n \sin\theta_r h_1 - Th_T + I_{zx} r^2 \end{cases} \quad （11\text{-}29）$$

将式（11-29）中的各项系数代入式（11-28），得

$$\begin{cases} a_{11} = P_1 + P_r + P_n \\ a_{24} = a_{21} P_1 + a_{22} P_r + a_{23} P_n \\ a_{34} = a_{31} P_1 + a_{32} P_r + a_{33} P_n \end{cases} \quad （11\text{-}30）$$

根据式（11-30）的 3 个方程，可以求解 P_n、P_r、P_1 3 个参数，即

$$P_n = \frac{(a_{34} - a_{31} a_{11}) - (a_{24} - a_{21} a_{11}) \cdot \dfrac{a_{32} - a_{31}}{a_{22} - a_{21}}}{(a_{33} - a_{31}) - (a_{23} - a_{21}) \cdot \dfrac{a_{32} - a_{31}}{a_{22} - a_{21}}} \quad （11\text{-}31）$$

$$P_r = \frac{(a_{24} - a_{21} a_{11}) - (a_{23} - a_{21}) P_n}{a_{22} - a_{21}} \quad （11\text{-}32）$$

$$P_1 = k_{11} - P_r - P_n \quad （11\text{-}33）$$

2. 两轮滑跑时的支持力求解

在飞机刚接地的过渡段，只是飞机左右主轮接地，而前轮离地。在这个阶段，飞机机头在升降舵的作用下低头，俯仰姿态发生变化，此时飞机在纵向上所受力和力矩不再处于平衡状态，即 $\dot{V}_{de} \neq 0$，$\dot{p} \neq 0$。此时，飞机横侧向姿态基本保持稳定，$\dot{p} = 0$。由于飞机在压机头过程中俯仰角变化较小，时间较短，可将其近似看成匀减速运动，即给俯仰角速度一个较小的值，联立求解两个变量 P_1 和 P_r，即左右主轮支持力。

$$\begin{cases} \dot{q} = \dfrac{1}{I_y}(\sum M_y + I_{zx} r^2) = -0.035 \\ \dot{p} = \dfrac{1}{I_x I_z - I_{zx}^2}(I_z \cdot \sum M_x + I_{zx} \cdot \sum M_z) + \dfrac{(I_y - I_z)I_z - I_{xz}^2}{I_x I_z - I_{zx}^2} rq = 0 \end{cases} \quad （11\text{-}34）$$

在式（11-34）中，$\sum F_z$、$\sum M_x$、$\sum M_z$ 与三轮滑跑时的动力学模型的区别是，在计算时 $P_n = 0, S_n = 0$，将其代入式（11-34）并将包含 P_l、P_r 的项移到等式左边，得

$$
\begin{cases}
P_l(h_2 \cdot \mu_1 + a_m) + P_r(h_2 \cdot \mu_r + a_m) = M_A - T \cdot h_T + I_{zx} \cdot r^2 + 0.035 I_y \\
\\
P_l(I_{zx} \cdot \mu_1 - I_z) \cdot \dfrac{b_w}{2} + P_r(I_z - I_{zx} \cdot \mu_r) \cdot \dfrac{b_w}{2} \\
= I_z \cdot \left[\overline{L}_A - h_2 \cdot (S_l + S_r) \right] + I_{zx} \left[N_A - (S_l + S_r) \cdot a_m \right] + \left[(I_y - I_z)I_z - I_{xz}^2 \right] rq
\end{cases}
\tag{11-35}
$$

为直观表示式（11-35），引入变量 b_{11}、b_{12}、b_{13}、b_{21}、b_{22}、b_{23} 表示各项系数。

$$
\begin{cases}
b_{11} = h_2 \cdot \mu_1 + a_m \\
b_{12} = h_2 \cdot \mu_r + a_m \\
b_{13} = M_A - T \cdot h_T + I_{zx} \cdot r^2 + 0.035 I_y \\
b_{21} = (I_{zx} \cdot \mu_1 - I_z) \cdot b_w / 2 \\
b_{22} = (I_z - I_{zx} \cdot \mu_r) \cdot b_w / 2 \\
b_{23} = I_z \cdot \left[\overline{L}_A - h_2 \cdot (S_l + S_r) \right] + I_{zx} \left[N_A - (S_l + S_r) \cdot a_m \right] + \left[(I_y - I_z)I_z - I_{xz}^2 \right] rq
\end{cases}
\tag{11-36}
$$

于是，式（11-35）可以简化为

$$
\begin{cases}
b_{11} P_l + b_{12} P_r = b_{13} \\
b_{21} P_l + b_{22} P_r = b_{23}
\end{cases}
\tag{11-37}
$$

解上式方程，即可以求取左右主轮支持力 P_l 和 P_r。

$$
\begin{cases}
P_l = (b_{13} \cdot b_{22} - b_{12} \cdot b_{23}) / (b_{11} \cdot b_{22} - b_{12} \cdot b_{21}) \\
P_r = (b_{13} \cdot b_{21} - b_{11} \cdot b_{23}) / (b_{12} \cdot b_{21} - b_{22} \cdot b_{11})
\end{cases}
\tag{11-38}
$$

11.3.4 着陆滑跑运动仿真

设飞机接地速度为80m/s，初始航向与跑道中心线对齐，接地俯仰角和迎角为5°；飞机接地后摩擦系数为 0.6，发动机模式为反推模式，由此得到的飞机着陆滑跑运动仿真结果如图 11-6 所示。

由图 11-6 可以看出，飞机以 80m/s 的速度接地，经过 19s 左右飞机速度减到 0，滑跑距离约 870m。由图 11-6（a）中的三轮支持力变化曲线可以看出，在飞机一开始接地时，左右主轮接地，前轮不接地，此时前轮支持力为 0，左右主轮接地瞬间其支持力突变到一定值，然后随着飞机速度的减小，升力也减小，左右主轮支持力逐渐增大。同时，飞机迎角和俯仰角逐渐减小，飞机机头下压，在接地 3.2s 左右，飞机前轮接地，前轮支持力突然增大，左右主轮支持力瞬间减小，然后，三轮支持力呈逐渐增大趋势。在整个接地过程中，飞机在纵向上的受力始终近似于平衡状态。在飞机停止后，飞机受到的支持力等于重力，飞机迎角等于停机角，即 2°。上述仿真结果符合飞机着陆滑跑过程，说明建模正确。

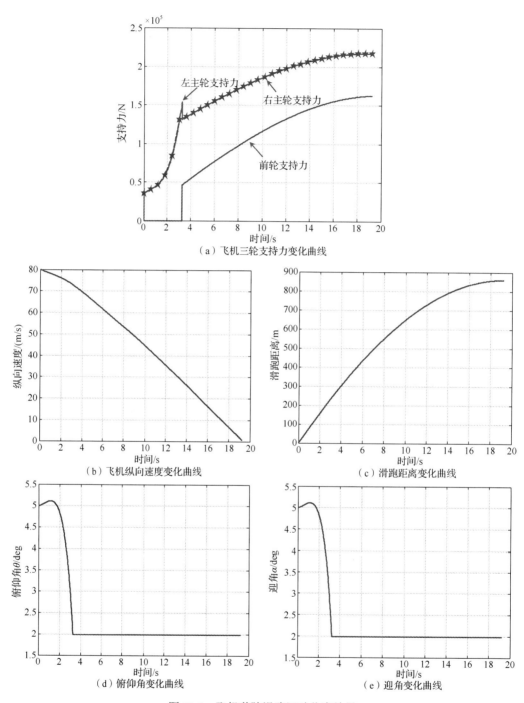

（a）飞机三轮支持力变化曲线

（b）飞机纵向速度变化曲线

（c）滑跑距离变化曲线

（d）俯仰角变化曲线

（e）迎角变化曲线

图 11-6　飞机着陆滑跑运动仿真结果

11.4　前轮偏转模型

前轮偏转操纵系统是起落架系统的主要组成部分，是进行地面航向调整的关键系统，该系统一般由指令传感器、操纵控制盒、液压组件、角度检测传感器和转向作动器构成，其工作原理如下：地面综合控制系统发出转弯指令，该指令信号通过指令传感器传输到制动转向控制器；该控制器进行转弯增益计算，将计算结果传输到液压伺服阀，使之产生液压压力，驱动转向作动器控制前轮的偏转。真实的前轮偏转操纵模型较为复杂，本书主要通过前轮偏转进行滑跑纠偏控制，因此将其简化成一个一阶惯性环节，如式（11-39）所示。

$$\dot{\theta}_r = \omega(\theta_{rc} - \theta_r) \tag{11-39}$$

式中，θ_{rc} 为给定的前轮偏转指令；θ_r 为飞机实际滑跑中前轮偏转角度值；ω 为转向作动器的带宽，在本书所建模型中该带宽值为 100。

11.5　制动系统建模

11.5.1　制动装置模型

制动装置是指制动系统中的制动设备，其主要作用是将制动压力转化成制动力矩。制动装置一般安装在机轮的内部，主要部件包括静盘和动盘。其中，动盘随着机轮一块转动，而静盘不转动。在未制动时，动盘和静盘相互分离，静盘不影响动盘转动；在进行制动时，在制动压力的推动下，静盘与动盘相互挤压，产生制动力矩阻碍机轮转动，使飞机减速，同时产生大量的热能。

根据制动装置的工作原理，将制动压力转化为制动力矩，后者影响因素包括摩擦系数、制动力大小、轮盘半径等。制动力矩可用如下简化公式计算：

$$M_b = \frac{1}{2}\mu_b \cdot N_b \cdot P_b \cdot (R + r) \tag{11-40}$$

式中，M_b 为制动力矩；μ_b 为动盘与静盘之间的摩擦系数；N_b 为动盘和静盘之间的摩擦面数；P_b 为制动压力；R 为静盘半径；r 为动盘半径。

11.5.2　机轮模型

在进行制动时，飞机除了受到制动力矩的作用，还受到结合力矩（摩擦力矩）作用。忽略次要作用，只考虑机轮的转动惯量，机轮的轮速通过两者的力矩差进行控制。当飞机的制动力矩比结合力矩小时，飞机的轮速会增大，但是轮速不能超过自动转动时的速度；当飞机的制动力矩大于结合力矩时，飞机的轮速降低，但是轮速不能低于 0m/s。在进行制动时，机轮一般处于滚动与滑动交替的状态。若制动力矩过大，则机轮会被抱死，容易导致轮胎磨损或爆胎。因此，需要进行合理制动。

机轮制动受力分析如图 11-7 所示。忽略起落架横向刚度对飞机轮速的影响，根据图 11-7，可得

$$\dot{\omega} = \frac{M_f - M_b}{J_r} \qquad (11\text{-}41)$$

$$V_r = \omega \times R_g \qquad (11\text{-}42)$$

在式（11-41）和式（11-42）中，ω、$\dot{\omega}$ 分别为机轮的角速度和角加速度；M_f 为地面对机轮的结合力矩；M_b 为机轮的制动力矩；V_r 为机轮的线速度，J_r 为主轮的转动惯量；R_g 为制动机轮的制动半径。

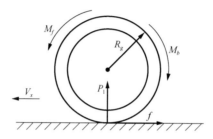

图 11-7 机轮制动受力分析

滑移率是表征机轮制动的一个重要参数，在进行制动时，轮胎与地面之间存在相对滑动，导致轮胎表面的线速度与轮胎中心纵向速度有所差异，这种差异通过滑移率体现。滑移率被定义为机轮相对于地面的滑动量，其计算公式如下：

$$\sigma = \frac{V_x - V_r}{V_x} \qquad (11\text{-}43)$$

式中，σ 为滑移率；V_x 为机轮中心的航向速度。

11.5.3 结合力系数模型

滑跑时飞机与地面的结合力系数是不是一个定值，受到滑跑速度、跑道表面粗糙度、轮胎状态、滑移率等众多因素的影响。其中，滑移率对结合力系数的影响是最重要的。在此忽略非关键因素，只考虑滑移率对结合力系数的作用，则结合力系数与滑移率的关系为

$$miu = K \cdot D \sin(C \cdot \arctan(B \cdot \delta)) \qquad (11\text{-}44)$$

式中，K 为模型校准数据，可根据具体的飞机型号测试数据进行调整其值；D 为机轮处于最优滑移率下的最优结合力系数；C 为结合力系数曲线变化的趋势因子；B 为机轮的刚度因子。

滑移率在不同路况下的经验公式如下。

干跑道：　$miu = 0.8 \sin(1.5344 \cdot \arctan(14.0326\sigma))$

湿跑道：　$miu = 0.4 \sin(2.0192 \arctan(8.2098\sigma))$ $\qquad$ （11-45）

冰雪跑道：$miu = 0.2 \sin(2.0875 \arctan(7.201788\sigma))$

式中，miu 为结合力系数；σ 为滑移率。

不同路况下结合力系数与滑移率的关系如图 11-8 所示。

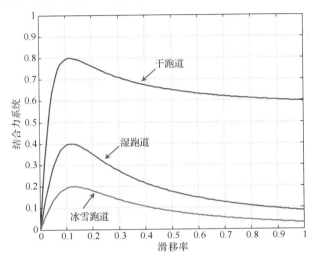

图 11-8　不同路况下结合力系数与滑移率的关系

由图 11-8 可以看出，在干跑道下，结合力系数最大；在湿跑道下，结合力系数较小；在冰雪跑道下，结合力系数最小。在上述 3 种路况下，结合力系数随滑移率先增大后减小，最后趋于稳定。结合力系数最大时对应的滑移率为最佳滑移率，保证制动时滑移率处于最佳滑移率附近，不仅可以保证结合力系数最大，制动效果最好，还会防止机轮滑动过于剧烈，对轮胎造成伤害。

11.5.4　防滑制动控制

1. 防滑制动控制律设计

飞机在着陆滑跑过程中，由于接地速度较大，而机场跑道长度有限，必须采取制动、打开扰流板、使用反推等多种手段增加飞机的阻力，尽可能地缩短飞机的滑跑距离，实现飞机尽快减速。其中，防滑制动是其中最主要的制动手段。

为提高防滑制动的控制效果，需要采用合适的控制方式，依据飞机轮速大小，施加适当的制动压力，让飞机适当打滑，增加地面与轮胎之间的结合力，同时防止因机轮过度打滑引起的抱死爆胎等事故发生。目前，常用的防滑制动控制方式有三种：速度差控制、滑移速度控制、滑移率控制。速度差控制是指采用机轮的速度变化率作为主控信号，利用一定的控制律将机轮的速度变化率控制在某个合理的范围内；滑移速度控制方式下的控制量是滑移速度（飞机机体的纵向速度和机轮表面的线速度的差值）；而滑移率控制方式下滑移率作为反馈信号，这种控制方式将滑移率一直控制在最佳滑移率附近，保证结合力系数最大，从而提高制动效率。

相关学者的研究表明，滑移速度控制方式和滑移率控制方式具有较高的制动效率。因此，本书采用滑移率式控制方式，以滑移率作为控制信号。基于滑移率的制动控制结构如图 11-9 所示。

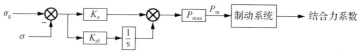

图 11-9　基于滑移率的制动控制结构

其控制律表达式为

$$P_m = \left(K_{\sigma P} + \frac{K_{\sigma I}}{s} \right) \cdot (\sigma_g - \sigma) \cdot P_{\max} \qquad (11\text{-}46)$$

式中，σ_g 为滑移率指令；σ 为当前飞机的滑移率；$K_{\sigma P}$ 为滑移率差比例信号；$K_{\sigma I}$ 为滑移率差积分信号；$P_{\max}$ 为最大制动压力；P_m 为由控制律计算出的制动压力。

该制动控制律将滑移率差值经 PI 控制生成一个控制系数，把该系数乘以制动系统的最大制动压力，可得到当前所需的制动压力。制动压力经制动装置模型产生制动力矩，在制动力矩和结合力矩的共同作用下改变滑移率，从而改变结合力系数。通过该控制律，可实现对制动压力的灵活控制，避免每次制动时施加最大制动压力，造成机轮过度打滑。

2. 防滑制动控制评价指标

一般情况下，常根据制动系统工作是否稳定可靠、能否保持航向稳定、轮胎磨损打滑程度、制动效率等对防滑制动的性能进行评价。下面，用制动距离、制动效率进行定量的评判。

1）制动距离

制动距离被定义为飞机从进行制动机动到飞机停止所经过的距离，其计算公式如下：

$$L = \int_0^t V_r(t)\,\mathrm{d}t \qquad (11\text{-}47)$$

式中，L 为制动距离，单位是 m；V_r 为机轮速度，单位是 m/s；t 为制动时间，单位是 s。

2）制动效率

制动效率是评价制动效果好坏的综合性指标，可采用制动压力、制动力矩和结合力系数对其进行计算。大量实验证明，采用结合力系数计算制动效率是最可靠的。制动效率计算示意如图 11-10 所示。

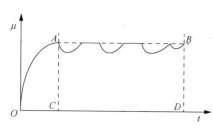

图 11-10　制动效率计算示意

在图 11-10 中，A 点是第一次打滑点，B 点是最后一次松开制动装置点；实线表示制动过程中结合力系数的变化，A 点和 B 点之间的虚线表示最大结合力系数的连线。因此，制动效率可以根据面积比计算，即

$$\eta = \frac{S_{曲线}}{S_{直线}} \times 100\% \qquad （11\text{-}48）$$

式中，$S_{直线}$ 为直线所包围的面积；$S_{曲线}$ 为曲线所包围的面积。

3. 防滑制动控制仿真

假设飞机初始滑跑速度为 80m/s，无外界扰动，给定滑移率指令 $\sigma = 0.2$，在式（11-46）所示控制律的作用下，飞机防滑制动控制仿真结果如图 11-11～图 11-15 所示。

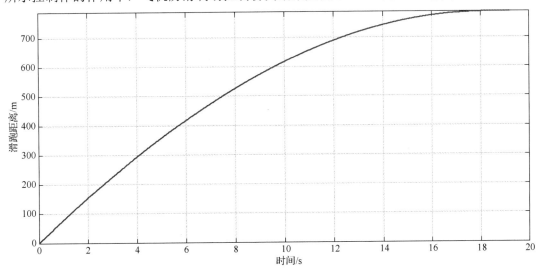

图 11-11　滑跑距离变化曲线

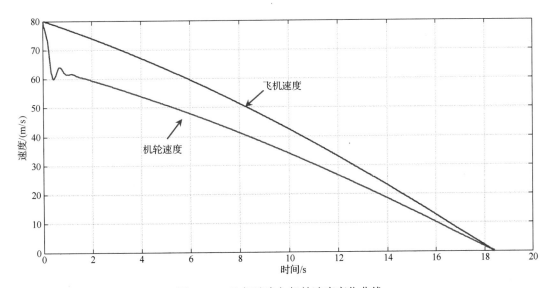

图 11-12　飞机速度与机轮速度变化曲线

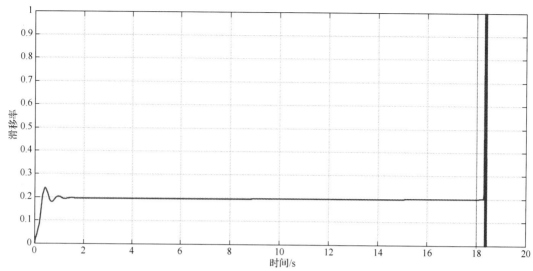

图 11-13　滑移率变化曲线

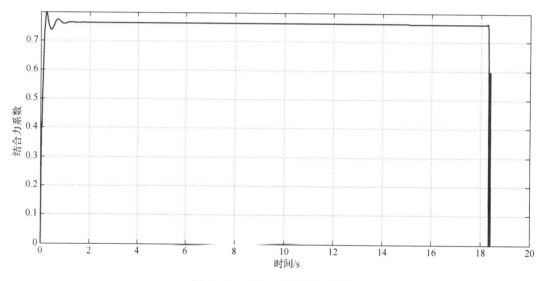

图 11-14　结合力系数变化曲线

由上述仿真曲线可以看出，飞机从制动开始到飞机速度降为 0，整个制动过程用时约 18.5s，滑跑距离约为 810m。当给定滑移率指令 $\sigma = 0.2$ 时，由图 11-13 看出，滑移率在防滑制动控制律的作用下，快速变化并很快稳定在 0.2 附近，保证此时的结合力系数最大，即 0.78 左右。根据式（11-48）计算制动效率，此时的制动效率约为 95.37%，说明本书所采用的防滑制动控制律具有高效的制动性能，同时验证了制动系统模型的正确性。滑移率动态响应时间约为 1s，在制动开始时滑移率有一点儿超调，然后进入稳态过程。稳态过程中滑移率较为稳定，对结合力系数的使用效率也较高。因此，该阶段的制动效果最好。在最后阶段，滑移率曲线、制动力矩曲线出现剧烈振荡，这是因为此时飞机速度较低，制动系统的性能变低，轮胎相对地面的滑动量变大，飞机解除打滑的时间增加，机轮处于一种深度打滑的状态。这反映出基于滑移率的防滑制动控制律在低速时的控制效果不是很好，但是相对于速度差控制等方式，滑移率控制在快速性和稳定性都有了很大的提高。

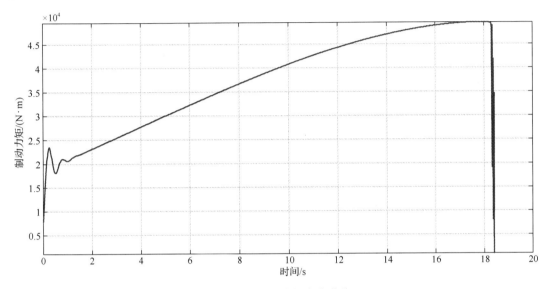

图 11-15　制动力矩变化曲线

11.6　滑跑综合纠偏控制

在飞机着陆滑跑过程中，除了要求快速制动、缩短跑道距离，还要求飞机能稳定航向，消除侧偏，沿着跑道中心线滑跑。在着陆滑跑过程中飞机可能受到外界侧风扰动、接地时机头未对准跑道中心线、飞机结构不对称等众多因素影响，飞机容易偏离跑道甚至冲出跑道，导致事故发生。为使飞机沿着跑道中心线滑跑，必须对飞机的滑跑进行纠偏控制。根据飞机与跑道中心线的航向偏差和侧向偏差信号，经纠偏控制律生成相应的控制指令，以控制相应的地面操纵机构，实现飞机安全着陆。

目前，常通过方向舵控制、前轮转向和主轮差动制动3种方式进行纠偏控制。然而，很多机型的前轮、制动系统和方向舵是相互独立的，很少进行系统交联、信息交互。尽管上述3种方式都具有滑跑纠偏控制作用，但是未做到合理高效的协调配合，常通过飞行员手动操纵实现纠偏控制。而地面综合控制系统将防滑制动、前轮转向和方向舵的功能进行综合，由计算机协调控制。这不仅加强了各个系统之间的信息交互和协调配合，还能有效降低操纵难度，提高纠偏控制的性能，增强飞机在恶劣条件下滑跑的安全性。

滑跑综合纠偏控制的基础在于设计前轮转向纠偏控制律、方向舵纠偏控制律和主轮差动制动纠偏控制律和整定相应参数，关键是如何将 3 个纠偏子系统很好地综合统一，实现各个纠偏控制律之间高效的协调控制。

11.6.1 前轮转向纠偏控制律

假设某时刻由于某种原因飞机重心偏离了跑道中心线 y m（侧偏距），若不进行纠偏控制，则在一段时间后，飞机偏离程度增大，偏离距离为 y_l m。纠偏控制的目的就是消除侧偏距，对准跑道中心线。因此，在产生侧偏距 y 时，需要将其作为反馈信号引入前轮转向纠偏控制律中，计算出相应的前轮偏转指令。此外，当飞机偏离跑道中心线时，滑跑速度 V 与中心线之间存在偏航角 ψ，即航向偏差。纠偏控制不仅要消除侧偏距，还要消除航向偏差。因此，引入偏航角 ψ，用于修正飞机与跑道之间的方位。假设前轮作动器（舵机）的指令信号为 θ_r，则前轮转向纠偏控制律表达式为

$$\theta_r = k_y \cdot (y - y_c) + k_\psi (\psi - \psi_c) \tag{11-49}$$

使用式（11-49）所示的控制律进行滑跑纠偏控制时，因缺乏阻尼项，故存在振荡和超调现象。为此，需要对上述控制律进行改进。在此引入侧偏距的微分信号，微分信号有超前校正的作用，可以减小超调和振荡。此外，在对航向进行纠正时，除了引入偏航角信号，还引入偏航角速度 r 信号，以增加系统的阻尼。因此，修正之后的前轮转向纠偏控制律结构如图 11-16 所示。

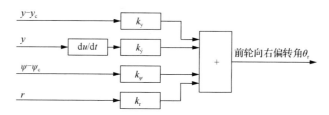

图 11-16 修正之后的前轮转向纠偏控制律结构

修正之后的前轮转向纠偏控制律表达式为

$$\theta_r = k_{ry} \cdot (y - y_c) + k_{r\dot{y}} \cdot \dot{y} + k_{r\psi}(\psi - \psi_c) + k_{rr} \cdot r \tag{11-50}$$

式中，y 和 $\dot{y}$ 为跑道坐标系中飞机相对于跑道中心线的侧向偏差和侧偏速度；y_c 为期望的侧向位置，在跑道坐标系中其值为 0；ψ 为飞机的当前偏航角，ψ_c 为跑道的方位角；r 为偏航角速度；k_{ry}、$k_{r\dot{y}}$、$k_{r\psi}$、k_{rr} 为相应的前轮转向纠偏控制比例微分系数。

前轮转向比较灵活，在高速滑跑阶段，若前轮偏转角较大，则飞机可能因转弯角度过大而发生侧翻。因此，需要对其角度进行限制。在低速滑跑阶段，为提高机轮的机动性，应该增加前轮偏转角度。

11.6.2 方向舵纠偏控制律

方向舵纠偏控制主要用于操纵方向舵偏转，从而产生偏航力矩，实现飞机航向的调整。

方向舵的气动特性受速度影响较大,在高速滑跑时,气动舵效高,方向舵的作用较为明显;而在低速时,气动舵效变低,依靠方向舵很难快速调整飞机的航向。因此,在高速滑跑时主要采用方向舵纠偏、在低速滑跑时主要采用前轮转向纠偏的组合方式。同样地,方向舵纠偏控制律以侧偏距信号、偏航角信号及它们的一阶微分信号作为反馈信号,通过对应控制律计算生成方向舵偏转指令。方向舵纠偏控制律表达式为

$$\delta_{\mathrm{r}} = k_{\mathrm{ry}} \cdot (y - y_{\mathrm{c}}) + k_{\mathrm{r}\dot{y}} \cdot \dot{y} + k_{\mathrm{r}\psi}(\psi - \psi_{\mathrm{c}}) + k_{\mathrm{r}r} \cdot r \tag{11-51}$$

式中, k_{ry}、$k_{\mathrm{r}\dot{y}}$、$k_{\mathrm{r}\psi}$、$k_{\mathrm{r}r}$ 为方向舵纠偏控制比例微分系数。

11.6.3　主轮差动制动纠偏控制律

制动系统除了进行防滑制动使飞机快速制动,还可以通过主轮差动制动进行纠偏控制。主轮差动制动纠偏原理:对左右主轮施加不同的制动压力,使它们受到不同的摩擦力矩,产生力矩差,从而改变飞机航向,实现纠偏。

以侧偏距信号、偏航角信号以及它们的一阶微分信号作为输入信号,经制动控制律计算,生成制动纠偏控制指令。然后根据控制指令的正负,经制动分配器对左主轮或右主轮制动机构输入指令,对一侧主轮施加制动压力,产生制动力矩,增大地面的摩擦力。另一侧主轮不受制动压力,仅受滚动摩擦力作用。这样一来,左右主轮受的摩擦力不同,就可以通过左右主轮的摩擦力差异产生偏航力矩控制飞机左右偏转。具体控制方式如下:当飞机位于跑道中心线右侧时,侧偏距为正,此时对左主轮进行制动,让右主轮自由滚动;当飞机处于跑道中心线左侧时,侧偏距为负,此时对右主轮进行制动,让左主轮自由滚动;当飞机位于跑道中心线上并对准航向时,对左右主轮都不制动,让它们自由滚动。主轮差动制动纠偏控制律结构如图 11-17 所示。

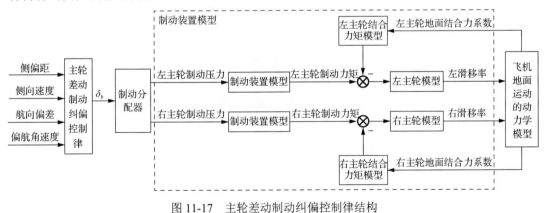

图 11-17　主轮差动制动纠偏控制律结构

主轮差动制动纠偏控制律表达式为

$$\delta_b = k_{by} \cdot (y - y_{\mathrm{c}}) + k_{b\dot{y}} \cdot \dot{y} + k_{b\psi}(\psi - \psi_{\mathrm{c}}) + k_{br} \cdot r \tag{11-52}$$

制动分配器为

$$
\begin{cases}
\delta_{bl} = -\delta_b \\
\delta_{br} = 0
\end{cases}
\quad \delta_b \leqslant 0
$$

$$
\begin{cases}
\delta_{bl} = 0 \\
\delta_{br} = \delta_b
\end{cases}
\quad \delta_b > 0
\tag{11-53}
$$

式中，δ_b 为制动纠偏指令；δ_{bl} 为左主轮制动控制信号；δ_{br} 为右主轮制动控制信号；k_{by}、$k_{b\dot{y}}$、$k_{b\psi}$、k_{br} 为制动纠偏控制比例微分系数。

11.6.4 综合纠偏控制律

在低速滑跑阶段，主轮差动制动和前轮转向纠偏控制作用较好，这是因为主轮差动制动依靠结合力矩差调整航向。低速滑跑时，飞机受到的正压力较大，主轮受到的摩擦力也较大，容易通过主轮差动制动产生力矩差调整航向。同样地，前轮的转向力与压力成正比，前轮受到的压力越大，其控制能力越强。而在高速滑跑阶段，由于气动力较大，升力较大，机轮受到的垂直载荷较小，故前轮转向和主轮差动制动的纠偏能力较弱。而方向舵的纠偏能力受动压变化影响，在飞机高速滑跑时动压大，方向舵产生的控制力强，此时方向舵纠偏效果明显。在低速滑跑时，动压变小，舵面力迅速减弱，方向舵纠偏能力变差。

根据上述 3 个纠偏子系统在不同速度段的纠偏效果不同，本书引入影响因子。在飞机低速滑跑时主要通过前轮转向和主轮差动制动进行纠偏控制，淡化方向舵的影响因子，此时方向舵作用很小，只起辅助纠偏作用；在飞机高速滑跑时主要采用方向舵纠偏控制，此时淡化前轮转向和主轮差动制动的影响因子，这时前轮转向和主轮差动制动纠偏作用较小，只起辅助纠偏作用。在着陆过程中，随着飞机滑行速度的减小，前轮转向和主轮差动制动的影响因子越来越大，方向舵的影响因子越来越小，这样可以实现主轮差动制动纠编、前轮转向纠偏和方向舵纠偏 3 种方式的平滑过渡，同时保证各个纠编子系统在不同速度段的纠偏效果。因为主轮差动制动纠编、前轮转向纠偏和方向舵纠编的控制权限是随着速度的变化而消减的，所以采用如下的影响因子：

$$
\zeta = \frac{V^2}{V_{jd}^2}
\tag{11-54}
$$

式中，ζ 为方向舵的影响因子；$(1-\zeta)$ 为前轮转向和主轮差动制动的影响因子；V 为飞机速度，V_{jd} 为飞机的接地速度。

由此可以看出，当飞机刚接地时，速度最大。此时，方向舵的影响因子为 1，前轮转向和主轮差动制动的影响因子为 0，只通过方向舵纠偏。随着飞机速度的减小，方向舵的控制权限逐渐减低，前轮转向和主轮差动制动的影响因子逐渐升高。综合纠偏控制律结构如图 11-18 所示。

在上述综合纠偏律控制律的作用下，最后的纠偏控制输出量为

$$
U = [\zeta\delta_r \quad (1-\zeta)\theta_r \quad (1-\zeta)\delta_b]
\tag{11-55}
$$

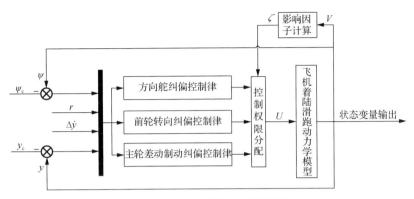

图 11-18 综合纠偏控制律结构

11.6.5 综合纠偏控制仿真分析

为体现综合纠偏控制的效益和优势，本节首先分别对方向舵纠偏、前轮转向纠偏、主轮差动制动纠偏进行仿真，然后进行前轮转向、方向舵和主轮差动制动的综合纠偏仿真。

为使仿真结果具有对比性，初始仿真条件应一致。飞机的着陆初始位置偏离跑道中心线右侧 10m，飞机的初始方向与跑道方向一致，飞机的着陆速度为 80m/s，初始侧向速度为 0m/s。

1. 方向舵纠偏仿真结果

方向舵纠偏仿真结果如图 11-19 所示。由图 11-19 可以看出，当飞机初始位置偏离跑道中心线右侧 10m 时，单独使用方向舵纠偏可以较快地使飞机往跑道中心线靠近。但是，此时方向舵舵效高，产生的偏航力矩很大，飞机偏离趋势明显。在仿真时间 8s 左右，飞机越过跑道中心线，滑跑到该中心线左侧。此时方向舵左偏，产生向右的偏航力矩，试图减小侧偏距，使方向回正。但是随着飞机滑跑速度的降低，方向舵纠偏能力减弱。尽管侧偏距不足 2m，但方向舵纠偏未能将其控制到 0，只是使其呈减小的趋势。

2. 前轮转向纠偏仿真结果

前轮转向纠偏仿真结果如图 11-20 所示。由图 11-20 可以看出，在飞机初始位置侧偏 10m 的条件下，单独使用前轮转向纠偏方式，也能将飞机纠正到跑道中心线。在仿真时间 12s 左右侧偏距减为 0，偏航角处于 0° 附近，航向对正跑道中心线。但是由图 11-20（e）所示的前轮偏转角变化曲线可以看出，在高速段，飞机前轮受到的正压力较小，前轮能产生的偏转力也较小。为了能较快地调整航向靠近跑道中心线，前轮需要偏转较大的角度。在整个过程中，前轮左右偏转得比较迅速，这对前轮的损害是比较大的。

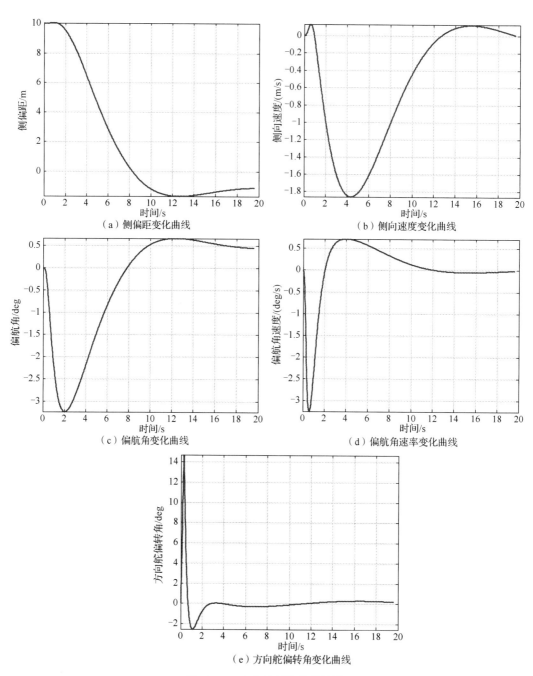

（a）侧偏距变化曲线

（b）侧向速度变化曲线

（c）偏航角变化曲线

（d）偏航角速率变化曲线

（e）方向舵偏转角变化曲线

图 11-19　方向舵纠偏仿真结果

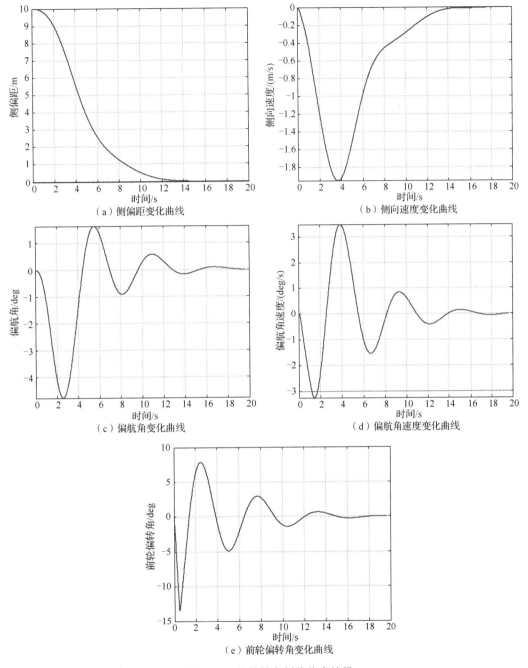

图 11-20　前轮转向纠偏仿真结果

3. 主轮差动制动纠偏仿真结果

主轮差动制动纠偏仿真结果如图 11-21 所示。由图 11-21 可以看出，采用主轮差动制动能对侧偏距进行修正。但是当飞机侧偏距被纠正到 1m 内之后，其纠偏效果变差，图 11-21

339

（a）所示侧偏距曲线出现轻微振荡，说明主轮差动制动纠偏对小幅度的侧偏距修正效果不佳。由图 11-21（c）所示的偏航角变化曲线可以看出，该曲线振荡收敛，虽不能将其控制到 0，但是能将其控制在较小范围内。左右主轮制动压力变化曲线符合主轮差动制动纠偏的特点，当一侧施加制动压力时，另一侧压力为 0。

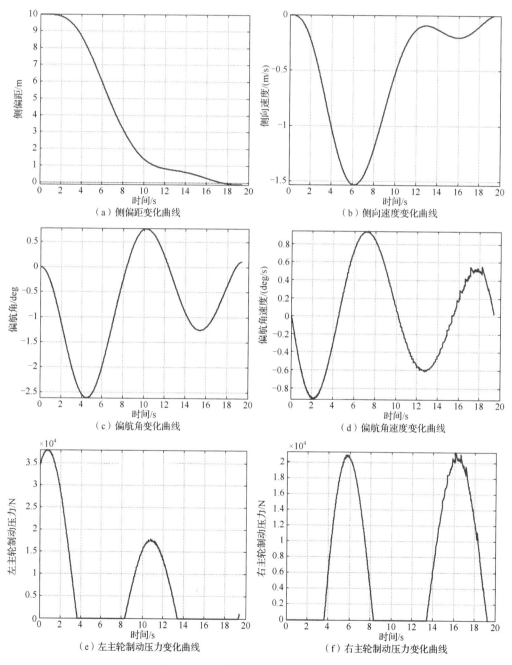

图 11-21　主轮差动制动纠偏仿真结果

4. 综合纠偏控制仿真

综合纠偏控制仿真结果如图 11-22 所示。

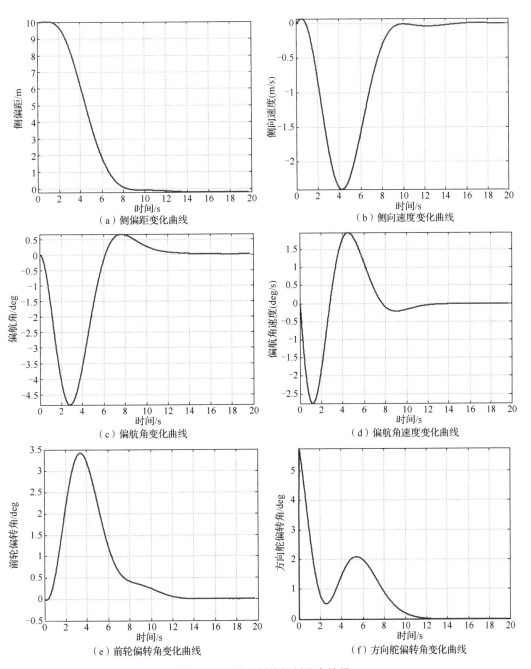

（a）侧偏距变化曲线

（b）侧向速度变化曲线

（c）偏航角变化曲线

（d）偏航角速度变化曲线

（e）前轮偏转角变化曲线

（f）方向舵偏转角变化曲线

图 11-22　综合纠偏控制仿真结果

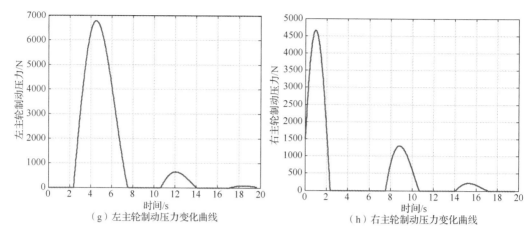

（g）左主轮制动压力变化曲线　　　　（h）右主轮制动压力变化曲线

图 11-22　综合纠偏控制仿真结果（续）

由图 11-22 可知，当飞机初始位置偏离跑道中心线右侧 10m 时，在综合纠偏控制律的作用下，飞机经 8s 左右就能把将侧偏距调整到 0 附近，超调量不足 0.2m，侧偏距最终稳定在 0 点。同时，偏航角和偏航角速度都减小到 0，飞机机头对准跑道中心线。在整个过程中，由于飞机初始位置位于跑道中心线右侧，因此需要使机头向左偏转。此时方向舵起主要的纠偏作用，方向舵迅速正偏，产生使飞机向左运动的偏航力矩。但是，为了抑制超调和振荡，前轮转向和主轮差动制动要起适当的阻尼作用，使飞机平稳无超调地回到跑道中心线。

5. 地面综合控制的效益分析

在飞机初始位置侧偏跑道中心线 10m 的条件下，使用单个子系统纠偏和综合纠偏的仿真结果对比如图 11-23～图 11-26 所示。

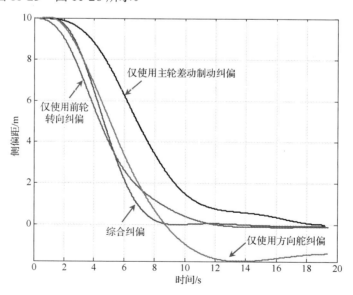

图 11-23　不同纠偏控制律下的侧偏距变化曲线

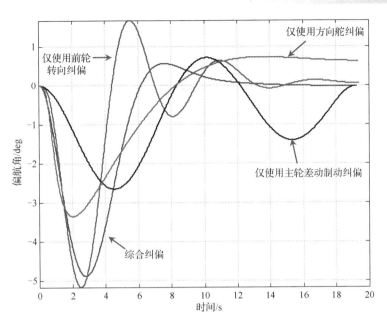

图 11-24　不同纠偏控制律下的偏航角变化曲线

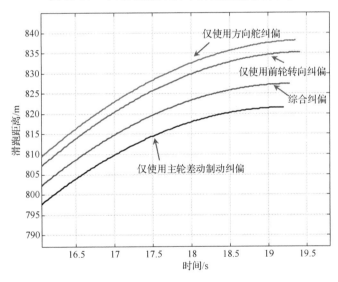

图 11-25　不同纠偏控制律下的滑跑距离变化曲线

　　由上述仿真结果对比可以看出，综合纠偏控制律的效果比单个纠偏控制律好。在侧偏距变化曲线中（见图 11-23），综合纠偏控制律下的侧偏距能快速且无超调地控制在 0 点，调节时间约为 8s，而前轮转向纠偏控制律和主轮差动制动的调节时间为 12s。此外，主轮差动制动纠偏控制律下的侧偏距最后有波动趋势，没有稳定在 0 点，方向舵纠偏控制律下的侧偏距超调量较大。虽然上述 3 个纠偏控制律最后都能将侧偏距控制在允许的偏差范围内，但纠偏效果明显不如综合纠偏效果。

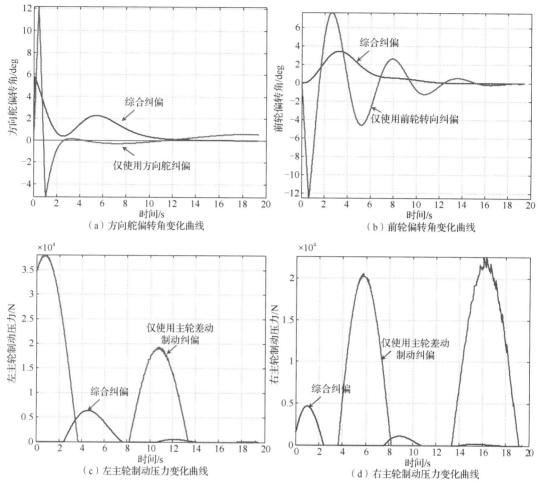

图 11-26　不同纠偏控制律下的输入指令

　　由偏航角变化曲线（见图 11-24）可以看出，综合纠偏控制律下的偏航角峰值虽然不是最小，但达到稳态的时间是最短的，而且整个过程中偏航角响应比较平稳，不像前轮转向纠偏控制律和主轮差动制动纠偏控制律下的偏航角那样振荡收敛。尽管使用方向舵控制律下的偏航角变化幅度最小，但始终存在一个稳态误差，没有将飞机机头和跑道中心线严格对齐。

　　由滑跑距离变化曲线（见图 11-25）可以看出，使用主轮差动制动纠偏能使飞机的滑跑距离最短，综合纠偏控制律下的制动距离次之。这是由于主轮差动制动不仅能产生力矩差改变航向，同时能增大纵向摩擦力，减小速度，因此能最快制动且制动距离小。在综合纠偏控制中，主轮差动制动纠偏只起到了部分作用，故制动距离稍长，但比仅使用方向舵纠偏或前轮转向纠偏的制动距离短。

　　由不同纠偏控制律下的输入指令变化曲线（见图 11-26）可以看出，综合纠偏控制律作用下的输入指令远比单个纠偏控制律下的输入指令小，并且变化缓慢，趋于稳定。在方向舵纠偏控制律下，最大偏转角为 12°，而综合纠偏控制律下最大偏转角为 6°。在前轮转向控制律下，前轮最大偏转角为 12°，而且在整个过程中，前轮需要左右快速偏转。在综合纠偏控制律下前轮最大偏转角仅为 3.5°，并且偏转得缓慢。综合纠偏控制律下的主轮差动制动压力也远比单个纠偏控制律下的制动压力小很多。由此可知，在综合纠偏控制律下，不需要很大的输入指令就能实现效果很好的纠偏控制，其效益远比单个纠偏控制律好。

本 章 小 结

本章首先分析了地面综合控制系统的组成及各组成模块之间的逻辑联系，搭建了地面综合控制仿真框架；然后针对主要子系统进行建模和仿真验证。飞机着陆滑跑动力学模型是地面综合控制的基础，根据飞机地面运动的受力分析，建立飞机两轮滑跑和三轮滑跑的非线性模型，并通过仿真验证了这些模型的准确性。制动系统是飞机着陆的制动和纠偏手段，在建立制动系统模型的基础上，采用控制滑移率的方法设计防滑制动控制律，并进行仿真，验证制动效率；最后进行综合纠偏控制律设计，先分别设计前轮转向纠偏、方向舵纠偏、主轮差动制动纠偏的控制律结构，然后根据各个子系统在不同速度段的控制效果，引入影响因子将三者进行综合控制。仿真结果表明，综合纠偏控制律只需要较小的控制输入，便能快速地进行侧向纠偏，控制效果比单个纠偏控制律好。

参 考 文 献

[1]   VELA A E, SOLAK S, CLARK J P B, et al. En Route Air Traffic Optimisation to Reduce Environmental Impact[J]. International Airport Review, 2009, 13.

[2]   LOWTHER M B, LOWTHER M B. En route speed optimization for continuous descent arrival[J]. Georgia Institute of Technology, 2008.

[3]   KLOOSTER J K，DEL AMO A，MANZI P. Controlled time-of-arrival flight trials[C]. The 8th USA /Europe Air Traffic Management R&D Seminar. Napa, CA, 2009.

[4]   LAURLE S. Analysis of flight management system predictions of idle-thrust descents [C]. The 29th Digital Avionics Systems Conference．Salt Lake City，USA: IEEE DASC，2010.

[5]   LAUREL S. Prediction of top of descent location for idle-thrust descents[C]. The 9th USA /Europe Air Traffic Management R&D Seminar. Berlin, Germany, 2011.

[6]   SANG G P, CLARKE J B. Fixed RTA fuel optimal profile descent based on analysis of trajectory performance bound[C]//Digital Avionics Systems Conference. IEEE, 2012: 3D3-1-3D3-13.

[7]   GRABOW C. A method to design a tie-point-based optimized profile descent (OPD) solution[C]// Digital Avionics Systems Conference. IEEE, 2013: 1D3-1-1D3-9.

[8]   GARRIDO-LÓPEZ D, D'ALTO L, LEDESMA R G. A novel four-dimensional guidance for continuous descent approaches[J]. 2009: 6. E. 1-6. E. 1-11.

[9]   SOPJES R, JONG P D, BORST C, et al. Continuous Descent Approaches with Variable Flight-Path Angles under Time Constraints[C]// AIAA Guidance, Navigation, and Control Conference. 2011.

[10]   孙鹏. 民用飞机连续下降技术初探[J]. 民用飞机设计与研究，2012（1）：6-9.

[11]   王超，郭九霞，沈志鹏. 基于基本飞行模型的 4D 航迹预测方法[J]. 西南交通大学学报，2009，44（2）：295-300.

[12]   魏志强，王超. 航班飞行各阶段污染物排放量估算方法[J]. 交通运输工程学报，2010，10（6）：48-52.

[13]   TANG P, ZHANG S, LI J. Final Approach and Landing Trajectory Generation for Civil Airplane in Total Loss of Thrust [J]. Procedia Engineering, 2014, 80(6): 522-528.

[14]   宫峰勋，苑克剑，马艳秋. 连续下降进近（CDA）航迹的高斯伪谱优化方法[J]. 交通信息与安全，2016，34（4）：15-21.

[15]   VELD A C I. Self-Spacing Algorithms for Continuous Descent Approaches[J]. Aerospace Engineering, 2011.

[16]   BOOZ T S A, HAMILTON A, MCLEAN V. A Brief History of Airborne Self-Spacing Concepts[J]. 2009.

[17]   ALAM S, NGUYEN M H, ABBASS H A, et al. A dynamic continuous descent approach methodology for low noise and emission[J]. 2010: 1. E. 5-1-1. E. 5-18.

[18]   JUNG U, BREITSAMTER C. Aerodynamics of Multifunctional Transport Aircraft Devices[J]. Journal of Aircraft, 2015, 49(6): 1755-1764.

[19]   AIAA. Airborne Required Time of Arrival (RTA) Control and Integration with ATM[C]// Aiaa Atio Conf, Ceiat Int'l Conf on Innov and Integr in Aero Sciences, Lta Systems Tech Conf; Followed by, Teos Forum. 2007.

[20]   FILIPPONE A. Aircraft noise prediction[J]. Progress in Aerospace Sciences, 2014, 68(8): 27-63.

[21]   WASIUK D K, LOWENBERG M H, SHALLCROSS D E. An aircraft performance model implementation for the estimation of global and regional commercial aviation fuel burn and emissions[J]. Transportation Research Part D Transport & Environment, 2015, 35: 142-159.

[22]   TAKEICHI N, INAMI D. Arrival-Time Controllability of Tailored Arrival Subjected to Flight-Path Constraints[J]. Journal of Aircraft, 2010, 47(6): 2021-2029.

[23] EIJK A V D, Borst C, Veld A C I ', et al. Assisting Air Traffic Controllers in Planning and Monitoring Continuous-Descent Approaches[J]. Journal of Aircraft, 2012, 49(5): 1376-1390.

[24] JACKSON M R C. CDA with RTA in a mixed environment[C]// Digital Avionics Systems Conference, 2009. Dasc '09. IEEE/AIAA. IEEE, 2009: 2. C. 2-1-2. C. 2-10.

[25] BURGAIN P, FERON E, SANG H K. Valuating surface surveillance technology for collaborative multiple-spot control of airport departure operations[J]. IEEE Transactions on Intelligent Transportation Systems, 2011, 15(2): 1-25.

[26] STEEG J V D, NOTENBAERT A, HERRERO M, et al. Transport and climate change: a review[J]. Journal of Transport Geography, 2007, 15(5): 354-367.

[27] SANG G P, CLARKE J P. Trajectory Generation for Optimized Profile Descent using Hybrid Optimal Control[C]// Aiaa Guidance, Navigation, and Control. 2013.

[28] JONG P D, VOS K D, BORST C, et al. Time-based Spacing for 4D Approaches using Speed-Profiles[C]// AIAA Guidance, Navigation, and Control Conference. 2011.

[29] MEIJER L, GELDER N D, MULDER M, et al. Time-Based Spaced Continuous Descent Approaches in Busy Terminal Manoeuvring Areas[C]// 2013.

[30] JONG P M A D, GELDER N D, VERHOEVEN R P M, et al. Time and Energy Management during Descent and Approach: A Batch-Simulation Study[J]. Journal of Aircraft, 2014, 52(2014).

[31] AIAA. The Point Merge Arrival Flow Integration Technique: Towards More Complex Environments and Advanced Continuous Descent[C]// Aiaa Aviation Technology, Integration, and Operations Conference. 2009.

[32] MACWILLIAMS P, ZAKRZEWSKI E. Terminal Area Required Time of Arrival (RTA) Concept of Operations and Automation Prototype[C]// The, Congress of Icas and, Aiaa Atio. 2013.

[33] SLATER G. Study on Variations in Vertical Profile for CDA Descents[C]// Aiaa Aviation Technology, Integration, and Operations Conference. 2009.

[34] SMEDT D D, BERZ G. Study of the required time of arrival function of current FMS in an ATM context[J]. 2007: 1. D. 5-1 - 1. D. 5-10.

[35] WU M G, GREEN S M, JONES J. Strategies for Choosing Descent Flight-Path Angles for Small Jets[J]. Journal of Aircraft, 2012, 52(3).

[36] MATSUNO Y, TSUCHIYA T. Stochastic Near-Optimal Control for Aircraft Arrival Sequencing and Conflict Resolution[C]// Aiaa Aviation Technology, Integration, and Operations Conference. 2015.

[37] FILIPPONE A. Steep-Descent Maneuver of Transport Aircraft[J]. Journal of Aircraft, 2007, 44(5): 1727-1739.

[38] HWANG J, ROY S, KAO J, et al. Simultaneous aircraft allocation and mission optimization using a modular adjoint approach[C]// Aiaa/asce/ahs/asc Structures, Structural Dynamics, and Materials Conference. 2013: 1117-1124.

[39] MERIC O S. Optimum Arrival Routes for Flight Efficiency[J]. Journal of Power & Energy Engineering, 2015, 03(4): 449-452.

[40] CLARKE J P, BROOKS J, NAGLE G, et al. Optimized Profile Descent Arrivals at Los Angeles International Airport[J]. Journal of Aircraft, 2013, 50(2): 360-369.

[41] FRANCO A, RIVAS D, VALENZUELA A. Optimization of Unpowered Descents of Commercial Aircraft in Altitude-Dependent Winds[J]. Journal of Aircraft, 2012, 49(5): 1460-1470.

[42] SANG G P, CLARKE J P. Optimal Control Based Vertical Trajectory Determination for Continuous Descent Arrival Procedures[J]. Journal of Aircraft, 2015, 52(5): 1-12.

[43] TAKEICHI N, ISHIHARA J, SATO M. Nominal Flight Time Optimization for Minimum Delay and Fuel Consumption of Arrival Traffic[J]. Aiaa Journal, 2013.

[44] SOLER M, OLIVARES A, STAFFETTI E. Multiphase Optimal Control Framework for Commercial Aircraft

Four-Dimensional Flight-Planning Problems[J]. Journal of Aircraft, 2014, 52: 1-12.

[45] ALAM S, NGUYEN M H, ABBASS H A, et al. Multi-Aircraft Dynamic Continuous Descent Approach Methodology for Low-Noise and Emission Guidance[J]. Journal of Aircraft, 2011, 48(4): 1225-1237.

[46] AIAA. Models of Air Traffic Merging Techniques: Evaluating Performance of Point Merge[C]// Aviation Technology, Integration and Operations Conference, American Institute of Aeronautics and Astronautics. 2009.

[47] SENZIG D A, FLEMING G G, IOVINELLI R J. Modeling of Terminal-Area Airplane Fuel Consumption[J]. Journal of Aircraft, 2015, 46(4): 1089-1093.

[48] REN L, REYNOLDS T G, CLARKE J P B, et al. Meteorological influences on the design of advanced aircraft approach procedures for reduced environmental impacts[J]. Meteorological Applications, 2011, 18(1): 40–59.

[49] JOHNSON W, HO N, BATTISTE V, et al. Management of continuous descent approach during interval management operation[C]// Digital Avionics Systems Conference. IEEE, 2010: 4. D. 4-1-4. D. 4-13.

[50] JIN L, CAO Y, SUN D. Investigation of Potential Fuel Savings Due to Continuous-Descent Approach[J]. Journal of Aircraft, 1971, 50(3): 807-816.

[51] FORTMAN W F D G, Paassen M M V, Mulder M, et al. Implementing Time-Based Spacing for Decelerating Approaches[J]. Journal of Aircraft, 2007, 44(1): 106-118.

[52] MUYNCK R D, BOS T, KUENZ A, et al. Implementing Time Based CDA Operations in a Medium-High Density ATM Environment[C]// Icas. 2012.

[53] REYNOLDS H J D, HANSMAN R J, Reynolds T G. Human Factors Implications of Continuous Descent Approach Procedures for Noise Abatement[J]. Air Traffic Control Quarterly, 2006, 14.

[54] AIAA. History, Development and Analysis of Noise Abatement Arrival Procedures for UK Airports[C]// Aiaa, Atio and Lighter-Than-Air Sys Tech. and Balloon Systems Conferences. 2005.

[55] AXELSSON H, WARDI Y, EGERSTEDT M. Gradient Descent Approach to Optimal Mode Scheduling in Hybrid Dynamical Systems[J]. Journal of Optimization Theory and Applications, 2008, 136(2): 167-186.

[56] DALMAU R, PRATS X. Fuel and time savings by flying continuous cruise climbs : Estimating the benefit pools for maximum range operations[J]. Transportation Research Part D Transport & Environment, 2015, 35(35): 62-71.

[57] SOLER M, OLIVARES A, STAFFETTI E, et al. Framework for Aircraft Trajectory Planning Toward an Efficient Air Traffic Management[J]. Journal of Aircraft, 2015, 49(1): 341-348.

[58] COPPENBARGER R A, MEAD R W, SWEET D N. Field Evaluation of the Tailored Arrivals Concept for Datalink-Enabled Continuous Descent Approach[J]. Journal of Aircraft, 2007, 46(4): 18--20.

[59] SANG G P, CLARKE J P. Feasible Time Range Analysis of Wide Fleet for Continuous Descent Arrival[C]// Aviation Technology, Integration, and Operations Conference. 2013.

[60] MURDOCH J L, BARMORE B E, BAXLEY B T, et al. Evaluation of an Airborne Spacing Concept to Support Continuous Descent Arrival Operations[J]. Georgia Institute of Technology, 2009.

[61] TURGUT E T, USANMAZ O, CANARSLANLAR A O, et al. Energy and emission assessments of continuous descent approach[J]. Aircraft Engineering and Aerospace Technology, 2010, 82(1): 32-38.

[62] PRATS X, BARRADO C, PEREZBATLLE M, et al. Enhancement of a time and energy management algorithm for continuous descent operations[C]// Aiaa Aviation Technology, Integration, and Operations Conference. 2013.

[63] SANG G P, CLARKE J P B, FERON E, et al. Encounter Rate Estimation of Continuous Descent Arrival Procedures in Terminal Area[C]// Aiaa Scitech. 2016.

[64] MUYNCK R J D, VERHOEFF L, VERHOEVEN R P M, et al. Enabling Technology Evaluation for Efficient Continuous Descent Approaches[J]. 2008.

[65] LOWTHER M B, LOWTHER M B. En route speed optimization for continuous descent arrival[J]. Georgia Institute of

Technology, 2008.

[66] TONG K O, BOYLE D, WARREN A. Development of Continuous Descent Arrival (CDA) Procedures for Dual-Runway Operations at Houston Intercontinental[J]. 2000, 486-487.

[67] WARREN A, TONG K O. Development of continuous descent approach concepts for noise abatement [ATC][C]// Aiaa's, Aviation Technology, Integration, and Operations. 2013: 1E3-1 - 1E3-4 vol. 1.

[68] SMEDT D D. Controlled Time of Arrival Feasibility Analysis[J]. 2013.

[69] WHITE K, ARNTZEN M, BRONKHORST A, et al. Continuous Descent Approach (CDA) compared to regular descent procedures: Less annoying?[C]// Internoise. 2014.

[70] BUSSINK F J, LAAN J J V D, JONG P M A D. Combining Flight-deck Interval Management with Continuous Descent Approaches in high density traffic and realistic wind conditions[C]// AIAA Guidance, Navigation, and Control Conference. 2013.

[71] HALL T, SOARES M. Analysis of localizer and glide slope Flight Technical Error[C]. Digital Avionics Systems Conference, 2008. DASC 2008. IEEE/AIAA 27th. IEEE, 2008.

[72] 程农, 李四海. 民机导航系统[M]. 上海：上海交通大学出版社, 2015.

[73] 曾思弘. GBAS 技术特征与应用[J]. 科技通报, 2015（9）：156-158+207.

[74] 刘帅. GPS/INS 组合导航算法研究与实现[D]. 解放军信息工程大学, 2012.

[75] 苟江川. 仪表着陆系统（ILS）电磁环境分析及测试系统集成[D]. 2016.

[76] 路高勇. 多传感器数据空间配准算法研究及工程实现[D]. 电子科技大学 2011.

[77] BLAIR W D, RICE T R, ALOUANI A T, et al. Asynchronous data fusion for target tracking with a multitasking radar and optical sensor[J]. Proceedings of SPIE — The International Society for Optical Engineering, 1991, 1482.

[78] 周锐, 申功勋, 房建成. 多传感器融合目标跟踪[J]. 航空学报, 1998, 19（5）.

[79] 王宝树, 李芳社. 基于数据融合技术的多目标跟踪算法研究[J]. 西安电子科技大学学报, 1998（3）：5-8.

[80] 郭徽东, 章新华. 多传感器异步数据融合模型分析[J]. 火力与指挥控制, 2003（3）：10-12.

[81] 李教. 多平台多传感器多源信息融合系统时空配准及性能评估研究[D]. 西北工业大学, 2003.

[82] 王伟. 多传感器时空配准技术研究[D]. 中国电子科学研究院, 2014.

[83] 叶宏. 多传感器系统配准算法研究[D]. 中国工程物理研究院, 2014.

[84] LEUNG H, BLANCHETTE M. A least squares fusion of multiple radar data[C]. Proceedings of RADAR, Paris, 1994: 364-369.

[85] BURKE J. The SAGE real quality control fraction and its interface with BUIC II/BUIC III[R]. MITRE Corporation, 1966

[86] M DANA. Registration: A prerequisite for multiple sensor tracking. In Y. Bar-Shalom, editor, Multi-target Multi-sensor Tracking: Advanced Application[M]. MA: Artech House, Norwood, 1990: 155-185

[87] ZHOU Y, LEUNG H, BLANCHETTE M. Sensor alignment with Earth-centered Earth-fixed (ECEF) coordinate system[J]. IEEE Transactions on Aerospace and Electronic Systems, 1999, 35(2): 410-418.

[88] 史伟, 王伟. 地心地固坐标系下考虑测量噪声的传感器配准算法[J]. 中国电子科学研究院学报, 2013（3）：50-54.

[89] LEI C, YOU H, XIAO-MING T. Comparison of Distributed and Federated Filtering in Multi-Coordinate Systems[C] Radar, 2006. CIE '06. International Conference on. IEEE, 2006.

[90] 贺席兵, 李教, 敬忠良. 多传感器中传感器配准技术发展综述[J]. 空军工程大学学报（自然科学版）, 2001（2）：11-14.

[91] 李教, 敬忠良, 王安. 基于地心地固坐标系的传感器极大似然配准算法[J]. 系统工程与电子技术（2）：245-249.

[92] LAWRENCE P J, BERARDUCCI M P. Comparison of federated and centralized Kalman filters with fault detection considerations[C] Position Location & Navigation Symposium. IEEE, 1994.

[93] PROGRI I F, MICHALSON W R. [IEEE IEEE Position Location and Navigation Symposium - Palms Springs, CA, USA (15-18 April 2002)] 2002 IEEE Position Location and Navigation Symposium (IEEE Cat. No. 02CH37284)—A combined GPS satellite/pseudolite system for Category III precision landing[J]. 2002: 212-218.

[94] DUAN F, WANG H, ZHANG L, et al. Study on Fault-tolerant Filter Algorithm for Integrated Navigation System[C] Mechatronics and Automation, 2007. ICMA 2007. International Conference on. IEEE, 2007.

[95] EDELMAYER A, MIRANDA M. [IEEE 2007 Mediterranean Conference on Control & Automation-Athens, Greece (2007. 06. 27-2007. 06. 29)] 2007 Mediterranean Conference on Control & Automation - Federated filtering for fault tolerant estimation and sensor redundancy management in coupled dynamics distributed systems[J]. 2007: 1-6.

[96] ZHAO L. Federated Adaptive Kalman Filtering and its application[C] World Congress on Intelligent Control & Automation. IEEE, 2008.

[97] HU Y, ZHEN Z, WANG Z. Federated filtering based Multi Sensor Fault-tolerant Altitude Determination System for UAV[J]. IEEE. 2008.

[98] CAI J, PAN W D. Statistical analysis of thresholding errors for adaptive projection-based fast block matching motion estimation[C] Picture Coding Symposium, 2009. PCS 2009. IEEE Press, 2009.

[99] ZHOU B, CHENG X. Federated filtering algorithm based on fuzzy adaptive UKF for marine SINS/GPS/DVL integrated system[C] Proceedings of 2010 Chinese Control and Decision Conference. 2010.

[100] BEHESHTI S, HASHEMI M, SEJDIC E, et al. Mean Square Error Estimation in Thresholding[J]. IEEE Signal Processing Letters, 2011, 18(2): 103-106.

[101] KAI Q, HUI Y, PENG Y X , et al. An Integrated Fault Detection Scheme for the Federated Filter[C] Fourth International Conference on Digital Manufacturing & Automation. 2013.

[102] ZONG H, WANG B, LIU Z, et al. Fault detection in SINS/CNS/GPS integrated system based on federated filter[C] Control Conference. IEEE, 2014.

[103] BAO S, LAI J, CHEN Z. [IEEE 2017 Chinese Automation Congress (CAC) - Jinan (2017. 10. 20-2017. 10. 22)] 2017 Chinese Automation Congress (CAC) - Aerodynamic model/INS/GPS failure-tolerant navigation method for multirotor UAVs based on federated Kalman Filter

[104] AL-SHARMAN M, EMRAN B J, JARADAT M A, et al. Precision Landing Using an Adaptive Fuzzy Multi-Sensor Data Fusion Architecture[J]. Applied Soft Computing, 2018, 69.

[105] 赵万龙，孟维晓，韩帅. 多源融合导航技术综述[J]. 遥测遥控，2016（6）.

[106] STEINBERG A N, BOWMAN C L, WHITE F E. Revisions to the JDL Data Fusion Model[J]. Proceedings of SPIE - The International Society for Optical Engineering, 1999, 3719.

[107] 潘泉，于昕，程咏梅. 信息融合理论的基本方法与进展[J]. 自动化学报，2003，29（4）：599-615.

[108] 秦永元，张洪钺，汪叔华. 卡尔曼滤波与组合导航原理[M]. 西安：西北工业大学出版社，2012.

[109] BIERMAN G J. Sequential square root filtering and smoothing of discrete linear systems[J]. Automation, 1974, 10(2): 147-158.

[110] CARLSON N A. Fast triangular factorization of the square root filter. AIAA Journal, 1973, 11(9): 1259-1265

[111] SCHMIDT S F. Computational techniques in Kalman filtering , in theory and application of Kalman filtering . NATO Advisory Group for Aerospace Research and Development, AGARDOGRAPH 139, 1970.

[112] SPEYER J L. Computation and transmission requirements for a decentralized linear-quadratic-Gaussian control problem[J]. IEEE Transactions on Automatic Control, 1979, 24(2): 266-269.

[113] CARLSON N A. Federated filter for fault-tolerant integrated navigation systems[C] IEEE Position Location & Navigation Symposium. IEEE, 1988: 110-119.

[114] CARLSON N A, Berarducci M P. Federated Kalman Filter Simulation Results[J]. Navigation, 1994, 41(3): 297-322.

[115] LI M, LIANG J. A Federated particle filtering Algorithm based on EKPF[J] IEEE 2011.

[116] SHI X, SUN X, FU M, et al. Federated filter for multi-sensor data fusion of dynamic positioning ship[C] Automation and Logistics (ICAL), 2012 IEEE International Conference on. IEEE, 2012.

[117] 王党卫, 李斌, 原彬. 卫星导航着陆系统现状及发展趋势[J]. 现代导航, 2012 (5): 9-15.

[118] COHEN C E, PERVAN B S, LAWRENCE D G, et al. Real-Time Flight Testing Using Integrity Beacons for GPS Category III Precision Landing[J]. Navigation, 1994, 41(2): 145-157.

[119] PROGRI I F, MICHALSON W R. Performance evaluation of Category III precision landing using Airport Pseudolites[C] Position Location and Navigation Symposium, IEEE 2000.

[120] CHENEY H, PHAM C. A new method to confirm category III autoland performance[C] 4th Flight Test Conference. 1988: 2126.

[121] KIRAN S, BARTONE C G. Flight-Test Results of an Integrated Wideband-Only Airport Pseudolite for the Category II/III Local Area Augmentation System[J]. IEEE Transactions on Aerospace and Electronic Systems, 2004, 48(2): 734-741.

[122] ALISON A. PROCTOR ERIC N. JOHNSON. Vision-only Approach and Landing[J]. AIAA Guidance, Navigation, and Control Conference and Exhibit 15 - 18 August 2005.

[123] NOSHIRAVANI P, REZAEE A. [IEEE 2010 International Conference on Signal Acquisition and Processing (ICSAP)- Bangalore, India (2010. 02. 9-2010. 02. 10)] 2010 International Conference on Signal Acquisition and Processing - Instrument Landing System: Enhanced Model[C] International Conference on Signal Acquisition & Processing. IEEE Computer Society, 2010: 308-309.

[124] GAUTAM A, SUJIT P B, SARIPALLI S. Autonomous Quadrotor Landing Using Vision and Pursuit Guidance[J]. IFAC-Papers On Line, 2017, 50(1): 10501-10506.

[125] 李四海, 辛格, 付蔚文. 基于 INS/ILS/RA 组合导航的自动着陆系统[J]. 中国惯性技术学报, 2012 (3): 63-66.

[126] 万嘉钰, 李魁, 高鹏宇. INS/ILS 组合高精度进近着陆系统仿真研究[J]. 计算机仿真, 2016, 33 (4): 95-100.

[127] 刘瑞华, 曹晖. 基于北斗的飞机进近着陆系统可视化仿真[J]. 系统仿真学报, 2018, 30 (10): 162-169.

[128] 于耕, 方鸿涛. 基于 BP 神经网络改进 UKF 的组合导航算法[J]. 电子技术应用, 2019, 45 (4): 36-40.

[129] 严恭敏. 捷联惯导算法与组合导航原理[M]. 西安: 西北工业大学出版社, 2019.

[130] 崔陆, 魏志芳. GPS 卫星导航信号模拟器主要误差参数建模与仿真研究[J]. 科技创新与应用, 2015, No. 146 (34): 7-9.

[131] 崔立鲁, 熊旭, 杜石. GPS 卫星数据仿真[J]. 北京测绘, 2018 (6).

[132] 秦永元. 惯性导航[M]. 北京: 科学出版社, 2013.

[133] 李洪力, 徐昕诰. 组合导航系统多源信息融合关键技术研究[J]. 科技展望, 2016, 26 (21): 12.

[134] 聂云峰, 王振海. 数值方法简明教程[M]. 北京: 高等教育出版社, 2011.

[135] 王新龙, 李亚峰, 纪新春. SINS/GPS 组合导航技术[M]. 北京: 北京航空航天大学出版社, 2014.

[136] 李伟, 何鹏举, 高社生. 多传感器加权信息融合算法研究[J]. 西北工业大学学报 (5): 674-678.

[137] 范军芳, 模糊控制[M]. 北京: 国防工业出版社, 2017.

[138] 曹梦龙. 车载导航系统自主重构技术与信息融合算法研究[D]. 哈尔滨工业大学, 2009.

[139] 田易, 孙金海, 李金海. 航姿参考系统中一种自适应卡尔曼滤波算法[J]. 西安电子科技大学学报 (自然科学版), 2011, 38 (6).

[140] 赵大炜, 陈光军, 许化龙. 一种确定最优故障检测门限的方法[C]. 中国控制与决策学术年会. 2003.

[141] 于传强, 樊红东, 唐圣金. 基于最小风险的 Bayes 阈值选取准则算法及实现[M]. 北京: 科学出版社, 2018.

[142] 郭婧, 薛广月, 王嫣然. RNP 运行中的实际导航性能评估技术研究[J]. 民航学报, 2018 (3).

[143] 孙晓敏, 王丹, 戴苏榕. 支持基于性能导航运行的飞行管理系统需求分析[J]. 航空电子技术, 2018, 49 (4):

23-30.

[144] ANDERSON M. Flight technical error model for nonstationary random turbulence[C] AIAA Guidance, Navigation, and Control Conference and Exhibit. 2001.

[145] BROWN R, ROMRELL G, JOHNSON G, et al. DGPS category III B automatic landing system flight test results[C] Position, Location and Navigation Symposium—PLANS'96. IEEE 1996: 664-671.

[146] ROMRELL G, JOHNSON G, BROWN R, et al. DGPS Category III B Feasibility Demonstration Landing System with Flight Test Results[J]. Navigation, 1996, 43(2): 131-148.

[147] KELLY R J, DAVIS J M. Required Navigation Performance (RNP) for Precision Approach and Landing with GNSS Application[J]. Navigation, 1994, 41(1): 1-30.

[148] COHEN C E, COBB H S, LAWRENCE D G, et al. Autolanding a 737 Using GPS Integrity Beacons[C] Digital Avionics Systems Conference, 1995. 14th DASC. IEEE Xplore, 1995.

[149] 孙淑光, 戴博, 张鹏. 机载组合导航系统实际导航性能计算方法[J]. 控制工程, 2011, 18（2）: 262-266.

[150] 张乐, 李武周, 巨养锋. 基于圆概率误差的定位精度评定办法[J]. 指挥控制与仿真, 2013（1）: 117-120.

[151] 韩京清. 控制理论——模型论还是控制论[J]. 系统科学与数学, 1989, 9（4）: 328-355.

[152] 韩京清, 王伟. 非线性跟踪—微分器[J]. 系统科学与数学, 1994, 14（2）: 177-183.

[153] 韩京清. 自抗扰控制器及其应用[J]. 控制与决策, 1998, 13（1）: 19-23.

[154] DALEI S, TINGTING G, WEICHENG S, et al. Using an Active Disturbance Rejection Decoupling Control Algorithm to Improve Operational Performance for Underwater Glider Applications[J]. Journal of Coastal Research, 2018, 343: 724-737.

[155] WANG Q, XIONG H, QIU B. The Attitude Control of Transmission Line Fault Inspection UAV Based on ADRC[C]// 2017 International Conference on Industrial Informatics— Computing Technology, Intelligent Technology, Industrial Information Integration (ICIICII). 2017.

[156] 韩京清. 自抗扰控制技术：估计补偿不确定因素的控制技术[M]. 北京：国防工业出版社, 2008.

[157] 高志强. 自抗扰控制思想探究[J]. 控制理论与应用, 2013, 30（12）: 1498-1510.

[158] 朴敏楠, 孙明玮, 黄建, 等. 基于自抗扰的高超声速航空器姿态鲁棒控制[J]. 控制工程, 2019, 26（9）: 1627-1635.

[159] GUOJUN ZHU. Landing Control of Fixed-wing UAV Based on ADRC[C]. Technical Committee on Control Theory, Chinese Association of Automation, 2019: 535-540.

[160] SHAN Y Q. Attitude control of Flying wing UAV based on Advanced ADRC[C]. 2019 中国仿真技术应用大会暨创新设计北京峰会论文集, 2019: 137-142.

[161] 常凡凡. 基于 CAT III 着陆标准的民用客机自动着陆系统设计[D]. 西北工业大学, 2012.

[162] 李会杰. 民用客机 CAT III 级自动着陆系统设计与仿真研究[D]. 北京航空航天大学, 2009.

[163] 高丽丽. 固定翼无人机总体设计及自主着陆控制技术研究[D]. 南京航空航天大学, 2017.

[164] 郝现伟, 王勇, 杨业, 等. 可重复使用航空器进近着陆拉平纵向控制[J]. 北京航空航天大学学报, 2016, 42（7）: 1432-1440.

[165] 嵇鼎毅, 陆宇平. 飞翼布局无人机抗侧风自动着陆控制[J]. 飞机设计, 2007（2）: 25-28+33.

[166] 桂远洋, 高振兴, 曾丽君. 低空风切变下飞机进近着陆自动改出控制研究[J]. 信息技术, 2014（10）: 38-43+47.

[167] SAUSSIE D, AKHRIF O A, SAYDY L. Robust and scheduled flight control with handing quality requirements Saussie[C]//Guidance Navigation and Control Confrence. California, AIAA, 2005, 2: 1488-1495.

[168] KHAPANCE P D. Simulation of asymmetric landing and typical ground maneuvers for large transport aircraft[J]. Aerospace Science and Technology, 2003, 7: 611-619.

[169] KHAPANCE P D. Gear walk instability studies using flexible multibody dynamics simulation methods in SIMPACK[J]. Aerospace Science and Technology, 2006, 10: 19-25.

[170] MICHAEL F. Theoretical and Experimental Principles of Landing Gear Research and Development[J]. Luftfahrtforschung, 1937(14): 387-416.

[171] C. R. Hanke. The simulation of a large jet transport aircraft[R]. NASA-CR-1756, 1971.

[172] BARNES A G, YAGER T J. Simulation of aircraft behavior and close to the ground[R]. AGARD-AG-285, 1985.

[173] ST GERMANN, DAISS A. Monitoring of the friction coefficient between tyre and road surface[C]//IEEE Conference on Control Applications. IEEE, 1994.

[174] PI W S, YAMANE J R, SMITH M J C. Generic aircraft ground operation simulation[J]. Bmj Case Reports, 2011.

[175] CANUDAS-DE-WIT, CARLOS, TSIOTRAS, et al. Dynamic friction models for road/tire longitudinal interaction[J]. Vehicle System Dynamics, March 2003, 39: 189-226.

[176] DUAN SONGYUN. Modeling of a unmanned vehicle during take-off/landing and flight dynamics simulation[D]. Beijing: Qinghua University, 2004.

[177] 王鹏，周洲. 飞翼无人机着陆滑跑建模和控制仿真研究[J]. 系统仿真学报，2011，23 （1）.

[178] 李洁玉. 高速水平回收无人机综合纠偏方法研究[D]. 南京航空航天大学，2017.

[179] 张琳，龚喜盈，庞俊锋. 轮式起降无人机滑跑起飞阶段动力学仿真研究[J]. 航空工程进展，2018，9（3）：375-381.

[180] 范大旭，李秀娟，李春涛，等. 大展弦比无人机地面滑跑动力学建模与分析[J]. 兵工自动化，2018，37（10）：70-76.

[181] 顾宏斌. 飞机地面运行的动力学模型[J]. 航空学报，2001，22（2）：163-167.

[182] 何学工，刘劲松，闵丽. 飞机地面方向综合控制系统初探[J]. 机电设备，2014（1）：27-29.

[183] 惠晓强，周波，张磊，等. 数字式防滑制动综合控制器的设计[J]. 航空计算技术，2010，40（5）：126-130.

[184] 冯军，大型民机起落架的发展趋势与关键技术航空制造技术[J]. 航空制造技术，2009，（2）：52-56.

[185] ABZUG M J. Directional Stability and Control During Landing Rollout[J]. Journal of Aircraft, 1999, 36（3）：584-590.

[186] 付国强，刘三才，刘宪飞. 无人机滑跑段抗侧滑控制策略研究[J]. 计算机应用与软件，2019，36（5）：64-68+124.

[187] HAO X W, YANG Y, JIA Z Q, et al. Mathematic model and deviation-correction control for UAV taxiing[J]. 2014, 18(5): 85-92.

[188] 陈磊. 飞翼飞行平台地面滑跑建模与航迹纠偏控制研究[D]. 南京航空航天大学，2009.

[189] WU CENGFU, YAN BEI, SHAO PENGYUAN. Exploring Taxiing Take-Off Control for Unmanned Aerial Vehicle(UAV) Based on Fuzzy Control[J]. Journal of Northwestern Polytechnical University, 2015, 33(1): 33-39.

[190] GONG H, LIU J. Sliding Mode Control for VTOL Aircraft Based on High-Gain Observer[C]//International Conference on Instrumentation. IEEE, 2013.

[191] 贾彩娟. 飞翼布局无人机地面滑跑纠偏控制系统设计与仿真[J]. 自动化应用，2018（7）：59-60+63.

[192] 刘正辉. 飞机主轮制动与前轮操纵综合控制器研究与设计[D]. 中南大学，2013.

[193] 尹乔之. 无人机低频制动与地面滑跑稳定性研究[D]. 南京航空航天大学，2018.

[194] 吴森堂，费玉华. 飞行控制系统[M]. 北京：北京航空航天大学出版社，2005.

[195] ICHWANUL HAKIM T M, Arifianto O. Implementation of Dryden Continuous Turbulence Model into Simulink for LSA-02 Flight Test Simulation[J]. Journal of Physics Conference Series, 2018: 1005.

[196] CHEN Y X, DUAN C Y. Study on Worst Case Analysis Method for Flight Control System[J]. Acta Aeronautica Et Astronautica Sinica, 2005.

[197] ANON. Flying Qualities of Piloted Airplanes. MIL-F-8785B (ASG)[M], USA: Department of Defence, 1969.

[198] MISRA G, GAO T, BAI X. Modeling and Simulation of UAV Carrier Landings[C]//AIAA Scitech 2019 Forum. 2019: 1981.

[199] ICAO. International standards and recommended practices, aeronautical telecommunications，annex 10 to the convention on international civil aviation，volume 1: radio navigation aids[S], sixth edition, July2006.

[200] Beard R W, Mclain T W. Small Unmanned Aircraft: Theory and Practice[M]. Princeton University Press, 2012.

[201] AC-120-28D-1999, Criteria for approval of category III weather minma for takeoff, landing, and rollout[S]. Federal Aviation Administration, 1999.

[202] RTCA. RTCA DO-236B Minimum aviation system performance standards: required navigation performance for area navigation[S]. Washington DC: RTCA Inc, 2003.

[203] 程农，李四海. 民机导航系统[M]. 上海：上海交通大学出版社，2015.

[204] IEEE B E. On disturbance rejection paradigm in control engineering[C]//Control Conference. IEEE, 2010.

[205] 杨芳. 高超声速航空器鲁棒自适应飞行控制方法研究[J]. 中国科学院大学，2014.

[206] 陈增强，李毅，袁著祉，等. 串级自抗扰控制器在纵列式双旋翼直升机飞行姿态控制中的应用[J]. 控制理论与应用，2015，32（9）：1219-1225.

[207] 陈志旺，张子振，曹玉洁. 自抗扰 fal 函数改进及在四旋翼姿态控制中的应用[J]. 控制与决策，2018，（10）：1901-1907.

[208] WANG Y, YAO Y, KEMAO M A. Analysis and application of Fal function filter[J]. Electric Machines & Control, 2010(11): 88-91.

[209] QI N M, QIN C M, SONG Z G. Improved ADRC cascade decoupling controller design of hypersonic vehicle[J]. Harbin Gongye Daxue Xuebao(Journal of Harbin Institute of Technology), 2011, 43(11): 34-38.

[210] AWAD A, WANG H. Integrated Roll-Pitch-Yaw Autopilot via Equivalent Based Sliding Mode Control for Uncertain Nonlinear Time-Varying Missile[J]. International Journal of Aeronautical & Space Sciences, 2017, 18(4): 688-696.

[211] 军用规范. GJB 2191—1994, 有人驾驶飞机飞行控制系统通用规范[S]. 1994.

[212] BAUSCHAT J M，MÖNNICH, W, WILLEMSEN D，et al. Flight Testing Robust Autoland Control Laws[J]. Aiaa Journal, 2001.

[213] SHAKARIAN A. Application of Monte-Carlo techniques to the 757/767 autoland dispersion analysis by simulation[C]// Guidance and Control Conference. 1983.

[214] URNES J M, HESS R K. Development of the F/A-18A automatic carrier landing system[J]. Journal of Guidance Control & Dynamics, 2012, 8(3): 289-295.

[215] H, G, VISSER. Optimal lateral-escape maneuvers for microburst encounters during final approach[J]. Journal of Guidance, Control, and Dynamics, 1994.

[216] BOWLES R L. Reducing Windshear Risk Through Airborne Systems Technology[C]. ICAS Congress, 1990: 9-14.

[217] DOGAN A，KABAMBA P T. Microburst escape using altitude guidance[C]// IEEE Conference on Decision & Control. IEEE, 1999.

[218] 郭家玮. 飞行训练中复飞安全余度的研究[J]. 科技致富向导，2013（33）：215-217.

[219] CAMPBELL A, ZAAL P, SCHROEDER J A, et al. Development of possible go-around criteria for transport aircraft[C]. 2018 Aviation Technology, Integration, and Operations Conference. 2018: 3198.

[220] 姜伟. 非对称载荷下飞机制动系统控制与仿真技术[D]. 西北工业大学，2006.

[221] 王纪森. 非线性控制理论在防滑制动系统中的应用研究[D]. 西北工业大学，2001.